Lehrbuch
Analysis

Gymnasiale Oberstufe

Herausgeber
Dr. Hubert Bossek
Dr. Rainer Heinrich

DUDEN PAETEC Schulbuchverlag
Berlin · Frankfurt am Main

Herausgeber
Dr. Hubert Bossek
Dr. Rainer Heinrich

Autoren
Dr. Wolf Bayer
Dr. Hubert Bossek
Dr. Rainer Heinrich
Maureen Richter
Falk Sempert
PD Dr. habil. Wolfgang Zillmer

Berater
Prof. Dr. habil. Karlheinz Weber

Unter Nutzung von Beiträgen von Dr. Georg-Christian Brückner, Reinhard Schmidt, Dr. habil. Reinhard Stamm, Dr. Michael Unger, Prof. Dr. habil. Karlheinz Weber, Edith Wulff.

Das Werk und seine Teile sind urheberrechtlich geschützt. Jede Nutzung in anderen als den gesetzlich zugelassenen Fällen bedarf der vorherigen schriftlichen Einwilligung des Verlages.
Hinweis zu § 52 a UrhG: Weder das Werk noch seine Teile dürfen ohne eine solche Einwilligung eingescannt und in ein Netzwerk eingestellt werden. Dies gilt auch für Intranets von Schulen und sonstigen Bildungseinrichtungen.
Das Wort **Duden** ist für den Verlag Bibliographisches Institut & F. A. Brockhaus AG als Marke geschützt.

Die genannten Internetangebote wurden von der Redaktion sorgfältig zusammengestellt und geprüft. Für die Inhalte der Internetangebote Dritter, deren Verknüpfung zu anderen Internetangeboten und Änderungen der unter der jeweiligen Internetadresse angebotenen Inhalte übernimmt der Verlag keinerlei Haftung.

1. Auflage *
1 ^{6} ^{5} ^{4} ^{3} ^{2} | 2011 2010 2009 2008 2007
Alle Drucke dieser Auflage können im Unterricht nebeneinander benutzt werden.
Die letzte Zahl bezeichnet das Jahr des Druckes.

© 2006 DUDEN PAETEC GmbH, Berlin

Internet www.duden-paetec.de

Redaktion Dr. Hubert Bossek, Dr. habil. Reinhard Stamm
Gestaltungskonzept tiff.any, Berlin
Einband Britta Scharffenberg
Layout Birgit Kintzel
Grafik Wolfgang Beyer, Christiane Gottschlich, Birgit Kintzel
Titelbild Helios, NASA, Nick Galante/PMFR
Druck und Bindung Těšínská tiskárna, Český Těšín

ISBN 978-3-89818-674-2

Inhaltsverzeichnis

A Differenzialrechnung ... 7

1 Funktionen ... 9
1.1 Funktionale Zusammenhänge ... 9
1.2 Eigenschaften reeller Funktionen ... 22
1.3 Numerische Verfahren zum Lösen von Gleichungen ... 30
Gemischte Aufgaben ... 36
Mosaik: Zur Geschichte der Analysis ... 41

2 Zahlenfolgen ... 43
Rückblick ... 43
2.1 Begriff und Eigenschaften ... 44
2.2 Arithmetische und geometrische Zahlenfolgen ... 52
2.3 Konvergenz von Zahlenfolgen ... 57
Gemischte Aufgaben ... 62
Im Überblick ... 64
Mosaik: Unendliche Reihen ... 65

3 Grenzwerte und Stetigkeit von Funktionen ... 67
Rückblick ... 67
3.1 Verhalten einer Funktion im Unendlichen ... 68
3.2 Grenzwert an einer Stelle ... 74
3.3 Stetigkeit von Funktionen ... 80
Gemischte Aufgaben ... 85
Im Überblick ... 88
Mosaik: Regressionsverfahren ... 90

4 Ableitung von Funktionen ... 93
Rückblick ... 93
4.1 Differenzierbarkeit und Ableitungsfunktion ... 94
4.2 Regeln zum Ableiten von Funktionen ... 105
4.3 Ableiten elementarer Funktionen ... 112
Gemischte Aufgaben ... 121
Im Überblick ... 126
Mosaik: Begründen und Beweisen ... 128

Inhaltsverzeichnis

5 Anwendungen der Differenzialrechnung 131
Rückblick 131
5.1 Analyse der Eigenschaften von Funktionen. 132
5.2 Extremwertprobleme 143
5.3 Bestimmen von Funktionsgleichungen 149
5.4 Das NEWTON-Verfahren 155
Gemischte Aufgaben 158
Im Überblick 164
Mosaik: Extremwertbestimmung einmal anders 166

Hilfsmittelfreier Test 168

B Integralrechnung 173

1 Das bestimmte Integral 175
Rückblick 175
1.1 Bestandsrekonstruktionen. 177
1.2 Ausschöpfen von Flächen und Volumina 183
1.3 Flächen unter Kurven 189
1.4 Eigenschaften des bestimmten Integrals 199
Gemischte Aufgaben 207
Im Überblick 208
Mosaik: Mathematik und Internet 209

2 Rechnen mit Integralen 212
Rückblick 212
2.1 Stammfunktionen 213
2.2 Regeln für das Ermitteln unbestimmter Integrale 219
2.3 Integration durch lineare Substitution 225
2.4 Der Hauptsatz der Differenzial- und Integralrechnung 230
2.5 Weitere Integrationsverfahren; uneigentliche Integrale 239
2.6 Numerische Integration 246
Gemischte Aufgaben 251
Im Überblick 256
Mosaik: Allgemeine Iteration 257

3   Anwendungen der Integralrechnung 260
Rückblick 260
3.1   Berechnen von Flächeninhalten 261
3.2   Physikalische und technische Probleme 269
3.3   Rotationskörper und Bogenlängen 275
Gemischte Aufgaben 282
Im Überblick. 284
Mosaik: Differenzialgleichungen. 286

Hilfsmittelfreier Test 290

C   Komplexe Aufgaben 293

Anhang 313
Hinweise zur Anwendung des Grafiktaschenrechners *Voyage 200*. 314
Hinweise zur Anwendung des Computeralgebrasystems *Derive* 322
Lösungen zu den hilfsmittelfreien Tests 328
Register 333
Index lernmethodischer und rechentechnischer Hinweise 336
Bildquellenverzeichnis 336

Hinweise zur Arbeit mit dem Buch

Im vorliegenden Lehrbuch nehmen Arbeitsaufträge und problemhafte Aufgaben einen breiten Raum ein. Dabei sind vielfach reale Situationen mathematisch zu modellieren, Probleme zu lösen und begründete mathematische Urteile abzugeben. Auf diese und andere Kompetenzen wird mehrfach Bezug genommen.
Ein breites Angebot unterschiedlicher Anforderungen und Inhalte machen das Buch in Grund- und Leistungskursen einsetzbar.

*Zu Beginn eines jeden Abschnitts werden in einem **Rückblick** wesentliche Eingangsvoraussetzungen einschließlich entsprechender Aufgaben vorangestellt. Die Lösungen dieser Aufgaben und zusätzliche Aufgaben befinden sich auf der beiliegenden CD.*

***Einstiegsthemen und Arbeitsaufträge** dienen der selbstständigen Auseinandersetzung mit den Problemen des jeweiligen Abschnitts, um so das nötige Verständnis für die nachfolgenden Begriffsbildungen mit Definitionen, Sätzen sowie Beispielen zu entwickeln. Die wichtigsten Inhalte sind noch einmal „**Im Überblick**" zusammengefasst.*

*Interessante Ergänzungen zu mathematischen, mathematikhistorischen oder auch lernmethodischen Themen finden sich auf den **Mosaik**-Seiten.*

***Übungen** und **gemischte Aufgaben** bieten vielfältige Möglichkeiten zum Anwenden und zum Problemlösen. Die dabei verwendeten Operatoren werden im vorderen Einband dieses Buches erklärt.*
*Die zu erreichenden Abschlussstandards spiegeln sich vor allem in den im Kapitel C und auf der CD zu findenden **komplexen Aufgaben** wider.*

*Die Arbeit mit realitätsnahen Problemstellungen legt es nahe, **neue Technologien** wie Funktionsplotter oder grafikfähige Taschenrechner (GTR), eine Tabellenkalkulation oder ein Computeralgebrasystem (CAS) sinnvoll einzusetzen.*

***Ohne Hilfsmittel** (GTR bzw. CAS) zu beherrschende Aufgaben sind durch das nebenstehende Symbol gekennzeichnet.*
*Weiterhin werden **hilfsmittelfreie Tests** zur Selbstkontrolle angeboten.*

*Durch blaue Rahmen hervorgehoben sind **Hinweise** auf Lernmethoden und Lösungsstrategien, aber auch Hinweise zum Einsatz neuer Technologien.*

*Zur Orientierung dient die **Navigationsleiste** am linken Seitenrand:*
Rote Kästchen kennzeichnen Rückblicke und Einstiegsthemen,
grüne markieren vollständig durchgerechnete Beispiele und
blaue kennzeichnen Erweiterungen und Vernetzungen auf Leistungskursniveau.

*Das **CD-Symbol** verweist auf Aufgaben zur Wiederholung, vertiefende Beiträge oder interaktive Tools auf der CD. Die stilisierte Weltkugel steht für notwendige Informationen aus dem **Internet** oder aus anderen Medien.*

*Der **Anhang** enthält Hinweise zur Arbeit mit dem Taschencomputer VOYAGE 200 und dem Computeralgebrasystem DERIVE sowie die Lösungen zu den Aufgaben der hilfsmittelfreien Tests.*

A Differenzialrechnung

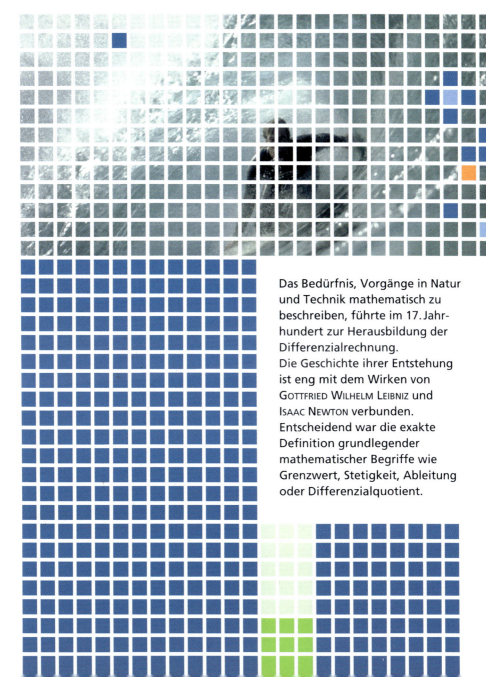

Das Bedürfnis, Vorgänge in Natur und Technik mathematisch zu beschreiben, führte im 17. Jahrhundert zur Herausbildung der Differenzialrechnung.
Die Geschichte ihrer Entstehung ist eng mit dem Wirken von GOTTFRIED WILHELM LEIBNIZ und ISAAC NEWTON verbunden.
Entscheidend war die exakte Definition grundlegender mathematischer Begriffe wie Grenzwert, Stetigkeit, Ableitung oder Differenzialquotient.

Zu den klassischen Problemkreisen der Differenzialrechnung gehört das Untersuchen des Anstiegs eines Funktionsgraphen bzw. des Verhaltens einer Kurve in einer „unendlich kleinen" Umgebung eines Punktes oder das Aufstellen von Tangentengleichungen.

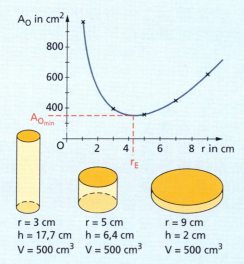

Oft kommt es darauf an, aus der Menge aller Lösungen eine optimale Variante herauszufiltern und Zielgrößen wie Stückzahl, Kosten, Weglänge usw. zu maximieren oder zu minimieren.
Zum Beispiel:
- Lässt sich unter allen volumengleichen Zylindern derjenige mit dem kleinsten Oberflächeninhalt finden?
- Bei welchem Querschnitt ist ein Stahlträger trotz geringem Materialverbrauch besonders belastbar?
- Wie können Unternehmen konkurrenzfähig bleiben und dennoch maximale Gewinne erwirtschaften?

Im Jahr 1804 hatte die Weltbevölkerung nach Schätzung der Vereinten Nationen erstmals die Grenze von 1 Milliarde Menschen erreicht.
In den darauf folgenden 200 Jahren versechsfachte sich diese Zahl.
- War das *Wachstum* der Bevölkerung in dieser Zeit konstant?
- Lässt es sich für einen bestimmten Zeitpunkt ermitteln?
- Kann eine *Wachstumsgeschwindigkeit* berechnet werden?

Die Lösung derartige Probleme liegt oft in der Untersuchung mitunter sehr komplizierter funktionaler Zusammenhänge.
Die Differenzialrechnung liefert dazu die nötigen Werkzeuge.

1 Funktionen

1.1 Funktionale Zusammenhänge

Der Energiebedarf wird heute zu 90 % aus fossilen Brennstoffen gedeckt. Wesentlicher Energieträger der Wirtschaft ist mit einem Anteil von ca. 40 % am Weltenergieverbrauch immer noch das Erdöl. Über die Länge der Verfügbarkeit dieser Rohstoffressource existieren die verschiedensten Prognosen. Sicher aber ist, dass die gegenwärtig bekannten konventionellen Erdölreserven ungefähr 150 Mrd. Tonnen betragen. Nach Schätzungen werden noch weitere 80 Mrd. Tonnen zu finden sein.

Etwa 7 % des Erdöls werden in der Nordsee gewonnen.

Das Liniendiagramm zeigt die bis zum Jahr 2030 prognostizierte Nachfrage nach verschiedenen Energieträgern, das Kreisdiagramm deren Anteile für das Jahr 2000. (Quelle: International Energy Agency; www.iea.org)

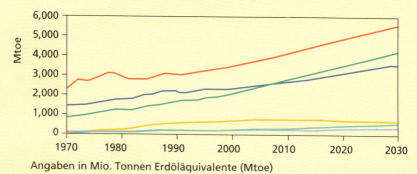

Angaben in Mio. Tonnen Erdöläquivalente (Mtoe)

- Kohle
- Erdöl
- Gas
- Kernenergie
- Wasser
- andere erneuerbare Energien

1 Funktionen

Arbeitsaufträge

1. Derzeit werden weltweit im Jahr ca. 3,5 Mrd. Tonnen Erdöl gefördert. Berechnen Sie, wann die konventionellen Erdölreserven der Welt aufgebraucht sein werden (vorausgesetzt, dass die Förderung keinen Schwankungen unterliegt und die Schätzungen der bisher unbekannten Ressourcen realistisch sind).
2. Diskutieren Sie die Erdölreserven und den Energiebedarf unter Verwendung des Funktionsbegriffs.
3. Für welchen Zeitraum lässt sich die Nachfrage nach Erdöl näherungsweise durch eine Gerade beschreiben? Ermitteln Sie eine Gleichung dieser Geraden.
4. Bestimmen Sie, auf das Wievielfache der Bedarf an Erdöl im Jahr 2030 gegenüber dem Jahr 1990 nach der in der Grafik dargestellten Prognose angestiegen sein wird.

Ein Beispiel für die Anwendung neuer Techniken im Flugwesen ist der an der Universität Stuttgart entwickelte Solarmotorsegler „icaré 2", dessen erster Flug am 1. Juli 1996 stattfand. Das Flugzeug hat eine Reichweite von 500 km und ist in der Lage, fünf Stunden ausschließlich mit Solarenergie zu fliegen. Hierfür sorgt eine Solarzellenfläche von 20,7 m². Akkus ermöglichen, dass das Solarflugzeug allein starten und auch ohne Sonneneinstrahlung fliegen kann. Bei vollen Akkus beträgt die max. Flugdauer 40 min, die max. Reichweite 33,6 km (ohne Sonneneinstrahlung). Der Schwebeleistungsbedarf von „icaré 2" wird mit 580 $\frac{W}{m^2}$ angegeben.

(Quelle: www.uni-stuttgart.de)

Arbeitsaufträge

1. Stellen Sie mittels eines GTR oder CAS die Reichweite des Solarfliegers (mit und ohne Sonneneinstrahlung) in Abhängigkeit von der Zeit grafisch dar, wenn angenommen wird, dass die Gleitgeschwindigkeit jeweils konstant ist. Geben Sie die Gleitgeschwindigkeiten für beide Fälle an und vergleichen Sie diese.
2. Die Grafik zeigt die ungefähre Strahlungsleistung der Sonne Anfang Oktober in Mitteldeutschland an einem unbewölkten Tag, bezogen auf eine Fläche von 1 m².
   a) Beschreiben Sie den in der Grafik dargestellten zeitlichen Verlauf der Strahlungsleistung der Sonne.
   b) Ermitteln Sie den Zeitraum, in welchem es an einem solchen Tag möglich ist, dass „icaré 2" nicht nur gleiten, sondern auch steigen kann.

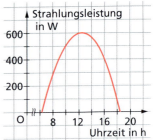

1 Funktionen

Funktionen und ihre Darstellungsformen

Die einleitenden Beispiele beschreiben Situationen, bei denen Veränderungen im Mittelpunkt stehen. Das gilt für die Nachfrage nach verschiedenen Energieträgern und für deren Verfügbarkeit, aber auch für die Reichweite des Motorseglers oder die Strahlungsintensität der Sonne. Zur mathematischen Beschreibung wird jedem Element einer Menge A genau ein Element einer Menge B zugeordnet: Im Beispiel 1 wird jeder Jahreszahl der prognostizierte Erdölbedarf zugeordnet. Im Beispiel 2 finden wir mehrere solcher Zuordnungen: Jedem Zeitpunkt t während des Fluges wird der vom Flieger zurückgelegte Weg s zugeordnet, jeder Uhrzeit t des Tages die Strahlungsintensität I der Sonne. Derartige Zuordnungen werden als Funktionen bezeichnet.

D

> Unter einer **Funktion f** versteht man eine eindeutige Zuordnung der Elemente zweier Mengen. Dabei wird jedem Element x aus einer Menge D_f genau ein Element y aus einer Menge W_f zugeordnet. In Kurzform: $f: x \mapsto y$ oder $f: x \mapsto f(x)$
> Man nennt D_f den **Definitionsbereich** (die Definitionsmenge) der Funktion f,
> W_f den **Wertebereich** (die Wertemenge) der Funktion f, die Elemente $x \in D_f$
> **Argumente** von f und die zugeordneten Elemente $y \in W_f$ **Funktionswerte** von f.

Funktionale Zusammenhänge lassen sich durch **Wortvorschriften, Wertetabellen, grafische Darstellungen** oder **Gleichungen** beschreiben.

Wort-vorschrift	Jedem Kalenderjahr wird ein Erdölbedarf zugeordnet.	Jeder reellen Zahl x wird ihr Sinus zugeordnet.
Funktions-gleichung	Angabe nicht möglich	$y = f(x) = \sin x$
Werte-tabelle	Jahr: 1990, 2000, 2010, 2020, 2030 Bedarf in Mrd. t: 3,1; 3,5; 4,3; 4,9; 5,7	x: 0, $\frac{\pi}{4}$, $\frac{\pi}{2}$, $\frac{5}{6}\pi$, π, $\frac{3}{2}\pi$, 2π y: 0, $\frac{1}{2}\sqrt{2}$, 1, $\frac{1}{2}$, 0, −1, 0
Grafische Darstellung	Erdölbedarf in Mrd. t (Punktdiagramm 1990–2030)	Sinuskurve von 0 bis 2π

> *Für alle weiteren Erörterungen sei Folgendes vereinbart:*
> *– Anstelle der ausführlichen Formulierung „Die Funktion f mit der Zuordnungsvorschrift $x \mapsto f(x) = ...$ bzw. $y = f(x) = ...$ und dem Definitionsbereich $D_f ...$" wird die Kurzform „Die Funktion f ..." oder „Die Funktion $y = f(x) = ...$" verwendet.*
> *– Da der Definitionsbereich oft die Menge $\mathbb{R}$ der reellen Zahlen ist, erfolgt nur dann eine Aussage über D_f, wenn gegenüber $\mathbb{R}$ eine Einschränkung erfolgt.*

1 Funktionen

Im Unterschied zu den meisten bisher behandelten Funktionen besteht der Graph im Beispiel des jährlichen Erdölbedarfs aus einer Menge isolierter Punkte. Derartige Punkte werden auch *diskrete Punkte* genannt.

Da viele Vorgänge in der Natur so ablaufen, dass sich eine bestimmte Größe jeweils nach einem Zeitintervall ändert, ist bei ihrer Modellierung darauf zu achten, dass die Funktion aus *endlich vielen* oder *abzählbar unendlich* vielen Wertepaaren besteht, die als diskrete Punkte dargestellt werden. Zur Anwendung kommt dann kein *kontinuierliches*, sondern ein sogenanntes *diskretes* Modell.

Diskrete Vorgänge sind z. B. die stückweise Produktion diverser Artikel oder auch die Vermehrung von Tierpopulationen.

> *In der Informatik werden Funktionen auch als „Ausgabeanweisung" definiert. Zum Beispiel verwenden elektronische Rechner Funktionen wie SQRT(), e^() usw., welche die Eingabe eines Arguments erfordern, aber auch die Funktion rand(), bei der kein Argument notwendig ist. Hier versagt die klassische Zuordnungsdefinition.*

Mitunter nutzt man zur Beschreibung von Funktionen eine **Parameterdarstellung**. Sie ist dadurch gekennzeichnet, dass die Variable x und auch die Variable y jeweils durch eine Funktionsgleichung beschrieben werden, die einen (gemeinsamen) Parameter t als unabhängige Variable enthält. In einer solchen Darstellung lassen sich auch Kurven beschreiben, die durch den bisher verwendeten Funktionsbegriff nicht erfasst sind.

Funktionen in Parameterdarstellung

Eine Funktion f ist durch die zwei Gleichungen $x = f_1(t) = t - 1$ und $y = f_2(t) = t^2 + t$ mit $t \in \mathbb{R}$ gegeben. Für das Intervall $-4 \leq t \leq 3$ erhält man folgende Wertetabelle:

t	−4	−3	−2	−1	0	1	2	3
x = t − 1	−5	−4	−3	−2	−1	0	1	2
y = t² + t	12	6	2	0	0	2	6	12

Die Eintragung der Zahlenpaare (x; y) in ein Koordinatensystem ergibt eine Parabel. Betrachtet man beide Parametergleichungen als Gleichungssystem und isoliert den Parameter t, erhält man eine *parameterfreie* Funktionsgleichung, die denselben Graphen liefert:

Parametergleichungen: (I) $x = t - 1$
 (II) $y = t^2 + t$

Auflösen von Gleichung I nach t: (I') $t = x + 1$
Einsetzen von (I') in (II): $y = (x + 1)^2 + (x + 1)$
 $y = x^2 + 3x + 2$

Parameterfreie Funktionsgleichung: $y = f(x) = x^2 + 3x + 2$

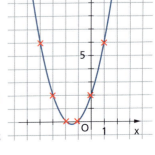

1 Funktionen

Durch die Gleichungen $x = f_1(t) = \cos t$ und $y = f_2(t) = \sin t$ mit $0 \leq t \leq \pi$ ist eine Funktion gegeben, für die man folgende Wertetabelle erhält:

t	0	$\frac{\pi}{4}$	$\frac{\pi}{3}$	$\frac{\pi}{2}$	$\frac{2\pi}{3}$	$\frac{3\pi}{4}$	π
$x = \cos t$	1	$\frac{1}{2}\sqrt{2}$	$\frac{1}{2}$	0	$-\frac{1}{2}$	$-\frac{1}{2}\sqrt{2}$	-1
$y = \sin t$	0	$\frac{1}{2}\sqrt{2}$	$\frac{1}{2}\sqrt{3}$	1	$\frac{1}{2}\sqrt{3}$	$\frac{1}{2}\sqrt{2}$	0

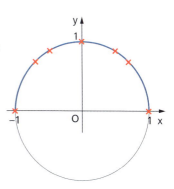

Die Eintragung der Koordinatenpaare (x; y) in ein Koordinatensystem lässt die Vermutung zu, dass durch die beiden Parametergleichungen eine Funktion beschrieben wird, deren Graph ein Halbkreis ist.
Die Fortsetzung der Tabelle für den II. und III. Quadranten würde sogar einen Kreis entstehen lassen.
Da der Kreis keine eindeutige Abbildung der x-Werte auf die y-Werte beschreibt, darf er nicht als Funktionsgraph interpretiert werden.

Die Untersuchung funktionaler Zusammenhänge lässt sich durch den Einsatz von grafikfähigen Taschenrechnern (GTR) oder von Computerprogrammen erheblich vereinfachen. So ist es möglich, sofort den Graphen einer Funktion zu zeichnen, um daraus dann Eigenschaften von Funktionen abzuleiten. Zu den leistungsfähigsten Programmen für Mathematiker und Anwender der Mathematik gehören Computeralgebrasysteme (CAS). Sie beherrschen nicht nur numerische Rechenoperationen, sondern auch Regeln zum Umformen von Termen und Gleichungen mit Variablen.

Durch geeignete Gleichungen und Parameterbereiche lassen sich nicht nur Funktionsgraphen, sondern auch interessante Kurven darstellen, die als Computergrafiken vielfältige Anwendungen finden.

Archimedische Spirale
$x = t \cdot \cos t; y = t \cdot \sin t$
$(0 \leq t \leq 8\pi)$

Lissajous-Figuren
$x = 2 \cdot \sin 2t; y = 2 \cdot \sin 3t$
$(0 \leq t \leq 2\pi)$

Raumkurven
$x = k \cdot \sin t; y = k \cdot \cos t; z = t$
$(0 \leq t \leq 2\pi)$

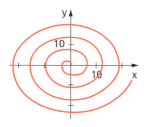

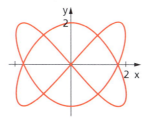

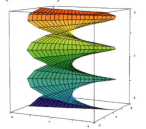

1 Funktionen

Bei der Untersuchung funktionaler Zusammenhänge werden verschiedene Klassen von Funktionen unterschieden. Die wichtigsten sind in der Tabelle zusammengestellt:

Funktionsklasse	Beispiel
Lineare Funktionen sind Funktionen der Form $f(x) = mx + n$ mit $x, m, n \in \mathbb{R}$. Anstieg: $m = \tan \alpha = \dfrac{f(x_2) - f(x_1)}{x_2 - x_1}$ α Schnittwinkel des Graphen von f mit der x-Achse	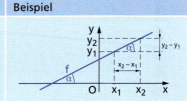
Quadratische Funktionen sind Funktionen der Form $f(x) = ax^2 + bx + c$ mit $x, a, b, c \in \mathbb{R}$; $a \neq 0$. Normalform: $\qquad f(x) = x^2 + px + q$ Scheitelpunkt: $\qquad S\left(-\dfrac{p}{2}; -\left(\dfrac{p}{2}\right)^2 + q\right)$ Scheitelpunktsform: $y = (x + d)^2 + e$ Scheitelpunkt: $\qquad S(-d; e)$	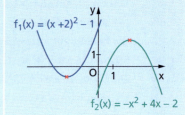 $f_1(x) = (x+2)^2 - 1$ $f_2(x) = -x^2 + 4x - 2$
Potenzfunktionen sind Funktionen der Form $f(x) = x^n$ mit $n \in \mathbb{Z} \setminus \{0\}$. Für $n > 0$ gilt $D_f = \mathbb{R}$, für $n < 0$ gilt $D_f = \mathbb{R} \setminus \{0\}$.	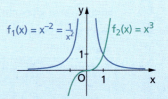 $f_1(x) = x^{-2} = \dfrac{1}{x^2}$, $f_2(x) = x^3$
Wurzelfunktionen sind Funktionen der Form $f(x) = \sqrt[n]{x^m}$ mit $x \geq 0$; $m, n \in \mathbb{N}$; $m \geq 1$; $n \geq 2$; $n \nmid m$.	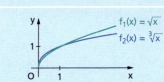 $f_1(x) = \sqrt{x}$, $f_2(x) = \sqrt[3]{x}$
Exponentialfunktionen sind Funktionen der Form $f(x) = a^x$ mit $x, a \in \mathbb{R}$; $a > 0$; $a \neq 1$.	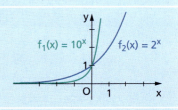 $f_1(x) = 10^x$, $f_2(x) = 2^x$
Logarithmusfunktionen sind Funktionen der Form $f(x) = \log_a x$ mit $a \in \mathbb{R}$; $x > 0$; $a > 0$; $a \neq 1$.	$f_1(x) = \log_2 x$, $f_2(x) = \lg x$
Trigonometrische Funktionen Zu den trigonometrischen Funktionen gehören $f_1(x) = \sin x \quad$ mit $x \in \mathbb{R}$, $f_2(x) = \cos x \quad$ mit $x \in \mathbb{R}$ und $f_3(x) = \tan x \quad$ mit $x \in \mathbb{R}$; $x \neq (2k+1)\dfrac{\pi}{2}$; $k \in \mathbb{Z}$.	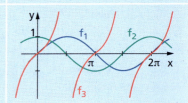

1 Funktionen

Wachstumsprozesse und exponentielle Wachstumsfunktion

Viele Wachstums- und Zerfallsprozesse in Natur und Technik lassen sich durch Exponentialfunktionen der Form $y = f(x) = c \cdot a^x$ ($x, a, c \in \mathbb{R}$; $a > 0$; $a \neq 1$) beschreiben. Hierzu gehören das Bevölkerungswachstum, der Kapitalzuwachs bei mehrjähriger Verzinsung, die Entwicklung von Tierpopulationen, das Abkühlen eines Körpers oder auch der radioaktive Zerfall verschiedener Elemente.

Für die Modellierung derartiger *natürlicher* Wachstums- oder Zerfallsprozesse ist die irrationale Zahl e = 2,718281828459045235360287 47..., die **eulersche Zahl,** als Basis besonders geeignet. Man bezeichnet die Basis e deshalb auch als *natürliche Basis* und die Funktion $f(x) = e^x$ als natürliche Exponentialfunktion oder kurz als **e-Funktion.**
Der Schweizer Mathematiker LEONHARD EULER (1707 bis 1783) erkannte diese Zahl als Grenzwert der Folge $\left(1 + \frac{1}{n}\right)^n$.

Jeder Naturvorgang, bei dem die Zu- oder Abnahme einer betrachteten Größe von der jeweiligen Ausgangsgröße, vom jeweiligen Bestand, abhängt, führt auf die Funktion e^x. Unter Berücksichtigung spezifischer Wachstumsbedingungen erhält man daraus die **Wachstumsfunktion** $f(t) = c \cdot e^{kt}$. Hierbei gibt t die Zeit und c den Bestand zur Zeit t = 0 an. Der Koeffizient k wird als Wachstums- oder Zerfallskonstante bezeichnet. Ist k > 0, liegt Wachstum vor, ist k < 0, spricht man vom Zerfall.

Südkoreanische Archäologen haben im Jahr 2003 bei Ausgrabungen im Inneren Südkoreas Reiskörner gefunden, die als die ältesten der Welt gelten. Mit der Radiokarbonmethode wurden die Reiskörner auf ein Alter von 14 000 bis 15 000 Jahren geschätzt. Dieser Fund ist auch deshalb bedeutsam, weil damit die bisherigen Erkenntnisse über die Herkunft des Reises infrage gestellt werden. Bisher galten in China gefundene 11 000 Jahre alte Reiskörner als die ältesten der Welt.
(Quelle: ORF ON Science, 23.10. 2003)

Arbeitsaufträge
1. Erkunden und beschreiben Sie, worin das Wesen der Radiokarbonmethode besteht.
2. Geben Sie das Zerfallsgesetz für den Zerfall von Kohlenstoff C-14 an.
3. Berechnen Sie den prozentualen Anteil des radioaktiven Kohlenstoffs C-14 im Vergleich zu lebenden Organismen, der im Reis gemessen worden sein muss.
4. Überprüfen Sie den angegebenen Bereich, in welchem die Altersangabe schwankt. Diskutieren Sie die Differenzen.

1 Funktionen

Alle zwei Jahre gibt die Bevölkerungsabteilung der Vereinten Nationen ihre neuesten Prognosen zur Entwicklung der Weltbevölkerung bis zum Jahre 2050 bekannt. Die verschiedenen Varianten unterscheiden sich hauptsächlich in der erwarteten durchschnittlichen Kinderzahl pro Frau.

In ihrem Bericht aus dem Jahr 2005 gehen die UN für die mittlere Variante davon aus, dass die durchschnittliche Kinderzahl weltweit bis zum Jahr 2050 knapp unter das sogenannte Ersatzniveau von 2,1 Kindern pro Frau sinken wird. Die Bevölkerung würde dann bis zum Jahre 2050 auf 9,1 Milliarden Menschen anwachsen. Schon allein, wenn die durchschnittliche Kinderzahl pro Frau um 2050 anstatt bei 2,05 bei 2,53 läge, würde die Bevölkerung bis zum Jahr 2050 auf 10,6 Milliarden Menschen anwachsen (hohe Variante). Bei einer durchschnittlichen Kinderzahl von 1,56 Kindern pro Frau würde die Bevölkerungszahl zur Mitte des Jahrhunderts den Stand von 7,7 Milliarden Menschen erreichen (niedrige Variante). Angenommen, die Kinderzahl pro Frau bliebe im Durchschnitt bis 2050 konstant auf dem heutigen Niveau, dann würde die Bevölkerung bis zum Jahr 2050 auf voraussichtlich 11,7 Milliarden Menschen anwachsen, sich also innerhalb der ersten Hälfte des 21. Jahrhunderts fast verdoppeln.
(Quelle: Deutsche Stiftung Weltbevölkerung; World Population Prospects: The 2004 Revision, Vereinte Nationen, 2005)

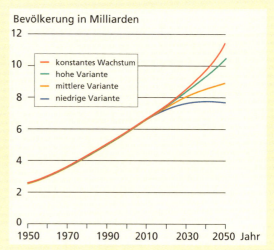

Arbeitsaufträge

Der Wachstumsprozess lässt sich zumindest bis zum Jahr 2000 durch eine Exponentialfunktion beschreiben. Die Funktionsgleichung kann mithilfe eines GTR durch exponentielle Regression (siehe S. 90) bestimmt werden.

1. Ermitteln Sie eine Gleichung der Exponentialfunktion, die das Wachstum bis zum Jahr 2000 beschreibt. Überprüfen Sie die Richtigkeit anhand bekannter Statistiken.
2. Definieren Sie für den Zeitraum von 1950 bis 2050 Funktionen, welche die verschiedenen Wachstumsvarianten beschreiben. Ermitteln Sie zunächst mithilfe geeigneter Regressionen Funktionen für den Zeitraum 2000 bis 2050, welche die vier in obiger Grafik dargestellten Wachstumsverläufe näherungsweise beschreiben.
3. Bestimmen Sie ausgehend von der von Ihnen gefundenen Funktion die Bevölkerungsanzahl für das derzeitige Jahr.
4. Unter *www.dsw-online.de* existiert eine Bevölkerungsuhr, die die Weltbevölkerung „zählt". Überlegen Sie, auf welcher Grundlage diese „Zählung" erfolgt. Geben Sie näherungsweise den Funktionsterm an, der die aktuellen Zahlen beschreibt.

1 Funktionen

Die *Umkehrfunktion* der Exponentialfunktion $f(x) = e^x$ ist die Logarithmusfunktion $f(x) = \ln x$. Die Bezeichnung ln benennt den *natürlichen* Logarithmus zur Basis e. Es ist also $\log_e x = \ln x$. Den Graphen der Funktion $f(x) = \ln x$ erhält man durch Spiegelung des Graphen von $f(x) = e^x$ an der Geraden $y = x$.

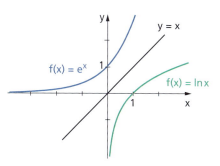

Jede Exponentialfunktion $f(x) = a^x$ kann durch eine e-Funktion ersetzt werden. Da $a = e^{\ln a}$ ist, gilt $a^x = (e^{\ln a})^x = e^{x \cdot \ln a}$.
Die allgemeine Exponentialfunktion $f(x) = a^x$ ist also die e-Funktion $f(x) = e^{x \cdot \ln a}$. Demnach kann jede Wachstumsfunktion mit beliebiger Basis in eine Exponentialfunktion zur Basis e umgeformt werden.
Aufgrund einer noch zu besprechenden „besonderen Eigenschaft" der e-Funktion (siehe S. 118) und auch, weil die Funktionswerte e^x und die Werte ln x der zugehörigen Umkehrfunktion auf den meisten elektronischen Rechnern „auf Knopfdruck" zur Verfügung stehen, wird die Wachstumsfunktion meist als e-Funktion verwendet.
Bei Verwendung elektronischer Rechner schreibt man anstelle von e^x auch $\exp(x)$.

Verknüpfen und Verketten von Funktionen

Durch Anwenden unterschiedlicher mathematischer Operationen können aus bereits bekannten Funktionen neue Funktionen gebildet werden.
Wendet man auf die Funktionsterme zweier Funktionen f_1 und f_2 rationale Rechenoperationen (Addition, Subtraktion, Multiplikation, Division) an, so erhält man eine *Verknüpfung* dieser Funktionen.
Funktionen, die im Ergebnis von Verknüpfungen aus den Funktionen $f_1(x) = x$ und $f_2(x) = c$ ($c \in \mathbb{R}$) hervorgehen, heißen **rationale Funktionen.** Diese werden noch einmal in ganzrationale und gebrochenrationale Funktionen unterschieden.

> Funktionen mit einer Gleichung der Form
> $f(x) = a_n x^n + a_{n-1} x^{n-1} + ... + a_1 x + a_0 \quad (a_i \in \mathbb{R}; a_n \neq 0, n \in \mathbb{N}; D_f = \mathbb{R})$
> nennt man **ganzrationale Funktionen n-ten Grades** oder **Polynomfunktionen.**
> Ihr Funktionsterm heißt **Polynom n-ten Grades.**

Ganzrationale Funktionen

Alle linearen und quadratischen Funktionen sowie die Potenzfunktionen mit positiven Exponenten sind ganzrational. Lineare Funktionen werden auch als Funktionen ersten Grades, quadratische Funktionen als Funktionen zweiten Grades bezeichnet; die Funktion $f(x) = 2x^4 + x^3 - 3x^2 + 5$ ist eine Funktion vierten Grades.

1 Funktionen

Die Funktionen $f_1(x) = \frac{1}{x}$, $f_2(x) = \frac{x-1}{x^2+1}$ und $f_3(x) = \frac{x^4 + 2x^3}{x-1}$ werden jeweils durch einen Quotienten zweier ganzrationaler Funktionsterme beschrieben. Derartige Funktionen werden als **gebrochenrationale Funktionen** bezeichnet.

Die Funktionen $f_4(x) = \sqrt{2x}$, $f_5(x) = e^x$, $f_6(x) = \log_2 x$ und $f_7(x) = \sin\frac{1}{2}x$ sind dagegen **nichtrationale Funktionen**.

Eine weitere Möglichkeit, neue Funktionen zu bilden, besteht in der Nacheinanderausführung zweier Zuordnungsvorschriften. Hierdurch werden zwei Funktionen miteinander *verkettet*. Verkettete Funktion sind die im letzten Beispiel aufgeführten Funktionen $f_4(x) = \sqrt{2x}$ und $f_7(x) = \sin\frac{1}{2}x$.

Die Funktion $v(x) = \sqrt{2x}$ entsteht durch Verkettung von $f(x) = \sqrt{x}$ und $g(x) = 2x$.

1. Schritt: Auf die Elemente $x \in D_f$ wird die Zuordnungsvorschrift $g(x) = 2x$ angewandt. Wir bezeichnen die Funktionswerte mit z.

x	−4	−3	−2	−1	0	1	2	3	4
z = g(x)	−8	−6	−4	−2	0	2	4	6	8

2. Schritt: Auf die Funktionswerte $z = g(x)$ wird die Zuordnungsvorschrift $f(z) = \sqrt{z}$ angewandt. Die Funktionswerte z der Funktion g werden somit zu Argumenten der Funktion f. Deshalb muss gewährleistet sein, dass der Wertebereich der Funktion g ganz oder teilweise zum Definitionsbereich der Funktion f gehört.

z	−8	−6	−4	−2	0	2	4	6	8
y = f(z)	n.d.	n.d.	n.d.	n.d.	0	$\sqrt{2}$	2	$\sqrt{6}$	$2\sqrt{2}$

Als Ergebnis der Nacheinanderausführung entsteht die Funktion $v(x) = f(g(x)) = \sqrt{2x}$. Die Funktion v ist eine Verkettung der *äußeren* Funktion f und der *inneren* Funktion g. Man schreibt dafür $v = f \circ g$, gesprochen „f nach g" oder „f verkettet mit g".

Aufgabe 19, auf Seite 21, zeigt, dass es durchaus von Bedeutung ist, in welcher Reihenfolge die Zuordnungsvorschriften ausgeführt werden.

Spezielle reelle Funktionen

Die **Betragsfunktion** $f(x) = |x|$ ordnet jedem $x \in \mathbb{R}$ den Betrag von x zu. Ihr Wertebereich ist die Menge aller positiven reellen Zahlen einschließlich der 0. Mithilfe der Definition des absoluten Betrages einer reellen Zahl kann eine Betragsfunktion in eine betragsfreie Funktion umgeformt werden. Hierzu ist für jeden Abschnitt des Definitionsbereichs ein gesonderter Funktionsterm zu definieren.

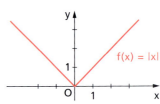

Man bezeichnet eine solche Funktion als **abschnittsweise definierte Funktion**.

1 Funktionen

Die Betragsfunktion y = f(x) = |x + 3| kann zu

$$f(x) = \begin{cases} x + 3 & \text{für } x \geq -3 \\ -(x+3) & \text{für } x < -3 \end{cases}$$ umgeformt und somit

abschnittsweise definiert werden.

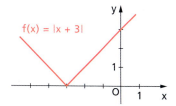

> *Sollen abschnittsweise definierte Funktionen mit elektronischen Hilfsmitteln dargestellt werden, kann meist eine im System integrierte when-Funktion angewandt werden. Die when-Funktion liefert nach der Eingabe „when(Bedingung, Term 1, Term 2)" den Term 1, wenn die Bedingung erfüllt ist, ansonsten den Term 2.*

Um die Funktion $f(x) = \begin{cases} x^2 - 4 & \text{für } x \leq -2 \\ -x^2 + 4 & \text{für } -2 < x < 2 \\ x^2 - 4 & \text{für } x \geq 2 \end{cases}$ mit dem GTR darzustellen, werden drei

Funktionen f_1, f_2 und f_3 mit den jeweiligen Intervallgrenzen eingegeben. Eine andere Variante ist die Eingabe als *when*-Funktion. Da die hier darzustellende Funktion in drei Abschnitte unterteilt ist, wird die *when*-Funktion zweimal angewandt:

$when(x > -2, when(x \geq 2, x^{\wedge}2 - 4, -x^{\wedge}2 + 4), x^{\wedge}2 - 4)$

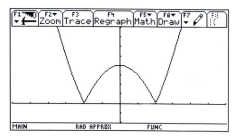

Die **Vorzeichenfunktion (Signumfunktion)** ordnet jeder positiven reellen Zahl die Zahl 1, der Zahl 0 wiederum die Zahl 0 und jeder negativen Zahl die Zahl −1 zu. Es gilt:

$$f(x) = \operatorname{sgn} x = \begin{cases} 1 & \text{für } x > 0 \\ 0 & \text{für } x = 0 \\ -1 & \text{für } x < 0 \end{cases}$$

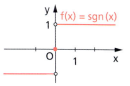

Die **Ganzteilfunktion** (auch **gaußsche Klammerfunktion** oder **Integerfunktion** genannt) ordnet jeder reellen Zahl x die größte ganze Zahl $k \in \mathbb{Z}$ zu, die kleiner oder gleich x ist. Man schreibt:

$$f(x) = \operatorname{int} x = [x] = \begin{cases} x, \text{ falls x ganzzahlig ist} \\ \text{die zu x nächstkleinere ganze Zahl,} \\ \quad \text{falls x nicht ganzzahlig ist.} \end{cases}$$

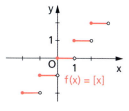

Der Zahl 3,5 wird also die 3, der Zahl 2,9 die 2 zugeordnet.

1 Funktionen

Übungen

1. *Nennen Sie* Beispiele für funktionale Zusammenhänge aus Ihrer Erfahrungswelt,
   - die mit Gleichungen beschrieben werden können;
   - die abschnittsweise definierte Funktionen sind;
   - für die es keine Gleichung gibt.

2. *Entscheiden Sie*, ob es sich bei den folgenden Abbildungen um Graphen von Funktionen handeln kann.

   a) 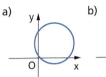 b)   c)   d) 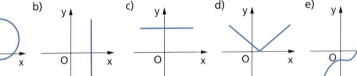 e)

3. Gegeben sind die Funktionen $y = f(x) = x^2$ mit $x \in \mathbb{R}$ sowie $y = g(x) = x^2$ mit $x \in \mathbb{Z}$. *Untersuchen Sie* Gemeinsamkeiten und Unterschiede bei der Darstellung als Wortvorschrift, Wertetabelle und Graph.

4. *Überprüfen Sie* jeweils, ob die Zuordnungen Funktionen $y = f(x)$ beschreiben. *Geben Sie* ggf. eine Funktionsgleichung *an* und *berechnen Sie* $f(1{,}5)$ und $f(7)$.

   a)
x	3	5	8	10	15
y	7	11	17	21	31

   b)
x	0	2	2	5	8
y	3	–7	7	13	19

   c)
x	–4	0	2	8	14
y	–3	0	1,5	6	10

   d)
x	–1	0	2,5	5	3,8
y	–1	–2	4,25	23	12,44

5. *Stellen Sie* die Funktionen *grafisch dar*.

   a) $f(x) = -\frac{1}{2}x + 2$ \qquad b) $f(x) = x^2 - 1$ \qquad c) $f(x) = \begin{cases} x^2 & \text{für} & x \leq 0 \\ x & \text{für} & 0 < x < 2 \\ 2 & \text{für} & x \geq 2 \end{cases}$

6. Um Funktionsgleichungen richtig in einen Rechner einzugeben, müssen in vielen Fällen Klammern gesetzt werden.
   Geben Sie folgende Gleichungen *ein*, *vergleichen Sie* die Bildschirmdarstellung mit der Aufgabe und korrigieren Sie gegebenenfalls Ihre Eingabe.

   a) $f(x) = \frac{5x - 2}{x - 3}$ \qquad b) $f(x) = 5x - \frac{2}{x - 3}$ \qquad c) $f(x) = \frac{1}{2x} \cdot e^{x+1} - 2$ \qquad d) $f(x) = \sqrt{\frac{1}{2}x^2 + 5}$

7. *Stellen Sie* die Funktionen von Aufgabe 6 grafisch *dar*.

8. Wie viele verschiedene Ausdrücke kann man durch Einfügen von
   a) einem Klammerpaar;   b) zwei Klammerpaaren
   in die Zeichenkette $4x - 1/x - 5$ erzeugen? Geben Sie die verschiedenen Terme an.

9. *Zeichnen Sie* die durch Parametergleichungen gegebenen Kurven mit Funktionsplotter oder CAS.
   a) $x = 2t + 1; \; y = t^2 + 4t \quad (-5 \leq t \leq 2)$ \qquad b) $x = t \cdot \cos t; \; y = t \cdot \sin t \quad (0 \leq t \leq 8\pi)$
   c) $x = 2 \cdot \sin 3t; \; y = 3 \cdot \sin 2t \quad (0 \leq t \leq 2\pi)$

10. *Formen Sie* die in Aufgabe 9a gegebene Parametergleichung in eine parameterfreie Gleichung der Form $y = f(x)$ *um*. *Stellen Sie* die Funktion $y = f(x)$ *grafisch dar* und *vergleichen Sie* mit der Lösung von Aufgabe 9a.

1 Funktionen

11. Durch die Parametergleichungen $x = f_1(t) = k \cdot \sin t$, $y = f_2(t) = k \cdot \cos t$ und $z = f_3(t) = t$ mit $0 \leq t \leq \pi$ ist eine Schar von Raumkurven, die sogenannte Spiraltreppenfunktion, definiert. *Stellen Sie* eine solche Funktion als 3-D-Objekt grafisch *dar*.

12. *Nennen Sie* praktische Zusammenhänge, die sich durch lineare, quadratische oder Exponentialfunktionen beschreiben lassen.

13. *Ordnen Sie* den einzelnen Funktionsgraphen die entsprechenden Funktionen *zu*.
 a) $f(x) = -5x^2 + 3x - 2$ 3   b) $f(x) = (x-2)^2$ 6   c) $f(x) = \sqrt{x-1}$ 4
 d) $f(x) = \ln(x-1)$ 2   e) $f(x) = 2 \cdot e^{x-1}$ 1   f) $f(x) = |x+2|$ 5

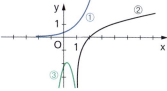
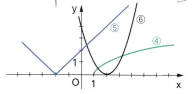

14. *Geben Sie an*, welche Funktionen f_1 bis f_6 durch die jeweiligen Graphen dargestellt sein könnten. *Überprüfen Sie* Ihr Ergebnis, indem Sie die Funktionen grafisch darstellen und mit den Abbildungen vergleichen.

$f_4 = 2^{x-1}$ $f_5 = x$

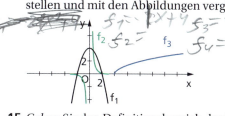

$f_1 = $ $f_3 = \sqrt{x-4}$
$f_2 = $ $f_4 = $

$f_6 = \log_3 x + 1$

15. *Geben Sie* den Definitionsbereich der Funktionen *an* und *stellen Sie* diese grafisch *dar*. $D(a) = \mathbb{R}$ $D(d) = $ $D(b) = \mathbb{R}\setminus\{1\}$ e) c) $x \geq 2$
 a) $f(x) = x^3 + 4x^2 - 1{,}5x$ b) $f(x) = \dfrac{5x^2 - 25x + 80}{x-1}$ c) $f(x) = \ln(x-2)$
 d) $f(x) = (1-x^2) \cdot e^x$ e) $f(x) = \sin(\pi - x)$ $\mathbb{R}$ f) $f(x) = 2 - x + \sqrt{x+4}$ $x \geq -4$

16. *Bestimmen Sie* jeweils die Gleichung der linearen Funktion, deren Graph durch die Punkte P_1 und P_2 verläuft.
 a) $P_1(1; -1)$, $P_2(5; 0)$ b) $P_1(\sqrt{2}; 2)$, $P_2(\sqrt{8}; 16)$ c) $P_1(-2; \tfrac{1}{2})$, $P_2(2{,}8; \tfrac{1}{2})$

$y = 0{,}25x - 1{,}25$

17. *Definieren Sie* die in den Abbildungen eingezeichnete Höhe h als Funktion von x.

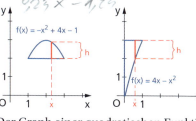
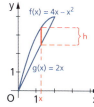
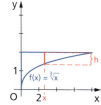

18. Der Graph einer quadratischen Funktion der Form $f(x) = ax^2 + bx + c$ mit a, b, c $\in \mathbb{R}$ verläuft durch die Punkte P_1, P_2 und P_3. *Berechnen Sie* jeweils die Werte a, b und c.
 a) $P_1(-5; 40)$, $P_2(-2; 13)$ und $P_3(5; 20)$ b) $P_1(0{,}25; 4{,}25)$, $P_2(0; -4)$ und $P_3(10; 416)$

19. *Führen Sie* für die Funktionen $f(x) = \sqrt{x}$ und $g(x) = 2x$ die Verkettung $g \circ f$ *durch*. *Vergleichen Sie* mit der im Beispiel auf Seite 18 vorgenommenen Verkettung $f \circ g$.

20. *Stellen Sie* die Funktionen $f_1(x) = (x-1)\,\text{sgn}\,x$ und $f_2(x) = 2\,\text{int}\,\tfrac{1}{3}x$ grafisch *dar*.

1 Funktionen

1.2 Eigenschaften reeller Funktionen

*Die Entwicklung neuer Pkw wird mehr und mehr vom kostenbewussten Verhalten der Käufer bestimmt.
Neben technischen Innovationen spielen Anschaffungskosten sowie Kraftstoffverbrauch eine immer größere Rolle.*

Die Tabelle zeigt den Benzinverbrauch eines Pkw bezogen auf 100 km in Abhängigkeit von der Geschwindigkeit.

Geschwindigkeit in $\frac{km}{h}$	20	40	50	60	70	90	100	120	140	160
Benzinverbrauch in $\frac{l}{100\,km}$	7,5	5,0	4,3	3,9	3,5	3,8	4,1	5,5	7,7	10,7

Ein Hersteller von Kleinwagen hat Gesamtkosten, die sich mittels einer Kostenfunktion K mit $K(x) = \frac{1}{5}x^3 - 2x^2 + 8x + 20$ (K(x) in Tausend Euro) darstellen lassen. Hierbei sei x die Anzahl der pro Tag produzierten Fahrzeuge. Der Erlös lässt sich als lineare Funktion E mit $E(x) = px$ darstellen. Der Preis für ein Auto sei p und soll 9 990 € betragen.

Arbeitsaufträge

1. Bestimmen Sie eine Funktion f, welche den dargestellten Benzinverbrauch in Abhängigkeit von der Geschwindigkeit v im Bereich zwischen $40\,\frac{km}{h}$ und $160\,\frac{km}{h}$ annähernd beschreibt.
2. Geben Sie für diesen Pkw mithilfe der Funktion f näherungsweise die Geschwindigkeit an, bei welcher der Benzinverbrauch minimal wird.
3. Untersuchen Sie, ob die Funktion f für $v \to 0$ den Benzinverbrauch realistisch beschreibt. (Dies wäre die Situation, wenn das Fahrzeug bei laufendem Motor steht.) Begründen Sie Ihre Aussage.
4. Stellen Sie die Kostenfunktion grafisch dar und diskutieren Sie den Verlauf des Graphen von K. Geben Sie den Bereich an, für welchen es sinnvoll ist, die Gesamtkosten des Herstellers mit K(x) zu beschreiben.
5. Ermitteln Sie das Intervall der pro Tag produzierten Fahrzeuge, bei dem die Produktion gewinnbringend verläuft.
6. Bestimmen Sie die Anzahl der an einem Tag gefertigten Autos, bei welcher der Gewinn des Herstellers bei entsprechendem Absatz maximal wird.
Geben Sie den maximalen Gewinn pro Tag an.

Um das Änderungsverhalten von Funktionen mathematisch erfassen und beschreiben zu können, bedient man sich grundlegender Eigenschaften von Funktionen.
In der Tabelle auf der folgenden Seite sind solche Eigenschaften zusammengefasst.

1 Funktionen

Eigenschaften	Beispiel
Eine Zahl x_0 heißt **Nullstelle** der Funktion f, wenn $f(x_0) = 0$ gilt. Der Schnittpunkt des Graphen von f mit der x-Achse hat die Koordinaten $S_x(x_0; 0)$. Im Punkt $S_y(0; f(0))$ schneidet der Graph von f die y-Achse.	Gesucht: Nullstellen von $f(x) = -2x^2 - 3x + 2$ $-2x^2 - 3x + 2 = 0$ $x^2 + \frac{3}{2}x - 1 = 0 \Rightarrow x_1 = -2;\ x_2 = \frac{1}{2}$ $\Rightarrow S_{x_1}(-2; 0)\ S_{x_2}(\frac{1}{2}; 0)$ $f(0) = 2 \Rightarrow S_y(0; 2)$
Eine Funktion f heißt **gerade**, wenn für alle x mit $x \in D_f$ und $-x \in D_f$ gilt: $f(-x) = f(x)$ Der Graph einer geraden Funktion ist **achsensymmetrisch** zur y-Achse.	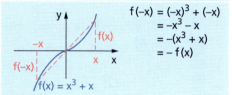 $f(-x) = -(-x)^2 + 3$ $= -x^2 + 3$ $= f(x)$
Eine Funktion heißt **ungerade**, wenn für alle x mit $x \in D_f$ und $-x \in D_f$ gilt: $f(-x) = -f(x)$ Der Graph einer ungeraden Funktion ist **punktsymmetrisch** zum Koordinatenursprung $O(0; 0)$.	$f(-x) = (-x)^3 + (-x)$ $= -x^3 - x$ $= -(x^3 + x)$ $= -f(x)$
Eine Funktion $y = f(x)$ heißt **umkehrbar**, wenn die Zuordnung $x \mapsto y$ umkehrbar eindeutig ist. Die **Umkehrfunktion (inverse Funktion)** wird meist mit $\overline{f}$ bezeichnet. Es ist stets $D_{\overline{f}} = W_f$ und $W_{\overline{f}} = D_f$.	Gegeben: $y = f(x) = \ln(x - 2); x \in \mathbb{R}, x > 2$ Gesucht: $y = \overline{f}(x)$ (1) $y = f(x)$ nach x auflösen: $y = \ln(x - 2) \Rightarrow e^y = e^{\ln(x-2)} = x - 2$ $\Rightarrow x = e^y + 2$ (2) x und y vertauschen: $y = \overline{f}(x) = e^x + 2$
Eine Funktion f heißt in einem Intervall I von D_f **monoton wachsend (fallend)**, wenn für beliebige $x_1, x_2 \in I$ gilt: $x_1 < x_2 \Rightarrow f(x_1) \leq f(x_2)$ (bzw. $f(x_1) \geq f(x_2)$) Gilt sogar $x_1 < x_2 \Rightarrow f(x_1) < f(x_2)$ (bzw. $f(x_1) > f(x_2)$), so heißt f **streng monoton wachsend (fallend)**.	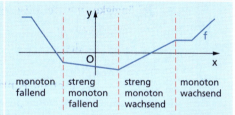 monoton fallend | streng monoton fallend | streng monoton wachsend | monoton wachsend
Der größte Funktionswert einer Funktion heißt **Maximum**, der kleinste Funktionswert heißt **Minimum** von f. Maximum und Minimum werden als **Extremwerte** von f bezeichnet.	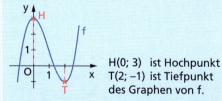 $H(0; 3)$ ist Hochpunkt $T(2; -1)$ ist Tiefpunkt des Graphen von f.
Eine Funktion f heißt **periodisch**, wenn es eine Zahl $p > 0$ gibt, sodass für jedes x, $(x + p) \in D_f$ gilt $f(x + p) = f(x)$. Die kleinste derartige Zahl p wird **Periode** von f genannt. Die Sinusfunktion $f(x) = a \cdot \sin(bx + c)$ hat die Periode $\frac{2\pi}{|b|}$.	Die Funktion $f(x) = -2 \cdot \sin(4x - \pi)$ hat die Periode $\frac{2\pi}{4} = \frac{\pi}{2}$; es gilt $f(x + \frac{\pi}{2}) = f(x)$. 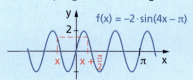

1 Funktionen

Ausgewählte Verfahren zum Ermitteln von Nullstellen

Die Nullstellen einer Funktion y = f(x) *rechnerisch* zu bestimmen verlangt, die Gleichung f(x) = 0 zu lösen. Ganzrationale Funktionen n-ten Grades besitzen höchstens n (reelle) Nullstellen, die man für n = 1 und n = 2 leicht ermitteln kann.
Da für Gleichungen höheren Grades in der Regel keine Lösungsformel zur Verfügung steht, versucht man, eine erste Lösung x_0 durch Probieren zu finden.
Ist x_0 eine Nullstelle von f, so ist der Funktionsterm von f durch $(x - x_0)$ teilbar. Das heißt, es gibt eine Funktion g mit y = g(x) der Art, dass $f(x) = (x - x_0) \cdot g(x)$ gilt.
Das durch Abspalten des Linearfaktors $(x - x_0)$ entstehende Polynom g(x) erhält man durch die **Polynomdivision** $f(x) : (x - x_0)$. Das Lösen der Gleichung g(x) = 0 liefert schließlich – sofern vorhanden – die weiteren Nullstellen von f.

Nullstellen einer ganzrationalen Funktion

Um die maximal drei Nullstellen der Funktion $f(x) = x^3 + x^2 - 4x - 4$ zu ermitteln, lösen wir die Gleichung $x^3 + x^2 - 4x - 4 = 0$. Die erste Nullstelle $x_1 = -1$ kann durch Probieren gefunden werden, woraus $x^3 + x^2 - 4x - 4 = (x - (-1)) \cdot g(x)$ folgt.
Eine Gleichung der Funktion g(x) wird durch Polynomdivision bestimmt, die in Analogie zum schriftlichen Dividieren ganzer Zahlen verläuft:

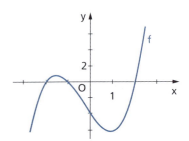

$$(x^3 + x^2 - 4x - 4) : (x + 1) = x^2 - 4$$
$$\underline{-(x^3 + x^2)}$$
$$-4x - 4$$
$$\underline{-(-4x - 4)}$$
$$0$$

Damit gilt die Zerlegung
$x^3 + x^2 - 4x - 4 = (x + 1) \cdot (x^2 - 4)$.
Aus $x^2 - 4 = 0$ erhalten wir die weiteren Nullstellen $x_2 = 2$ und $x_3 = -2$.

Nullstellen einer gebrochenrationalen Funktion

Gesucht sind die Nullstellen der Funktion $f(x) = \frac{x^2 - 4}{x + 2}$.
Es ist sofort einsichtig, dass der Term $\frac{x^2 - 4}{x + 2}$ den Wert 0 annimmt, wenn $x^2 - 4 = 0$ ist. Das lässt $x_1 = 2$ und $x_2 = -2$ als Nullstellen vermuten.
Die grafische Darstellung zeigt aber, dass nur x_1 als Nullstelle infrage kommt. Setzt man x_1 und x_2 in den *Nenner* ein, erhält man für $x_2 = -2$

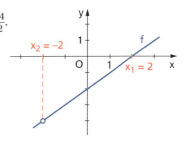

ebenfalls 0. Damit ist der Funktionsterm an der Stelle $x_2 = -2$ nicht definiert.
Somit ist $x_1 = 2$ einzige Nullstelle von f. An der Stelle $x_2 = -2$ besitzt der Graph der Funktion f eine Lücke. Derartige Stellen werden im Abschnitt 3 näher untersucht.

Nullstellen einer gebrochenrationalen Funktion
x_0 ist Nullstelle der Funktion $f(x) = \frac{u(x)}{v(x)}$, wenn $u(x_0) = 0$ und $v(x_0) \neq 0$.

1 Funktionen

Varianten einer rechnergestützten Funktionsuntersuchung

Der Einsatz elektronischer Hilfsmittel erleichtert nicht nur die grafische Darstellung von Funktionen, er eröffnet auch völlig neue Wege zum Lösen mathematischer Probleme. Von großem Vorteil ist es, dass PC oder GTR die Möglichkeit bieten, relativ unkompliziert zwischen Funktionsterm, grafischer Darstellung und Wertetabelle „hin und her zu schalten", sodass der Sachverhalt von verschiedenen Seiten betrachtet werden kann.

Die Wurfbahn der Kugel beim Kugelstoßen kann mithilfe der Gleichung des schrägen Wurfs $f(x) = \tan\alpha \cdot x - \frac{g}{2v_0^2 \cos^2\alpha} x^2 + h_0$ beschrieben und untersucht werden.

Der Stoß erfolgt mit einer Anfangsgeschwindigkeit v_0 unter einem Abwurfwinkel α. Die Abwurfhöhe h_0 wird durch Körpergröße und Technik des Kugelstoßers bestimmt. Die Größe g steht für die Fallbeschleunigung auf der Erde und kann mit $g \approx 9{,}81 \frac{m}{s^2}$ angenommen werden.

f ist eine quadratische Funktion der Form $f(x) = ax^2 + bx + c$ mit $a = -\frac{g}{2v_0^2 \cos^2\alpha}$, $b = \tan\alpha$ und $c = h_0$.

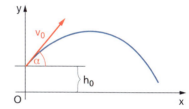

Setzen wir g, h_0 und auch v_0 als feststehend voraus, so hängt die Wurfparabel nur noch vom Abwurfwinkel α ab. Durch systematisches Probieren mit unterschiedlichen Parameterwerten können nun verschiedene Eigenschaften untersucht werden. Die vor allem interessierende Wurfweite entspricht im xy-Diagramm der Entfernung vom Koordinatenursprung bis zur Nullstelle. Damit besteht das eigentliche Problem im Ermitteln der Nullstelle in Abhängigkeit vom Abwurfwinkel.

(1) Grafische Lösung

In einer ersten Versuchsreihe werden $v_0 = 14 \frac{m}{s}$ und $h_0 = 1{,}9$ m vorausgesetzt. Exemplarisch werden nun drei Funktionen mit $\alpha = 30°$, $\alpha = 45°$ und $\alpha = 60°$ definiert und grafisch dargestellt. Die Nullstellen können näherungsweise abgelesen werden. Offensichtlich wird die größte Weite bei einem Abwurfwinkel von 45° erreicht.

Zur Verbesserung der Ablesegenauigkeit stehen in der Regel zusätzliche Funktionen wie ZOOM, TRACE oder (wie hier verwendet) ZERO zur Verfügung.

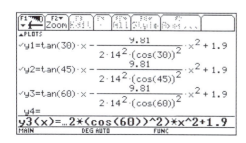
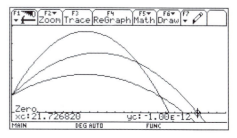

1 Funktionen

(2) Aufstellen von Wertetabellen

Da mit GTR oder Computer sehr schnell Wertetabellen aufgestellt werden können, lassen sich die Nullstellen x_0 auch darüber näherungsweise bestimmen:
Da $f_2(21) = +0{,}82750$ und $f_2(22) = -0{,}3247$ ist, gilt für die Nullstelle $21 < x_0 < 22$.
Durch Verkleinern der Schrittweite kann die Nullstelle nun systematisch eingeschachtelt werden.

(3) Nullstellenberechnung

Zur Berechnung der Nullstelle ist die Gleichung $\tan 45° \cdot x - \dfrac{9{,}81}{2 \cdot 14^2 \cos^2 45°} x^2 + 1{,}9 = 0$ zu lösen. Hierfür kann die *Solve*-Funktion eines CAS genutzt werden:

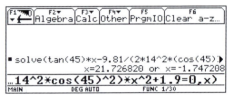

Der *Solve*-Operator wird durch die Gleichung und – durch Komma getrennt – durch die aufzulösende Variable ergänzt.
Das CAS liefert sofort zwei Nullstellen,

von denen $x \approx 21{,}73$ (m) als Wurfweite interpretiert wird.

Funktionsscharen

Die im Beispiel „Kugelstoßen" betrachtete Funktion enthält neben der Variablen x noch die Parameter α, v_0 und h_0. Indem wir $v_0 = 14\,\frac{m}{s}$ und $h_0 = 1{,}90$ m setzen, entstand eine Funktion, die zusätzlich zur Variablen x den Parameter α enthält.

Da zu jedem reellen Wert von α eine eindeutig bestimmte Funktion gehört, beschreibt der Funktionsterm $f_\alpha(x) = \tan \alpha \cdot x - \dfrac{9{,}81}{2 \cdot 14^2 \cos^2 \alpha} + 1{,}9$ eine *Menge* von Funktionen.

Eine solche Menge von Funktionen heißt **Funktionsschar**. Die zugehörigen Graphen bilden eine **Kurvenschar**; die Parameter werden **Scharparameter** genannt.

Darstellen einer Funktionsschar

Die Gleichung $f_b(x) = x^2 + bx + 2$ mit $b \in \mathbb{R}$ beschreibt eine Schar quadratischer Funktionen. Aus der grafischen Darstellung der Parabelschar, z. B. für $b \in \{-4; -2; 0; 2; 4\}$, können Aussagen über die Anzahl der Nullstellen oder die Lage des Scheitelpunktes in Abhängigkeit vom Parameter b abgeleitet werden.
Verbindet man etwa die Scheitelpunkte der Parabeln, so erhält man eine neue Kurve, die **Ortskurve** der Scheitelpunkte.

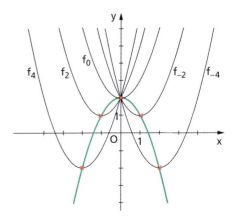

1 Funktionen

Die *Gleichung der Ortskurve* kann experimentell durch schrittweises Verändern einer anfänglich vermuteten Gleichung bestimmt werden. Gibt man letztlich die Funktionsgleichung $y = -x^2 + 2$ ein, so liegen alle Scheitelpunkte auf der Kurve.
Aus den allgemeinen Scheitelpunktskoordinaten $S\left(-\frac{p}{2}; -\frac{p^2}{4} + q\right)$ lässt sich die Gleichung auch rechnerisch ermitteln:
Der Gleichung der Funktionsschar f_b ist zu entnehmen, dass $p = b$ und $q = 2$ ist. Also ist $x = -\frac{b}{2}$ und damit $b = -2x$. Aus $y = -\frac{p^2}{4} + q = -\frac{b^2}{4} + 2$ und $b = -2x$ erhalten wir schließlich die Gleichung der Ortskurve $y = -\frac{(-2x)^2}{4} + 2 = -x^2 + 2$.

Elektronische Hilfsmittel erleichtern das Bestimmen grundlegender Eigenschaften von Funktionen erheblich. Trotzdem darf ihre relativ einfache Handhabung nicht dazu führen, sie kritiklos zu verwenden. Die folgenden Beispiele zeigen grafische Darstellungen von Funktionen, die sehr schnell zu Irrtümern führen können.
Die grafische Darstellung der Funktionen $f(x) = 2x^2 - 3,5$ und $g(x) = \frac{1}{4}x^3$ in einem meist üblichen und ausreichenden Koordinatensystem zeigt zwei Schnittpunkte. Ihre Koordinaten können näherungsweise mit $S_1(-1,2; -0,5)$ und $S_2(1,5; 0,8)$ abgelesen werden. Bei unkritischer Betrachtung wäre die Aufgabe damit scheinbar gelöst. Eine Veränderung des Darstellungsbereichs zeigt aber, dass es noch einen dritten Schnittpunkt mit näherungsweise $S_3(8; 120)$ gibt.

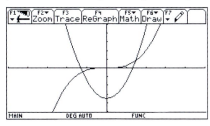 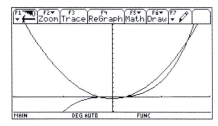

Die mit einer Tabellenkalkulation erzeugte grafische Darstellung der Funktion $y = f(x) = \frac{1}{x}$ ist in zweierlei Hinsicht fehlerhaft. Zum einen erscheint der Graph durch die Verbindung einzelner Punkte eckig, zum anderen wird in der Umgebung der Stelle $x_0 = 0$ ein falscher

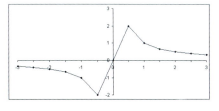

Funktionsverlauf vorgetäuscht. Die Ursache liegt in beiden Fällen darin, dass der Graph als eine Verbindung von Punkten gezeichnet wird, deren Koordinaten im Rechner intern in Form von Listen oder Wertetabellen berechnet werden.
Die Darstellung der Funktion in der Umgebung der Stelle $x = 0$ lässt sich korrigieren, wenn man berücksichtigt, dass die Funktion an dieser Stelle nicht definiert ist. Die in der Tabellenkalkulation anzulegende Tabelle darf also den Wert $x_0 = 0$ nicht enthalten. Vorzugeben sind deshalb zwei Tabellen mit $x < 0$ bzw. $x > 0$.
Da jeder Funktionsplotter vor dem Zeichnen intern eine Wertetabelle erzeugt, kann dieses Darstellungsproblem auch bei GTR und CAS auftreten. Abhilfe schafft in der Regel eine Änderung der voreingestellten Zeichengenauigkeit.

1 Funktionen

Übungen

1. *Geben Sie* ohne Berechnung die größtmögliche Anzahl der Nullstellen *an*.
   Begründen Sie Ihre Aussage.
   a) $f(x) = x^5 - 101x^3 + 100x$ b) $f(x) = e^{x+1}$ c) $f(x) = \frac{1}{x^2} - 2$ d) $f(x) = \frac{x^4 - 2x}{x - 1}$

2. *Beschreiben Sie* die Symmetrieeigenschaften der Funktionen.
   a) $f(x) = 3x^4 + x^2 - 5$ b) $f(x) = |x| - 2$ c) $f(x) = \sin(x - \frac{\pi}{2})$ d) $f(x) = \frac{2}{x^2}$

3. *Ermitteln Sie* rechnerisch die Nullstellen der Funktionen.
   a) $f(x) = 4x^3 - 6x^2$ b) $f(x) = -4x^4 + 2x^2 + 4$ c) $f(x) = x^3 - 2x^2 - x + 2$
   d) $f(x) = (x + 2)e^{x^2 - 1}$ e) $f(x) = \sin^2 x + \sin x - 2$ f) $f(x) = \sin(-x + \pi)$
   g) $f(x) = \frac{x^2 - 1}{x + 1}$ h) $f(x) = \frac{x^2 + 2x - 3}{x^2 - 9}$ i) $f(x) = \frac{2x^2 - x}{e^x - 1}$

4. Die folgenden Aussagen sind verschiedenen Tageszeitungen entnommen.
   Prüfen Sie, in welchen Formulierungen Extrempunkte beschrieben werden:
   „... die Aktie peilt einen neuen Tiefststand an. Sollte der Wert die Marke von 42,70 €
   nach unten durchbrechen – also den Tiefstand vom Dezember – so wäre eine Fortsetzung der Abwärtsbewegung möglich und wahrscheinlich."
   „Als Gipfel der Überheblichkeit erscheinen dann aber die Äußerungen ..."
   „Der Wachstumsrückgang nimmt zu und erreicht einen Höchststand."

5. *Zeichnen Sie* die Graphen der Funktionen.
   Untersuchen Sie das Monotonieverhalten und *geben Sie*, sofern vorhanden, Nullstellen sowie Hoch- und Tiefpunkte der Funktionsgraphen *an*.
   a) $f(x) = 3x + x^2$ b) $f(x) = x^3 - 2x$ c) $f(x) = x - \frac{1}{x}$
   d) $f(x) = \sqrt{x - x^2}$ e) $f(x) = |x - 1|$ f) $f(x) = x \cdot \sin x$ $(-1 \leq x \leq 6)$
   g) $f(x) = -\frac{1}{4} \cdot \sin 4x - \frac{1}{4}$ h) $f(x) = x^2 \cdot e^{-x}$ i) $f(x) = x - (\sin x + \frac{\pi}{2})$

6. *Beschreiben Sie* den Verlauf der Graphen folgender Funktionen im Vergleich zum
   Graphen von $f(x) = e^x$ und *überprüfen Sie* Ihre Aussagen mithilfe eines CAS:
   $f_1(x) = e^{-x}$; $f_2(x) = -e^x$; $f_3(x) = -e^{-x}$; $f_4(x) = -e^{-x} - 1$

7. Der Oberflächeninhalt eines Kreiszylinders lässt sich als Funktion vom Radius und
   als Funktion von der Höhe darstellen.
   a) *Stellen Sie* die Funktionsgleichungen *auf, benennen Sie* die abhängige und die
      unabhängige Variable sowie den jeweils freien Parameter und *stellen Sie* beide
      Funktionsscharen für ausgewählte Parameter *grafisch dar*.
   b) *Interpretieren Sie* beide Darstellungen.

8. Gegeben ist eine Funktionsschar $f_k(x) = k(x + 2)^2 + 3$.
   a) *Stellen Sie* die Schar für $k \in \{-3; -2; -1; 0; 1; 2; 3\}$ *grafisch dar*.
   b) *Bestimmen Sie* k so, dass f_k die Nullstelle $x_0 = 3$ hat.

9. Gegeben ist eine Funktionsschar $f_k(x) = \frac{1}{6k}x^3 - x^2 + \frac{3}{2}kx$.
   a) *Stellen Sie* die Schar durch mindestens fünf Kurven *grafisch dar*.
   b) *Ermitteln Sie* die Gleichung für die Ortskurve der Hochpunkte der Kurvenschar.

10. *Zeichnen Sie* die Graphen der Funktionen $f_1(x) = 3^x$, $f_2(x) = 4^x$, $f_3(x) = \left(\frac{1}{2}\right)^x$ und
    $f_4(x) = \left(\frac{1}{4}\right)^x$ und *lösen Sie* anhand der Graphen die folgenden Ungleichungen.
    a) $4^x < 3^x$ b) $4^x > 3^x$ c) $\left(\frac{1}{4}\right)^x < \left(\frac{1}{2}\right)^x$ d) $\left(\frac{1}{4}\right)^x > \left(\frac{1}{2}\right)^x$

1 Funktionen

11. *Überprüfen Sie*, welche der folgenden vier Abbildungen eine grafische Darstellung der Funktion $f(x) = x^2 + 0{,}5 \cdot \sin 5x$ sein könnte.

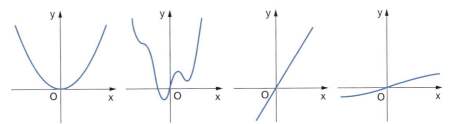

12. *Untersuchen Sie* den Einfluss des Parameters a mit $a \in \mathbb{R}$; $a \neq 0$ auf den Verlauf des Funktionsgraphen.
   a) $f(x) = ax^2 + 1$ b) $f(x) = x^2 - ax + 2$ c) $f(x) = e^{ax}$ d) $f(x) = \sin ax$

13. *Zeichnen Sie* die abgebildete Ellipse mithilfe von Funktionen.

14. Welche Punkte des Graphen der Funktion $f(x) = \frac{1}{x^3}$ haben den kleinsten Abstand zu den Punkten $P_1(2; 2)$ bzw. $P_2(3; 2)$?

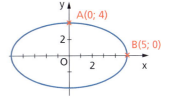

15. Marc will ein Aquarium mit einem Rauminhalt von 80 *l* bauen. Aufgrund des vorgesehenen Stellplatzes darf die Höhe maximal 40 cm betragen. Welche Maße muss das Aquarium haben, wenn sein Oberflächeninhalt möglichst klein sein soll?

16. Ein Sportartikelhersteller rechnet bei der Markteinführung eines neuen Kraftsportgeräts mit einem Gewinn G (in Euro) von $G(x) = -45x^3 + 2500x^2 - 275000$, wobei x die eingesetzten Werbungskosten (in tausend Euro) sind.
Erstellen Sie einen Vorschlag für den Hersteller, der mindestens einen Gewinn von 800 000 € erzielen möchte.

17. Eine Messung des atmosphärischen Luftdrucks p in verschiedenen Höhen über dem Meeresspiegel ergab folgende Werte:

h in km	0	5	10	15	20
p in Pa	101293	54735	23294	12157	5069

Die Messwerte lassen sich durch die Funktion $p(h) = 102\,303 \cdot e^{-0{,}137h}$ modellieren.
   a) *Stellen Sie* die Messwerte und den Graphen der modellierten Funktion p in ein und demselben Grafikfenster *dar*.
   b) *Stellen Sie* für die Modellfunktion eine Wertetabelle *auf*, *vergleichen Sie* die berechneten mit den gemessenen Daten und *bewerten Sie* das verwendete Modell.
   c) *Ermitteln Sie* den Luftdruck in einer Höhe von 8 km.
   d) *Bestimmen Sie* die Höhe, in welcher der Luftdruck 21 000 Pa beträgt.

18. *Erstellen Sie* ein Poster (ein Domino, ein Würfelspiel) zu wesentlichen Eigenschaften von Funktionen.

1 Funktionen

1.3 Numerische Verfahren zum Lösen von Gleichungen

Mathematische Problemstellungen führen häufig auf Gleichungen, für deren Lösung exakte Verfahren nicht bekannt oder zu aufwendig sind, z. B. auf Gleichungen der folgenden Form:
$3x^3 = x^2 - 3x + 1; \qquad x^4 = 2x^3 + 4; \qquad \frac{1}{2}x = \cos x$

Solche Gleichungen lassen sich oft mit hinreichender Genauigkeit numerisch lösen. Auch Taschenrechner oder Computer wenden hierfür meist numerische Verfahren an. Die numerische Mathematik, kurz Numerik genannt, gehört zu den klassischen Teilgebieten der Mathematik. Sie beschäftigt sich mit der Entwicklung und Anwendung algorithmischer Verfahren zur exakten oder näherungsweisen Berechnung von Lösungen meist praxisorientierter Aufgaben.

Mit der Entwicklung leistungsfähiger digitaler Rechenanlagen stieg die Bedeutung numerischer Verfahren rasant. Mit den heute möglichen mehr als zehn Millionen Additionen pro Sekunde bewältigen Computer und elektronische Taschenrechner Algorithmen mit einer sehr hohen Geschwindigkeit und auch Genauigkeit.

Ein kugelförmiger Behälter mit dem Radius r soll zu drei Viertel seines Fassungsvermögens mit Flüssigkeit gefüllt werden.
Wie hoch ist dann der Flüssigkeitspegel an der tiefsten Stelle des Behälters?

Arbeitsaufträge

1. Lösen Sie die Gleichungen ohne Verwendung eines CAS.
    a) $4x^2 + x = \frac{3}{2}$
    b) $5x^2 - 9x - 22 = 2x^2 - 12x + 14$
    c) $x^2 + x - 1 = 0$
    d) $0{,}5x^4 - 4{,}5x^2 = 10$
    e) $x^5 - 10x^3 + 9x = 0$
    f) $\sin\left(x - \frac{\pi}{4}\right) = \frac{1}{2}$
    g) $x^3 - 2x^2 - 16x + 32 = 0$

2. Stellen Sie die Funktionen grafisch dar und lesen Sie die Nullstellen ab.
    a) $f(x) = 2x + 2 - x^3$
    b) $f(x) = \sin x + x - 1$
    c) $f(x) = \cos x - x$

3. Ermitteln Sie für folgende Gleichungen Näherungslösungen mit einer Genauigkeit von zwei Dezimalstellen:
    $3x^3 = x^2 - 3x + 1; \qquad x^4 = 2x^3 + 4; \qquad \frac{1}{2}x = \cos x$
    Beschreiben Sie verschiedene Lösungswege.

4. Lösen Sie das oben beschriebene Problem „Kugelförmige Behälter", wenn der Behälter einen Durchmesser von 10 m hat.
    a) Leiten Sie die Gleichung zur Bestimmung der Pegelstandshöhe h mithilfe der Volumenformeln von Kugel und Kugelabschnitt her.
    b) Ermitteln Sie einen Näherungswert für h.
    c) Wie können Sie die Genauigkeit des Näherungswertes erhöhen?
        Geben Sie diesen mit einer Genauigkeit von vier Dezimalstellen an.

1 Funktionen

Gesucht ist eine Zahl x, sodass ein Würfel der Kantenlänge x volumengleich ist zu einer Säule der Länge 1− x, der Breite 1− x und der Höhe 1.

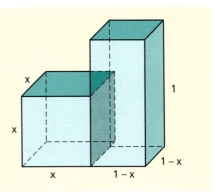

Arbeitsaufträge

1. Ermitteln Sie für den Fall der Volumengleichheit von Würfel und Säule einen Näherungswert für x. Suchen Sie nach unterschiedlichen Lösungsmöglichkeiten.
2. Wie können Sie die Genauigkeit des Näherungswertes erhöhen? Geben Sie den Näherungswert mit einer Genauigkeit von vier Dezimalstellen an.
3. Lösen Sie folgendes Zahlenrätsel: Ich denke mir eine Zahl, addiere zu ihrem Quadrat die Zahl 2, multipliziere diese Summe mit der gedachten Zahl, subtrahiere von diesem Produkt die Zahl 3 und erhalte die Zahl 30. Wie heißt die gesuchte Zahl?

*Viele mathematische Lösungsverfahren verlaufen nach einer genau festgelegten Schrittfolge bzw. Handlungsvorschrift. Eine solche Vorschrift, die aus einer endlichen Folge von eindeutig ausführbaren Anweisungen besteht, heißt **Algorithmus**.*

Die Bezeichnung „Algorithmus" geht auf den Namen des arabischen Mathematikers MUHAMMAD IBN MUSA AL-CHWARIZMI *(etwa 780 bis 850) zurück, der in seinem Werk „Hisab al´schabr wal mukàbala" („Das Buch vom Hinüberschaffen und vom Zusammenfassen") viele Regeln zum Lösen von Gleichungen beschrieben hat.*

Arbeitsaufträge

1. Bereiten Sie in der Gruppe einen Vortrag vor, in dem ein möglicher Zusammenhang zwischen dem Algorithmusbegriff und den oben beschriebenen Problemkreisen „Kugelförmige Behälter" bzw. „Volumengleichheit von Würfel und Säule" erläutert wird. Stellen Sie einen solchen Algorithmus auf.
2. Erläutern Sie die Lösungsstrategie des HERON-Verfahrens zum Berechnen von $\sqrt{a}$ und bestimmen Sie mit diesem Verfahren $\sqrt{10}$, $\sqrt{30}$ und $\sqrt{80}$ mit einer Genauigkeit von drei Dezimalstellen. Geben Sie die dazugehörige Iterationsfolge (x_i) an. Wie verhält sich der HERON-Algorithmus bei einem Startwert $0 < x_0 < \sqrt{\frac{a}{3}}$?

1 Funktionen

Die Gleichung $x^3 - x^2 + 2x - 1 = 0$ ist nicht exakt lösbar, d. h., es lässt sich keine Zahl angeben, die diese Gleichung erfüllt. Die Gleichung lässt sich aber näherungsweise lösen, indem man die Funktion f mit
$f(x) = x^3 - x^2 + 2x - 1$ grafisch darstellt
und die Nullstelle von f abliest.
Wird die Funktion mit einem Funktionsplotter oder GTR dargestellt, kann man sehr schnell einen Näherungswert
$x_1 \approx 0{,}6$ ablesen.
Die Probe ergibt $f(0{,}6) = 0{,}056$.

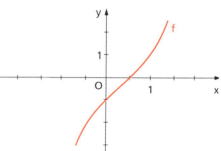

Stellen wir die Funktion in einem immer engeren Intervall um die Nullstelle herum grafisch dar, erhöhen wir damit auch die Ablesegenauigkeit:

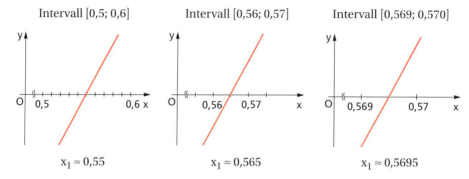

Das Intervall [0,569; 0,570] hat die Breite 0,001. Außerdem gilt $f(0{,}569) < 0$ und $f(0{,}570) > 0$. Damit können wir als Näherungswert $x_1 \approx 0{,}5695$ angeben und wissen, dass die Differenz zum exakten Wert kleiner als ein Tausendstel ist. Fortgesetztes Zoomen erzeugt immer kleinere Intervalle, in denen die Nullstelle x_1 liegt. Der Näherungswert wird dadurch immer genauer.

Auch die Gleichung $x^3 = x^2 - 2x + 1$ kann Ausgangspunkt einer grafischen Lösung sein. Indem wir die Terme links und rechts vom Gleichheitszeichen als Terme zweier Funktionen f und g auffassen, können wir die Graphen beider Funktionen zeichnen und die Koordinaten ihres Schnittpunkts $S(x_s; y_s)$ ablesen. Die Abszisse x_s ist Näherungslösung der Gleichung. Die Genauigkeit des Näherungswertes lässt sich wieder durch Zoomen des Zeichenintervalls erhöhen.

Wurden die Funktionen mit dem GTR dargestellt, so lassen sich die Schnittpunktskoordinaten sehr schnell mit dem Befehl *Intersection* ermitteln.

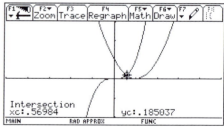

1 Funktionen

Bei der grafischen Lösungsmethode erfolgte die Annäherung an eine vorhandene Nullstelle durch schrittweise Verkleinerung des Zeichenintervalls. Dabei kann ein jeweils kleineres Intervall anhand der grafischen Darstellung leicht festgelegt werden. Dieses Verfahren lässt sich mithilfe von Wertetabellen auch auf numerische Berechnungen übertragen. Auch hier gilt, dass die Genauigkeit der Lösung durch Teilung des Intervalls schrittweise erhöht werden kann, sofern ein Intervall bekannt ist, in dem sich eine Nullstelle befindet. Da meist Teilungen in zwei Teilintervalle erfolgen, wird dieses Näherungsverfahren **Halbierungs- oder Bisektionsverfahren** genannt.

Ein erstes Intervall [a; b] wird einer grafischen Darstellung der Funktion entnommen, durch Probieren ermittelt oder mithilfe einer Wertetabelle gefunden. Dabei sind a und b geeignete Intervallgrenzen, wenn f(a) und f(b) unterschiedliche Vorzeichen haben, wenn also $f(a) \cdot f(b) < 0$ gilt.

Die folgenden Abbildungen veranschaulichen den Zusammenhang zwischen der Existenz von Nullstellen einer Funktion f in einem Intervall [a; b] und den Vorzeichen der Funktionswerte an den Randpunkten des Intervalls. Vorausgesetzt wird hierbei, dass sich der Graph der Funktion f im Intervall [a; b] durchzeichnen lässt, dass also keine Lücken oder Sprünge auftreten (vgl. Stetigkeit, S. 80 ff.)

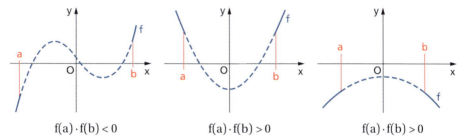

$f(a) \cdot f(b) < 0$ $f(a) \cdot f(b) > 0$ $f(a) \cdot f(b) > 0$

Im Intervall [a; b] existiert (wenigstens) eine Nullstelle.   Über die Existenz von Nullstellen im Intervall [a; b] ist keine Aussage möglich.

Dieser Zusammenhang wurde von dem böhmischen Philosophen und Mathematiker BERNARD BOLZANO (1781 bis 1848) erstmals formuliert.
Als **Nullstellensatz von BOLZANO** ist dieser Satz in vielen Mathematikbüchern enthalten.

Praktisch wird so vorgegangen, dass man ein Intervall sucht, an dessen Endpunkten die Funktionswerte unterschiedliche Vorzeichen haben. Ist ein erstes Intervall gefunden, wird dieses in zwei gleiche Teilintervalle zerlegt. Mithilfe der Funktionswerte an den Intervallendpunkten lässt sich feststellen, in welchem der beiden Teilintervalle sich eine gesuchte Nullstelle befindet. Nun wird dieses Intervall halbiert. Die Halbierung der Intervalle wird so lange wiederholt, bis eine Nullstelle exakt gefunden oder ein Näherungswert mit einer vorgegebenen Genauigkeit erreicht wurde.

1 Funktionen

Nullstellenermittlung durch Bisektion

Für die Funktion $f(x) = x^3 - x^2 + 2x - 1$ erhält man folgende Wertetabelle:

x	0,00	0,10	0,20	0,30	0,40	0,50	0,60	0,70	0,80	0,90	1,00
f(x)	−1,00	−0,81	−0,63	−0,46	−0,30	−0,13	0,06	0,25	0,47	0,72	1,00

Wir erkennen, dass $f(0,5)$ und $f(0,6)$ unterschiedliche Vorzeichen haben. Die Punkte $P_1(0,5; -0,13)$ und $P_2(0,6; 0,06)$ gehören zum Graphen von f, wobei P_1 unterhalb und P_2 oberhalb der x-Achse liegt. Da f eine über dem Intervall [0,5; 0,6] stetige Funktion ist, schneidet der Graph von f in diesem Intervall mindestens einmal die x-Achse. Es muss also eine Stelle $x_0 \in]0,5; 0,6[$ mit $f(x_0) = 0$ geben (siehe S. 32).

Durch Bisektion lässt sich die Nullstelle genauer eingrenzen:

Wir bestimmen den Mittelpunkt x_m des Intervalls [0,5; 0,6]

$$x_m = \frac{(a+b)}{2} = \frac{(0,5+0,6)}{2} = 0,55$$

und die Vorzeichen der Funktionswerte an allen Intervallendpunkten. Es gilt:

$f(0,5) = -0,125; \quad f(0,55) = -0,036; \quad f(0,60) = 0,056$

Aus den Vorzeichen folgern wir, dass die Nullstelle x_0 von f im Teilintervall [0,55; 0,60] liegen muss. Für eine noch größere Genauigkeit kann der Bisektionsschritt nun auf das Intervall [0,55; 0,60] angewandt werden.

Ein Vorteil der Bisektionsmethode besteht darin, dass die Bisektionsschritte in einer Tabellenkalkulation oder durch eine Programmiersprache erfasst werden können.

	A	B	C	D	E	F
1	Bisektionstabelle für $f(x) = x^3 - x^2 + 2x - 1$					
2						
3	a	f(a)	b	f(b)	x_m	$f(x_m)$
4	0.00000	-1.00000	1.00000	1.00000	0.50000	-0.12500
5	0.50000	-0.12500	1.00000	1.00000	0.50000	-0.12500
6	0.50000	-0.12500	0.75000	0.35938	0.75000	0.35938
7	0.50000	-0.12500	0.62500	0.10352	0.62500	0.10352
8	0.56250	-0.01343	0.62500	0.10352	0.56250	-0.01343
9	0.56250	-0.01343	0.59375	0.04428	0.59375	0.04428
10	0.56250	-0.01343	0.57813	0.01525	0.57813	0.01525
11	0.56250	-0.01343	0.57031	0.00087	0.57031	0.00087
12	0.56641	-0.00629	0.57031	0.00087	0.56641	-0.00629
13	0.56836	-0.00272	0.57031	0.00087	0.56836	-0.00272
14	0.56934	-0.00093	0.57031	0.00087	0.56934	-0.00093
15	0.56982	-0.00003	0.57031	0.00087	0.56982	-0.00003
16	0.56982	-0.00003	0.57007	0.00042	0.57007	0.00042
17	0.56982	-0.00003	0.56995	0.00019	0.56995	0.00019

In der letzten Zeile der Kalkulationstabelle unterscheiden sich a und b nur noch in der vierten Dezimalstelle. Falls uns eine Genauigkeit von drei Dezimalstellen genügt, können wir x = 0,5699 als Näherungslösung für die Nullstelle x_0 verwenden.

1 Funktionen

Bei jedem Bisektionsschritt halbiert sich die Länge des Intervalls [a; b], nach n Schritten ist die Intervalllänge gleich $\frac{b-a}{2^n}$. Da sowohl die exakte Nullstelle x_0 als auch der Mittelwert x_m in diesem Intervall liegen, ist deren Differenz $|x_m - x_0|$ kleiner als $\frac{b-a}{2^n}$. Somit kann der Fehler, den wir begehen, wenn wir x_0 durch x_m ersetzen, durch eine entsprechend große Wahl von n beliebig klein gemacht werden.

Zur Programmierung von Rechnern formulieren wir die Bisektion als Algorithmus:

Bisektions-Algorithmus
Voraussetzung: $f(a) \cdot f(b) < 0$.
WIEDERHOLE
   $\frac{1}{2}(a + b) \to x_m$
   WENN $f(a) \cdot f(x_m) < 0$: $\quad\quad x_m \to b$
   WENN $f(x_m) \cdot f(b) < 0$: $\quad\quad x_m \to a$
BIS $|f(x_m)| < 0{,}0001$ *
Ausgabe: Nullstelle ist näherungsweise x_m.

* sofern eine Genauigkeit 0,0001 gewünscht

Der Bisektions-Algorithmus hat den Vorteil, dass er garantiert eine Lösung liefert, sofern die Voraussetzungen erfüllt sind. Dies ist für Computerprogramme ein wesentliches Argument. Er hat aber den Nachteil, dass er sehr langsam konvergiert, d. h., er benötigt relativ viele Schritte bis zu einer ausreichend genauen Lösung.

Übungen

1. *Bestimmen Sie* jeweils Näherungslösungen.
   a) $x^3 - x^2 = -1$ b) $\sqrt{x} + x = 4$ c) $e^x - x - 1 = 0$ d) $\ln x = \frac{x}{4}$

2. *Bestimmen Sie* grafisch eine Näherungslösung der Gleichung $x^3 = 2x + 2$, für die der Fehler kleiner als 0,001 ist.

3. *Begründen Sie*, dass die Funktion $f(x) = x^3 + 2x - 1$ im Intervall [0; 1] eine Nullstelle besitzt, und *berechnen Sie* die Nullstelle nach dem Bisektionsverfahren mit einer Genauigkeit von 0,01.

4. *Bestimmen Sie* mittels Bisektion auf drei Dezimalstellen genau die Nullstellen der Funktionen.
   a) $f(x) = 0{,}5x^4 - 3x + 1$ b) $f(x) = \sqrt{x+3} + x$ c) $f(x) = |x| - x^3 + 1$
   d) $f(x) = 10^{0{,}1x} - \sin x$ e) $f(x) = \tan x - x - 2$ f) $f(x) = e^{-x^2} - x$

5. Ein Wasserauffangbecken hat die Form eines Zylinders mit einseitig aufgesetzter Halbkugel. Das Becken hat einen Durchmesser von 1,20 m und ist 1,80 m hoch.
   a) *Ermitteln Sie* mittels Bisektion auf Zentimeter genau, wie hoch 1500 l Wasser in diesem Behälter stehen.
   b) *Stellen Sie* eine (Kalkulations-) Tabelle *auf*, in der die Füllstandshöhe in Abhängigkeit von der eingefüllten Wassermenge in Schritten von 100 l dargestellt ist.

Gemischte Aufgaben

Aufgaben zum Argumentieren

1. *Erzeugen Sie* die Abbildungen „Kobold" und „Blume" mit einem CAS bzw. GTR und *protokollieren Sie* die verwendeten Funktionen.
2. *Bestimmen Sie* die Umkehrfunktion $\overline{f}$ der Funktion f mit $f(x) = mx + 2$. *Erläutern Sie*, wie der Anstieg $\overline{m}$ der Umkehrfunktion $\overline{f}$ vom Anstieg m der Funktion f abhängt. *Geben Sie* die Beziehung als Gleichung *an*.

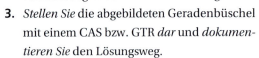

3. *Stellen Sie* die abgebildeten Geradenbüschel mit einem CAS bzw. GTR *dar* und *dokumentieren Sie* den Lösungsweg.
4. Eine Gerade g verläuft durch den Punkt P(–1; –3), ihr Anstiegswinkel beträgt 40°.
   a) *Bestimmen Sie* den Funktionsterm von g.
   b) *Geben Sie* die Gleichung einer Geraden h *an*, die senkrecht auf g steht und den Punkt Q(0; 1) enthält.

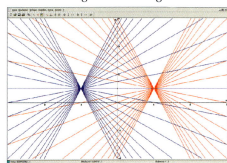

5. *Ermitteln Sie* die Gleichungen der dargestellten Funktionen. *Geben Sie* den maximalen Definitions- und Wertebereich der Funktionen *an*.

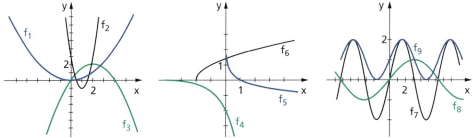

6. Ein Wassertank mit einem Fassungsvermögen von 1 000 l ist mit einem Einfüllstutzen versehen, der eine Fließgeschwindigkeit von 100 l pro Minute zulässt. Der Abfluss erfolgt über zwei Leitungen mit Fließgeschwindigkeiten von jeweils 50 l pro Minute. In nebenstehendem Diagramm ist die Füllmenge V als Funktion der Zeit t dargestellt. *Interpretieren Sie* das Diagramm unter dem Aspekt, inwieweit Zufluss und Abflüsse in den einzelnen Zeitintervallen geregelt sind. (Es sind mehrere Antworten möglich.) *Stellen Sie* für den Funktionsverlauf in der ersten Stunde eine Gleichung *auf*.

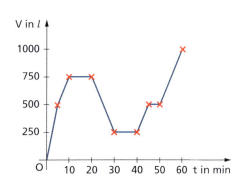

Gemischte Aufgaben

7. Jana hat zu ihrem 14. Geburtstag einen neu abgeschlossenen Bausparvertrag mit einer Bausparsumme von 10 000 € geschenkt bekommen. Dazu zahlen ihre Eltern zu Beginn eines jeden Jahres einen Betrag von 500 € ein. Das Guthaben wird jährlich mit 3,5 % verzinst, wobei die Zinsen dem Guthaben zugeführt und dann mitverzinst werden. Der Bausparvertrag kann in voller Höhe ausgezahlt werden, wenn 40 % der Bausparsumme angespart sind. (In Höhe der Differenz bis zur vollen Bausparsumme wird ein Bausparkredit gewährt, der zurückzuzahlen ist.) Kann Jana den Bausparvertrag zu diesen Bedingungen nutzen, um sich mit 21 Jahren eine eigene Wohnung einzurichten?

8. Im Zeitalter der Mobilität sind Handys nicht mehr wegzudenken. Aber wie teuer ist das Telefonieren und SMS-Versenden auf Dauer für Wenig-, Normal- und Vielbenutzer wirklich? Welche Rolle spielt die Wahl des Anbieters? Geben Sie zu den aufgeworfenen Fragen mathematisch begründete Antworten. Unter *www.handytarife.de* finden Sie die aktuellen Tarife der verschiedenen Mobilfunkanbieter.

9. Nach der speziellen Relativitätstheorie ALBERT EINSTEINS wird die Masse eines sich bewegenden Körpers mit zunehmender Geschwindigkeit größer. Dieser Zusammenhang ist in der Gleichung $m(v) = m_0 \cdot \dfrac{1}{\sqrt{1 - \dfrac{v^2}{c^2}}}$ dargestellt (m_0 ist die Ruhemasse des Körpers, m die

   Masse des sich bewegenden Körpers, c die Lichtgeschwindigkeit, v die Geschwindigkeit des Körpers). Eine Schlussfolgerung ist, dass kein Körper auf Lichtgeschwindigkeit beschleunigt werden kann. *Bestätigen Sie* diese Aussage durch Interpretation der Gleichung.

Aufgaben zum Modellieren und Problemlösen

10. Der Bogen der Autobahnbrücke Albrechtsgraben in Thüringen hat eine Spannweite von 160 m. Er erstreckt sich bis ca. 74 m über dem Talgrund. Näherungsweise lässt er sich durch eine quadratische Funktion beschreiben.
    a) *Bestimmen Sie* die Funktionsgleichung des Bogens.
    b) *Ermitteln Sie* die Höhe der beiden Stahlbetonträger, die auf dem Bogen aufsitzen.

11. Ein Pkw fährt auf der Autobahn mit einer konstanten Geschwindigkeit von 120 $\frac{km}{h}$. Vor ihm fährt ein Lkw mit 80 $\frac{km}{h}$. Der Pkw setzt im Abstand von 50 m zum Überholen an und beschleunigt. Er verlässt 50 m vor dem Lkw die Überholspur.
    Der beim Überholvorgang vom Pkw zurückgelegte Weg s_1 lässt sich näherungsweise als Funktion der Form $s_1(t) = \frac{a}{2}t^2 + 33{,}33\,t - 100$ beschreiben, der in dieser Zeit vom Lkw zurückgelegte Weg s_2 durch $s_2(t) = 22{,}22\,t$.
    a) *Interpretieren Sie* beide Funktionsterme.
    b) *Bestimmen Sie* für verschiedene realistische Beschleunigungen a des Pkw den beim Überholvorgang vom Pkw zurückgelegten Weg.
    c) *Untersuchen Sie* das Überholverhalten, wenn der Pkw nicht beschleunigt.

Gemischte Aufgaben

12. Die Gesamtkosten zur Herstellung beliebiger Produkte setzen sich aus den Fixkosten, z. B. für die Beschaffung von Maschinen, sowie den variablen Kosten für Materialeinsatz und Arbeitslohn zusammen. In einem Unternehmen zur Herstellung von Spezialwerkzeugen werden für eine neue Produktionslinie 30 000 € für Fixkosten geplant.
Die variablen Kosten lassen sich mithilfe der Funktion $K_v(x) = 0{,}5\,x^3 - x^2 + 1\,000\,x$ ermitteln (x gibt die Stückzahl der zu produzierenden Werkzeuge an).
a) *Ermitteln Sie* eine Funktion der Gesamtkosten und *stellen Sie* diese *grafisch dar*.
b) *Berechnen Sie* die Stückkosten für die Herstellung von einem Werkzeug, wenn insgesamt zwei; 20 oder 100 solcher Werkzeuge produziert werden.
c) *Stellen Sie* eine Funktion zur Berechnung der Stückkosten *auf* und *untersuchen Sie*, für welche Anzahl produzierter Werkzeuge die Stückkosten minimal sind.

13. Als Anomalie des Wassers wird die Dichtezunahme bei steigender Temperatur zwischen 0 °C und 4 °C bezeichnet. Diese Anomalie ist der Grund, warum Eis auf dem Wasser schwimmt, Gewässer meist nicht ganz zufrieren und so z. B. das Überleben von Fischen möglich ist. Der Dichteverlauf im Intervall [0 °C; 6 °C] ist in der Tabelle dargestellt.

Temperatur in °C	0	1	2	3	4	5	6
Dichte von Wasser in $\frac{g}{ml}$	0,99984	0,99989	0,99994	0,99996	0,99998	0,99996	0,99994

a) *Bestimmen Sie* mithilfe eines CAS eine Funktion, welche die Abhängigkeit der Dichte des Wassers von der Temperatur im Bereich von 0 °C bis 6 °C annähernd beschreibt.
b) *Ermitteln Sie* das Volumen-Temperatur-Diagramm für Wasser.
c) *Geben Sie* das minimale Volumen von Wasser bezüglich einer bestimmten Masse *an*.

Lösen von Anwendungsproblemen
Anwendungsprobleme erfordern Geduld und schrittweises Vorgehen.
1. Stellen Sie sich den Sachverhalt erst einmal vor.
   Überlegen Sie, worum es geht und was Sie darüber wissen.
   Versuchen Sie, ein mögliches Ergebnis mittels Ihrer Erfahrungen zu schätzen.
2. Notieren Sie jetzt die gegebenen und gesuchten Größen.
   Stellen Sie zwischen diesen Größen Beziehungen her. Nutzen Sie Tabellen oder Skizzen.
3. Suchen Sie zielgerichtet nach Ideen und entwickeln Sie einen Lösungsplan:
   Suchen Sie die einzelnen Lösungsformeln heraus (mittels Formelsammlung).
   Stellen Sie diese nach der im Lösungsschritt gesuchten Größe um.
   Beginnen Sie erst jetzt zu rechnen, indem Sie schrittweise Ihren Lösungsplan abarbeiten.
   Führen Sie vor komplizierten Rechnungen einen Überschlag durch.
   Achten Sie auf sinnvolle Genauigkeit.
4. Kontrollieren Sie nicht nur Ihre Rechnungen, sondern auch den Lösungsplan.
   Überprüfen Sie das Ergebnis anhand des Textes und Ihrer ursprünglichen Schätzung.
   Prüfen Sie, ob Kontrollen möglich sind, die mit Ihrem Vorgehen nicht identisch sind.
(Siehe auch Hinweise zum Lösen von Problemen, S. 262, und zum Modellieren, S. 144.)

Gemischte Aufgaben

14. Ein Ball wird mit einer Anfangsgeschwindigkeit v_0 senkrecht nach oben geworfen und nach drei Sekunden in gleicher Höhe wieder aufgefangen. Bei Vernachlässigung der Reibung lässt sich die Höhe des Balls als quadratische Funktion der Zeit darstellen. *Bestimmen Sie*, wie hoch der Ball fliegt.

15. Auf der Südseite der Dorfkirche Garrey (Land Brandenburg) wurde das abgebildete Portal als Blende mit Ziegeln des Formats $25{,}5 \times 12 \times 6{,}5$ zugesetzt. *Nehmen Sie an,* dass das Portal wieder freigesetzt und eine Holzpforte eingepasst werden soll.

16. Die physikalische Größe Leistung lässt sich als Funktion der Zeit und als Funktion der Arbeit darstellen.
  a) *Stellen Sie* beide Funktionsgleichungen *auf* und *benennen Sie* jeweils abhängige und unabhängige Variable und den jeweils freien Parameter.
  b) *Stellen Sie* beide Funktionsscharen für ausgewählte Parameter *grafisch dar*.
  c) *Zeichnen Sie* in beide Koordinatensysteme eine Parallele zur y-Achse und *interpretieren Sie* die Darstellung.

17. Welcher Punkt $P(u; v)$ der Parabel $f(x) = x^2 + 1$ hat den kleinsten Abstand zu $A(4; 0)$? *Geben Sie* die Koordinaten von P und den kleinsten Abstand zu A *an*.

18. Ein Shirt kostet in den Konfektionsgrößen 34, 36, 38 und 40 jeweils 39,90 €, in den Größen 42 und 44 dann 45,90 €. *Definieren Sie* abschnittsweise Funktionen, die diesen Sachverhalt beschreiben, und *stellen Sie* diese Funktionen *grafisch dar*.

19. Der Absatz eines neu auf dem Markt eingeführten Produkts lässt sich durch die Funktion $s(t) = 100(1 - e^{kt})$ modellieren (s beschreibt die Stückzahl in Tausend, t die Zeit in Jahren). Im ersten Jahr wurden von diesem Produkt 15 000 Stück verkauft. *Stellen Sie* die Funktion *grafisch dar* und *untersuchen Sie,* welche Stückzahl nach fünf Jahren verkauft sein wird.

Aufgaben zum Kommunizieren und Kooperieren

20. *Erstellen Sie* für die Funktionen jeweils eine Übersicht. *Zeichnen Sie* dazu verschiedene Funktionsscharen und *leiten Sie* daraus typische Eigenschaften *ab*.
Wählen Sie für die Darstellung der Ergebnisse eine geeignete Präsentationsform.
  a) $f(x, m, n) = mx + n$ b) $f(x, a, b, c) = ax^2 + bx + c$ c) $f(x, n) = x^n$
  d) $f(x, b) = b^x$ e) $f(x, a) = \log_a x$ f) $f(x, a, b) = a \cdot \sin bx$

21. *Untersuchen Sie,* welche Auswirkungen die Veränderung des Faktors c auf die Lage des Graphen der Exponentialfunktion $f(x) = c \cdot a^x$ hat.

22. *Bestimmen Sie* Schnittpunkte der Funktionen durch Bisektion.
  a) $f(x) = x^2$; $g(x) = \sqrt{x+1}$ b) $f(x) = \cos x$; $g(x) = \frac{x}{2} - 1$,   c) $f(x) = \sin x$; $g(x) = -\frac{3}{4}x + 2$

23. *Lösen Sie* die Gleichungen mit einem geeigneten Näherungsverfahren.
  a) $x^4 = 3x + 5$ b) $\cos x = x^2$ c) $\sqrt{x} = -\frac{1}{2}x + 3$
  d) $2x^3 - 8x + 4 = 0$ e) $0{,}1x^2 + 0{,}2x^3 = 3$ f) $\sin x + \cos x = 1{,}4$

Gemischte Aufgaben

Marlen absolvierte das 11. Schuljahr an einer High School in Gainesville (Georgia/USA). Von dort brachte sie die folgenden Aufgaben mit:

23. *True or False?* Determine whether the statement is true or false. Justify your answer.
    a) The domain of the function $f(x) = x^4 - 1$ is $(-\infty, \infty)$, and the range of $f(x)$ is $(0, \infty)$.
    b) The set of ordered pairs $\{(-8, -2), (-6, 0), (-4, 0), (-2, 2), (0, 4), (2, -2)\}$ represents a function.

24. *Think About It* In your own words, explain the meanings of domain and range.

25. *Think About It* A third-degree polynomial function f has real zeros −2, 2, and 3, and its leading coefficient is negative. Write an equation for f. Sketch the graph of f. How many different polynomial functions are possible for f?

26. *Exploration* Solve $3(x + 4)^2 + (x + 4) - 2 = 0$ in two ways.
    a) Let $u = x + 4$, and solve the resulting equation for u. Then solve the u-solution for x.
    b) Expand and collect like terms in the equation, and solve the resulting equation for x.
    c) Which method is easier? Explain.

27. *CN Tower* At 1821 feet tall, the CN Tower in Toronto, Ontario is the world's tallest self-supporting structure. Suppose an object were dropped from the top of the tower.
    a) Find the position equation
       $s = -16t^2 + v_0 t + s_0$.
    b) Complete the table.

t	0	2	4	6	8	10
s						

    c) From the table in part (b), you know that the time until the object reaches ground level is greater than how many seconds? Find the time analytically.

28. *Airspeed* An airline runs a commuter flight between two cities that are 720 miles apart. If the average speed of the plane could be increased by 40 miles per hour, the travel time would be decreased by 12 minutes. What airspeed is required to obtain this decrease in travel time?

29. *Business* In October, a Company's total profit was 12 % more than it was in September. The total profit for the two months was $689,000. Write a verbal model, assign labels, and write an algebraic equation to find the profit for each month.

30. *Dimensions of a Corral* A rancher has 100 meters of fencing to enclose two adjacent rectangular corrals (see figure). Find the dimensions such that the enclosed area will be 350 square meters.

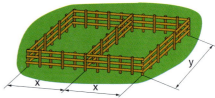

31. *Advertising Cost* A Company that manufactures bicycles estimates that the profit for selling a particular model is $P(x) = -45x^3 + 2500x^2 - 275{,}000, \ 0 < x < 50$ where P is the profit (in dollars) and x is the advertising expense (in tens of thousands of dollars). Using this model, find the smaller of two advertising amounts that yield a profit of $800,000.

Mosaik

Zur Geschichte der Analysis

Die **Analysis** (oder auch **Infinitesimalrechnung**) umfasst im Wesentlichen die Differenzial- und Integralrechnung. Während die Wurzeln der Differenzialrechnung in der Untersuchung des Tangentenproblems liegen, war Ausgangspunkt für die Integralrechnung das Problem der Bestimmung des Inhalts von Flächen und Körpern.

Zu Anfängen der Infinitesimalrechnung
Schon in der Antike waren Verfahren zur Bestimmung des Inhalts krummlinig begrenzter Flächen bekannt.
So gelang es dem griechischen Gelehrten ARCHIMEDES von Syrakus (etwa 287 bis 212 v.Chr.), Parabelsegmente zu berechnen. Er entwickelte dazu die sogenannte **Exhaustionsmethode**, indem er die unbekannte Fläche durch eine Folge von berechenbaren Flächen „ausschöpfte". Danach sollte es allerdings nahezu zwei Jahrtausende dauern, bis ARCHIMEDES auf diesem Gebiet Nachfolger fand. Ausgehend vom Bedürfnis, den Inhalt von Hohlkörpern (speziell von Fässern) zu bestimmen, gab JOHANNES KEPLER (1571 bis 1630) in seiner „Nova stereometria doliorum vinariorum" (Neue Stereometrie der Weinfässer) praktische Methoden zur **Volumenberechnung von Rotationskörpern** an. Das Neue bestand darin, dass er dabei sogenannte infinitesimale Methoden (den Begriff des „unendlich Kleinen") einbezog. Aus Kugeln, Zylindern, Kegeln und Kegelstümpfen setzte KEPLER neue Körper zusammen, so etwa das Fass aus einem Kreiszylinder und zwei Kreiskegelstümpfen.
Die keplerschen Methoden wurden vom italienischen Gelehrten FRANCESCO BONAVENTURA CAVALIERI (1598 bis 1647) weiterentwickelt, der speziell den Begriff der Indivisiblen (lat. *indivisibiles* svw. nicht teilbar) als eine Art Differenzial zur durchgängigen Methode machte. In seinem 1635 veröffentlichten Hauptwerk „Geometria indivisibilibus continuorum nava quadam ratione promata" berechnet er Flächeninhalte und Volumina nach dieser Methode. Des Weiteren findet sich in dem Buch die heute als **cavalierisches Prinzip** bekannte Aussage.
EVANGELISTA TORRICELLI (1608 bis 1647) berechnete ebenfalls Inhalte mithilfe der Exhaustionsmethode. Er kam zu dem seinerzeit überraschenden Ergebnis, dass ein ins Unendliche reichender Körper ein durchaus endliches Volumen haben kann. Wegen $\pi \cdot \int_{a}^{\infty} \frac{1}{x^2} dx = \pi \cdot \frac{1}{a}$ stimmen die Volumina des Rotationshyperboloids und des Zylinders überein.

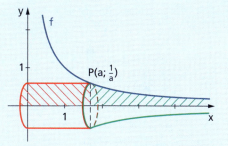

Für die Differenzialrechnung sind durch die Antike dagegen keine Vorleistungen erbracht worden. Ein entsprechendes Denken bildete sich erst mit Entstehung der klassischen Mechanik heraus. Hier ist insbesondere das **Tangentenproblem** zu nennen, mit dem sich im 17. Jahrhundert vor allem französische Mathematiker beschäftigten.
PIERRE FERMAT (1643 bis 1727) benutzte Elemente der Differenzialrechnung, indem er Maxima und Minima funktionaler Zusammenhänge ermittelte. So zeigte er, dass unter allen Rechtecken mit gegebenem Umfang das Quadrat den größten Flächeninhalt hat, und ermittelte rechnerisch die Lage von Tangenten an Kurven.

Newton und Leibniz – Wegbereiter der modernen Analysis

Mitte des 17. Jahrhunderts lagen wesentliche Grundlagen sowohl für die Integral- als auch die Differenzialrechnung vor. Allerdings schienen beide Gebiete etwas Verschiedenes zu behandeln. Als Erster erkannte Isaac Barrow (1630 bis 1677), ein Lehrer Newtons, den Zusammenhang von Flächeninhaltsbestimmung und Tangentenproblem, insbesondere dass sich Integrieren und Differenzieren gegenseitig aufheben.

Isaac Newton (1643 bis 1727) war es dann, der ausgehend von mechanischen Problemen mit seiner Fluxionsrechnung eine Form der Differenzial- und Integralrechnung entwickelte, bei der er die Zeit t als Argument aller Veränderlichen auffasste, mit denen physikalische Veränderungen beschrieben werden. Derartige von t abhängige Größen (z. B. den Weg s) bezeichnete er als *Fluenten* und deren Geschwindigkeit als *Fluxion*, wobei er für die Fluxion von x die Schreibweise $\dot{x}$ wählte. Der Übergang von x zu $\dot{x}$ entspricht dem Differenzieren, das umgekehrte Vorgehen dem Integrieren. Mit der Fluxionsrechnung hatte sich Newton ein hervorragendes mathematisches Werkzeug für die Behandlung physikalischer Probleme geschaffen, was ihm u. a. ermöglichte, das Gravitationsgesetz und die keplerschen Gesetze der Planetenbewegung herzuleiten. Allerdings war die Symbolik noch unvollkommen.

Heute gilt als erwiesen, dass Gottfried Wilhelm Leibniz (1646 bis 1716) um 1675 selbstständig und unabhängig von Newton seine Infinitesimalrechnung entwickelte. Anfang der 70er-Jahre hatte auch er begonnen, sich intensiv mit der Mathematik der Indivisiblen zu beschäftigen. In seinem „Calculus" führte er bis heute verwendete Schreibweisen, wie etwa $\frac{dy}{dx}$ für die Ableitung bzw. Δ für den Differenzenquotienten, ein. Auch findet man hier mit $dv = 0$ bzw. $ddv = 0$ die notwendigen Bedingungen für das Vorliegen von Extremwerten bzw. Wendepunkten. In seiner Grundlegung der Integralrechnung verwendet Leibniz erstmals die Schreibweise $\int y\,dy$ für „Summe aller y".

Während im 18. Jahrhundert in England noch die Fluxionsrechnung verwendet wurde, setzte sich auf dem europäischen Festland zunehmend die leibnizsche Auffassung durch. Insbesondere durch das Wirken der Brüder Johann und Jakob Bernoulli sowie von Leonhard Euler, J. L. Lagrange und P. S. Laplace erfolgte ein Ausbau der Infinitesimalrechnung. Nach dem Vorbild der Pariser *École Polytechnique* wurde sie zum festen Bestandteil der Ingenieursausbildung. Mitte des 19. Jahrhunderts definierten dann A. L. Cauchy (1789 bis 1857) und Bernhard Riemann (1826 bis 1866) das Integral als Grenzwert einer Summe, was einen Aufbau der Integralrechnung ohne Differenzialrechnung ermöglichte.

2 Zahlenfolgen

Rückblick

- Eine Gleichung bzw. Ungleichung **lösen** heißt, für die in der Gleichung bzw. Ungleichung vorkommenden Variablen diejenigen Zahlen aus dem Variablengrundbereich zu finden, welche die Gleichung bzw. Ungleichung in eine wahre Aussage überführen, wenn man diese Zahlen für die Variablen einsetzt.
- Hat eine Gleichung bzw. Ungleichung nur eine Variable, etwa x, so versucht man, durch **äquivalente Umformungen** eine Gleichung der Gestalt „x = Zahl" bzw. eine Ungleichung der Gestalt „x ≤ Zahl" oder „x ≥ Zahl" zu erzeugen, aus der man die Lösung unmittelbar ablesen kann.
- Beim Lösen von Gleichungen und Ungleichungen mit Beträgen ist mithilfe der Definition des absoluten Betrages einer reellen Zahl eine Fallunterscheidung vorzunehmen.
  Es gilt: $|x| = \begin{cases} x, & \text{falls } x \geq 0 \\ -x, & \text{falls } x \leq 0 \end{cases}$
- Unter einer **Funktion f** versteht man eine eindeutige Zuordnung der Elemente zweier Mengen. Dabei wird jedem Element x aus dem **Definitionsbereich** D_f genau ein Element y aus dem **Wertebereich** W_f zugeordnet.
- Funktionen werden meist durch eine **Funktionsgleichung** oder den **Graphen** der Funktion dargestellt.
- Besondere Eigenschaften von Funktionen sind die **Monotonie**, die **Beschränktheit** und die **Symmetrie**.

Aufgaben

1. Lösen Sie die folgenden Gleichungen bzw. Ungleichungen ($x \in \mathbb{R}$).
   a) $\frac{x}{2} - \frac{x}{3} + \frac{x}{4} - \frac{x}{6} + \frac{x}{8} + \frac{x}{12} = 11$ b) $x + 2 = 2(x - 2) + 5 - x$ c) $5x - a = 3x + b$
   d) $2x + 5 < 11$ e) $\sqrt{7 - x} < x - 1 \ (x \leq 7)$ f) $|1 + x| < 10$

2. Gegeben sind die Funktionen f und g durch $f(x) = 3x - 9$ bzw. $g(x) = -4x + 2$. Bestimmen Sie Definitions- und Wertebereich der Funktionen. Ermitteln Sie die Nullstellen von f und g. Zeichnen Sie die Graphen und beschreiben Sie weitere Eigenschaften (Monotonie, Beschränktheit, Symmetrie).

3. Gegeben ist die Funktionsgleichung $f(x) = 3{,}75 \cdot x^3$.
   Stellen Sie den Graphen der zugehörigen Funktion f im Intervall $0 \leq x \leq 1{,}5$ dar.
   Stellen Sie eine Wertetabelle mit dem Startwert x = 0 und der Schrittweite 0,2 auf.

4. Begründen Sie, dass für eine beliebige lineare Funktion gilt: Ist x_m das arithmetische Mittel von x_1 und x_2, so ist $f(x_m)$ das arithmetische Mittel von $f(x_1)$ und $f(x_2)$.

5. Ein innerstädtisches Einkaufszentrum wirbt mit der Möglichkeit, den Pkw in der hauseigenen Tiefgarage zu parken, folgendermaßen: „Das Parken in der ersten Stunde ist kostenlos. Jede weitere angefangene Stunde kostet 75 Cent."
   a) Ermitteln Sie die Parkgebühr für 45 min; 1,5 h; 2 h 1 min bzw. 4 h 59 min.
   b) Zeichnen Sie den Graphen der Zuordnung „Parkzeit → Parkgebühren".

2 Zahlenfolgen

2.1 Begriff und Eigenschaften

Viele Besucher steigen an schönen Sommertagen die Treppen zum Potsdamer Schloss Sanssouci hinauf. Bei genauer Beobachtung kann man feststellen, dass die meisten die lange Treppe Stufe für Stufe „erklimmen". Aber es gibt auch nicht wenige, vor allem jugendliche Besucher, die der „Kleinschrittigkeit" schnell überdrüssig werden und alsbald damit beginnen, auch einmal zwei Stufen zugleich zu nehmen (was wegen der „Tiefe" der Stufen gar nicht so einfach ist).
Setzen wir also voraus, dass Anton und seine Freunde zwar die erste Stufe auf jeden Fall betreten, dann aber entweder nur eine Stufe oder aber zwei Stufen auf einmal nehmen.

Arbeitsaufträge
1. Bestimmen Sie die Anzahl der Möglichkeiten, die erste, zweite, dritte, vierte und fünfte Stufe zu erreichen.
   Entwickeln Sie dazu eine tabellarische Übersicht, in der Sie die Stufe n sowie die Anzahl der Möglichkeiten dokumentieren, diese Stufe zu erreichen.
2. Wie setzt sich die „Möglichkeiten-Folge" aus Aufgabe 1 für n = 6 (7, 8, ...) fort?
3. Stellen Sie Ihre Ergebnisse aus Aufgabe 1 und 2 grafisch dar.
4. Wie viele verschiedene Möglichkeiten gibt es, die n-te Stufe zu erreichen?

Mathematisch gesehen handelt es sich bei dem Einstiegsproblem um eine Funktion: Jeder Treppenstufe wird eine bestimmte Anzahl von Möglichkeiten zugeordnet.

Treppenstufe	1	2	3	4	5	6	7	8	...
Anzahl der Möglichkeiten	a_1	a_2	a_3	a_4	a_5	a_6	a_7	a_8	...

Das folgende Beispiel enthält einen ähnlichen funktionalen Zusammenhang:
Ein Patient nimmt aufgrund einer ärztlichen Verordnung täglich zur gleichen Zeit 5 mg eines Medikaments ein. Davon werden 40 % innerhalb von 24 Stunden abgebaut, der Rest verbleibt im Körper. Auch dieser Zusammenhang lässt sich wieder tabellarisch beschreiben (wobei in der zweiten Zeile jeweils die im Körper vorhandene Menge des Medikaments nach Einnahme des Präparats angegeben ist):

Tag	1	2	3	4	5	...
Menge des Medikaments (in mg)	5	8	9,8	10,88	11,528	...

2 Zahlenfolgen

Beide Beispiele haben eines gemeinsam: An der ersten Stelle der geordneten Paare steht eine natürliche Zahl, d. h., der Definitionsbereich der entsprechenden Funktion ist die Menge der natürlichen Zahlen ohne die Null bzw. eine Teilmenge davon. Funktionen dieser Form werden Zahlenfolgen genannt. Da an der zweiten Stelle der geordneten Paare reelle Zahlen auftreten, spricht man auch von *reellen Zahlenfolgen*.

> **D**
>
> Eine Funktion, deren Definitionsbereich die Menge $\mathbb{N}^*$ der natürlichen Zahlen ohne die Null (oder eine Teilmenge von $\mathbb{N}^*$) ist und die als Wertebereich eine Teilmenge der reellen Zahlen besitzt, heißt **reelle Zahlenfolge.**

Für eine Zahlenfolge mit den Gliedern a_1; a_2; a_3; ...; a_i; ... schreibt man kurz (a_n) und spricht „*Folge a_n*" (siehe dazu auch S. 46). In dieser Schreibweise gibt n die Platznummer (den Index) des Folgengliedes an und a_i ist das i-te Glied der Zahlenfolge.

> *Mathematische **Definitionen** sind Festlegungen, die einen mathematischen Begriff, ein Zeichen oder eine bestimmte Eigenschaft durch Angabe wesentlicher Merkmale kennzeichnen und von anderen abgrenzen.*

Da Zahlenfolgen als spezielle Funktionen definiert sind, können von dort bekannte Darstellungsmöglichkeiten übertragen werden. So lässt sich zu jeder Folge eine **Wertetabelle** aufstellen, ein **Graph** zeichnen und meist auch eine **Gleichung** angeben.
Um dies zu demonstrieren, betrachten wir nochmals das obige Beispiel der Medikamenteneinnahme. Die angegebene Wertetabelle ist dadurch entstanden, dass jeweils aus dem Folgenglied a_n das sich anschließende Glied a_{n+1} nach folgendem Verfahren berechnet wurde:
$a_{n+1} = a_n - 0{,}4 \cdot a_n + 5 = 0{,}6 \cdot a_n + 5$
Mit Angabe dieser Gleichung und des ersten Folgengliedes a_1 ist eine **rekursive Bildungsvorschrift** (*recurrere* lat. zurücklaufen) der Folge gegeben.
Ihre Darstellung macht Folgendes deutlich:

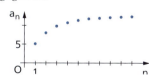

- Im Unterschied zu bislang betrachteten Funktionsbildern (mit $\mathbb{R}$ als Definitionsbereich) besteht der Graph nur aus einzelnen (isolierten) Punkten.
- Beim zugrunde liegenden Wachstumsvorgang stellt sich offenbar eine „Sättigungsgrenze" ein. Nach etwa zehn Tagen sind unmittelbar nach Einnahme des Medikaments praktisch konstant 12,5 mg des Präparats im Körper des Patienten enthalten.

Zahlenfolgen lassen sich wie Funktionen auch durch eine **explizite Bildungsvorschrift** (*explicare* lat. erklären, entwickeln) angeben. Diese ist dadurch gekennzeichnet, dass das **allgemeine Glied** a_n der Folge (a_n) allein von n abhängig dargestellt wird.

2 Zahlenfolgen

Mithilfe der *expliziten Bildungsvorschrift* lässt sich jedes Glied a_k einer Zahlenfolge durch Einsetzen seiner Platznummer k in diese Vorschrift ermitteln. Im Unterschied dazu gibt die *rekursive Bildungsvorschrift* an, wie man ein beliebiges Glied a_{k+1} aus seinem Vorgänger a_k (mit k > 1) erhält und wie das Anfangsglied a_1 der Folge lautet. Rekursive Bildungsvorschriften von Zahlenfolgen können sich auch auf zwei oder mehrere Vorgänger und Anfangsglieder beziehen (siehe Eingangsbeispiel auf S. 44).

Kurzschreibweise für Zahlenfolgen

Das allgemeine Glied $a_n = \frac{n-1}{n+1}$ ist eine explizite Bildungsvorschrift für nachstehende Zahlenfolge (a_n):

$(a_n) = \left(\frac{n-1}{n+1}\right) = (1; 0); \left(2; \frac{1}{3}\right); \left(3; \frac{2}{4}\right); \left(4; \frac{3}{5}\right); \ldots$

Anstelle der Schreibweise mithilfe geordneter Paare wird für die Angabe von Zahlenfolgen meist eine kürzere Notierung verwendet:

Es werden nur die Elemente des Wertebereiches aufgeführt – die des Definitionsbereiches ergeben sich aus der entsprechenden Position. Die obige Folge wird dann wie folgt angegeben:

$(a_n) = \left(\frac{n-1}{n+1}\right) = 0; \frac{1}{3}; \frac{2}{4}; \frac{3}{5}; \ldots = 0; \frac{1}{3}; \frac{1}{2}; \frac{3}{5}; \ldots$

Rekursive und explizite Bildungsvorschrift

- Die Folge der Vielfachen von 8, also $a_1 = 8$; $a_2 = 16$; $a_3 = 24$; …, lässt sich explizit durch das allgemeine Glied $a_n = 8 \cdot n$ bzw. rekursiv durch Vorgabe von $a_1 = 8$ und $a_{k+1} = a_k + 8$ beschreiben.
- Es wird die Folge der abwechselnd positiven und negativen Potenzen von 4, also die Folge 4; –16; 64; –256; …, betrachtet. Für diese gilt:

  $a_n = (-1)^{n+1} \cdot 4^n$ $(n \geq 1)$ (explizite Bildungsvorschrift)

  $a_1 = 4;\quad a_{k+1} = (-4) \cdot a_k$ $(k \geq 1)$ (rekursive Bildungsvorschrift)

In Abhängigkeit davon, ob der Definitionsbereich einer Folge endlich oder unendlich viele natürliche Zahlen enthält, bezeichnet man diese als **endliche** oder **unendliche Zahlenfolge**.

Endliche und unendliche Zahlenfolgen

- Jeder natürlichen Zahl n mit $0 < n \leq 10$ ist die Anzahl T(n) ihrer Teiler zuzuordnen.

n	1	2	3	4	5	6	7	8	9	10
T(n)	1	2	2	3	2	4	2	4	3	4

- Die Zahl 4 werde fortlaufend halbiert. Es sind die sich ergebenden Werte H(n) nach n Halbierungen zu ermitteln.

n	1	2	3	4	5	6	7	…
H(n)	2	1	$\frac{1}{2}$	$\frac{1}{4}$	$\frac{1}{8}$	$\frac{1}{16}$	$\frac{1}{32}$	…

2 Zahlenfolgen

Da Folgen spezielle Funktionen sind, ist es nahe liegend, sie auf wichtige Funktionseigenschaften zu untersuchen bzw. diese gegebenenfalls neu (auf Folgen bezogen) zu definieren. Wir betrachten dazu nochmals drei der oben als Beispiele angeführten Zahlenfolgen, insbesondere ihre mittels GTR erzeugten grafischen Darstellungen.

- *Beispiel 1:*
  $(a_n) = \left(\frac{n-1}{n+1}\right)$
  $(a_n) = 0; \frac{1}{3}; \frac{2}{4}; \frac{3}{5}; \frac{4}{6}; \ldots = \frac{1}{3}; \frac{1}{2}; \frac{3}{5}; \frac{2}{3}; \ldots$

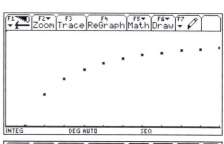

- *Beispiel 2:*
  $(a_n) = (H_n)$ mit $H_n = H(n)$
  $(a_n) = 2, 1, \frac{1}{2}; \frac{1}{4}; \frac{1}{8}; \ldots$

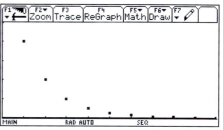

- *Beispiel 3:*
  $(a_n) = (T_n)$ mit $T_n = T(n)$
  $(a_n) = 1; 2; 2; 3; 2; 4; \ldots$

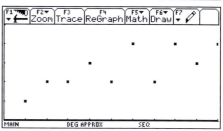

Bei einem Vergleich lässt sich Folgendes feststellen: In *Beispiel 1* scheinen die Glieder der Folge ständig größer, in *Beispiel 2* dagegen fortgesetzt kleiner zu werden. Dieses Verhalten wird wie bei Funktionen als *monoton wachsend* bzw. *monoton fallend* bezeichnet. Auffallend ist ferner, dass trotz Monotonie bestimmte Werte offensichtlich nicht erreicht bzw. angenommen werden (in *Beispiel 1* etwa der Wert 1, in *Beispiel 2* etwa der Wert 0 oder negative Werte), die Folgen also (nach oben bzw. nach unten) *beschränkt* sind. Die Folgenglieder in *Beispiel 3* scheinen dagegen keine derartigen Regelmäßigkeiten aufzuweisen.

> Eine Zahlenfolge (a_n) heißt genau dann **monoton wachsend**, wenn $a_{n+1} \geq a_n$ für alle natürlichen Zahlen n mit $n \geq 1$ gilt.
> Eine Zahlenfolge (a_n) heißt genau dann **monoton fallend**, wenn $a_{n+1} \leq a_n$ für alle natürlichen Zahlen n mit $n \geq 1$ gilt.
> Ist jedes Glied der Zahlenfolge (a_n) tatsächlich größer oder kleiner als sein Vorgänger und nicht gleich diesem, so spricht man von **strenger Monotonie**.

2 Zahlenfolgen

Zahlenfolgen, deren Glieder sämtlich untereinander gleich sind, heißen **konstante Folgen**. So ist etwa $(a_n) = \frac{3}{1^n} = 3; 3; 3; \ldots$ eine solche Folge. Wegen $a_{n+1} = a_n$ gilt für konstante Folgen $a_{n+1} \geq a_n$ *und* $a_{n+1} \leq a_n$; sie sind also sowohl monoton wachsend als auch monoton fallend. Es liegt jedoch *keine strenge Monotonie* vor.

Um eine Folge (a_n) auf Monotonie zu untersuchen, ist es zweckmäßig, die in der obigen Definition angegebenen Ungleichungen in Differenzen umzuformen.
Gilt für alle $n \geq 1$:

- $a_{n+1} - a_n \geq 0$, so ist (a_n) monoton wachsend;
- $a_{n+1} - a_n > 0$, so ist (a_n) streng monoton wachsend;
- $a_{n+1} - a_n \leq 0$, so ist (a_n) monoton fallend;
- $a_{n+1} - a_n < 0$, so ist (a_n) streng monoton fallend.

Sind also die Differenzen $a_{n+1} - a_n$ benachbarter Glieder der Folge (a_n) nichtnegativ, so ist diese monoton wachsend; sind sie nichtpositiv, so ist (a_n) monoton fallend.

Monotonieuntersuchungen

Für die obige Zahlenfolge $(a_n) = (H_n)$ lautet das allgemeine Glied $a_n = \frac{4}{2^n}$. Die zugehörige grafische Darstellung legt die Vermutung nahe, dass die Folge streng monoton fallend ist. Um dies zu bestätigen, muss gezeigt werden, dass für alle $n \geq 1$ die Ungleichung $a_{n+1} - a_n < 0$ erfüllt ist, d. h., dass die Differenz aus a_{n+1} und a_n negativ ist.

Es gilt: $\quad a_{n+1} - a_n = \frac{4}{2^{n+1}} - \frac{4}{2^n} = \frac{4 - 4 \cdot 2}{2^{n+1}} = \frac{-4}{2^{n+1}} = -\frac{4}{2^{n+1}} < 0$

Somit ist gezeigt, dass die Zahlenfolge $(a_n) = \left(\frac{4}{2^n}\right)$ streng monoton fällt.

Typisches im mathematischen Sprachgebrauch

Wird festgestellt:	*..., so bedeutet das:*
x ist **nichtnegativ**	*x ist positiv oder auch gleich null.*
Daraus folgt ...	*Gilt A, dann gilt (ergibt sich daraus) auch B. (Nicht zu verwechseln mit „genau dann".)*
Genau dann ...	*B gilt **dann und nur dann**, wenn A zutrifft. Also: Es handelt sich um eine wechselseitig gültige Beziehung, die eine* **notwendige** *und zugleich* **hinreichende** *Bedingung zum Ausdruck bringt (siehe S. 136).*
*A **oder** B*	*Es gilt A **oder** B **oder beides**. (Umgangssprachlich wird „oder" meist im Sinne von „entweder – oder" benutzt, in der Mathematik häufig im Sinne von „oder auch")*
***Fast alle** Elemente ...*	*A gilt bis auf **endlich viele Ausnahmen** für alle Elemente der betreffenden (unendlichen) Menge.*
***Es gibt ein** Element ...*	*Es gibt **ein** Element **oder mehrere** Elemente ... Also: Es existiert **mindestens ein** Element ...*

Bemerkung: A und B stehen für Aussagen oder Aussageformen.

2 Zahlenfolgen

Für die Folge (a_n) mit $a_n = \frac{n-1}{n+1}$ gilt für alle $n \geq 1$:

$$a_{n+1} - a_n = \frac{(n+1)-1}{(n+1)+1} - \frac{n-1}{n+1} = \frac{n}{n+2} - \frac{n-1}{n+1} = \frac{n(n+1)-(n-1)(n+2)}{(n+2)(n+1)}$$

$$= \frac{n^2+n-(n^2+n-2)}{(n+2)(n+1)} = \frac{2}{(n+2)(n+1)} > 0$$

Das heißt, die Folge $(a_n) = \left(\frac{n-1}{n+1}\right)$ ist streng monoton wachsend.

Die Folge (a_n) mit $a_n = n^2 - 8n$ ist auf Monotonie zu untersuchen.
In diesem Fall gilt:

$a_{n+1} - a_n = [(n+1)^2 - 8(n+1)] - (n^2 - 8n) = n^2 + 2n + 1 - 8n - 8 - n^2 + 8n = 2n - 7$

Die Differenz $2n - 7$ ist für $1 \leq n \leq 3$ negativ, für $n > 3$ dagegen positiv. Das heißt, die Zahlenfolge $(a_n) = (n^2 - 8n)$ ist *nicht monoton*.
Bei einer differenzierten Betrachtung (wie bei Funktionen) lässt sich feststellen:
Die Zahlenfolge fällt streng monoton für $n \leq 3$ und wächst streng monoton für $n > 3$.

Das zuletzt angegebene Beispiel zeigt, dass beim Untersuchen von Zahlenfolgen auf Monotonie aus dem bloßen Berechnen einiger Folgenglieder keine voreiligen Schlüsse gezogen werden dürfen.

Alternierende Zahlenfolge
Wir betrachten die Folge (a_n) mit $a_n = (-1)^n \cdot \frac{1}{n}$, also $(a_n) = -1; \frac{1}{2}; -\frac{1}{3}; \frac{1}{4}; -\frac{1}{5}; \ldots$
Diese Folge ist nicht monoton, denn für gerade n gilt $a_n > 0 > a_{n+1}$ und für ungerade n gilt $a_n < 0 < a_{n+1}$.
Derartige Folgen, bei denen die Glieder abwechselnd positiv und negativ sind, heißen *alternierende Folgen*.

> Eine Zahlenfolge (a_n) heißt genau dann **nach oben beschränkt,** wenn es eine reelle Zahl s_1 so gibt, dass $a_n \leq s_1$ für alle a_n gilt.
> Eine Zahlenfolge (a_n) heißt genau dann **nach unten beschränkt,** wenn es eine reelle Zahl s_2 so gibt, dass $a_n \geq s_2$ für alle a_n gilt.
> Die reellen Zahlen s_1 und s_2 werden **obere** und **untere Schranke** der Folge (a_n) genannt.

> Eine Zahlenfolge (a_n) heißt genau dann **beschränkt,** wenn sie nach oben und unten beschränkt ist.
> Jede reelle Zahl s, für die $|a_n| \leq s$ gilt, heißt **Schranke** der Folge (a_n).

Man nennt also eine Zahlenfolge beschränkt, wenn die Werte aller Folgenglieder nicht unterhalb einer bestimmten Zahl s_2 und auch nicht oberhalb einer bestimmten Zahl s_1 liegen.

2 Zahlenfolgen

Auch die Beschränktheit von Zahlenfolgen kann anhand ihrer grafischen Darstellung untersucht werden. Dazu sind im Folgenden vier Beispiele angegeben:

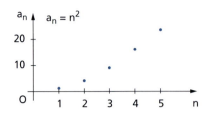
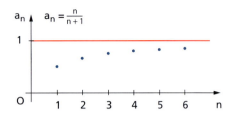
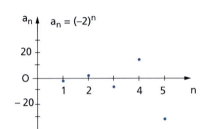
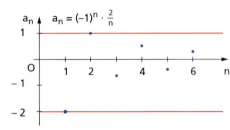

Aus den Darstellungen lassen sich obere bzw. untere Schranken der Folgen und damit Aussagen zu ihrer Beschränktheit vermuten:

	(n^2)	$\left(\frac{n}{n+1}\right)$	$((-2)^n)$	$\left((-1)^n \cdot \frac{2}{n}\right)$
obere Schranke (Beispiel)	keine	1	keine	1
untere Schranke (Beispiel)	0	0	keine	-2
beschränkte Folge	nein	ja	nein	ja

Genau wie bei den Untersuchungen auf Monotonie müssen diese Vermutungen noch bewiesen werden. Dazu ist zu zeigen, dass tatsächlich eine reelle Zahl s existiert, die der in der Definition geforderten Bedingung $|a_n| \leq s$ genügt.

Nachweis oberer und unterer Schranken

Wir betrachten die Folge $(a_n) = \left(\frac{n}{n+1}\right)$ und zeigen, dass 1 eine obere und 0 eine untere Schranke der Folge ist und diese demzufolge beschränkt ist.

(1) Um nachzuweisen, dass die Zahl 1 obere Schranke ist, betrachten wir gemäß Definition die Ungleichung $\frac{n}{n+1} \leq 1$ bzw. $0 \leq 1 - \frac{1}{n+1}$. Umformen ergibt:
$0 \leq 1 - \frac{n}{n+1} = \frac{n+1-n}{n+1} = \frac{1}{n+1}$
Da diese Ungleichung von allen $n \geq 1$ erfüllt wird, gilt stets $\frac{n}{n+1} \leq 1$. Also ist 1 eine obere Schranke.

(2) Wenn 0 eine untere Schranke ist, so muss $\frac{n}{n+1} \geq 0$ für alle $n \geq 1$ gelten. Da für den Zähler $n \geq 1$ und für den Nenner $n + 1 \geq 2$ gilt, ist die Ungleichung ebenfalls erfüllt.

Die Folge $(a_n) = \left(\frac{n}{n+1}\right)$ besitzt also sowohl eine obere als auch eine untere Schranke. Damit ist die Vermutung bestätigt, dass sie beschränkt ist.

2 Zahlenfolgen

Übungen

1. Gegeben ist die Folge (a_n) durch das allgemeine Glied $a_n = n^2 - 5n$ $(n \in \mathbb{N}^*)$.
   a) *Geben Sie* die ersten sieben Glieder der Zahlenfolge *an*.
   b) *Berechnen Sie* das 20. Glied der Zahlenfolge.
   c) *Stellen Sie* die Folge (a_n) grafisch dar.

2. *Bestimmen Sie* jeweils die Glieder a_1, a_2, a_3, a_4, a_9, a_{15} und a_{30} der Zahlenfolge (a_n).
   a) $(2n + 3)$
   b) $\left(6 - \frac{1}{2}n\right)$
   c) $(3n^2 - 5n)$
   d) $((n+1)(n-2))$
   e) $\left(\frac{1}{n + n^2}\right)$
   f) $((-1)^n \cdot 2^{n-1})$

3. *Bestimmen Sie* jeweils die ersten fünf Glieder sowie das allgemeine Glied a_n der durch Wortvorschrift gegebenen Folge.
   a) Jeder natürlichen Zahl n > 0 wird ihr um 2 vermindertes Quadrat zugeordnet.
   b) Jeder natürlichen Zahl wird der Quotient aus ihrem um 5 vermehrten Dreifachen und aus ihrem Doppelten zugeordnet.
   c) Jeder natürlichen Zahl n ≥ 2 wird das Reziproke aus dem Produkt von ihr und ihrem Vorgänger zugeordnet.
   d) Jeder natürlichen Zahl n > 0 wird die Zahl zugeordnet, die auf folgende Weise entsteht: Die Summe aus der Zahl 1 und dem Reziproken der natürlichen Zahl wird mit der um 1 vermehrten natürlichen Zahl potenziert.

4. *Setzen Sie* die gegebenen Zahlenfolgen jeweils um vier Glieder *fort* und *geben Sie* eine Bildungsvorschrift *an*.
   a) $(a_n) = 7; 9; 11; 13; ...$ ✓
   b) $(a_n) = 3; 9; 27; 81; ...$ ✓
   c) $(a_n) = \frac{1}{2}; \frac{1}{4}; \frac{1}{8}; \frac{1}{16}; ...$ ✓
   d) $(a_n) = \frac{3}{2}; 3; \frac{9}{2}; 6; ...$ ✓
   e) $(a_n) = 4; -1; -2; 5; -8; ...$
   f) $(a_n) = \frac{7}{2}; -3; \frac{5}{2}; -2; ...$

Aufgaben zum Argumentieren

5. Es sind Zuordnungsvorschriften für Zahlenfolgen (a_n) gegeben.
   Geben Sie jeweils die ersten sechs Glieder *an* und *beurteilen Sie* das Monotonieverhalten der Folge.
   a) $a_n = 2n$
   b) $a_n = 3n - 7$
   c) $a_n = 10 - n$
   d) $a_n = \left(-\frac{1}{n}\right)^n$

6. Sind die Aussagen jeweils allgemeingültig? *Begründen Sie* Ihre Entscheidung.
   a) Jede monoton wachsende Zahlenfolge ist nach unten beschränkt.
   b) Eine nach oben beschränkte Zahlenfolge ist monoton fallend.
   c) Nicht monotone Zahlenfolgen sind nach oben und nach unten unbeschränkt.
   d) Alternierende Zahlenfolgen sind stets beschränkt.
   e) Jede monoton fallende Zahlenfolge ist nach oben beschränkt.

7. *Geben Sie* je ein Beispiel einer Folge *an*, für welche die angegebene Bedingung gilt.
   a) Die Folge ist monoton wachsend sowie nach oben und nach unten beschränkt.
   b) Die Zahlenfolge ist monoton fallend und nach unten unbeschränkt.
   c) Die Zahlenfolge ist monoton fallend und nach unten beschränkt.
   d) Die Zahlenfolge ist alternierend sowie nach oben und nach unten beschränkt.

2.2 Arithmetische und geometrische Zahlenfolgen

Schach, das Spiel auf einem Brett mit 64 Feldern, wurde in Indien erfunden und gilt als eines der ältesten Spiele. So ist es nicht verwunderlich, dass mit ihm Legenden verbunden sind. Der indische Kaiser SHERAM *soll von diesem Spiel derart begeistert gewesen sein, dass er den Erfinder* ZETA *unbedingt persönlich für die geniale Spielidee belohnen wollte.*

„Äußere deinen Wunsch, ich werde mit nichts geizen", forderte er ZETA *wohlwollend auf. „Gebieter", antwortete dieser, „befiehl, mir für das erste Feld des Schachbrettes ein Reiskorn auszuhändigen, zwei Körner für das zweite Feld, vier für das dritte Feld und für jedes weitere Feld doppelt so viele Körner wie für das vorhergehende …"*

Der Kaiser war erstaunt und sprach leicht gereizt: „Du sollst die Körner wunschgemäß bekommen, doch wisse, dass deine bescheidene Bitte meiner Großmut unwürdig ist." Offensichtlich hatte der Kaiser das Problem nicht erkannt …

Arbeitsaufträge

1. Bestimmen Sie jeweils die Anzahl der Reiskörner auf den ersten zehn Feldern. Wie viele Körner liegen auf den ersten zehn Feldern insgesamt?
2. Entdecken Sie eine allgemeine Gesetzmäßigkeit für die Folge der Anzahl der Körner auf den Schachbrettfeldern.
3. Ermitteln Sie, wie viele Körner auf dem 64. Feld und wie viele auf allen Feldern insgesamt liegen würden.
4. Ermitteln Sie einen Näherungswert für die Masse von 100 Reiskörnern. Berechnen Sie mithilfe dieses Wertes die Masse der Körner auf dem 64. Feld und die Gesamtmasse der Körner auf allen Feldern.
5. Veranschaulichen Sie die im Auftrag 4 ermittelte Gesamtmasse z. B. durch einen Vergleich mit der durchschnittlichen jährlichen Reisernte in der Welt.

Das Einstiegsproblem macht deutlich, dass bei Folgen spezielle Regelmäßigkeiten auftreten können. Bei obiger Schachbrettaufgabe besteht die Besonderheit darin, dass der Quotient zweier aufeinanderfolgender Glieder jeweils den Wert 2 ergibt. Derartige Folgen werden *geometrische Zahlenfolgen* genannt.
Neben „multiplikativen Zusammenhängen" zwischen den Gliedern einer Folge können auch „additive Zusammenhänge" auftreten, wie das folgende Beispiel zeigt:
Eine Schnecke kriecht an einem 5 m hohen Mast empor. Am Tage schafft sie 10 cm, rutscht aber in der darauffolgenden Nacht wieder 3 cm nach unten. Am wievielten Tag hat sie die Spitze erreicht?

2 Zahlenfolgen

Wir verdeutlichen den Sachverhalt in einer Tabelle:

Tag	1	2	3	4	...	n
Erreichte Höhe am Ende des Tages (in cm)	10	10 + 7	10 + 2·7	10 + 3·7	...	10 + (n – 1)·7

Für die am n-ten Tag erreichte Höhe gilt demnach $h_n = 10$ cm $+ (n-1) \cdot 7$ cm. Soll die Schnecke am n-ten Tag die Spitze erreichen, so muss $h_n \geq 500$ cm gelten. Daraus folgt:

$$10 + (n-1) \cdot 7 \geq 500$$
$$(n-1) \cdot 7 \geq 490$$
$$n - 1 \geq 70$$
$$n \geq 71$$

Das heißt, die Schnecke hat am 71. Tag die Spitze des Mastes erreicht.
Die im Beispiel betrachtete Folge (h_n) weist die Besonderheit auf, dass die Differenz von zwei aufeinanderfolgenden Gliedern stets 7 ergibt.
Solche Folgen werden *arithmetische Zahlenfolgen* genannt.

> Eine Folge (a_n) heißt **arithmetische Zahlenfolge,** wenn für jede natürliche Zahl $n \geq 1$ die Differenz zweier aufeinanderfolgender Glieder stets dieselbe reelle Zahl d ergibt, d.h., wenn gilt:
> $a_{n+1} - a_n = d \quad (d \in \mathbb{R})$

Aus dieser Festlegung folgt, dass jede arithmetische Folge durch Angabe ihres ersten Gliedes (des Anfangswerts) a_1 und der Differenz d eindeutig bestimmt ist. Wir erhalten jedes Glied aus dem vorhergehenden durch Addition von d:

$a_2 = a_1 + d$
$a_3 = a_2 + d = (a_1 + d) + d = a_1 + 2d$
$a_4 = a_3 + d = (a_1 + 2d) + d = a_1 + 3d$
$\vdots$
$a_n = a_{n-1} + d = [a_1 + (n-2) \cdot d] + d = a_1 + (n-1) \cdot d$

Diese Verallgemeinerung kann bewiesen und als Satz formuliert werden.

> **Bildungsvorschrift einer arithmetischen Zahlenfolge**
> Ist (a_n) eine arithmetische Zahlenfolge, so gilt für alle natürlichen Zahlen $n \geq 1$:
> $a_n = a_1 + (n-1) \cdot d \quad (d \in \mathbb{R}) \quad$ (rekursive Bildungsvorschrift)

Aus der rekursiven Darstellung arithmetischer Folgen $a_{n+1} = a_n + d$ lässt sich unmittelbar deren Monotonie folgern:
- Ist $d > 0$, so ist (a_n) streng monoton wachsend.
- Ist $d < 0$, so ist (a_n) streng monoton fallend.
- Der Spezialfall $d = 0$ ergibt die konstante Folge (a_1).

2 Zahlenfolgen

Nachweis einer arithmetischen Zahlenfolge

Gegeben sei eine Zahlenfolge (a_n) mit $a_n = 2n + 3$. Um festzustellen, ob es sich um eine arithmetische Folge handelt, bilden wir die Differenz der Glieder a_{n+1} und a_n:
$a_{n+1} - a_n = [2(n+1) + 3] - (2n + 3) = 2n + 2 + 3 - 2n - 3 = 2$
Da die Differenz konstant ist, handelt es sich um eine arithmetische Folge mit $d = 2$.
Diese beginnt mit den Gliedern 5; 7; 9; 11; 13; ...

D

> Eine Folge (a_n) mit $a_n \neq 0$ heißt **geometrische Zahlenfolge,** wenn für jede natürliche Zahl $n \geq 1$ der Quotient zweier aufeinanderfolgender Glieder stets gleich derselben reellen Zahl $q \neq 0$ ist, d. h., wenn gilt:
> $\frac{a_{n+1}}{a_n} = q$ $(a_n \neq 0;\ q \in \mathbb{R};\ q \neq 0)$

Im Alltag treten geometrische Folgen vor allem bei Wachstums- bzw. Zerfallsprozessen (etwa beim Verzinsen von Sparguthaben oder beim radioaktiven Zerfall) auf.
Die Glieder einer solchen Folge entstehen aus dem Anfangsglied a_1 durch fortgesetzte Multiplikation mit der Zahl (dem Quotienten) q.
Unter der Voraussetzung, dass a_1 bekannt ist, ergibt sich als *rekursive Darstellung* für geometrische Folgen:
$a_{n+1} = a_n \cdot q;\quad a_1$

Jede geometrische Zahlenfolge ist also durch Angabe ihres Anfangswertes a_1 und des Quotienten q eindeutig bestimmt. Es gilt:
$a_2 = a_1 \cdot q$
$a_3 = a_2 \cdot q = (a_1 \cdot q) \cdot q = a_1 \cdot q^2$
$a_4 = a_3 \cdot q = (a_1 \cdot q^2) \cdot q = a_1 \cdot q^3$
$\vdots$
$a_n = a_{n-1} \cdot q = (a_1 \cdot q^{n-2}) \cdot q = a_1 \cdot q^{n-1}$

Die Verallgemeinerung lässt sich wieder beweisen und als Satz formulieren.

S

> **Bildungsvorschrift einer geometrischen Zahlenfolge**
> Ist (a_n) eine geometrische Zahlenfolge, so gilt für alle natürlichen Zahlen $n \geq 1$:
> $a_n = a_1 \cdot q^{n-1}$ $(q \in \mathbb{R};\ q \neq 0;\ a_1 \neq 0)$ (explizite Bildungsvorschrift)

Für geometrische Folgen mit $a_1, q > 0$ ist das mittlere von drei aufeinanderfolgenden Gliedern jeweils das geometrische Mittel der zwei anderen (was auch zum Namen „geometrische Folge" führte).
Ist $a_{k-1} = a_1 \cdot q^{k-2}$, $a_k = a_1 \cdot q^{k-1}$ und $a_{k+1} = a_1 \cdot q^k$, so gilt:
$\sqrt{a_{k-1} \cdot a_{k+1}} = \sqrt{(a_1 \cdot q^{k-2}) \cdot (a_1 \cdot q^k)} = \sqrt{a_1^2 \cdot q^{2k-2}} = \sqrt{a_1^2 \cdot q^{2(k-1)}} = a_1 \cdot q^{k-1} = a_k$

2 Zahlenfolgen

Explizite Bildungsvorschrift geometrischer Folgen

Es ist das explizite Bildungsgesetz nachstehender geometrischer Folgen gesucht:
(1) 6; 18; 54; 162; 486; ...   (2) 400; 80; 16; 3,2; 0,64;   (3) 4; −8; 16; −32; 64; ...
Wegen $a_1 = 6$ und $q = 3$ ergibt sich für (1) die explizite Bildungsvorschrift $a_n = 6 \cdot 3^{n-1}$.
Für (2) und (3) erhält man analog:

$$a_n = 400 \cdot \left(\frac{1}{5}\right)^{n-1} \quad \text{bzw.} \quad a_n = 4 \cdot (-2)^{n-1}$$

- Gesucht ist das achte Glied der geometrischen Folge (a_n) mit $a_1 = 24$ und $q = -2$.
  Aus $a_n = a_1 \cdot q^{n-1}$ folgt $a_8 = 24 \cdot (-2)^7 = -3072$.
- Die geometrische Folge $(a_n) = 0{,}32; 0{,}8; 2; 5; \ldots$ ist um drei Glieder fortzusetzen.
  Die Division benachbarter Glieder (etwa $2 : 0{,}8$) führt zu $q = 2{,}5$. Damit ergeben sich als weitere Glieder $a_5 = 12{,}5$; $a_6 = 31{,}25$ und $a_7 = 78{,}125$.
- Es ist die explizite Bildungsvorschrift einer geometrischen Folge anzugeben, von der die Glieder $a_2 = 2000$ und $a_5 = 1024$ bekannt sind.
  Aus $a_5 = a_2 \cdot q^3$ folgt $q^3 = \frac{1024}{2000} = \frac{64}{125}$, also $q = \frac{4}{5}$. Aus $a_2 = a_1 \cdot q$ folgt $a_1 = \frac{a_2}{q}$ und somit $a_1 = \frac{2000 \cdot 5}{4} = 2500$.
  Die explizite Bildungsvorschrift lautet demnach $a_n = 2500 \cdot \left(\frac{4}{5}\right)^{n-1}$.

Übungen

1. Gegeben ist die Zahlenfolge $(a_n) = 3; 4{,}5; 6; 7{,}5; 9; \ldots$
   a) *Bestimmen Sie* jeweils die Differenz benachbarter Folgenglieder.
   b) *Geben Sie* Eigenschaften der Folge (a_n) an.
   c) *Ermitteln Sie* eine rekursive Bildungsvorschrift für (a_n) und *berechnen Sie* damit die Glieder a_6 bis a_{10}.
   d) *Ermitteln Sie* auch die explizite Bildungsvorschrift für (a_n) und *berechnen Sie* mit dieser a_{23}, a_{38} und a_{50}.
2. *Übertragen Sie* nachstehende Tabelle in Ihre Aufzeichnungen und *vervollständigen Sie* diese für arithmetische Zahlenfolgen.

	a_1	a_2	a_3	a_4	a_{10}	a_{17}	a_{25}	d	a_n
a)	1	5	9						
b)		−5	−7	−9					
c)	$2\frac{1}{10}$		$\frac{53}{10}$		$16\frac{1}{2}$				
d)				−8				$-\frac{1}{3}$	
e)						36	68		
f)					$-\frac{1}{3}$			$\frac{2}{5}$	
g)									$\frac{4n^2 - 7n}{3n}$

2 Zahlenfolgen

3. Von einer arithmetischen Folge (a_n) sind die Glieder $a_5 = 2$ und $a_9 = 8$ bekannt.
   Berechnen Sie a_1 und a_{10}.

4. *Geben Sie* für eine arithmetische Zahlenfolge (a_n) mit $a_1 = 4$ und $d = 3$ sowohl eine rekursive als auch die explizite Bildungsvorschrift *an*.
   Berechnen Sie die ersten fünf Glieder sowie das 41. Glied.

5. *Geben Sie* jeweils die Glieder a_{10} und a_{20} der nachstehend charakterisierten arithmetischen Zahlenfolgen *an*.
   Wie lautet die jeweilige explizite Bildungsvorschrift?
   a) $a_2 = 6$; $d = -2$
   b) $a_7 = 0$; $d = 12$
   c) $a_4 = -23$; $d = -12$
   d) $a_6 = 19$; $a_9 = 14{,}5$
   e) $a_{13} = -6$; $a_{22} = -9$
   f) $a_{13} = 5$; $a_{19} = 9$

6. *Begründen Sie* die Richtigkeit der Aussagen und *geben Sie* jeweils drei Beispiele von Folgen in expliziter Darstellung *an*.
   a) Eine arithmetische Zahlenfolge ist streng monoton wachsend, wenn $d > 0$ ist.
   b) Eine arithmetische Zahlenfolge ist streng monoton fallend, wenn $d < 0$ ist.

7. Es sind die ersten vier Glieder einer geometrischen Folge (a_n) gegeben.
   Geben Sie jeweils die nächsten drei Glieder *an* und *ermitteln Sie* die explizite Bildungsvorschrift der Folge.
   a) $(a_n) = 1; 3; 9; 27; \dots$
   b) $(a_n) = -2; -1; -\frac{1}{2}; -\frac{1}{4}; \dots$
   c) $(a_n) = 2; -1; \frac{1}{2}; -\frac{1}{4}; \dots$

8. *Übertragen Sie* nachstehende Tabelle in Ihre Aufzeichnungen und *vervollständigen Sie* diese für geometrische Zahlenfolgen.

	a_1	a_2	a_3	a_5	a_8	a_{11}	q	a_n
a)	6	3	1,5					
b)		$\frac{9}{4}$	$-\frac{3}{4}$	$-\frac{1}{12}$				
c)			4	12			$q > 0$	
d)					-800		$-2{,}5$	
e)				$\frac{3}{80}$		$\frac{5}{12}$	$q > 0$	
f)								$2^{n-4} \cdot 5^{2-n}$

9. *Ermitteln Sie* für die jeweilige geometrische Folge die ersten fünf Glieder.
   Berechnen Sie auch a_{10} und a_{100}.
   a) $a_1 = 6$; $q = 3$
   b) $a_1 = 4$; $q = -1$
   c) $a_1 = 1\,000$; $q = -\frac{1}{2}$
   d) $a_1 = 200$; $q = 0{,}1$

10. *Berechnen Sie* jeweils die Glieder a_5 und a_{15} der nachstehend charakterisierten geometrischen Folgen.
    Geben Sie jeweils auch die explizite Bildungsvorschrift *an*.
    a) $a_1 = 0{,}7$; $q = 2$
    b) $a_2 = 5$; $a_4 = 45$; $q > 0$
    c) $a_3 = 2$; $q = -1$
    d) $a_3 = -1$; $a_4 = \frac{1}{4}$

11. Von einer geometrischen Folge (a_n) sind drei der Angaben a_1, q, n, a_n bekannt.
    Bestimmen Sie jeweils den fehlenden Wert.
    a) $a_1 = 125$; $n = 5$; $a_n = 0{,}2$
    b) $a_1 = -81$; $q = -\frac{1}{3}$; $a_n = -1$

2.3 Konvergenz von Zahlenfolgen

Die Energieversorgung der Menschheit in der Zukunft ist eine der großen Herausforderungen an Wissenschaft und Technik unserer Zeit. Die Atomenergie ist wegen der Gefahren für die Bevölkerung (wie z. B. durch den Brand eines Reaktors in Tschernobyl im April 1986) stark in Misskredit geraten.

Bei der Kernspaltung entsteht das radioaktive Isotop Jod 131. Wird es bei einem Unfall freigesetzt, bildet es eine tödliche Gefahr für den Menschen.

Arbeitsaufträge

Wegen der Radioaktivität zerfällt Jod 131 von einem Tag zum anderen auf 90,5 % seiner Masse. Angenommen, auf einem Gebiet seien 1 000 mg jener Substanz niedergegangen. Durch die Zahlenfolge $a_1; a_2; a_3; \ldots$ wird beschrieben, welche Masse (in mg) am ersten, zweiten, dritten, … Tag vom Jod 131 noch vorhanden ist.

1. Bestimmen Sie die Masse an Jod 131, die nach einem Tag, zwei, drei, …, 20 Tagen noch vorhanden ist, mithilfe einer Tabellenkalkulation.
2. Der Zerfallsprozess lässt sich durch eine geometrische Folge beschreiben. Geben Sie eine rekursive und eine explizite Darstellung dieser Folge an.
3. Interpretieren Sie die Ergebnisse aus Auftrag 1. Nach wie vielen Tagen ist aufgrund des Zerfalls nur noch die Hälfte der Ursprungsmasse vorhanden? Was passiert nach einer hinreichend großen Anzahl von Tagen?

Ein Arzt verordnet einem Patienten ein Arzneimittel, mit dem dieser täglich 5 mg eines bestimmten Wirkstoffs in Tablettenform einnimmt. Im Verlaufe eines Tages werden 40 % davon vom Körper abgebaut und ausgeschieden.

Die Konzentration K(n), mit der der Wirkstoff jeweils im Körper vorhanden ist, kann als Funktion in Abhängigkeit von der Anzahl n der Medikamenteneinnahmen betrachtet werden.

Arbeitsaufträge

1. Die Wirkstoffkonzentration $K(n)$ lässt sich als Zahlenfolge beschreiben. Entwickeln Sie mithilfe einer Tabellenkalkulation die ersten 20 Glieder dieser Folge.
2. Interpretieren Sie das in Auftrag 1 erhaltene Ergebnis.

2 Zahlenfolgen

Die eingangs betrachteten Beispiele zeigen, dass sich gewisse Alltagssituationen durch Zahlenfolgen beschreiben lassen. Oftmals streben diese Folgen einem bestimmten *Grenzwert* zu, d. h., sie kommen einer bestimmten Zahl beliebig nahe, ohne sie jedoch exakt zu erreichen.

Um den Grenzwertbegriff mathematisch exakt zu erfassen, vor allem jedoch, um Grenzwerte von Zahlenfolgen berechnen zu können, muss die der Anschauung entnommene Formulierung, dass die Glieder einer Folge einer bestimmten Zahl beliebig nahekommen, präzisiert werden.

Dazu wird die Zahlenfolge $(a_n) = \left(\frac{n-1}{n}\right)$ betrachtet. Deren erste Glieder lauten:

$a_1 = 0;$ $\quad a_2 = \frac{1}{2} = 0{,}5;$ $\quad a_3 = \frac{2}{3} = 0{,}666\ldots;$ $\quad a_4 = \frac{3}{4} = 0{,}75;$ $\quad a_5 = \frac{4}{5} = 0{,}8$

$a_6 = \frac{5}{6} = 0{,}833\ldots;$ $\quad a_7 = \frac{6}{7} = 0{,}857\ldots;$ $\quad a_8 = \frac{7}{8} = 0{,}875;$ $\quad a_9 = \frac{8}{9} = 0{,}888\ldots;$ $\quad a_{10} = \frac{9}{10} = 0{,}9$

$a_{11} = \frac{10}{11} = 0{,}909\ldots$

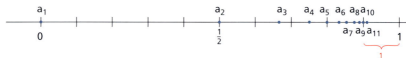

Anhand der obigen Darstellung am Zahlenstrahl lässt sich erkennen, dass die „Nähe" eines Folgengliedes a_n zum vermutlichen Grenzwert $g = 1$ durch den Abstand $|a_n - g|$ bestimmt wird. Des Weiteren ist ersichtlich, dass ab $n > 10$ dieser Abstand kleiner als $\frac{1}{10}$ ist. Nur die ersten zehn Glieder der Folge haben also von $g = 1$ einen Abstand, der größer oder gleich $\frac{1}{10}$ ist.

Für das n-te Glied gilt für den Abstand von g:

$|a_n - g| = \left|\frac{n-1}{n} - 1\right| = \left|\frac{n-1+n}{n}\right| = \left|-\frac{1}{n}\right| = \frac{1}{n}$

Damit lässt sich nun bestimmen, welche und wie viele Glieder einer Folge (a_n) von g einen Abstand haben, der kleiner als eine beliebig vorgegebene positive Zahl ε ist. Für $\varepsilon = \frac{1}{100}$ folgt aus $\frac{1}{n} < \frac{1}{100}$, dass n > 100 gelten muss. Vom 101. Glied an ist also der Abstand von 1 kleiner als $\frac{1}{100}$. Man sagt auch: Alle Glieder ab a_{101} liegen in einer $\frac{1}{100}$-Umgebung von 1, und nur die ersten 100 Folgenglieder liegen außerhalb dieser Umgebung.

Wie klein eine solche Zahl ε auch gewählt wird, stets gibt es *unendliche viele* Glieder, deren Abstand von g kleiner als das vorgegebene ε ist, und nur *endliche viele* Glieder haben einen Abstand von g, der größer als ε ist.

In der Mathematik verwendet man dafür die folgende Sprechweise: „Innerhalb jeder (noch so kleinen) ε-Umgebung von g liegen *fast alle* Glieder der Folge."

> Die Zahl g heißt **Grenzwert der Zahlenfolge (a_n)**, wenn für jede (noch so kleine) positive Zahl ε fast alle Folgenglieder a_n in der ε-Umgebung von g – in Kurzform: $U_\varepsilon(g)$ – liegen, d. h. wenn ab einem bestimmten n die Ungleichung $|a_n - g| < \varepsilon$ erfüllt ist.

2 Zahlenfolgen

Den Inhalt dieser Grenzwertdefinition veranschaulicht die nebenstehende Abbildung für eine Zahlenfolge, deren Glieder sich von beiden Seiten dem Grenzwert g nähern.

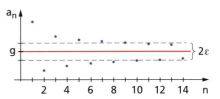

Ab einem gewissen n liegen alle Punkte, welche die Folgenglieder darstellen, in einem Streifen der Breite 2ε, dessen Mittellinie parallel zur n-Achse verläuft.

Besitzt eine Folge (a_n) einen Grenzwert, so heißt sie **konvergent.** Anderenfalls wird von einer **divergenten** Folge gesprochen. Um auszudrücken, dass eine Folge (a_n) den Grenzwert g hat, wird die folgende Kurzschreibweise verwendet:

$\lim\limits_{n \to \infty} a_n = g$ (*gesprochen:* „Limes von a_n für n gegen unendlich gleich g")

Existiert der Grenzwert einer Folge, so ist er eindeutig bestimmt. Mit obiger Definition ist es möglich, den Nachweis eines Grenzwertes rechnerisch zu erbringen.
Um möglichst schnell zu einer *Vermutung* für den Grenzwert einer Folge zu kommen, empfiehlt sich deren Darstellung mithilfe eines CAS bzw. einer Tabellenkalkulation.

Nachweis eines vermuteten Grenzwertes

Die Zahlenfolge $\left(\frac{n+3}{2n}\right)$ ist auf Konvergenz zu untersuchen.

Um eine Vermutung bezüglich des Grenzwertes aufstellen zu können, stellen wir die Folge grafisch dar und ermitteln einige Glieder mit höherer Platznummer:

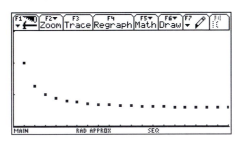

$\left(\frac{n+3}{2n}\right) = 2; \frac{5}{4}; 1; \frac{7}{8}; \frac{4}{5}; \frac{3}{4}; ...;$ $a_{100} = 0{,}515;$ $a_{1\,000} = 0{,}5015;$ $a_{1\,000\,000} = 0{,}5000015$

Wir vermuten, dass die Zahl $\frac{1}{2}$ Grenzwert dieser Folge ist. Zur Bestätigung dieser Vermutung ist zu zeigen, dass für fast alle n die Ungleichung $\left|\frac{n+3}{2n} - \frac{1}{2}\right| < \varepsilon$ erfüllt ist.
Dabei gehen wir in folgenden Schritten vor:

(1) Vereinfachen der Ungleichung: $\left|\frac{n+3}{2n} - \frac{1}{2}\right| = \left|\frac{n+3-n}{2n}\right| = \left|\frac{3}{2n}\right| = \frac{3}{2n} < \varepsilon$

(2) Weiteres Umformen und Abschätzen:

$\frac{3}{2n} < \varepsilon \Rightarrow 3 < \varepsilon \cdot 2n$ (wegen $n > 0$), also $n > \frac{3}{2\varepsilon}$

Wählt man beispielsweise $\varepsilon = \frac{1}{100}$, so ergibt sich $n > \frac{3}{2 \cdot \frac{1}{100}} = \frac{300}{2} = 150$, d.h., nur die ersten 150 Glieder liegen außerhalb dieser ε-Umgebung, alle anderen (also fast alle) jedoch innerhalb.

(3) Die entscheidende Frage ist, ob es zu jedem $\varepsilon > 0$ eine natürliche Zahl n gibt, die größer als $\frac{3}{2\varepsilon}$ ist.

Offensichtlich ist das stets der Fall: Auch wenn ε beliebig klein gewählt wird und demzufolge für $\frac{3}{2\varepsilon}$ ein sehr großer Wert entsteht, erhält man wegen der Unendlichkeit der Folge der natürlichen Zahlen doch stets eine Zahl n so, dass ab a_{n+1} alle Folgenglieder einen geringeren Abstand von der Zahl $g = \frac{1}{2}$ haben als ε.

Damit wurde gezeigt, dass die Folge $\left(\frac{n+3}{2n}\right)$ konvergent ist und den Grenzwert $\frac{1}{2}$ besitzt.

Hinweis: Eine Zahlenfolge, die den Grenzwert 0 besitzt, heißt **Nullfolge**.
Beispiele für Nullfolgen sind etwa $\left(\frac{1}{n}\right)$, $\left(\left(\frac{1}{2}\right)^n\right)$ und $\left(\frac{2}{n} \cdot (-1)^n\right)$.

Das Konvergenzverhalten von additiv bzw. multiplikativ zusammengesetzten Folgen lässt sich mit den nachstehend angeführten Regeln beurteilen.

Grenzwertsätze für Zahlenfolgen
Es seien (a_n) und (b_n) zwei konvergente Folgen mit $\lim_{n \to \infty} a_n = g_1$ und $\lim_{n \to \infty} b_n = g_2$.
Dann gilt:
- $\lim_{n \to \infty} (a_n \pm b_n) = \lim_{n \to \infty} a_n \pm \lim_{n \to \infty} b_n = g_1 \pm g_2$
- $\lim_{n \to \infty} (a_n \cdot b_n) = \lim_{n \to \infty} a_n \cdot \lim_{n \to \infty} b_n = g_1 \cdot g_2$
- $\lim_{n \to \infty} \frac{a_n}{b_n} = \frac{\lim_{n \to \infty} a_n}{\lim_{n \to \infty} b_n} = \frac{g_1}{g_2}$ (sofern $b_n \neq 0$ und $g_2 \neq 0$)

Anwenden der Grenzwertsätze
Gegeben seien die Folgen $(a_n) = \left(2 + \frac{1}{n}\right)$ und $(b_n) = \left(3 - \frac{5}{n}\right)$. Zu untersuchen ist, ob die Folge $\left(\left(2 + \frac{1}{n}\right) \cdot \left(3 - \frac{5}{n}\right)\right)$ konvergiert.

Wir untersuchen, ob die Folgen (a_n) und (b_n) konvergent sind:

- $\lim_{n \to \infty} a_n = \lim_{n \to \infty} \left(2 + \frac{1}{n}\right) = \lim_{n \to \infty} 2 + \lim_{n \to \infty} \frac{1}{n} = 2 + 0 = 2$

  Der Grenzwert existiert, da der Grenzwertsatz für Summenfolgen angewendbar ist.

- $\lim_{n \to \infty} b_n = \lim_{n \to \infty} \left(3 - \frac{5}{n}\right) = \lim_{n \to \infty} 3 - \lim_{n \to \infty} \frac{5}{n} = 3 - 0 = 3$

  Der Grenzwert existiert, da der Grenzwertsatz für Differenzenfolgen angewendbar ist.

Da beide Folgen konvergent sind, kann auf die Folge $\left(\left(2 + \frac{1}{n}\right) \cdot \left(3 - \frac{5}{n}\right)\right)$ der Grenzwertsatz für Produkte von Folgen angewendet werden:

$\lim_{n \to \infty} \left(\left(2 + \frac{1}{n}\right) \cdot \left(3 - \frac{5}{n}\right)\right) = \lim_{n \to \infty} \left(2 + \frac{1}{n}\right) \cdot \lim_{n \to \infty} \left(3 - \frac{5}{n}\right) = 2 \cdot 3 = 6$

Die Zahlenfolge $\left(\left(2 + \frac{1}{n}\right) \cdot \left(3 - \frac{5}{n}\right)\right)$ ist also konvergent und besitzt den Grenzwert 6.

Die oben angegebenen Grenzwertsätze für Folgen sind nur dann anwendbar, wenn die einzelnen Grenzwerte existieren. Die Umkehrungen sind jedoch nicht allgemeingültig.

2 Zahlenfolgen

Übungen

1. *Zeigen Sie*, dass eine Zahlenfolge höchstens einen Grenzwert haben kann.

2. Gegeben ist eine Folge (a_n) durch $a_n = -\frac{n+1}{n}$ mit dem Grenzwert $g = -1$.
   Untersuchen Sie, welche und wie viele Folgenglieder einen Abstand von g haben, der kleiner als $\frac{1}{10}$ $\left(\frac{1}{100}\right.$ bzw. $\left.\frac{1}{1\,000}\right)$ ist.

3. Gegeben ist die Zahlenfolge $(a_n) = \left(2 + \frac{1}{n}\right)$.
   a) *Berechnen Sie* die Glieder a_1 bis a_{10} und *veranschaulichen Sie* diese in einem Koordinatensystem.
      Welchen Grenzwert vermuten Sie?
   b) *Tragen Sie* in das Koordinatensystem die ε-Umgebung dieser Zahl g für $\varepsilon = \frac{1}{4}$ $\left(\text{bzw. } \varepsilon = \frac{1}{10}\right)$ ein und *bestimmen Sie* die Anzahl der Folgenglieder außerhalb der ε-Umgebung.
   c) Wie viele Glieder liegen außerhalb der ε-Umgebung der Zahl g für $\varepsilon = \frac{1}{1\,000}$?
   d) Ab welchem n liegen die Folgenglieder in der $\frac{1}{10^6}$-Umgebung der Zahl g?
   e) *Zeigen Sie*, dass die Zahl 2 Grenzwert der Folge (a_n) ist, d.h., dass gilt:
      $\lim\limits_{n \to \infty} \left(2 + \frac{1}{n}\right) = 2$

4. *Untersuchen Sie* die gegebene Zahlenfolge (a_n) jeweils analog wie in Aufgabe 3.
   a) $\left(\frac{2n-1}{2}\right)$ b) $\left((-1)^n \cdot \frac{2}{n}\right)$ c) $\left(\frac{4n-3}{3n}\right)$ d) $\left(\frac{4-n}{2n}\right)$

5. *Untersuchen Sie* mithilfe der Grenzwertdefinition, ob die angegebene Zahl z jeweils Grenzwert der angegebenen Folge ist.
   a) $\left(\frac{5n+3}{2n}\right)$; $z = 2{,}5$
   b) $\left(\frac{7}{3} - \frac{4}{3n}\right)$; $z = \frac{7}{3}$
   c) $\left(\frac{4-3n}{5n}\right)$; $z = \frac{3}{5}$
   d) $\left(\frac{10+n}{n^2}\right)$; $z = 0$
   e) $\left(\frac{9n+7}{8n}\right)$; $z = 1$
   f) $\left(\frac{n^2-4}{n+2}\right)$; $z = -2$

6. *Ermitteln Sie* unter Nutzung der Grenzwertsätze für Folgen jeweils den Grenzwert.
   a) $\lim\limits_{n \to \infty} \frac{2n+3}{n}$
   b) $\lim\limits_{n \to \infty} \frac{8}{4n}$
   c) $\lim\limits_{n \to \infty} \frac{2-3n}{n}$
   d) $\lim\limits_{n \to \infty} \frac{6n-1}{3n+3}$

7. *Bestimmen Sie* jeweils den Grenzwert der Folge (a_n) durch Anwenden von Grenzwertsätzen.
   a) $(a_n) = \left(\left(2 + \frac{1}{n}\right) \cdot \left(2 - \frac{1}{n}\right)\right)$
   b) $(a_n) = \left(\frac{3n^2 + 4n + 7}{9n^2 + 7n}\right)$

8. *Bestimmen Sie* jeweils den Grenzwert der Folgen (a_n) und (b_n), der Differenzenfolge $(a_n - b_n)$, der Produktfolge $(a_n \cdot b_n)$ und (falls möglich) der Quotientenfolge $\frac{a_n}{b_n}$.
   a) $(a_n) = \left(2 - \frac{3}{n}\right)$; $(b_n) = \left(1 - \frac{3}{n}\right)$
   b) $(a_n) = \left(3 + \frac{1}{n}\right)$; $(b_n) = \left(2 - \frac{1}{n}\right)$

9. *Geben Sie* auf einem Taschenrechner eine beliebige Zahl $a > 0$ *ein* und drücken Sie wiederholt die „Wurzeltaste". Sie erzeugen auf diese Weise nachstehende Folge:
   $(a_1; a_2; a_3; a_4; a_5; \ldots) = (a; \sqrt{a}; \sqrt[4]{a}; \sqrt[8]{a}; \sqrt[16]{a}; \ldots)$
   Was fällt Ihnen auf, wenn Sie als Startwert a eine Zahl mit $a > 1$ ($a = 1$ bzw. $a < 1$) nehmen?

Gemischte Aufgaben

1. *Stellen Sie* die gegebene Folge jeweils mithilfe eines CAS grafisch *dar*. Um welche Zahl g konzentrieren sich fast alle Glieder der Folge.
   Untersuchen Sie jeweils, welche Glieder der gegebenen Folge für $\varepsilon = \frac{1}{10}$ bzw. $\varepsilon = \frac{1}{100}$ in der ε- Umgebung von g liegen.
   a) $(a_n) = \left(3 + \frac{(-1)^n}{n}\right)$
   b) $(a_n) = \left(7 - \left(\frac{1}{2}\right)^n\right)$

2. Gegeben ist die Zahlenfolge $(a_n) = \left(\frac{3n-2}{n}\right)$.
   a) *Berechnen Sie* die Folgenglieder a_1 bis a_8 und veranschaulichen Sie diese in einem Koordinatensystem.
   b) *Geben Sie* drei Zahlen *an*, die kleiner oder gleich dem kleinsten Folgenglied sind. Wie nennt man derartige Zahlen?
   c) *Geben Sie* drei Zahlen *an*, die größer oder gleich dem größten Folgenglied sind. Wie nennt man derartige Zahlen?
   d) *Vervollständigen Sie* zu einer wahren Aussage:
      „Die Folge (a_n) ist nach oben ..., weil sie ... besitzt, und sie ist ..., weil ..."

3. *Untersuchen Sie* unter Verwendung der Grenzwertsätze die Folgen auf Konvergenz.
   a) $\left(\frac{n^2 - 3n + 1}{2 + n - n^2}\right)$
   b) $\left(\frac{3n + 4}{n - 1}\right)$
   c) $\left(\frac{1}{2^n}\right)$
   d) $\left(\frac{(n-3)(n^2+1)}{(n+2)(n-4)}\right)$

Aufgaben zum Problemlösen

4. Eine Anpflanzung von Obstbäumen an einem Hang umfasst 30 Reihen. In der ersten Reihe befinden sich zwölf Bäume, in jeder folgenden sind es dann jeweils sechs mehr als in der vorhergehenden.
   a) Wie viele Bäume stehen in der letzten Reihe?
   b) Wie viele Bäume stehen insgesamt in den ersten vier Reihen?

5. Gegeben sei ein gleichseitiges Dreieck mit einer Seitenlänge von 24 cm. Durch Verbinden der Mittelpunkte der Seiten entsteht ein neues Dreieck.
   Diese Konstruktion wird fortgesetzt und es werden nachstehende Folgen betrachtet:
   (a_n) – Folge der Seitenlängen der Dreiecke
   (b_n) – Folge der Umfänge der Dreiecke
   (c_n) – Folge der Flächeninhalte der Dreiecke

   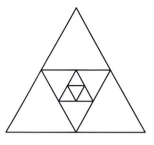

   a) *Bestimmen Sie* jeweils die ersten fünf Glieder der Folgen (a_n), (b_n) und (c_n).
   b) *Überprüfen Sie*, ob (a_n), (b_n) und (c_n) geometrische Folgen sind.

6. Drei Zahlen, deren Summe 39 ist, seien die Glieder a_1, a_2 und a_3 einer geometrischen Zahlenfolge (a_n). Vermindert man die größte dieser Zahlen um 9, so entstehen die ersten drei Glieder einer arithmetischen Folge (b_n).
   a) *Ermitteln Sie* jeweils die ersten drei Glieder von (a_n) und (b_n).
   b) *Geben Sie* für (a_n) und (b_n) jeweils eine rekursive und explizite Bildungsvorschrift *an*.

Gemischte Aufgaben

7. Drei Zahlen, deren Summe 81 ist, seien die Glieder a_1, a_2 und a_3 einer arithmetischen Zahlenfolge (a_n). Vermehrt man die größte dieser Zahlen um 36, so entstehen die ersten drei Glieder einer geometrischen Folge (b_n).
   a) *Ermitteln Sie* jeweils die ersten drei Glieder von (a_n) und (b_n).
   b) *Geben Sie* für (a_n) und (b_n) jeweils eine rekursive und explizite Bildungsvorschrift *an*.

8. Ein Angestellter erhält im ersten Jahr seiner Beschäftigung monatlich 1 400,00 Euro. Es wird angenommen, dass sich sein Gehalt in jedem Jahr um 75,00 Euro erhöht.
   a) Welches Einkommen hätte er im zehnten Jahr?
   b) Wie viele Jahre müsste er tätig sein, um auf 2 450,00 Euro monatlich zu kommen?

Aufgaben zum Argumentieren und Kommunizieren

9. *Geben Sie* die Eigenschaften der durch a_n gegebenen Folgen *an*.
   a) $a_n = \left(\frac{2}{3}\right)^n$
   b) $a_n = 1 - \left(\frac{2}{3}\right)^n$

10. In einem Halbkreis mit dem Radius r werden in einem ersten Schritt über dem Durchmesser zwei Halbkreise mit dem Radius $\frac{r}{2}$ eingezeichnet. In diese zeichnet man auf gleiche Weise erneut zwei Halbkreise ein usw.
    a) Wie groß ist die Summe der Längen aller Halbkreise nach dem n-ten Schritt?
    b) Besitzt diese Summe für n → ∞ einen Grenzwert, wenn man sich das geschilderte Verfahren beliebig oft fortgesetzt denkt?

11. *Diskutieren Sie* das Paradoxon von ACHILLES und der Schildkröte (siehe S. 65) und *beurteilen Sie* den Schluss, dass ACHILLES die Schildkröte nie einholen könne.

12. *Untersuchen Sie*, ob die Zahlenfolgen konvergent oder divergent sind.
    a) $(a_n) = (2 - n)$
    b) $(a_n) = \left(\frac{1}{2 - 2n}\right)$
    c) $(a_n) = \left(\frac{n^4}{n^2 + 1}\right)$
    d) $(a_n) = \left(\frac{(1-n)^2}{1+n^2}\right)$
    e) $(a_n) = (2^{n+1} - 2^n)$
    f) $(a_n) = \left(\frac{1 + (-1)^n}{n}\right)$

13. Eine Ebene lässt sich mit Quadraten, regelmäßigen Sechsecken bzw. gleichseitigen Dreiecken lückenlos und überlappungsfrei auslegen (parkettieren).
    Betrachten Sie folgende geometrischen Muster: Um ein Quadrat (Sechseck, Dreieck) bildet man fortgesetzt Ringe aus Quadraten (Sechsecken, Dreiecken).
    Beschreiben Sie die geometrischen Muster durch arithmetische Zahlenfolgen.
    Geben Sie jeweils eine rekursive Bildungsvorschrift *an*.
    Hinweis: Bei den Ringen aus Dreiecken gibt es unterschiedliche Varianten.

14. „Kaninchenaufgabe" nach LEONARDO FIBONACCI VON PISA (etwa 1180 bis 1250)
    Jemand sperrt ein Kaninchenpaar in ein ringsherum verschlossenes Gehege, um zu ermitteln, wie viele Nachkommen dieses Paar innerhalb eines Jahres haben wird. Dabei wird vorausgesetzt, dass die Kaninchen in jedem Monat ein weiteres Paar erzeugen, dass die Jungen wiederum nach zwei Monaten selbst Nachkommen hervorbringen und dass alle Tiere am Leben bleiben.
    a) Wie viele Kaninchenpaare gibt es nach einem Jahr?
    b) *Finden Sie* eine allgemeine Darstellung, welche die Bildungsgesetzmäßigkeit dieser sogenannten FIBONACCI-Folge beschreibt.

Im Überblick

Begriff der Zahlenfolge

Unter einer (reellen) **Zahlenfolge** (a_n) versteht man eine Funktion, deren Definitionsbereich die Menge $\mathbb{N}^*$ der natürlichen Zahlen ohne die Null (oder eine Teilmenge davon) ist und die als Wertebereich eine Teilmenge der reellen Zahlen besitzt. Jeder natürlichen Zahl n (mit $n \geq 1$) des Definitionsbereiches wird ein Folgenglied $a_n \in \mathbb{R}$ zugeordnet.
Schreibweise: $(a_n) = a_1; a_2; a_3; ...$

Spezielle Zahlenfolgen

Arithmetische Folgen

Eine Folge (a_n) heißt **arithmetisch**, wenn die Differenz zweier aufeinanderfolgender Glieder stets dieselbe reelle Zahl d ergibt, d. h., wenn für alle n gilt:
$a_{n+1} - a_n = d$ $(d \in \mathbb{R})$

Bildungsvorschriften:
$a_{n+1} = a_n + d;\ a_1$ (rekursiv)
$a_n = a_1 + (n-1) \cdot d$ (explizit)

Beispiel:
$(a_n) = 11; 15; 19; 23; ...$
$a_{n+1} = a_n + 4;\ a_1 = 11$
$a_n = 4n + 7$

Geometrische Folgen

Eine Folge (a_n) heißt **geometrisch**, wenn der Quotient zweier aufeinanderfolgender Glieder stets dieselbe reelle Zahl q ergibt, d. h., wenn für alle n gilt:
$\frac{a_{n+1}}{a_n} = q$ $(a_n \neq 0; q \in \mathbb{R}; q \neq 0)$

Bildungsvorschriften:
$a_{n+1} = a_n \cdot q;\ a_1$ (rekursiv)
$a_n = a_1 \cdot q^{n-1}$ (explizit)

Beispiel:
$(a_n) = 4; -16; 64; -256; ...$
$a_{n+1} = a_n \cdot (-4);\ a_1 = 4$
$a_n = (-1)^{n+1} \cdot 4^n$

Eigenschaften von Zahlenfolgen

Monotonie	Es wird die Differenz $a_{n+1} - a_n$ betrachtet: • Gilt $a_{n+1} - a_n \geq 0$, so ist (a_n) **monoton wachsend.** • Gilt $a_{n+1} - a_n \leq 0$, so ist (a_n) **monoton fallend.**
Beschränktheit	Es sei s eine reelle Zahl. • Gilt $a_n \leq s$ für alle n, so ist (a_n) **nach oben beschränkt** und s heißt **obere Schranke.** • Gilt $a_n \geq s$ für alle n, so ist (a_n) **nach unten beschränkt** und s heißt **untere Schranke.**
Konvergenz	Eine gegebene Zahl g ist **Grenzwert** der Folge (a_n), wenn für jedes (noch so kleine) positive ε die Ungleichung $|a_n - g| < \varepsilon$ für fast alle n gilt. Der Grenzwert kann folgendermaßen bestimmt werden: – Zerlegen der Folge in eine Summe, eine Differenz, ein Produkt bzw. einen Quotienten einfacherer Folgen; – Überprüfen der Grenzwerte der einzelnen Folgen; – Anwenden der Grenzwertsätze.

Mosaik

Unendliche Reihen

Das folgende **Paradoxon von Achilles und der Schildkröte** geht auf den griechischen Philosophen Zenon von Elea (490 bis 430 v. Chr.) zurück:

> Achilles, als Schnellläufer berühmt gewordener Held des Trojanischen Krieges, startet einen Wettlauf mit einer Schildkröte, der er einen Vorsprung von einem Stadion (etwa 129,27 m) gewährt. Obwohl mit zwölffacher Geschwindigkeit laufend, holt er diese jedoch nicht ein. Hat Achilles das eine Stadion, also den Vorsprung der Schildkröte, zurückgelegt, so ist diese bereits $\frac{1}{12}$ Stadion weiter; absolviert Achilles nun diese Strecke, so ist die Schildkröte erneut weiter, und zwar um $\frac{1}{144}$ Stadion usw.
> Immer dann also, wenn Achilles dort ankommt, wo die Schildkröte war, ist diese schon wieder an einem anderen Ort. Folglich holt er sie nie ein.

Da dies jeglicher praktischen Erfahrung widerspricht, glaubte Zenon, damit die Unzulänglichkeit der Mathematik nachgewiesen zu haben.
Tatsächlich war jenes Paradoxon mithilfe der griechischen Mathematik nicht zu widerlegen, da der dazu erforderliche Begriff des Grenzwertes und insbesondere die Konvergenz unendlicher Reihen nicht bekannt waren.

Reihen und Partialsummen

Werden die Glieder einer Zahlenfolge durch Addition verbunden, so spricht man von einer **Reihe**, wobei je nach Anzahl der Folgenglieder **endliche** und **unendliche** Reihen unterschieden werden.
Hinweis: Der Begriff „Reihe" wird mitunter nur für unendliche Reihen benutzt.

Unter Verwendung des Summenzeichens lässt sich eine Reihe wie folgt darstellen:
$$a_1 + a_2 + \ldots + a_n = \sum_{k=1}^{n} a_k \quad \text{bzw.}$$
$$a_1 + a_2 + \ldots + a_n + \ldots = \sum_{k=1}^{\infty} a_k$$

Für *endliche* Reihen ist die entsprechende Summenbildung relativ einfach:
- Es ist die Summe der ersten sechs Glieder der Folge (a_n) mit $a_n = 5n - n^2$ zu bestimmen.
  Gliedweises Aufsummieren ergibt:
  $s_2 = a_1 + a_2 = 4 + 6 = 10$
  $s_3 = \underbrace{a_1 + a_2}_{s_2} + a_3 = 10 + 6 = 16$
  $s_4 = s_3 + a_4 = 16 + 4 = 20$
  $s_5 = s_4 + a_5 = 20 + 0 = 20$
  $s_6 = s_5 + a_6 = 20 + (-6) = 14$
  Also gilt $s_6 = \sum_{k=1}^{6} a_k = 14$.

Die Summen $s_1 = a_1$; s_2; ...; s_n werden als die erste, zweite, ... bzw. n-te **Partialsumme** der Folge (a_n) bezeichnet.
Die zugehörige Folge (s_n) heißt **Partialsummenfolge** von (a_n).

Werden speziell *endliche* arithmetische bzw. geometrische Reihen betrachtet, so gilt für die n-te Partialsumme einer
- **arithmetischen Folge:**
  $s_n = \sum_{k=1}^{n} a_k = \frac{n}{2}(a_1 + a_n)$ (↗ 💿)
- **geometrischen Folge:**
  $s_n = \sum_{k=1}^{n} a_k = a_1 \frac{q^n - 1}{q - 1}$ (für $q \neq 1$)

Die Gültigkeit dieser Summenformeln lässt sich mithilfe des Verfahrens der vollständigen Induktion beweisen (↗ 💿).

Einige (weitere) spezielle Partialsummen sind etwa die folgenden:
- $1 + 2 + 3 + \ldots + n = \frac{n(n+1)}{2}$
- $1 + 3 + 5 + \ldots + (2n - 1) = n^2$
- $2 + 4 + 6 + \ldots + 2n = n(n+1)$
- $1 + 4 + 9 + \ldots + n^2 = \frac{n(n+1)(2n+1)}{6}$
- $1 + 8 + 27 + \ldots + n^3 = \left[\frac{n(n+1)}{2}\right]^2$

Auch zu einer *unendlichen* Folge (a_n) lässt sich die Partialsummenfolge (s_n) bilden, wie folgende Beispiele zeigen:
- $(a_n) = (3n - 2) = 1; 4; 7; 10; 13; 16; ...$
  $(s_n) = 1; 5; 12; 22; 35; 51; ...$
- $(a_n) = \left(\frac{8}{2^n}\right) = (2^{3-n}) = 4; 2; 1; \frac{1}{2}, \frac{1}{4}, \frac{1}{8}; ...$
  $(s_n) = 4; 6; 7; \frac{15}{2}; \frac{31}{4}; \frac{63}{8}; ...$

Die Partialsummenfolge einer unendlichen Zahlenfolge hat zwar kein letztes Glied, sie kann aber gegen eine bestimmte Zahl als Grenzwert streben.

> Eine unendliche Reihe $\sum_{k=1}^{\infty} a_k$ heißt **konvergent,** wenn die Folge der Partialsummen (s_n) mit $s_n = \sum_{k=1}^{n} a_k$ konvergiert, d.h., wenn folgender Grenzwert existiert:
> $\lim_{n \to \infty} s_n = \lim_{n \to \infty} \sum_{k=1}^{n} a_k = \sum_{k=1}^{\infty} a_k = s$
> Dieser Grenzwert s wird als **Summe der unendlichen Reihe** bezeichnet.

Im Folgenden sind Beispiele für konvergente unendliche Reihen angegeben:
- $\sum_{k=1}^{\infty} \frac{1}{k(k+1)} = \frac{1}{1 \cdot 2} + \frac{1}{2 \cdot 3} + \frac{1}{3 \cdot 4} + ... = 1$
- $\sum_{k=1}^{\infty} \frac{1}{(2k-1)(2k+1)} = \frac{1}{1 \cdot 3} + \frac{1}{3 \cdot 5} + ... = \frac{1}{2}$
- $\sum_{k=1}^{\infty} \frac{1}{k!} = 1 + \frac{1}{2} + \frac{1}{6} + \frac{1}{24} + ... = e$
- $\sum_{k=1}^{\infty} (-1)^{k-1} \cdot \frac{1}{k} = 1 - \frac{1}{2} + \frac{1}{3} - \frac{1}{4} + ... = \ln 2$

Unendliche geometrische Reihen
Eine **unendliche geometrische Reihe** entsteht durch Addition der Glieder einer geometrischen Zahlenfolge:
$\sum_{k=1}^{\infty} a_k = a_1 + a_1 \cdot q + a_2 \cdot q^2 + ... = \sum_{k=1}^{\infty} a \cdot q^{k-1}$
Für $0 < q < 1$ und positives Anfangsglied ist die Folge $a_1; a_1 \cdot q; a_2 \cdot q^2; ...$ monoton fallend mit 0 als unterer Schranke. Die Folge der Partialsummen (s_n) ist zwar monoton wachsend, kann jedoch beschränkt und damit konvergent sein. Um den (möglichen) Grenzwert zu bestimmen, wird die oben angegebene Summenformel für geometrische Reihen umgeformt:
$s_n = a_1 \cdot \frac{q^n - 1}{q - 1} = a_1 \cdot \frac{1 - q^n}{1 - q} = \frac{a_1}{1 - q} - \frac{a_1 \cdot q^n}{1 - q}$
Wegen $0 < q < 1$ strebt q^n für wachsende n gegen null, sodass gilt:
$\lim_{n \to \infty} s_n = \frac{a_1}{1 - q}$
Auch für $-1 < q < 0$ lässt sich die Konvergenz der entsprechenden Reihe zeigen.

> Eine geometrische Reihe $\sum_{k=1}^{\infty} a_1 \cdot q^{k-1}$ konvergiert genau dann, wenn $|q| < 1$ ist. Für die Summe gilt:
> $s = \lim_{n \to 0} s_n = \frac{a_1}{1 - q}$

Wir betrachten dazu drei Beispiele:
- $8 + 4 + 2 + 1 + \frac{1}{2} + ...$ $s = \frac{8}{1 - \frac{1}{2}} = 16$
- Bogenlänge s

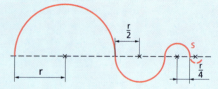

$s = \pi \cdot r + \pi \cdot \frac{r}{2} + \pi \cdot \frac{r}{4} + ...$
$= \pi \cdot r \left(1 + \frac{1}{2} + \frac{1}{4} + ...\right)$
$= \pi \cdot r \frac{1}{1 - \frac{1}{2}} = \pi \cdot r \frac{1}{\frac{1}{2}} = 2\pi r$

- Umwandlung periodischer Dezimalbrüche in gemeine Brüche, z. B.:
$0,\overline{7} = 0,7 + 0,07 + 0,007 + ...$
$s = \frac{0,7}{1 - 0,1} = \frac{0,7}{0,9} = \frac{7}{9}$

Abschließend wollen wir uns noch einmal dem eingangs betrachteten Paradoxon zuwenden. Für den Weg s, den ACHILLES bis zum Erreichen der Schildkröte zurücklegen muss, gilt:
$s = \left(1 + \frac{1}{2} + \frac{1}{144} + ...\right)$ Stadion
$= \frac{1}{1 - \frac{1}{12}}$ Stadion $= \frac{12}{11}$ Stadion

Auch die dafür benötigte Zeit lässt sich exakt angeben (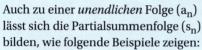).

3 Grenzwerte und Stetigkeit von Funktionen

Rückblick

- Eine Funktion mit der Menge (oder einer Teilmenge) der natürlichen Zahlen als Definitionsbereich und einer Menge reeller Zahlen als Wertebereich heißt **Zahlenfolge** oder kurz **Folge**. Ihre Funktionswerte heißen *Glieder* der Zahlenfolge. Eine Folge (a_n) besteht aus den Gliedern $a_1, a_2, ..., a_n$, wobei n die Platznummer des Folgengliedes a_n angibt.
- Die grafische Darstellung einer Zahlenfolge im Koordinatensystem ergibt eine Menge diskreter (isolierter) Punkte.
- Folgen, deren Glieder sich mit wachsendem n immer mehr *genau einer* bestimmten reellen Zahl g nähern, heißen **konvergent**. Die Zahl g selbst heißt **Grenzwert** der Folge.

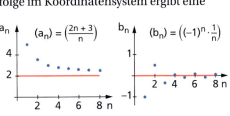

Man schreibt $\lim_{n \to \infty} a_n = g$ und liest „Limes von a_n für n gegen unendlich ist gleich g". Grenzwertberechnungen erfolgen mithilfe von **Grenzwertsätzen**.

- Eine Zahlenfolge mit dem Grenzwert 0 heißt **Nullfolge**.
  Beispiele für Nullfolgen sind die Folgen $\left(\frac{1}{n}\right)$, $\left(\frac{-2}{n+1}\right)$, $\left(\frac{3}{n^2}\right)$, $\left(\frac{1}{\sqrt{n}}\right)$, $\left(\frac{1}{2}\right)^n$ bzw. $\left(\frac{(-1)^n}{n}\right)$.
- Eine Zahlenfolge (a_n) hat genau dann den Grenzwert g, wenn $(a_n - g)$ eine Nullfolge ist: $\lim_{n \to \infty} a_n = g \Leftrightarrow \lim_{n \to \infty} (a_n - g) = 0$

Aufgaben

1. Lösen Sie die Gleichungen bzw. die Ungleichung.
   a) $\left|\frac{x}{3} - 2\right| = 0$
   b) $-2x = |x + 1|$
   c) $\left|\frac{2n+1}{4n} - \frac{1}{2}\right| < \frac{1}{1000}$

2. Gegeben ist die Folge (a_n) mit $a_n = \frac{n+3}{2n}$.
   a) Bestimmen Sie die ersten zehn Glieder dieser Folge.
   b) Weisen Sie nach, dass (a_n) den Grenzwert $\frac{1}{2}$ hat.

3. Welche Glieder der Folge $\left(\frac{n+2}{n^2}\right)$ sind kleiner als 0,005?

4. Gegeben sind die Folgen (a_n) mit $a_n = \begin{cases} 2 & \text{für gerade n} \\ -2 & \text{für ungerade n} \end{cases}$, $(b_n) = \left(1 + \frac{1}{n}\right)$ und $(c_n) = \left(\left(-\frac{1}{2}\right)^n\right)$.
   a) Stellen Sie die Folgen für die ersten zehn Glieder grafisch dar.
   b) Stellen Sie Vermutungen über Konvergenz oder Divergenz der Folgen auf.

5. Gegeben sind die Folgen $(a_n) = \left(\frac{n+3}{2n}\right)$, $(b_n) = \left(\frac{4n^2 + 5n + 7}{5n^2 - n + 3}\right)$ und $(c_n) = \left((-1)^n \cdot \frac{n+1}{n}\right)$.
   a) Untersuchen Sie die Folgen auf Konvergenz und berechnen Sie gegebenenfalls die Grenzwerte mithilfe der Grenzwertsätze für Folgen.
      Überprüfen Sie Ihre Ergebnisse mit einem CAS.
   b) Berechnen Sie, sofern vorhanden, die Grenzwerte der Folgen (a_n) und (b_n).
      Ermitteln Sie (ggf. mithilfe eines CAS), für wie viele Glieder der Folgen der Abstand $|a_n - g|$ bzw. $|b_n - g|$ kleiner als $\frac{1}{100}$ ist.

3 Grenzwerte und Stetigkeit von Funktionen

3.1 Verhalten einer Funktion im Unendlichen

Der Koala, so berichtete das ZDF in seiner Sendereihe „wissen & entdecken", ist in großen Schwierigkeiten. Der ständig wachsenden Zahl von Tieren stehen immer weniger Nahrungsquellen zur Verfügung. Dabei ist die unkontrolliert anwachsende Koalapopulation bei Weitem nicht das einzige Beispiel dafür, dass Populationen außer Kontrolle geraten können. Doch die Natur setzt solchen Bevölkerungsexplosionen auch Grenzen: Bei zu starkem Anwachsen einer Population wird ihr Anstieg durch fehlende Nahrungsmittel und begrenzten Lebensraum immer langsamer, sodass das Wachstum in der Natur im Normalfall nicht exponentiell, sondern gebremst verläuft.

Der belgische Mathematiker PIERRE FRANÇOIS VERHULST *(1804 bis 1849) entwickelte dafür das „logistische Populationsmodell".*
Die so entstandene Gleichung $p_{n+1} = c \cdot p_n \cdot (1 - p_n)$ wird als VERHULST*-Gleichung oder auch als logistische Gleichung bezeichnet. Das durch diese rekursive Gleichung beschriebene Wachstum weist ein merkwürdiges Verhalten auf:*

$p_0 = 0{,}2; \quad c = 2$ $p_0 = 0{,}2; \quad c = 2{,}9$ $p_0 = 0{,}2; \quad c = 3{,}4$

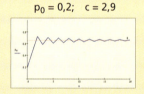 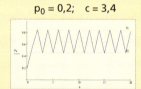

VERHULST *ging von folgenden Annahmen aus:*

(1) Da Vorgänge in der Natur oft sprunghaft sind (viele Tiere haben einmal im Jahr Nachwuchs, sodass die Frage nach der Population zwischendurch sinnlos ist), wird zur Beschreibung des Wachtums die Gleichung einer Folge verwendet.
(2) Jede Population p ergibt sich aus der vorhergehenden, d.h., aus der Populationsgröße p_n kann die Größe p_{n+1} der nächsten Generation berechnet werden.
(3) Der Lebensraum für die sich entwickelnden Populationen ist begrenzt. Die obere Grenze der Population wird mit p = 1 (bzw. p = 100 %) festgelegt.
(4) Das Wachstum einer Population ist abhängig von einem Wachstumsfaktor c, der insbesondere artspezifische Bedingungen enthält.
(5) Das Wachstum ist nicht konstant. Es vermindert sich in Abhängigkeit vom noch freien Lebensraum. VERHULST *hat für diesen Umstand den Faktor (1 – p) eingeführt.*

3 Grenzwerte und Stetigkeit von Funktionen

Arbeitsaufträge

1. Beschreiben Sie das Verhalten der auf Seite 68 dargestellten Folgen für $n \to \infty$.
2. Interpretieren Sie die VERHULST-Gleichung, indem Sie den Einfluss von p_n auf $(1 - p_n)$ und auf p_{n+1} untersuchen. Was geschieht, wenn p_n sehr große bzw. sehr kleine Werte annimmt? Wie verhält sich die Folge ohne den Faktor $(1 - p_n)$?
3. Berechnen Sie p_1 bis p_5 für $c = 2$ und die Anfangspopulation $p_0 = 0{,}2$.
4. Untersuchen Sie die Entwicklung der Population für verschiedene Wachstumsfaktoren c mit $0 < c \leq 4$. Verwenden Sie den Startwert $p_0 = 0{,}2$.
5. Stellen Sie die Funktionen $f_1(x) = \frac{x}{x+1}$, $f_2(x) = \frac{4x^2 - 3}{3x^2 + 5}$ und $f_3(x) = \frac{x^2}{2x - 4}$ grafisch dar und beschreiben Sie den Verlauf der Graphen für unbeschränkt wachsende bzw. unbeschränkt fallende x. Verwenden Sie dazu folgende Tabelle:

	f_1	f_2	f_3
$x \to +\infty$	$y \to ?$	$y \to ?$	$y \to ?$
$x \to -\infty$	$y \to ?$	$y \to ?$	$y \to ?$

6. Die Graphen der Funktionen f_1 bis f_3 nähern sich für $x \to \pm\infty$ immer mehr einer Geraden an. Bestimmen Sie die Gleichung der jeweiligen Geraden, indem Sie Vermutungen aufstellen und diese grafisch überprüfen.

Mathematisch geht es in den hier aufgeworfenen Problemen um die Frage, wie sich Funktionen mit unbeschränktem Definitionsbereich verhalten, wenn ihre Argumente beliebig wachsen bzw. beliebig klein werden, wenn also x gegen plus unendlich oder gegen minus unendlich strebt.
Man untersucht hierbei das **Verhalten einer Funktion im Unendlichen.**
Dabei sind drei Fälle zu unterscheiden: Die Funktionswerte streben gegen eine feste Zahl oder gegen (+ oder –) unendlich oder sie verhalten sich unbestimmt.

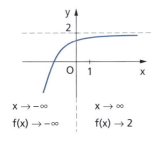
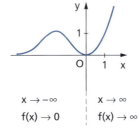
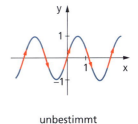

$x \to -\infty$ $x \to \infty$ $x \to -\infty$ $x \to \infty$
$f(x) \to -\infty$ $f(x) \to 2$ $f(x) \to 0$ $f(x) \to \infty$ unbestimmt

> **D** Nähern sich die Werte der Funktion f für $x \to +\infty$ bzw. für $x \to -\infty$ immer mehr einer Zahl g, so heißt diese **Grenzwert der Funktion** f für $x \to +\infty$ bzw. für $x \to -\infty$.
> *Schreibweise:* $\lim_{x \to \infty} f(x) = g$ bzw. $\lim_{x \to -\infty} f(x) = g$
> Die Gerade mit der Gleichung $y = g$ ist **waagerechte Asymptote** der Funktion f.

3 Grenzwerte und Stetigkeit von Funktionen

Verhalten der Funktion $f(x) = \frac{2x+10}{x+1}$ **für** $x \to +\infty$

Die grafische Darstellung von f lässt vermuten, dass sich die Funktionswerte $f(x)$ für größer werdende x-Werte der Zahl 2 beliebig nähern. Entsprechend schmiegt sich der Funktionsgraph immer enger an die Gerade mit der Gleichung $y = 2$ an; die Gerade $y = 2$ ist Asymptote des Graphen. Es gilt $\lim\limits_{x \to \infty} \frac{2x+10}{x+1} = 2$. Als Ablesehilfe wurde hier die *Trace*-Funktion des Rechners verwendet. Auch eine über *Table* erzeugte Wertetabelle führt zu der Vermutung, dass die Zahl 2 Grenzwert der Funktion f für $x \to +\infty$ ist.

Unter Verwendung des *limit*-Befehls kann der Grenzwert sofort berechnet werden.

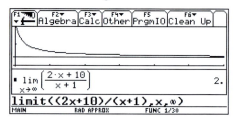

Präziser lässt sich der Grenzwertbegriff fassen, wenn wir die „beliebige Annäherung an eine Zahl g" mithilfe des Abstandes der Funktionswerte von der Asymptote deuten. Dieser Abstand ist im obigen Beispiel für $x > 400$ kleiner als $0{,}2$ und für $x > 999$ bereits kleiner als $0{,}008$. Mit immer größer werdendem x wird der Abstand beliebig klein.

D Eine Funktion f mit rechtsseitig (bzw. linksseitig) unbeschränktem Definitionsbereich hat für $x \to +\infty$ (bzw. für $x \to -\infty$) den **Grenzwert g,** wenn die Differenz $|f(x) - g|$ jede noch so kleine positive Zahl unterschreitet, sofern x hinreichend groß (bzw. klein) gewählt wird. Die Funktion f **konvergiert** gegen g. Es gilt:
$$\lim_{x \to \infty}(f(x) - g) = 0 \text{ bzw. } \lim_{x \to -\infty}(f(x) - g) = 0 \text{ oder vereinfachend } \lim_{x \to \pm\infty}(f(x) - g) = 0$$

Hieraus erhält man die oft benötigten Grenzwerte $\lim\limits_{x \to \pm\infty} \frac{c}{x} = 0$ und $\lim\limits_{x \to \pm\infty} c = c$ ($c \in \mathbb{R}$).

Abstandsuntersuchung mithilfe der Grenzwertdefinition

Für die Funktion $f(x) = \frac{2x+10}{x+1}$ wurde gezeigt, dass der Abstand der Funktionswerte von der Asymptote beliebig klein wird, sofern man x genügend groß wählt. Für welche x ist der Abstand nun kleiner als $\frac{1}{1000}$?

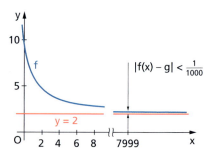

Zu lösen ist die folgende Ungleichung:
$|f(x) - g| < \frac{1}{1000}$, also $\left|\frac{2x+10}{x+1} - 2\right| < \frac{1}{1000}$

Aus $\left|\frac{2x+10}{x+1} - 2\right| = \left|\frac{8}{x+1}\right| = \frac{8}{x+1}$ mit $x > -1$ folgt $\frac{8}{x+1} < \frac{1}{1000}$ und daraus $x + 1 > 8000$, also $x > 7999$. Der Abstand wird kleiner als $\frac{1}{1000}$, sowie x die Zahl 7999 überschreitet.

3 Grenzwerte und Stetigkeit von Funktionen

Die **Berechnung von Grenzwerten zusammengesetzter Funktionen** kann mithilfe von Grenzwertsätzen erfolgen.

Grenzwertsätze für Funktionen
Existieren die Grenzwerte $\lim\limits_{x \to \infty} f(x) = g_1$ und $\lim\limits_{x \to \infty} h(x) = g_2$, so gilt:
- $\lim\limits_{x \to \infty} (f(x) \pm h(x)) = \lim\limits_{x \to \infty} f(x) \pm \lim\limits_{x \to \infty} h(x) = g_1 \pm g_2$
- $\lim\limits_{x \to \infty} (f(x) \cdot h(x)) = \lim\limits_{x \to \infty} f(x) \cdot \lim\limits_{x \to \infty} h(x) = g_1 \cdot g_2$
- $\lim\limits_{x \to \infty} \frac{f(x)}{h(x)} = \frac{\lim\limits_{x \to \infty} f(x)}{\lim\limits_{x \to \infty} h(x)} = \frac{g_1}{g_2}$ mit $h(x) \neq 0$ und $\lim\limits_{x \to \infty} h(x) \neq 0$

Vor dem Anwenden der Grenzwertsätze wird der Funktionsterm i. d. R. durch Ausklammern und Kürzen *der höchsten im Nenner vorkommenden Potenz von x* umgeformt.

Anwenden der Grenzwertsätze
Es soll untersucht werden, ob der Grenzwert $\lim\limits_{x \to \infty} \frac{x^2 - 2x + 1}{5x^2}$ existiert.

(1) Ausklammern und Kürzen: $\frac{x^2 - 2x + 1}{5x^2} = \frac{x^2\left(1 - \frac{2}{x} + \frac{1}{x^2}\right)}{5x^2} = \frac{1}{5}\left(1 - \frac{2}{x} + \frac{1}{x^2}\right)$

(2) Anwenden der Grenzwertsätze:
$\lim\limits_{x \to \infty} \frac{x^2 - 2x + 1}{5x^2} = \lim\limits_{x \to \infty} \left(\frac{1}{5}\left(1 - \frac{2}{x} + \frac{1}{x^2}\right)\right) = \frac{1}{5} \lim\limits_{x \to \infty} \left(1 - \frac{2}{x} + \frac{1}{x^2}\right) = \frac{1}{5}\left(\lim\limits_{x \to \infty} 1 - \lim\limits_{x \to \infty} \frac{2}{x} + \lim\limits_{x \to \infty} \frac{1}{x^2}\right)$

Mit $\lim\limits_{x \to \infty} \frac{2}{x} = 0$ und $\lim\limits_{x \to \infty} \frac{1}{x^2} = 0$ folgt: $\lim\limits_{x \to \infty} \frac{x^2 - 2x + 1}{5x^2} = \frac{1}{5}(1 - 0 + 0) = \frac{1}{5}$

Der Grenzwert existiert und beträgt $\frac{1}{5}$.

Uneigentliche Grenzwerte einer ganzrationalen Funktion
Wie verhält sich der Graph der ganzrationalen Funktion $f(x) = x^3 + 2x^2 - 1$ für $x \to \pm\infty$?

(1) Ausklammern: $\lim\limits_{x \to \infty} x^3 + 2x^2 - 1 = x^3\left(1 + \frac{2}{x} - \frac{1}{x^3}\right)$

(2) Anwenden der Grenzwertsätze:
$\lim\limits_{x \to \infty} x^3\left(1 + \frac{2}{x} - \frac{1}{x^3}\right) = \lim\limits_{x \to \infty} x^3 \cdot \lim\limits_{x \to \infty} \left(1 + \frac{2}{x} - \frac{1}{x^3}\right) = \lim\limits_{x \to \infty} x^3 \cdot 1 = \infty$

Analog gilt: $\lim\limits_{x \to -\infty} x^3\left(1 + \frac{2}{x} - \frac{1}{x^3}\right) = \lim\limits_{x \to -\infty} x^3 \cdot 1 = -\infty$

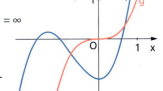

Die Funktion f hat für $x \to \pm\infty$ die **uneigentlichen Grenzwerte** $+\infty$ und $-\infty$, sie ist gegen $\pm\infty$ **divergent**.
Die Funktion $f(x) = x^3 + 2x^2 - 1$ verhält sich im Unendlichen wie die Funktion $g(x) = x^3$.

Allgemein gilt:
- Ganzrationale Funktionen sind divergent.
- Der Graph einer ganzrationalen Funktion wird für $x \to \pm\infty$ näherungsweise durch das Glied mit der höchsten Potenz von x bestimmt.

3 Grenzwerte und Stetigkeit von Funktionen

Uneigentliche Grenzwerte einer gebrochenrationalen Funktion

Gesucht sind die Grenzwerte der Funktion $f(x) = \dfrac{x^2+1}{2x-4}$ mit $x \neq 2$ für $x \to \pm\infty$.

(1) Ausklammern und Kürzen: $\dfrac{x^2+1}{2x-4} = \dfrac{x\left(x+\frac{1}{x}\right)}{x\left(2-\frac{4}{x}\right)} = \dfrac{x+\frac{1}{x}}{2-\frac{4}{x}}$

(2) Anwenden der Grenzwertsätze:

$$\lim_{x\to\infty} \frac{x^2+1}{2x-4} = \frac{\lim\limits_{x\to\infty}\left(x+\frac{1}{x}\right)}{\lim\limits_{x\to\infty}\left(2-\frac{4}{x}\right)} = \frac{\lim\limits_{x\to\infty} x + \lim\limits_{x\to\infty}\frac{1}{x}}{\lim\limits_{x\to\infty} 2 + \lim\limits_{x\to\infty}\left(-\frac{4}{x}\right)} = \frac{\lim\limits_{x\to\infty} x + 0}{2+0} = \infty$$

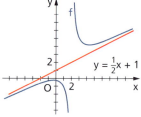

Entsprechend erhält man $\lim\limits_{x\to -\infty} \dfrac{x^2+1}{2x-4} = -\infty$.

Die Funktion f hat für $x \to \pm\infty$ die *uneigentlichen* Grenzwerte $+\infty$ und $-\infty$. Auch hier nähert sich der Graph für $x \to \pm\infty$ einer Geraden an. Die Gleichung dieser Asymptote lautet $y = \frac{1}{2}x + 1$. Man erhält sie aus dem ganzrationalen Anteil der Polynomdivision $\dfrac{x^2+1}{2x-4} = (x^2+1) : (2x-4) = \frac{1}{2}x + 1 + \dfrac{5}{2x-4}$.

Der Quotient $\dfrac{5}{2x-4}$ kann vernachlässigt werden, da er für $x \to \infty$ gegen 0 strebt.

Unbestimmt divergente Funktionen

Die Sinusfunktion $f(x) = \sin x$ verhält sich für $x \to \pm\infty$ **unbestimmt.** Ihre Funktionswerte durchlaufen periodisch den Bereich $-1 \leq y \leq 1$, streben weder gegen eine feste Zahl g noch gegen $+\infty$ oder $-\infty$. Man sagt, f ist **unbestimmt divergent**.

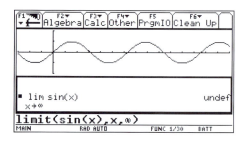

Abklingkurve einer gedämpften harmonischen Schwingung

Eine gedämpfte harmonische Schwingung kann wie folgt beschrieben werden:
$y(t) = y_{max} \cdot e^{-\delta t} \cdot \sin \frac{2\pi}{T} t$
(t ist die Zeit, y_{max} die anfängliche maximale Auslenkung, T die Zeit für eine volle Schwingung und δ der Dämpfungskoeffizient.)

Diese Funktion konvergiert gegen 0, der Schwinger kommt nach einer gewissen Zeit zum Stillstand. Die Maximalpunkte der Funktion bilden selbst wieder eine Kurve. Ihre Gleichung kann durch Abschätzen der Funktion $|y(t)| = |y_{max} \cdot e^{-\delta t} \cdot \sin \frac{2\pi}{T} t|$ mit $t \geq 0$ gewonnen werden. Es gilt $|y_{max} \cdot e^{-\delta t} \cdot \sin \frac{2\pi}{T} t| = |y_{max} \cdot e^{-\delta t}| \cdot |\sin \frac{2\pi}{T} t|$. Da $|\sin \frac{2\pi}{T} t| \leq 1$ ist, folgt $|y(t)| \leq |y_{max} \cdot e^{-\delta t}| \cdot 1$. Die Auslenkung des Schwingers nimmt also alle Werte an, die kleiner oder gleich $y_{max} \cdot e^{-\delta t}$ sind.

Betrachten wir nur die Maximalwerte und führen für ihren Verlauf die Funktion $z(t)$ ein, so gilt $z(t) = y_{max} \cdot e^{-\delta t}$.

Die Funktion z heißt (obere) **Schrankenfunktion** zu y. In der Schwingungslehre wird sie als Gleichung der **Abklingkurve** bezeichnet.

3 Grenzwerte und Stetigkeit von Funktionen

Übungen

1. *Kennzeichnen Sie* das Verhalten der Funktionen für $x \to \pm\infty$.
   Überprüfen Sie Ihre Aussagen durch grafische Darstellung mithilfe eines CAS.
   a) $f(x) = -3x^2 - 4x + 5$ b) $f(x) = 0{,}8x^5 + 2{,}5x^2 + 20$ c) $f(x) = x^6 - x^5 + x^4 + x^2 - x$

2. *Beschreiben Sie* das Verhalten der Funktionen für $x \to \pm\infty$.
   a) $f(x) = \frac{1}{x^2}$ b) $f(x) = \frac{1}{x} + 2$ c) $f(x) = |x|$ d) $f(x) = e^x$

3. *Geben Sie* jeweils drei Funktionen *an*, für welche die angegebene Bedingung gilt.
   a) $\lim_{x \to -\infty} f(x) = -\infty$ $\lim_{x \to \infty} f(x) = \infty$ b) $\lim_{x \to -\infty} f(x) = \infty$ $\lim_{x \to \infty} f(x) = -\infty$ c) $\lim_{x \to \pm\infty} f(x) = \infty$
   d) $\lim_{x \to -\infty} f(x) = -\infty$ $\lim_{x \to \infty} f(x) = 2$ e) $\lim_{x \to -\infty} f(x) = -1$ $\lim_{x \to \infty} f(x) = \infty$ f) $\lim_{x \to \pm\infty} f(x) = 3$

4. *Untersuchen Sie*, ob die Funktionen für $x \to +\infty$ konvergent sind.
   a) $f(x) = \frac{x^2}{2^x}$ b) $f(x) = \frac{x-2}{x^2-3}$ c) $f(x) = x^3 + x^2 - 2$ d) $f(x) = \frac{x}{x-1}$
   e) $f(x) = 2 \cdot \sin x$ f) $f(x) = \sqrt{x+5}$ g) $f(x) = x \cdot \sin x$ h) $f(x) = \sin x$

5. Gegeben sind $f_1(x) = \frac{3x+8}{x+2}$ ($x \neq -2$), $f_2(x) = \frac{10x-1}{x^2+1}$ und $f_3(x) = \frac{1}{2x+3}$ ($x \neq -\frac{3}{2}$).
   a) *Untersuchen Sie* die Funktionen mithilfe von Wertetabellen und *stellen Sie* eine Vermutung für $\lim_{x \to \infty} f_i(x)$ und für $\lim_{x \to -\infty} f_i(x)$ *auf*.
   b) *Bestätigen Sie* die Richtigkeit der Vermutung durch Anwenden der Grenzwertsätze.

6. *Berechnen Sie* durch Anwenden der Grenzwertsätze.
   a) $\lim_{x \to \pm\infty} (x^4 + 2x^3 - x - 5)$ b) $\lim_{x \to \pm\infty} (5x^3 - 8x^2 + 100)$ c) $\lim_{x \to \infty} \left(2 + \frac{1}{x+1}\right)$
   d) $\lim_{x \to \pm\infty} \frac{x^2 + 2x - 5}{x^2 + x + 2}$ e) $\lim_{x \to \pm\infty} \left(\frac{x}{1+2x}\right)^2$ f) $\lim_{x \to \pm\infty} \frac{x}{x^2 + \frac{1}{2}}$

7. *Ordnen Sie* den folgenden Funktionen die Asymptoten $y = 0$, $y = 1$, $y = 2$, $y = x$ *zu*:
   $f_1(x) = \frac{2}{x-1}$; $f_2(x) = \frac{x^3+1}{x^2+1}$; $f_3(x) = 2 \cdot e^x + 1$; $f_4(x) = \frac{2x}{e^x}$

8. *Beschreiben Sie* das Verhalten der Funktionen für $x \to \pm\infty$. *Führen Sie* dazu vorher geeignete Termumformungen *durch*. *Skizzieren Sie* die Funktionsgraphen.
   a) $f(x) = \frac{x-2}{x+1}$ b) $f(x) = \frac{3x+1}{2x-1}$ c) $f(x) = \frac{-2x^2+2x}{x^2+x}$ d) $f(x) = \frac{2x^2+2x}{x^2+x}$

9. Die Graphen der angegebenen Funktionen nähern sich Asymptoten, die zu keiner Koordinatenachse parallel sind. *Bestimmen Sie* Gleichungen dieser Asymptoten.
   a) $f(x) = \frac{x^3+x^2}{x^2-2}$ b) $f(x) = \frac{x^2-3x}{2x-2}$ c) $f(x) = \frac{2x^3+5}{x^2-5x+6}$ d) $f(x) = \frac{2x^2-3}{x-1}$

10. Gegeben ist eine Funktionsschar f_k mit $f_k(x) = \frac{kx^2+kx}{x-1}$.
    Untersuchen Sie experimentell, welche Funktion der Schar f_k eine Asymptote mit der Gleichung $y = 2x + 4$ besitzt.

11. Gegeben ist eine Funktionsschar f_k mit $f_k(x) = \frac{kx^2+6x}{3x^2-1}$.
    a) *Stellen Sie* die Funktionsschar für $k \in \{0; 1; 2; 3; 4\}$ grafisch *dar* und *ermitteln Sie* diejenige Funktion, die für $x \to +\infty$ den Grenzwert 1 hat.
    b) *Geben Sie* den Grenzwert der Schar f_k für $x \to \pm\infty$ in Abhängigkeit von k *an*.

3.2 Grenzwert an einer Stelle

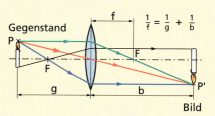

f Brennweite
g Gegenstandsweite
b Bildweite

Zur Bildentstehung in optischen Geräten werden neben Spiegeln, Prismen und Zerstreuungslinsen vor allem Sammellinsen eingesetzt.
Eine Sammellinse ist so aufgebaut, dass das Licht, welches von einem bestimmten Gegenstandspunkt P ausgeht, durch unterschiedlich starke Brechung wieder in einem Bildpunkt P' gesammelt wird. Parallel einfallendes Licht wird dabei so gebrochen, dass es sich hinter der Linse im so genannten Brennpunkt F sammelt. Der Abstand des Brennpunktes von der Linsenebene wird als Brennweite f der Linse bezeichnet.
Der Zusammenhang zwischen Gegenstandsweite, Bildweite und Brennweite einer Sammellinse lässt sich durch die Abbildungsgleichung $\frac{1}{f} = \frac{1}{g} + \frac{1}{b}$ beschreiben.

Arbeitsaufträge

1. Stellen Sie die Bildweite b als Funktion von g für eine Brennweite von f = 5 cm in einem kartesischen Koordinatensystem grafisch dar.
   Interpretieren Sie den Verlauf für 0 cm < g < 20 cm.

2. Untersuchen Sie rechnerisch, wie sich die Bildweite bei Annäherung der Kerze an den Brennpunkt und darüber hinaus verhält.
   Versuchen Sie, Ihr Ergebnis mithilfe der grafischen Darstellung zu deuten.

3. Bei dem Versuch, mit dem CAS *Mathcad* eine Wertetabelle für das Intervall [0; 20] aufzustellen, erscheint eine Fehlermeldung.
   Worin liegt das Problem und wie kann es gelöst werden?

4. Gegeben sind die Funktionen $f_1(x) = \begin{cases} \frac{1}{2}x + 1; & x \leq 1 \\ \frac{1}{2}x + 2; & x > 1 \end{cases}$ und $f_2(x) = \frac{x^2 - 1}{x - 1}$ ($x \neq 1$).

   Beschreiben Sie das Verhalten der Funktionen in der Umgebung der Stelle $x_0 = 1$.
   Verwenden Sie dazu folgende Tabellen:

   Annäherung von links (x < 1)

x	0,9	0,99	0,999	... → 1
f(x)				

   Annäherung von rechts (x > 1)

x	1,1	1,01	1,001	... → 1
f(x)				

5. Untersuchen Sie die Funktion f_2 aus Aufgabe 4 in der Umgebung der Stelle x_0 mithilfe zweier Zahlenfolgen.
   Weisen Sie z. B. mit $(\overline{x}_n) = \left(1 + \frac{1}{n}\right)$ und $(\underline{x}_n) = \left(1 - \frac{1}{n}\right)$ nach, dass die Folgen der zugehörigen Funktionswerte $(f_2(x_n))$ gegen ein und dieselbe Zahl streben.

3 Grenzwerte und Stetigkeit von Funktionen

Im Kern geht es in den obigen Beispielen darum, wie sich die Werte f(x) einer Funktion f bei Annäherung an eine Stelle x_0 verhalten. Wir veranschaulichen den Sachverhalt im Folgenden am Beispiel der Funktion f mit $f(x) = \frac{\sin x}{x}$. Diese Funktion ist für alle reellen Zahlen außer der Zahl 0 definiert. Um ihr Verhalten in der Umgebung von 0 zu untersuchen, wählt man x-Werte, die sich der **Definitionslücke** $x_0 = 0$ immer mehr von links bzw. von rechts nähern. Mithilfe einer Tabellenkalkulation oder eines CAS erhält man sofort aussagekräftige Wertetabellen:

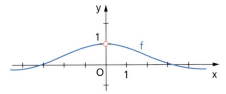

Für x-Werte, die sich der Definitionslücke $x_0 = 0$ immer mehr von links nähern (also für x < 0), streben die zugehörigen Funktionswerte f(x) offensichtlich gegen 1. Nähert man sich von rechts (für x > 0), so streben sie ebenfalls gegen 1. Man nennt die Zahl 1 den Grenzwert der Funktion $f(x) = \frac{\sin x}{x}$ an der Stelle 0 und schreibt $\lim_{x \to 0} f(x) = 1$.

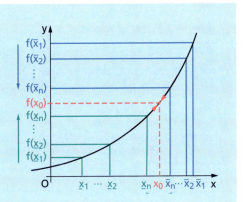

Nähern sich die Argumente x einer Funktion f (für x < x_0 und für x > x_0) immer mehr einer Zahl x_0 und nähern sich die zugehörigen Funktionswerte f(x) immer mehr einer Zahl g, so heißt diese Zahl g **Grenzwert der Funktion f an der Stelle x_0**. Man sagt, die Funktion f **konvergiert an der Stelle x_0 gegen g**.
Man schreibt $\lim_{x \to x_0} f(x) = g$ und liest „limes f(x) für x gegen x_0 ist gleich g".

Bei einer Annäherung für x < x_0 spricht man vom **linksseitigen** Grenzwert $\lim_{x \to x_0^-} f(x)$, bei einer Annäherung für x > x_0 vom **rechtsseitigen** Grenzwert $\lim_{x \to x_0^+} f(x)$.

Annäherung an eine Lücke

Die Funktion $f(x) = \frac{\frac{1}{2}x^2 - 2}{x - 2}$ ist für $x_0 = 2$ nicht definiert, ihr Graph mündet sowohl von links als auch von rechts in ein „Loch". Da linksseitiger und rechtsseitiger Grenzwert von f an der Stelle 2 übereinstimmen (es gilt $\lim_{x \to x_0^-} f(x) = \lim_{x \to x_0^+} f(x) = 2$), besitzt f an der Stelle $x_0 = 2$ den Grenzwert 2.

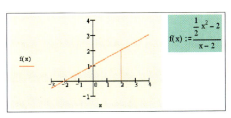

Ob das „Loch" in elektronisch erzeugten Graphen sichtbar ist, hängt vom System, beim GTR von den *Window*-Einstellungen ab.

3 Grenzwerte und Stetigkeit von Funktionen

Annäherung an eine Sprungstelle

Wie verhält sich die Funktion $f(x) = \begin{cases} x+1; & x \leq 1{,}5 \\ x+2; & x > 1{,}5 \end{cases}$
(mit $x \in \mathbb{R}$) an der Stelle $x_0 = 1{,}5$?

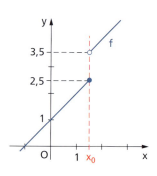

Anhand einer grafischen Darstellung wird klar, dass die Funktionswerte bei Annäherung von links an x_0 gegen den Wert 2,5, bei Annäherung von rechts jedoch gegen den Wert 3,5 streben. Da linksseitiger und rechtsseitiger Grenzwert nicht übereinstimmen, existiert der Grenzwert von f an der Stelle x_0 nicht.
Die Stelle $x_0 = 1{,}5$ ist eine so genannte Sprungstelle.

Uneigentliche Grenzwerte

Die Funktion $f(x) = \frac{5x}{x-5}$ entspricht der im Auftrag 1 auf Seite 74 untersuchten Abbildungsgleichung für Sammellinsen. An der Stelle $x_0 = 5$ ist f nicht definiert. Nähert man sich dieser Stelle x_0 von links, so werden die Funktionswerte immer kleiner, sie streben gegen $-\infty$. Bei Annäherung von rechts an x_0 werden die Funktionswerte immer größer, sie streben gegen $+\infty$. Die Funktion f besitzt an der Stelle $x_0 = 5$ die uneigentlichen Grenzwerte $\lim_{x \to x_0^-} f(x) = -\infty$ und $\lim_{x \to x_0^+} f(x) = \infty$.

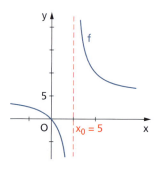

Da sich die „Äste" des Funktionsgraphen bei Annäherung an die Stelle $x_0 = 5$ immer mehr an die Gerade $x = 5$ anschmiegen, ist diese Gerade eine Asymptote des Graphen.

D

> Eine Stelle x_0 heißt **Polstelle** oder **Pol** der gebrochenrationalen Funktion f mit $f(x) = \frac{u(x)}{v(x)}$, wenn die Nennerfunktion $v(x_0) = 0$ und die Zählerfunktion $u(x_0) \neq 0$ ist.
> Die Gerade mit der Gleichung $x = x_0$ heißt **Polgerade** oder **Polasymptote**.

Es lassen sich folgende typische Annäherungen einer gebrochenrationalen Funktion an eine Polstelle unterscheiden:

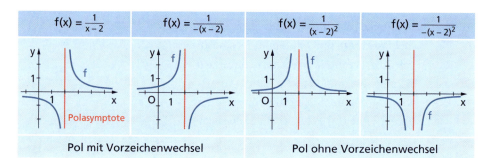

Pol mit Vorzeichenwechsel — Pol ohne Vorzeichenwechsel

3 Grenzwerte und Stetigkeit von Funktionen

Die **Berechnung von Grenzwerten zusammengesetzter Funktionen an einer Stelle x_0**
kann mithilfe der Grenzwertsätze für Funktionen erfolgen.

> **Grenzwertsätze für Funktionen**
> Besitzen die Funktionen f und g an der Stelle x_0 einen Grenzwert, so gilt:
> - $\lim_{x \to x_0} (f(x) \pm g(x)) = \lim_{x \to x_0} f(x) \pm \lim_{x \to x_0} g(x)$
> - $\lim_{x \to x_0} (f(x) \cdot g(x)) = \lim_{x \to x_0} f(x) \cdot \lim_{x \to x_0} g(x)$
> - $\lim_{x \to x_0} \dfrac{f(x)}{g(x)} = \dfrac{\lim_{x \to x_0} f(x)}{\lim_{x \to x_0} g(x)}$ mit $\lim_{x \to x_0} g(x) \neq 0$ und $g(x) \neq 0$

Die Grenzwertsätze sind nur anwendbar, wenn die Einzelgrenzwerte existieren und endlich sind (im Nenner vorkommende Grenzwerte müssen ungleich 0 sein).

Anwenden der Grenzwertsätze

1. Gesucht ist der Grenzwert der Funktion $f(x) = x^2 + 4x - 2$ an der Stelle $x_0 = 1$.
   Nach den Grenzwertsätzen gilt:
   $$\lim_{x \to 1} (x^2 + 4x - 2) = \lim_{x \to 1} x \cdot \lim_{x \to 1} x + 4 \cdot \lim_{x \to 1} x - \lim_{x \to 1} 2 = 1 \cdot 1 + 4 \cdot 1 - 2 = 3$$
   Der Grenzwert an der Stelle $x_0 = 1$ existiert und beträgt 3.

2. Die Funktion $f(x) = \dfrac{2x^2 + x - 10}{x - 2}$ (mit $x \neq 2$) ist an der Stelle $x_0 = 2$ nicht definiert.
   Existiert an der Stelle $x_0 = 2$ ein Grenzwert?
   Da die Nennerfunktion für $x \to 2$ den Grenzwert 0 hat, lassen sich die Grenzwertsätze nicht ohne Weiteres anwenden. Helfen kann man sich, indem man Zähler- oder (bzw. und) Nennerfunktion in ein Produkt zerlegt und anschließend kürzt:
   Für jedes $x \neq 2$ gilt: $\dfrac{2x^2 + x - 10}{x - 2} = \dfrac{(2x + 5)(x - 2)}{x - 2} = 2x + 5$
   Es folgt: $\lim_{x \to 2} \dfrac{2x^2 + x - 10}{x - 2} = \lim_{x \to 2} (2x + 5) = \lim_{x \to 2} 2x + \lim_{x \to 2} 5 = 4 + 5 = 9$
   Die Funktion $f(x) = \dfrac{2x^2 + x - 10}{x - 2}$ hat an der Stelle $x_0 = 2$ den Grenzwert 9.

Die Berechnung von Grenzwerten kann mitunter sehr aufwendig oder gar unmöglich sein. So stößt man bei Anwendung der Grenzwertsätze mitunter auf „unbestimmte Ausdrücke" der Form $\dfrac{0}{0}, \dfrac{\infty}{\infty}$ oder $0 \cdot \infty$. Während die elementare Berechnung solcher Grenzwerte erst mithilfe der Differenzialrechnung erfolgen kann, erhält man sie mit einem CAS gewissermaßen „per Knopfdruck".

So führt die elementare Berechnung von $\lim_{x \to 0} \dfrac{\sin x}{x}$ zum Ausdruck $\dfrac{0}{0}$ und die von $\lim_{x \to \infty} \dfrac{2x}{e^x}$ zu $\dfrac{\infty}{\infty}$. Ein CAS liefert aber sofort die Grenzwerte 1 bzw. 0.

3 Grenzwerte und Stetigkeit von Funktionen

Historisch wurde der Grenzwertbegriff lange Zeit ausschließlich anschaulich im Sinne einer „Annäherung" verwendet. Erst im 19. Jahrhundert bemühte man sich um eine präzise Definition. Dabei lag es nahe, die Betrachtungen zu Grenzwerten von Folgen auf Funktionen zu übertragen.

Bestimmen des Grenzwertes einer Funktion mithilfe von Zahlenfolgen

Gegeben sei die Funktion f mit $f(x) = \frac{x^2 - 1}{x - 1}$. An der Stelle $x_0 = 1$ ist f nicht definiert. Um das Verhalten der Funktion bei Annäherung an die Stelle $x_0 = 1$ zu ermitteln, betrachten wir die Folgen $(x_n) = \left(1 - \frac{1}{n}\right)$ und $(\overline{x_n}) = \left(1 + \frac{1}{n}\right)$.

Die Glieder dieser Folgen nähern sich mit wachsendem $n \in \mathbb{N}$ von links an $x_0 = 1$ und von rechts ebenfalls an $x_0 = 1$, denn es gilt $\lim\limits_{n \to \infty} \left(1 - \frac{1}{n}\right) = 1$ bzw. $\lim\limits_{n \to \infty} \left(1 + \frac{1}{n}\right) = 1$.

Für die Folgen $(f(x_n))$ und $(f(\overline{x_n}))$ der zugehörigen Funktionswerte erhält man:

$$f(x_n) = \frac{x_n^2 - 1}{x_n - 1} = \frac{\left(1 - \frac{1}{n}\right)^2 - 1}{1 - \frac{1}{n} - 1} = \frac{1 - \frac{2}{n} + \frac{1}{n^2} - 1}{-\frac{1}{n}} = \frac{-\frac{2}{n} + \frac{1}{n^2}}{-\frac{1}{n}} = 2 - \frac{1}{n}$$

$$f(\overline{x_n}) = \frac{(\overline{x_n})^2 - 1}{\overline{x_n} - 1} = \frac{\left(1 + \frac{1}{n}\right)^2 - 1}{1 + \frac{1}{n} - 1} = \frac{1 + \frac{2}{n} + \frac{1}{n^2} - 1}{\frac{1}{n}} = \frac{\frac{2}{n} + \frac{1}{n^2}}{\frac{1}{n}} = 2 + \frac{1}{n}$$

Beide Folgen sind konvergent, denn es gilt:

$$\lim\limits_{n \to \infty} f(x_n) = \lim\limits_{n \to \infty} \left(2 - \frac{1}{n}\right) = 2 \quad \text{bzw.} \quad \lim\limits_{n \to \infty} f(\overline{x_n}) = \lim\limits_{n \to \infty} \left(2 + \frac{1}{n}\right) = 2$$

Für die ausgewählten Folgen $\left(1 - \frac{1}{n}\right)$ und $\left(1 + \frac{1}{n}\right)$ stimmen die Grenzwerte überein. Das gilt auch dann, wenn man eine beliebige gegen 1 konvergierende Folge (x_n) von Zahlen aus dem Definitionsbereich wählt:

Die durch eine solche Folge (x_n) eindeutig bestimmte Folge der Funktionswerte wäre dann die Folge $(f(x_n))$ mit $f(x_n) = \frac{x_n^2 - 1}{x_n - 1} = \frac{(x_n + 1)(x_n - 1)}{(x_n - 1)}$ (nach binomischer Formel).

Wegen $x_n \neq 1$ kann man mit $(x_n - 1)$ kürzen und erhält $f(x_n) = x_n + 1$.

Da $\lim\limits_{n \to \infty} x_n = 1$ ist, folgt $\lim\limits_{n \to \infty} f(x_n) = \lim\limits_{n \to \infty} (x_n + 1) = \lim\limits_{n \to \infty} x_n + \lim\limits_{n \to \infty} 1 = 1 + 1 = 2$.

Das heißt: Kommt man mit x_n nahe genug an 1 heran, so nähern sich die zugehörigen $f(x_n)$ beliebig dicht der 2 an.

Präziser formuliert: Für jede gegen 1 konvergierende Folge (x_n), deren Glieder dem Definitionsbereich von f angehören, konvergiert die Folge der zugehörigen Funktionswerte $(f(x_n))$ gegen 2. Diese Übereinstimmung ist Anlass zu folgender Begriffsbildung:

D

> Es sei f eine in einer Umgebung von x_0 (eventuell mit Ausnahme von x_0 selbst) definierte Funktion. Die Zahl g heißt **Grenzwert der Funktion f an der Stelle x_0**, wenn für jede Folge (x_n) mit $x_n \in D_f$ und $x_n \neq x_0$, die den Grenzwert x_0 hat, die Folge der zugehörigen Funktionswerte $(f(x_n))$ gegen den Wert g konvergiert.
> Man schreibt $\lim\limits_{x \to x_0} f(x) = g$ oder auch $\lim\limits_{n \to \infty} f(x_n) = g$.

3 Grenzwerte und Stetigkeit von Funktionen

Übungen

1. *Beschreiben Sie* die folgenden Funktionsgraphen in der Umgebung der Stelle x_0.
   Äußern Sie Vermutungen über die Existenz eines Grenzwertes an der Stelle x_0.

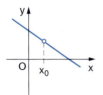 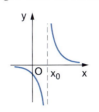 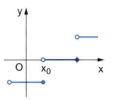 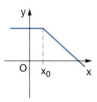

2. *Stellen Sie* die Funktionen *grafisch dar*. *Bestimmen Sie* jeweils die Definitionslücken und *untersuchen Sie* die Funktionen in der Umgebung dieser Stellen.

   a) $f(x) = \dfrac{x^2 - 1{,}44}{x + 1{,}2}$
   b) $f(x) = \begin{cases} x + 2; & x < -1{,}5 \\ 2; & x > -1{,}5 \end{cases}$
   c) $f(x) = \dfrac{x^2 - 2x + 1}{x - 1}$

   d) $f(x) = \dfrac{x^3 - x^2 - 2x}{x - 2}$
   e) $f(x) = \dfrac{-x^3 + 1{,}5x^2 + 6x - 9}{2x - 3}$
   f) $f(x) = \dfrac{x^2 - 4}{x^3 + 2x^2}$

3. *Vergleichen Sie* die Funktion $f_1(x) = x^2 - 1$ und $f_2(x) = \dfrac{x^3 - x}{x}$.

4. Wodurch unterscheiden sich die Funktionen $f(x) = x^2 - x$ und $g(x) = \dfrac{x^3 - 2x + x}{x - 1}$?
   Berechnen Sie die Grenzwerte an der Stelle $x_0 = 1$.

5. *Untersuchen Sie* die Funktion $f(x) = \begin{cases} \sqrt{x + 2}; & x \geq 1 \\ -\dfrac{1}{2}x^2 + 2; & x < 1 \end{cases}$ an der Stelle $x_0 = 1$.

   Bestimmen Sie, sofern vorhanden, den linksseitigen und den rechtsseitigen Grenzwert und den Grenzwert von f an der Stelle x_0.

6. *Berechnen Sie* mithilfe der Grenzwertsätze.

   a) $\lim\limits_{x \to 2} (x^2 + 2x + 3)$
   b) $\lim\limits_{x \to 0} \dfrac{x^2 - 3x}{x^2 + 5x}$
   c) $\lim\limits_{x \to -1} \dfrac{x^3 + 2x^2 + x}{x + 1}$

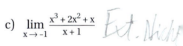

7. *Berechnen Sie* mit einem CAS und *veranschaulichen Sie* das Problem grafisch.

   a) $\lim\limits_{x \to \sqrt{2{,}5}} |x^2 - 2{,}5|$
   b) $\lim\limits_{x \to \frac{\pi}{4}} \dfrac{1}{\sin x}$
   c) $\lim\limits_{x \to \frac{\pi}{2}} (x \cdot \sin x)$

   d) $\lim\limits_{x \to 1} \dfrac{x^2 - 2{,}25}{x - 1}$
   e) $\lim\limits_{x \to 1} \dfrac{x^2 \cdot \lg x}{x - 1}$
   f) $\lim\limits_{x \to 0} \dfrac{2^x - 1}{x}$

8. *Geben Sie* jeweils die Gleichungen von drei Funktionen *an*, welche die angegebene Eigenschaft aufweisen.
   Überprüfen Sie Ihre Ergebnisse, indem Sie die Funktionen grafisch darstellen.
   a) Die Funktionsgraphen haben ein „Loch".
   b) Es existiert mindestens eine Polstelle.
   c) Es existiert mindestens eine Sprungstelle.

9. *Gegeben sind* die Funktionen $f_1(x) = x^2$, $f_2(x) = \dfrac{1}{x^2}$ und $f_3(x) = \dfrac{x^2 - \frac{1}{4}}{x + \frac{1}{2}}$.

   Beurteilen Sie jeweils folgende Aussagen:
   (1) Die Funktion hat an der Stelle $x_0 = -\dfrac{1}{2}$ den Grenzwert $\dfrac{1}{4}$.
   (2) Die Funktion besitzt eine Polstelle.
   (3) Die Funktion hat an der Stelle $x_0 = 0$ den uneigentlichen Grenzwert ∞.

3.3 Stetigkeit von Funktionen

Bund, Länder, Städte und Gemeinden benötigen zur Wahrnehmung ihrer Aufgaben einen eigenen Haushalt. Eine wichtige Einnahmequelle für diesen Haushalt sind Steuern. Unter den verschiedenen Steuerarten nimmt die Einkommensteuer, die (fast) jeder Bürgerin und jeder Bürger zahlen muss, einen bedeutsamen Platz ein.

Die Einkommensteuer wird wie folgt ermittelt: Zunächst wird das zu versteuernde Einkommen festgestellt. Dieses erhält man, indem von den gesamten Jahreseinkünften ein gewisser Betrag, der aus Freibeträgen, Werbungskosten, Sonderausgaben usw. besteht, abgezogen wird. Nach dem gültigen Einkommensteuertarif lässt sich dann die Jahressteuer berechnen. Im Einkommensteuergesetz (EStG) wird jedem Wert x des zu versteuernden Einkommens eine zu zahlende Steuer St(x) zugeordnet.
Die Zuordnung x → St(x) heißt Steuerfunktion.
Für die Umsetzung der von Bundestag und Bundesrat beschlossenen Steuerreform liegen als Vorschlag verschiedene Steuermodelle vor. Einer der Vorschläge sieht einen dreistufigen Einkommensteuertarif von 12, 24 und 36 Prozent vor. Vorgesehen ist ein Grundfreibetrag in Höhe von 8 000 €. Einkommen von über 8 000 € bis 16 000 € werden mit 12% besteuert und Einkommen von über 16 000 € bis 40 000 € mit 24%. Für Einkommen über 40 000 € gilt der Spitzensteuersatz von 36%.

Arbeitsaufträge

1. Skizzieren Sie den Verlauf der Steuerfunktion für 0 € ≤ x ≤ 50 000 €.
2. Überprüfen Sie Ihre Skizze durch Darstellung der Funktion mit einem CAS. Geben Sie dazu die Steuerfunktion als abschnittsweise definierte Funktion an.
3. Nach Abzug der zu zahlenden Steuern vom zu versteuernden Einkommen erhält man das Nettoeinkommen als NE(x) = x − St(x). (Abzuführende Beiträge für Kranken-, Pflege- und Arbeitslosenversicherung sollen hier unberücksichtigt bleiben.) Stellen Sie die Nettofunktion im Koordinatensystem der Steuerfunktion grafisch dar und diskutieren Sie die Auswirkungen der Sprünge an den Grenzen der einzelnen Abschnitte beider Funktionen.
4. Informieren Sie sich über die derzeit geltende Steuerfunktion. Vergleichen Sie die Auswirkungen beider Steuerfunktionen für den einzelnen Bürger.
5. Stellen Sie die Graphen der Funktionen dar und untersuchen Sie die Funktionen an der Stelle x_0. Berechnen Sie dazu – sofern vorhanden – den Funktionswert und den Grenzwert an der Stelle x_0.

   a) $f(x) = |\sin x|$; $x_0 = 0$
   b) $f(x) = 1 - x^2$ für $x \neq 0$; $x_0 = 0$
   c) $f(x) = \frac{|x|}{x}$; $x_0 = 0$

   d) $f(x) = \begin{cases} (x-1)^2 & \text{für } x > 1 \\ x^2 - 2x & \text{für } x < 1 \end{cases}$; $x_0 = 1$
   e) $f(x) = \begin{cases} \frac{x^2-1}{x-1} & \text{für } x \neq 1 \\ 3 & \text{für } x = 1 \end{cases}$; $x_0 = 1$

3 Grenzwerte und Stetigkeit von Funktionen

Funktionen, deren Graphen keine Lücken aufweisen oder keine „Sprünge" machen, sich also über ihrem gesamten Definitionsbereich „in einem Zuge" zeichnen lassen, werden als *stetig* bezeichnet. Treten Lücken oder Sprünge auf, obwohl die Funktion an der entsprechenden Stelle definiert ist, so ist die Funktion dort *nicht stetig*.

Stetige und nicht stetige Funktionen

(1) Alle ganzrationalen Funktionen sind stetig, z. B. $f(x) = x^2$ oder $g(x) = x^3 - 2x + 1$.

(2) Auch gebrochenrationale Funktionen sind stetig, denn innerhalb ihres Definitionsbereichs treten weder Lücken noch Sprünge auf. So haben zwar die Funktionen $f(x) = \frac{1}{x-1}$ und $g(x) = \frac{x^2-1}{x-1}$ an der Stelle $x_0 = 1$ eine Definitionslücke. Innerhalb ihres Definitionsbereichs lassen sich aber ihre Graphen überall durchzeichnen.

(3) Die Beförderungsgebühr für Briefsendungen richtet sich nach der Masse der zu versendenden Briefe.

Das Porto beträgt:		
0,55 € für	0 g < m ≤ 20 g	(Stand Januar 2006)
0,90 € für	20 g < m ≤ 50 g	
1,45 € für	50 g < m ≤ 500 g	
2,20 € für	500 g < m ≤ 1000 g	

Die Portofunktion weist Sprünge auf und ist demzufolge nicht stetig.

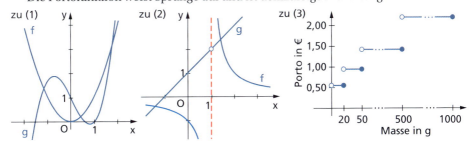

Funktionale Zusammenhänge werden häufig durch stetige Funktionen dargestellt, obwohl dies meist nur annähernd richtig ist. Zum Beispiel ist die Warenmenge-Preis-Beziehung genaugenommen eine Treppenfunktion (da der Preis auf Euro, Cent usw. gerundet wird). Auch in der Natur gibt es Vorgänge, die durch unstetige Funktionen beschrieben werden. Der Ausspruch von ARISTOTELES (384 bis 322 v. Chr.) „Natura non facit saltus" („Die Natur macht keine Sprünge") gilt deshalb als widerlegt.

Die **Dichte des Wassers** verändert sich in Abhängigkeit von der Temperatur. Am Gefrierpunkt verändert sie sich sprunghaft. Eine Folge ist, dass sich Wasser beim Gefrieren ausdehnt.

Die untersuchte Funktion ist nicht in ihrem gesamten Definitionsbereich stetig. Betrachtet man dagegen nur Intervalle links oder rechts vom Gefrierpunkt, dann ist sie dort stetig.

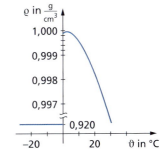

3 Grenzwerte und Stetigkeit von Funktionen

Der **elektrische Widerstand R von Metallen** ist abhängig von der Temperatur. Er verkleinert sich *kontinuierlich*, wenn die Temperatur verringert wird.
Verschiedene Metalle, metallische Verbindungen und keramische Werkstoffe haben jedoch die Eigenschaft, dass ihr Widerstand bei Abkühlung unter eine bestimmte materialabhängige Temperatur *sprunghaft* den Wert null annimmt. Der bei dieser Temperatur einsetzende verlustfreie Leitungsvorgang wird als *Supraleitung* bezeichnet. Die Temperatur, bei der der Widerstand verschwindet, heißt *Sprungtemperatur*. 1911 wurde für Quecksilber eine Sprungtemperatur von 4,2 K nachgewiesen. Heute kennt man bereits Supraleiter mit einer Sprungtemperatur bis etwa 133 K.
Die Funktion $R = f(T)$ ist ebenfalls nur *in einem Intervall* stetig.
(T ist die absolute Temperatur, gemessen in Kelvin. 0 K sind rund $-273\,°C$.)

Die Begriffe Grenzwert und Stetigkeit wurden lange Zeit in einem intuitiven und wenig exakten Sinn gebraucht. Doch das Bedürfnis, Resultate besser abzusichern oder zu verallgemeinern sowie mathematisch präziser zu argumentieren, führte konsequenterweise zu einer Präzisierung des Stetigkeitsbegriffs.
Mithilfe der Ergebnisse von Arbeitsauftrag 5 (siehe S. 80) soll es uns gelingen, einen Zusammenhang von Funktionswert, Grenzwert und Stetigkeit herzustellen und die Stetigkeit einer Funktion an einer Stelle präzise zu definieren:

D

> Eine Funktion f heißt **stetig an der Stelle x_0**, wenn
> (1) f an der Stelle x_0 definiert ist;
> (2) der Grenzwert von f an der Stelle x_0 existiert und
> (3) dieser Grenzwert mit dem Funktionswert an der Stelle x_0 übereinstimmt.
>
> Die Funktion f heißt **stetig in einem Intervall I**, wenn sie an jeder Stelle von I stetig ist; **f heißt stetig**, wenn f an jeder Stelle ihres Definitionsbereiches stetig ist.

Stetigkeit über dem Definitionsbereich
Die Funktion $f(x) = |x|$ ist an der Stelle $x_0 = 0$ stetig,
denn $\qquad f(0) = 0, \qquad\qquad (1)$
$\qquad\qquad \lim\limits_{x \to 0} f(x) = 0 \qquad (2)$
und damit $\quad f(0) = \lim\limits_{x \to 0} f(x). \quad (3)$

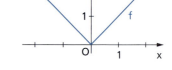

Da f auch an jeder anderen Stelle $x_0 \in D_f$ stetig ist, heißt die Funktion f stetig.

Stetigkeit im Intervall

$g(x) = \begin{cases} \frac{1}{2}x + 1 & \text{für } x < 1 \\ \frac{1}{2}x + 2 & \text{für } x \geq 1 \end{cases} \quad x_0 = 1$

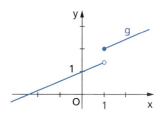

Die Stelle $x_0 = 1$ ist eine Sprungstelle. Es existiert ein Funktionswert $g(1) = 2{,}5$, aber kein Grenzwert.
Damit ist die Funktion g *an der Stelle x_0* nicht stetig.

3 Grenzwerte und Stetigkeit von Funktionen

Es lassen sich aber Intervalle angeben, in denen g stetig ist, beispielsweise das Intervall [1; 3], denn hier stimmt der Grenzwert an der „kritischen" Stelle 1 mit dem Funktionswert überein. Im geschlossenen Intervall [0; 1] ist g dagegen nicht stetig, denn hier stimmt der Grenzwert von g an der Stelle 1 mit dem Funktionswert nicht überein.

Stetige Fortsetzung (Ergänzung) einer Funktion

Die Funktion $h(x) = \frac{x^2 - 1}{x - 1}$ ist an der Stelle $x_0 = 1$ nicht definiert, hat dort aber einen Grenzwert.
Es gilt $\lim_{x \to 1} f(x) = 2$. Durch eine zusätzliche Definition kann diese Definitionslücke behoben werden.
Man sagt in diesem Fall, die Funktion hat an der Stelle 1 eine **hebbare Unstetigkeit**.

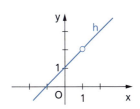

Die **stetige Fortsetzung** von h lautet $\overline{h}(x) = \begin{cases} \frac{x^2 - 1}{x - 1} & \text{für } x \neq 1 \\ 2 & \text{für } x = 1 \end{cases}$.

Unstetigkeit von Funktionen wird häufig nur mit Lücken und Sprüngen in Verbindung gebracht. Das folgende Beispiel zeigt eine weitere Art von Unstetigkeitsstellen.

Oszillationsstellen

Ist $f(x) = \begin{cases} \sin \frac{\pi}{x} & \text{für } x \neq 0 \\ 0 & \text{für } x = 0 \end{cases}$ stetig?

Obwohl die Funktion f an der Stelle 0 weder eine Lücke noch eine Sprungstelle hat, ist sie dort trotzdem nicht stetig; der Grenzwert $\lim_{x \to 0} \sin \frac{\pi}{x}$ existiert nicht.
Während die Periodenlänge für $x \to 0$ gegen 0 strebt, die Abstände zwischen den Nullstellen also immer kleiner werden, nimmt die Funktion in jeder noch so kleinen Umgebung von 0 jeden Wert von –1 bis +1 an. Die Stelle 0 ist eine *Oszillationsstelle*.

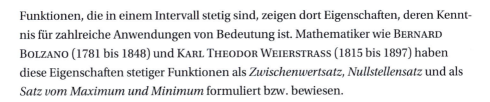

Die in der Abbildung angewandte Zoom-Technik verdeutlicht das „Schwanken" der Funktion für jedes beliebig kleine Intervall in der Umgebung von 0.

Funktionen, die in einem Intervall stetig sind, zeigen dort Eigenschaften, deren Kenntnis für zahlreiche Anwendungen von Bedeutung ist. Mathematiker wie BERNARD BOLZANO (1781 bis 1848) und KARL THEODOR WEIERSTRASS (1815 bis 1897) haben diese Eigenschaften stetiger Funktionen als *Zwischenwertsatz*, *Nullstellensatz* und als *Satz vom Maximum und Minimum* formuliert bzw. bewiesen.

3 Grenzwerte und Stetigkeit von Funktionen

Übungen

1. *Zeichnen Sie* den Graphen der Funktion $f(x) = \begin{cases} x+1 & \text{für } x < 0 \\ x-1 & \text{für } x \geq 0 \end{cases}$ und *begründen Sie*, warum f an der Stelle 0 unstetig ist.

2. *Beschreiben Sie* funktionale Zusammenhänge aus Natur, Technik oder Wirtschaft, die nicht stetig sind.

3. *Untersuchen Sie* grafisch, ob die Funktionen an den angegebenen Stellen x_0 stetig sind. Beachten Sie, dass die Darstellung an den entscheidenden Stellen je nach verwendetem Hilfsmittel fehlerhaft sein kann.

   a) $f(x) = \frac{x^2 - 4}{x + 2}$; $x_0 = -2$ b) $f(x) = \frac{-x^2 + x + 2}{x + 1}$; $x_0 = -1$ c) $f(x) = 2\sqrt{x - 1}$; $x_0 = 1$

   d) $f(x) = \frac{|x|}{x}$; $x_0 = 0$ e) $f(x) = \frac{e^x}{x^2}$; $x_0 = 0$ f) $f(x) = \frac{x}{\ln x}$; $x_0 = 1$

   g) $f(x) = \begin{cases} \frac{1}{2}x + 2 & \text{für } x < 2 \\ 6 & \text{für } x = 2 \\ 8 - x^2 & \text{für } x > 2 \end{cases}$; $x_0 = 2$ h) $f(x) = \begin{cases} -\frac{1}{4}(x^2 - 17) & \text{für } x < 3 \\ 2 & \text{für } x \geq 3 \end{cases}$; $x_0 = 3$

4. *Untersuchen Sie* die Sinus-, Kosinus- und Tangensfunktion anhand ihrer grafischen Darstellungen auf Stetigkeit.
   Bestätigen Sie Ihre Ergebnisse durch Grenzwertbestimmung mit einem CAS.

5. *Begründen Sie*, dass die Funktionen jeweils an den Stellen x_0 stetig sind.

   a) $f(x) = \frac{1}{2}x^2 - 1$; $x_0 = 3$ b) $f(x) = \begin{cases} 0{,}25x + 2 & \text{für } x < 3 \\ -x + 7{,}75 & \text{für } x \geq 3 \end{cases}$; $x_0 = 4$

   c) $f(x) = \frac{x^2 + 2x - 1}{x^2 + 1}$; $x_0 = -1$ d) $f(x) = \begin{cases} \frac{x^2 - 16}{x - 4} & \text{für } x \neq 4 \\ 8 & \text{für } x = 4 \end{cases}$; $x_0 = 4$

6. *Stellen Sie* die Funktionen *grafisch dar* und *treffen Sie Aussagen* über die Stetigkeit im Intervall $[-1{,}8;\ 2{,}4]$.

   a) $f(x) = x + |x|$ b) $f(x) = \begin{cases} 1 - 2x & \text{für } x < 2 \\ x^2 - 4x + 1 & \text{für } x \geq 2 \end{cases}$

   c) $f(x) = \begin{cases} \frac{x^2 - 2{,}25}{x + 1{,}5} & \text{für } x \neq -1{,}5 \\ -2 & \text{für } x = -1{,}5 \end{cases}$ d) $f(x) = \frac{x^3 + 3x^2 + 2x}{x + 2}$

7. *Geben Sie* drei Funktionen *an*, für welche jeweils die angegebene Bedingung gilt.
   a) Die Funktionen sind nicht stetig.
   b) Die Funktionen sind an der Stelle $x_0 = 1$ nicht stetig.
   c) Die Funktionen sind im Intervall $[-5;\ 0]$ nicht stetig.

8. *Geben Sie* für die Funktionen $f_1(x) = \frac{8 + x^3}{x^2 + 2x}$ und $f_2(x) = \begin{cases} \frac{x^2 - 9}{x - 3} & \text{für } x \neq 3 \\ 6 & \text{für } x = 3 \end{cases}$ Intervalle $[a;\ b]$ und $[c;\ d]$ *an*, für die gilt:
   (1) Die Funktion ist im Intervall $[a;\ b]$ stetig.
   (2) Die Funktion ist im Intervall $[c;\ d]$ nicht stetig.

9. *Begründen Sie*, dass die Funktionen $f(x) = \frac{x^3 - 1}{x - 1}$ und $g(x) = \frac{2 - x}{8 - x^3}$ stetig fortsetzbare Funktionen sind. Geben Sie in beiden Fällen die stetige Fortsetzung an.

10. Kann die Funktion $f(x) = \frac{\sin x}{x}$ so ergänzt werden, dass sie auch an der Stelle $x_0 = 0$ stetig ist?

11. *Untersuchen Sie* die Funktion $f(x) = \begin{cases} \sin\frac{1}{x} & \text{für } x \neq 0 \\ 0 & \text{für } x = 0 \end{cases}$ auf Stetigkeit.

Gemischte Aufgaben

1. *Stellen Sie* die Funktionen *grafisch dar* und *ermitteln Sie* die Gleichungen der Asymptoten.
   a) $f(x) = \dfrac{0{,}8x^3 - x^2 + 3{,}2x}{x^2 + 4}$
   b) $f(x) = \dfrac{x^2 - x}{x - 2}$
   c) $f(x) = \dfrac{4x^3 + x - 1}{2 - 2x^2}$
   d) $f(x) = \dfrac{5}{1 - e^{\frac{-0{,}5}{x}}}$

2. Gegeben ist die Funktion $f(x) = \dfrac{3x^2 - x}{x^2}$.
   a) *Untersuchen Sie* den Funktionsgraphen auf Asymptoten und *geben Sie* deren Gleichungen *an*.
   b) *Ermitteln Sie*, ab welchem x-Wert der Abstand zwischen Funktionswert und waagerechter Asymptote kleiner als $\dfrac{1}{100}$ ist.

3. *Beschreiben Sie* die Funktionsgraphen in der Umgebung der Stelle x_0.
   a) $f(x) = \dfrac{x^2 - 1}{x - 1}$; $x_0 = 1$
   b) $f(x) = \begin{cases} x^2 + 1; & x < 1 \\ x + 2; & x \geq 1 \end{cases}$; $x_0 = 1$
   c) $f(x) = \dfrac{x}{x + 2}$; $x_0 = -2$

4. *Ermitteln Sie* die Definitionslücken und *untersuchen Sie*, ob die Funktionen an diesen Stellen einen Grenzwert besitzen. Geben Sie den Grenzwert gegebenenfalls an.
   a) $f(x) = \dfrac{1}{x^2 - 1}$
   b) $f(x) = \dfrac{x}{\sqrt{|x|}}$
   c) $f(x) = \dfrac{\sin x}{x - \pi}$
   d) $f(x) = \dfrac{x^3 + 2x^2 - 2}{x^2 - 4}$
   e) $f(x) = \dfrac{2x}{x - 3}$
   f) $f(x) = \dfrac{x^3 + 3x^2 + 2x}{x + 1}$
   g) $f(x) = \dfrac{|x|}{x}$
   h) $f(x) = \dfrac{x^2 - x^3}{x^2 - x}$

5. *Berechnen Sie* durch Anwenden der Grenzwertsätze.
   a) $\lim\limits_{x \to -4} \dfrac{x^2 - 16}{x + 4}$
   b) $\lim\limits_{x \to 2} \dfrac{x^3 - 5x}{x^2 - 2x}$
   c) $\lim\limits_{x \to -1} \dfrac{x^3 + 2x^2 - x - 2}{x^2 - 1}$
   d) $\lim\limits_{x \to 1} \dfrac{x^4 + 2x^2 - 8}{x^3 + 4}$

Aufgaben zum Argumentieren

6. Für welche x mit $x \to +\infty$ ist der Abstand der Funktionswerte vom Grenzwert der Funktion kleiner als die jeweils angegebene Zahl ε?
   a) $f(x) = \dfrac{2}{x - 1}$; $\varepsilon = \dfrac{1}{100}$
   b) $f(x) = \dfrac{5x - 2}{2x - 3}$; $\varepsilon = \dfrac{1}{1\,000}$
   c) $f(x) = \dfrac{x^3}{x^3 - x - 1}$; $\varepsilon = \dfrac{1}{100}$

7. Welcher Zusammenhang besteht jeweils zwischen den Funktionen f_1, f_2 und f_3?
   a) $f_1(x) = \dfrac{x^4 + 1}{x^2}$; $f_2(x) = x^2$; $f_3(x) = \dfrac{1}{x^2}$
   b) $f_1(x) = 3x$; $f_2(x) = -\dfrac{x^3}{10}$; $f_3(x) = 3x - \dfrac{x^3}{10}$

8. Gegeben seien die Funktion f mit $f(x) = \sqrt{x}$ und die Punkte $P_i(x_i; f(x_i))$ mit $x_i \neq 0$.
   a) *Zeichnen Sie* den Graphen der Funktion f und Geraden OP_i für drei Punkte P_i.
   b) *Berechnen Sie* die Steigung m der Geraden OP_i in Abhängigkeit von x_i.
   c) Wie verhält sich m für $x_i \to 0$ und für $x_i \to \infty$?

9. Gegeben sind die folgenden Funktionen:
   $f_1(x) = \dfrac{1}{x} + x$; $f_2(x) = \dfrac{x^3 - x}{x + 1}$; $f_3(x) = \dfrac{5x}{x^2 + 1}$; $f_4(x) = \dfrac{2x}{x^3 + x}$
   $f_5(x) = \sqrt{x + 2}$; $f_6(x) = \dfrac{x}{\sqrt{|x|}}$; $f_7(x) = \dfrac{\sin x^2}{x}$; $f_8(x) = \begin{cases} -x + 1 & \text{für } x \leq 1 \\ \frac{1}{4}(x - 1)^2 & \text{für } x > 1 \end{cases}$
   a) *Untersuchen Sie* die Funktionen auf Stetigkeit. *Stellen Sie* dazu die Funktionen *grafisch dar* und *führen Sie den Nachweis* durch Grenzwertbestimmungen.
   b) *Geben Sie* (falls möglich) zu den nicht stetigen Funktionen eine stetige Fortsetzung *an*.

10. *Untersuchen Sie* die Funktion $f(x) = \dfrac{\cos x}{x}$ an der Stelle $x_0 = 0$ mithilfe einer Tabelle.

Gemischte Aufgaben

11. Gegeben sind die folgenden Funktionen:

$f_1(x) = \frac{1}{x+2}$ $(x_0 = -2)$; $\quad f_2(x) = \begin{cases} \frac{1}{2}x + 2 & \text{für } x \leq 0 \\ 3 & \text{für } x > 0 \end{cases}$ $(x_0 = 0)$; $\quad f_3(x) = \begin{cases} \frac{x^2 - x - 2}{x - 2} & \text{für } x \neq 2 \\ 1 & \text{für } x = 2 \end{cases}$ $(x_0 = 3)$

Entscheiden Sie, welche der folgenden Aussagen für diese Funktionen zutreffen:
(1) f ist an der Stelle x_0 stetig. (2) f ist im Intervall [1; 5] stetig. (3) f ist stetig.

12. Gegeben ist eine Funktionsschar f_k mit $f_k(x) = e^{\frac{1}{x^k}}$, $k \in \mathbb{Z}$.
    a) *Geben Sie* den Grenzwert der Funktionen f_k für $x \to \infty$ in Abhängigkeit von k *an*.
    b) *Stellen Sie* mindestens fünf Funktionen dieser Schar grafisch *dar*.
    c) *Geben Sie* den Definitionsbereich der Funktionen dieser Schar *an*.
    d) Welche Funktionen der Schar haben stetig hebbare Definitionslücken?
       Geben Sie die jeweilige stetige Fortsetzung der Funktion *an*.

13. *Definieren Sie* den Grenzwertbegriff mithilfe von Zahlenfolgen und *erläutern Sie* diese Definition anhand von Beispielen.

14. *Weisen Sie* jeweils mithilfe von Zahlenfolgen *nach*.
    a) Die Funktion $f(x) = x^2$ besitzt an der Stelle $x_0 = 2$ einen Grenzwert.
    b) Die Funktion $g(x) = \begin{cases} x^2 & \text{für } x \leq 0 \\ 1 + x & \text{für } x > 0 \end{cases}$ besitzt an der Stelle $x_0 = 0$ keinen Grenzwert.

Aufgaben zum Kommunizieren und Kooperieren

15. Werden die Seitenmittelpunkte eines gleichseitigen Dreiecks miteinander verbunden, entstehen vier kongruente Dreiecke. Das mittlere soll herausgenommen werden. Wird dieser Vorgang mit den verbleibenden Dreiecken unendlich oft wiederholt, entsteht ein SIERPINSKI-Dreieck.

    a) *Skizzieren Sie* die Ergebnisse der ersten drei Stufen.
    b) *Berechnen Sie* den Flächeninhalt der verbleibenden Dreiecke in Stufe 1 und Stufe 2.
    c) *Geben Sie* eine Formel zur Berechnung des Flächeninhalts A_n nach n Schritten *an*.
    d) Wie verhält sich A_n nach unendlich vielen Schritten? *Berechnen* Sie $\lim_{n \to \infty} A_n$.
    e) Wenden Sie die Aufgabenfolge b) bis d) zur Berechnung der Seitenlänge u der Dreiecke nach n Schritten an und *berechnen Sie* $\lim_{n \to \infty} u_n$.

16. a) *Stellen Sie* die Funktionen f_1 bis f_8 grafisch *dar* und *untersuchen Sie* den Zusammenhang zwischen der jeweiligen Funktion und ihren waagerechten Asymptoten. *Orientieren Sie sich* an nachfolgender Schrittfolge und *halten Sie* Ihre Ergebnisse tabellarisch *fest*.
    – Wie verhält sich die Funktion für sehr große und sehr kleine x-Werte? *Nutzen Sie* gegebenenfalls den *Trace*-Modus Ihres Plotters oder auch eine Wertetabelle.
    – *Geben Sie*, sofern eine waagerechte Asymptote existiert, deren Gleichung *an*.
    – *Vergleichen Sie* den Grad des Zählerpolynoms und den Grad des Nennerpolynoms und *stellen Sie einen Zusammenhang* zur Existenz waagerechter Asymptoten *her*.
    – *Suchen Sie* für Asymptoten $y \neq 0$ *einen Zusammenhang* zu den Koeffizienten des Zähler- und Nennerpolynoms.

Gemischte Aufgaben

$f_1(x) = \frac{x}{x^2+1}; \quad f_2(x) = \frac{x^2+8}{x^2+1}; \quad f_3(x) = \frac{2x^4+1}{x^3}; \quad f_4(x) = \frac{2x+2}{3x+1}$

$f_5(x) = \frac{x^2-0{,}1}{x^4}; \quad f_6(x) = \frac{3x^3+x}{x^3+x^2+x}; \quad f_7(x) = \frac{3x^2+x}{x^3+2}; \quad f_8(x) = \frac{2-x^3}{4x^2-2}$

b) *Schließen Sie* für die Funktionen f_9 bis f_{12} aus der jeweiligen Funktionsgleichung *auf* eventuell vorhandene waagerechte Asymptoten und *geben Sie* deren Gleichung *an*.

$f_9(x) = \frac{2x}{x+1}; \quad f_{10}(x) = \frac{2x^2-3}{x}; \quad f_{11}(x) = \frac{x^5+2}{2x^5+1}; \quad f_{12}(x) = \frac{2x-1}{x^2+1}$

17. *Überprüfen Sie* mithilfe des Zwischenwertsatzes, ob folgendes Problem lösbar ist:
Ein Quader habe die Kantenlängen 35 cm, 15 cm und 8 cm. Jede der Kanten soll so um die gleiche Länge verkürzt werden, dass der bearbeitete Quader ein Volumen von 2 *l* hat.

18. Wird ein Federschwinger aus seiner Ruhelage gebracht, so führt er aufgrund der Reibung mit dem ihn umgebenden Medium gedämpfte Schwingungen aus, die – ohne jeden weiteren Anstoß – nach einer gewissen Zeit wieder zum Erliegen kommen. Die Auslenkung des Federschwingers lässt sich durch die Funktion $y(t) = y_{max} \cdot e^{-\delta t} \cdot \sin\frac{2\pi}{T} t$ beschreiben (wobei t die Zeit, y_{max} die anfängliche maximale Auslenkung, T die Zeit für eine volle Schwingung und δ der Dämpfungskoeffizient ist).

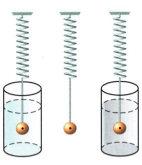

a) *Stellen Sie* die Funktion für eine Dämpfung durch Eintauchen in Wasser ($\delta \approx 1\ s^{-1}$) für $0\ s < t \leq 10\ s$ *grafisch dar*. T ist von der verwendeten Feder abhängig und betrage 1,5 s, die anfängliche (maximale) Auslenkung sei 10 cm.

b) Wie groß ist die Auslenkung nach 0,2 s, nach 1 s, nach 2 s und nach 10 s und wie verhält sie sich für $t \to \infty$? Nach welcher Zeit ist die Auslenkung kleiner als 0,2 mm?

c) *Führen Sie* die Untersuchungen a) bis b) unter der Voraussetzung *durch*, dass der Schwinger von Luft umgeben ist bzw. in Glycerin eintaucht.

19. In die Fläche zwischen dem Graphen der Funktion $f(x) = \frac{1}{x^2+1}$ und der x-Achse soll ein Trapez mit zur y-Achse parallelen Seiten gezeichnet werden, dessen Eckpunkte auf der x-Achse bzw. auf dem Graphen von f liegen. Die zueinander parallelen Seiten ergeben sich aus dem fest gewählten Eckpunkt A(–1; 0) und einem frei wählbaren Eckpunkt $B(x_B; 0)$. Wird der Punkt B entlang der x-Achse bewegt, verändert das Trapez seine Form und seinen Flächeninhalt.

a) *Berechnen Sie* den Flächeninhalt des Trapezes für verschiedene Werte von x_B.

x_B	–0,5	0	0,5	1	3	10	100	1 000
A								

Wiederholen Sie die Rechnungen für verschiedene Werte $x_B < -1$.
Wie verhält sich der Flächeninhalt des Trapezes, wenn Eckpunkt B immer weiter von Eckpunkt A wegrückt, wenn also x_B sehr große bzw. sehr kleine Werte annimmt?

b) *Stellen Sie* die Flächeninhaltsfunktion $A = f(x_B)$ der beschriebenen Trapeze *grafisch dar* und *ermitteln Sie* $\lim\limits_{x_B \to +\infty} A$, $\lim\limits_{x_B \to -\infty} A$ und $\lim\limits_{x_B \to -1} A$.

Im Überblick

Verhalten im Unendlichen

Ganzrationale Funktionen
$f(x) = a_n x^n + a_{n-1} x^{n-1} + a_{n-2} x^{n-2} + \ldots + a_1 x + a_0$ ($n \in \mathbb{N}$, $a_n \neq 0$)
In Abhängigkeit von n und a_n erhält man:

$n \in \mathbb{N}$	gerade	gerade	ungerade	ungerade
$a_n \in \mathbb{R}$	$a_n > 0$	$a_n < 0$	$a_n > 0$	$a_n < 0$
$\lim\limits_{x \to +\infty} f(x)$	$+\infty$	$-\infty$	$+\infty$	$-\infty$
$\lim\limits_{x \to -\infty} f(x)$	$+\infty$	$-\infty$	$-\infty$	$+\infty$
Beispiel	$f(x) = \tfrac{1}{4}x^2 - 1$	$g(x) = -\tfrac{2}{5}x^4 + 2x^2 + 1$	$h(x) = 1x^3 - 1$	$k(x) = -1x^3 + 3x$

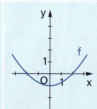 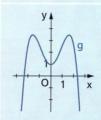 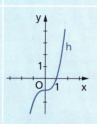 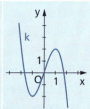

Gebrochenrationale Funktionen
$f(x) = \dfrac{u(x)}{v(x)} = \dfrac{a_n x^n + a_{n-1} x^{n-1} + \ldots + a_2 x^2 + a_1 x + a_0}{b_m x^m + b_{m-1} x^{m-1} + \ldots + b_2 x^2 + b_1 x + b_0}$ ($a_n \neq 0$; $b_m \neq 0$)

In Abhängigkeit vom Grad n des Zählerpolynoms und vom Grad m des Nennerpolynoms sind folgende drei Fälle zu unterscheiden:

(1) $n < m$: Es gilt $\lim\limits_{x \to \pm\infty} f(x) = 0$.
Der Graph der Funktion nähert sich der Geraden $y = 0$, die x-Achse ist Asymptote.

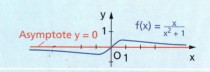

(2) $n = m$: Es gilt $\lim\limits_{x \to \pm\infty} f(x) = \dfrac{a_n}{b_m}$.
Die Gerade mit der Gleichung $y = \dfrac{a_n}{b_m}$ ist Asymptote des Graphen von f.

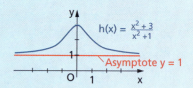

(3) $n > m$: Es gilt $\lim\limits_{x \to \pm\infty} f(x) = \pm\infty$
oder $\mp\infty$ oder $+\infty$ oder $-\infty$.
$f(x)$ kann durch Division $\dfrac{u(x)}{v(x)}$ in einen ganzrationalen Anteil $g(x)$ und in einen echt gebrochenrationalen Anteil $e(x)$ zerlegt werden. Es gilt also $f(x) = g(x) + e(x)$.
$y = g(x)$ gibt die Grenzkurve für $x \to \pm\infty$ an, während $e(x)$ eine gute Näherung des Graphen für $x \to 0$ darstellt.

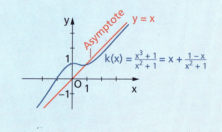

Im Überblick

Grenzwerte von Funktionen

Eine Zahl g heißt **Grenzwert einer Funktion f an der Stelle x_0,** wenn sich bei beliebiger Annäherung der x-Werte an die Stelle x_0 die zugehörigen Funktionswerte f(x) unbegrenzt derselben Zahl g nähern.

Man schreibt: $\lim_{x \to x_0} f(x) = g$

Ist g Grenzwert an der Stelle x_0, so mündet der Graph von f sowohl von links als auch von rechts in den Punkt (x_0; g) ein, unabhängig davon, ob f an der Stelle x_0 definiert ist oder nicht.

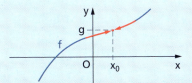

Stetigkeit von Funktionen

Die Funktion f heißt **an der Stelle $x_0 \in D_f$ stetig,** wenn der Grenzwert von f an der Stelle x_0 existiert und mit dem Funktionswert an der Stelle x_0 übereinstimmt.
Die Funktion **f heißt stetig,** wenn sie an *jeder* Stelle ihres Definitionsbereiches stetig ist.

Die Funktion $f(x) = x^2 + 1$ ist an der Stelle $x_0 = 1$ stetig, denn es gilt
$\lim_{x \to 1} f(x) = 2$ und auch $f(1) = 2$.

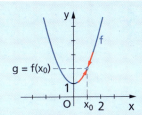

Eine Stelle x_0 heißt **Unstetigkeitsstelle** einer Funktion f, wenn f in x_0 nicht definiert ist oder f zwar in x_0 definiert, aber dort nicht stetig ist.

Folgende Unstetigkeitsstellen werden unterschieden:

Lücke	(endlicher) Sprung	Polstelle (unendlicher Sprung)
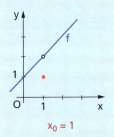 $x_0 = 1$	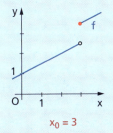 $x_0 = 3$	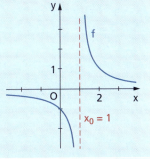 $x_0 = 1$
Besitzt f an der Stelle x_0 einen Grenzwert, der aber nicht mit dem Funktionswert $f(x_0)$ übereinstimmt, dann hat f an der Stelle x_0 eine Lücke.	Besitzt f an der Stelle x_0 einen Funktionswert, aber keinen Grenzwert, so weist f an der Stelle x_0 einen Sprung auf.	Eine Funktion $f(x) = \frac{u(x)}{v(x)}$ weist an einer Stelle x_0 eine Polstelle (einen unendlichen Sprung) auf, wenn die Nennerfunktion $v(x_0) = 0$ und die Zählerfunktion $u(x_0) \neq 0$ ist.

Mosaik

Regressionsverfahren

Zur Nachgestaltung einer Vase soll entsprechend einer Vorlage eine Urform hergestellt werden.
Erster Schritt dazu ist eine Beschreibung der Vase über funktionale Zusammenhänge.

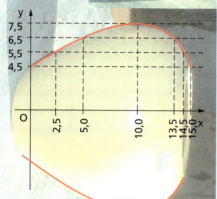

Die Auswertung von möglichst unter gleichen Bedingungen zustande gekommenen Messwertpaaren (x_i; y_i) zweier Größen X und Y führt häufig zu einer Menge von Punkten, die nicht ohne Weiteres einer Funktion bzw. einer Kurve zugeordnet werden können.

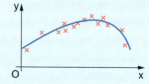

Eine solche Menge von Punkten wird häufig als *Punktwolke* bezeichnet. Gesucht ist dann eine Funktion, deren Graph *möglichst nahe an allen Punkten* liegt. Eine solche Funktion nennt man **Regressionsfunktion**, das Verfahren zu ihrer Ermittlung **Regression**.
Ist die Regressionsfunktion eine lineare Funktion, so spricht man von **linearer Regression**. Der dazugehörige Graph heißt dann **Regressionsgerade**.

Grafische Bestimmung der Regressionsgeraden

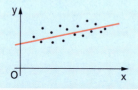

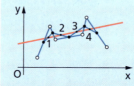

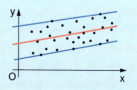

Grundsätzlich trägt man die gewonnenen Wertepaare in ein Koordinatensystem ein und legt in die entstandene Punktwolke eine Gerade, sodass die einzelnen Punkte möglichst gleichmäßig „oberhalb" und „unterhalb" der Regressionsgeraden verteilt sind.

Bei starker Streuung der Punkte erhält man eine Ausgleichsgerade, indem man die Punkte paarweise geradlinig verbindet, die Strecken halbiert und mit den benachbarten Mittelpunkten genauso verfährt. Durch fortgesetzte Anwendung dieses Verfahrens reduziert sich die Anzahl der Punkte bis auf wenige, durch die man dann die Ausgleichsgerade zeichnen kann.

Liegen sehr viele Messpunkte vor, so lässt sich die so genannte „Kanalmethode" anwenden. Man verbindet jeweils die nach oben und unten am weitesten „außen" liegenden Punkte durch eine Gerade.
Die Mittellinie dieses „Kanals" bzw. „Streifens" wird als Ausgleichsgerade genommen.

Die rechnerische Anpassung der Regressionsgeraden an die vorgegebenen Punkte erfolgt durch eine so genannte **Ausgleichsrechnung,** die im Wesentlichen auf C. F. GAUSS zurückgeht. Grundlage der Ausgleichsrechnung ist die **Methode der kleinsten Quadrate,** durch die Beobachtungs- oder Messfehler mehr oder weniger „ausgeglichen" werden. Ursprünglich für astronomische und geodätische Messung entwickelt, lässt sich diese Methode überall dort anwenden, wo Beobachtungs- oder Messergebnisse mathematisch exakt auszuwerten sind.

Die Ausgleichsrechnung ermöglicht es, für fehlerbehaftete Messwerte Näherungswerte mit klar definierter Genauigkeit festzulegen.

Gegeben sind n Messwertpaare:

X_i	x_1	x_2	x_3	...	x_n
Y_i	y_1	y_2	y_3	...	y_n

Gesucht ist eine lineare Funktion $\hat{y} = ax + b$, deren Graph (eine Gerade) möglichst nahe an allen Punkten liegt.

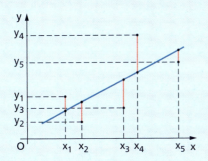

Da die Summe der Abweichungen vorzeichenbehaftet ist, bildet man *die Summe der Quadrate der Abstände* (Abweichungen/Fehler) zwischen den Messpunkten $(x_i; y_i)$ und den entsprechenden Punkten $(x_i; \hat{y}_i)$ auf der Regressionsgeraden und verlangt, dass diese möglichst klein wird.

Bezeichnet man mit $\hat{y}_i$ den mithilfe der Regressionsfunktion errechneten Wert und ist y_i der jeweils gemessene Wert, dann ergibt sich für die Fehler v_i:
$v_1 = y_1 - \hat{y}_1 = y_1 - ax_1 - b$
$v_2 = y_2 - \hat{y}_2 = y_2 - ax_2 - b$
$\vdots$
$v_n = y_n - \hat{y}_n = y_n - ax_n - b$

Für die Summe der Fehlerquadrate s gilt somit:
$s = v_1^2 + v_2^2 + ... + v_n^2$ bzw.
$$s(a, b) = \sum_{i=1}^{n} (y_i - ax_i - b)^2$$
Diese Summe, die sowohl von a als auch von b abhängt, soll nach der Methode der kleinsten Quadrate ein Minimum sein. Mithilfe der Differenzialrechnung lässt sich nun ein Gleichungssystem aufstellen, dessen Lösungen a und b ergeben:

$$a = \frac{n \cdot \sum_{i=1}^{n} x_i \cdot y_i - \sum_{i=1}^{n} x_i \cdot \sum_{i=1}^{n} y_i}{n \cdot \sum_{i=1}^{n} x_i^2 - \left(\sum_{i=1}^{n} x_i\right)^2}$$ und

$$b = \frac{\sum_{i=1}^{n} x_i^2 \cdot \sum_{i=1}^{n} y_i - \sum_{i=1}^{n} x_i \cdot \sum_{i=1}^{n} x_i \cdot y_i}{n \cdot \sum_{i=1}^{n} x_i^2 - \left(\sum_{i=1}^{n} x_i\right)^2}$$ (↗️💿)

Zur Berechnung von a und b wird demnach benötigt:
$\Sigma x_i, (\Sigma x_i)^2, \Sigma x_i^2, \Sigma y_i, \Sigma x_i \cdot y_i$ (i = 1, ..., n)

Die aufwendige Rechenarbeit wird in der Regel von Computern zu realisieren sein. Meist ermöglichen Rechner das Anwenden verschiedener Regressionsverfahren. Gibt es Anhaltspunkte dafür, dass die Messwerte einem bestimmten Funktionstyp genügen, wird die entsprechende Rechnerfunktion ausgewählt.

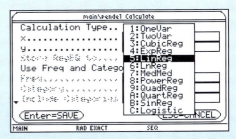

Beispiel

Gegeben sei die Messwertreihe

x_i	10	13	17	20
y_i	5,1	5,5	6,6	6,9

Es wird ein linearer Zusammenhang vermutet und die Regressionsfunktion ist zu bestimmen.
Aus den Spalten 2 bis 5 der unten stehenden Tabelle zur Berechnung folgt für den Anstieg a der Regressionsgeraden

$$a = \frac{4 \cdot 372{,}7 - 60 \cdot 24{,}1}{4 \cdot 958 - 3600} = \frac{44{,}8}{232} \approx 0{,}193$$

und für die Verschiebung b

$$b = \frac{958 \cdot 24{,}1 - 60 \cdot 372{,}7}{4 \cdot 958 - 3600} = \frac{725{,}8}{232} \approx 3{,}128.$$

Damit erhält man als Gleichung für die Regressionsfunktion, die den in der Messreihe dargestellten Zusammenhang näherungsweise beschreibt:
$\hat{y} = 0{,}193x + 3{,}128$
Nun lassen sich die $\hat{y}_i$-Werte berechnen sowie die Abweichungsquadrate d_i^2 und damit die Summe der Abweichungsquadrate ermitteln (Spalten 6 und 7 der Tabelle).
Mit 0,065 erreicht diese Summe tatsächlich nur einen sehr kleinen Wert, sodass man davon ausgehen kann, dass es sich bei dem in der Messreihe dargestellten Sachverhalt wirklich um einen linearen Zusammenhang handelt, der durch die Funktion $\hat{y} = 0{,}193x + 3{,}128$ annähernd gut beschrieben wird.

Bei Verwendung eines GTR wird die Menüfunktion *LinReg* ausgewählt. Nach wenigen Bedienschritten weist der GTR eine lineare Funktion y = ax + b mit a = 0,193103 und b = 3,128448 aus und stellt Messpunkte und Regressionsgerade dar. (↗ 💿)

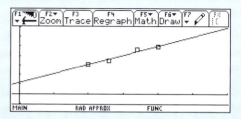

Auf gleiche Art lässt sich auch die Randfunktion der Vase ermitteln:
Geht man sofort davon aus, dass es sich um eine Funktion dritten Grades handeln könnte, wird am GTR die Menüfunktion *CubicReg* ausgewählt. Wir erhalten:
$y = -0{,}004431x^3 + 0{,}051078x^2 + 0{,}24541x + 4{,}546622$
Der Graph dieser Funktion verläuft in guter Näherung durch die Punkte der Messwertpaare.

Berechnung

Nr.	x_i	y_i	x_i^2	$x_i y_i$	$\hat{y}_i = ax_i + b$	$d_i^2 = (y_i - \hat{y}_i)^2$
1	10	5,1	100	5,1	5,058	0,0018
2	13	5,5	169	71,5	5,637	0,0188
3	17	6,6	289	112,2	6,409	0,0365
4	20	6,9	400	138,0	6,988	0,0077
Σ	$\sum_{i=1}^{4} x_i = 60$	$\sum_{i=1}^{4} y_i = 24{,}1$	$\sum_{i=1}^{4} x_i^2 = 958$	$\sum_{i=1}^{4} x_i y_i = 372{,}7$		$\sum_{i=1}^{4} d_i^2 = 0{,}065$

4 Ableitung von Funktionen

Rückblick

- Ist f mit y = f(x) eine lineare Funktion, dann gilt für zwei beliebige Punkte $P_1(x_1; y_1)$ und $P_2(x_2; y_2)$ des Graphen von f:
$$\frac{y_2 - y_1}{x_2 - x_1} = \frac{\Delta y}{\Delta x} = m$$

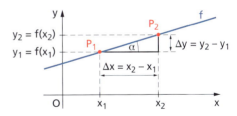

Für den **Anstieg m** der linearen Funktion f gilt außerdem $m = \tan \alpha$.

- Der Quotient $\frac{f(x_2) - f(x_1)}{x_2 - x_1} = \frac{y_2 - y_1}{x_2 - x_1} = \frac{\Delta y}{\Delta x}$ wird (für beliebige Funktionen f) als **Differenzenquotient** von f bezeichnet. Bei nichtlinearen Funktionen kennzeichnet er den *mittleren* Anstieg oder auch die **mittlere Änderungsrate** von f.

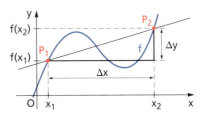

- Hat eine Gerade mit einem Kreis genau zwei Punkte gemeinsam, so ist sie eine **Sekante** des Kreises, hat die Gerade mit dem Kreis genau einen Punkt gemeinsam, so ist sie eine **Tangente** des Kreises.

Aufgaben

1. Ein Kind war zu seinem ersten Geburtstag 80 cm groß. Zum zehnten Geburtstag hatte es eine Körpergröße von 1,30 m erreicht.
   a) Die mittlere Änderungsrate der Körpergröße nennt man mittlere Wachstumsgeschwindigkeit. Berechnen Sie diese.
   b) Treffen Sie eine Aussage zur Gültigkeit der errechneten Wachstumsgeschwindigkeit am vierten Geburtstag.

2. Berechnen Sie den Differenzenquotienten der Funktion $f(x) = 4x - 2$ $(x \in \mathbb{R})$ für $x_1 = 2$ und $x_2 = 5$. Interpretieren Sie Ihr Ergebnis.

3. a) Stellen Sie die Funktion $f(x) = x^2$ grafisch dar.
   b) Zeichnen Sie die Sekante durch die Punkte $A(1; f(1))$ und $B(5; f(5))$ und berechnen Sie deren Anstieg.
   c) Formulieren Sie Ihr Ergebnis mithilfe der Begriffe *Differenzenquotient* und *mittlere Änderungsrate*.

4. Berechnen Sie die folgenden Grenzwerte und überprüfen Sie Ihre Ergebnisse mit einem CAS.
   a) $\lim\limits_{h \to 0} \frac{2x_0 h - h^2}{h}$ $(h, x_0 \in \mathbb{R})$
   b) $\lim\limits_{x \to 3} \frac{f(x) - f(3)}{x - 3}$ für $f(x) = x - 2$ $(x \in \mathbb{R})$
   c) Veranschaulichen Sie den Sachverhalt von b) grafisch.

4 Ableitung von Funktionen

4.1 Differenzierbarkeit und Ableitungsfunktion

Auf vielen Kinderspielplätzen stehen Rutschen. Manchmal sind sie total langweilig, manchmal auch nicht ungefährlich.

Zur mathematischen Beschreibung des Profils der abgebildeten Rutsche kann eine ganzrationale Funktion 4. Grades verwendet werden. Die Maße lassen sich der Aufbauanleitung entnehmen.

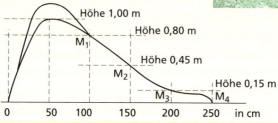

Mithilfe einer Regression (siehe S. 90) 4. Grades erhält man mit einem CAS oder GTR:
$f(x) = -3{,}5 \cdot 10^{-4} x^4 + 0{,}0231 x^3 - 0{,}521 x^2 + 4{,}06 x + 0{,}010, \ x \in [0; 25]$ *(in dm)*

Arbeitsaufträge

1. Treffen Sie Aussagen über die mittlere Steigung der Leiter und das mittlere Gefälle der Rutschbahn. Vergleichen Sie die Steigung der Leiter bzw. das Gefälle der Rutschbahn in unterschiedlichen Bereichen.
2. Zeichnen Sie das Profil der Rutsche als Graphen der Funktion f. Skizzieren Sie an den Stellen $x = 10$, $x = 15$ und $x = 20$ Tangenten an den Graphen und bestimmen Sie den Anstieg dieser Tangenten. Diskutieren Sie Ihre Ergebnisse.
3. Berechnen Sie das durchschnittliche Gefälle der Rutsche vom Punkt M_1 bis zum Endpunkt M_4. Wiederholen Sie Ihre Rechnung für das durchschnittliche Gefälle von M_1 bis M_3 und vergleichen Sie die Ergebnisse.

Mithilfe einer Tabellenkalkulation lässt sich das durchschnittliche Gefälle sehr schnell für eine größere Anzahl von Abschnitten berechnen.

In der abgebildeten Tabelle wurden dazu folgende Eintragungen vorgenommen:
- *Die ganzrationale Funktion 4. Grades wurde als Funktion y1(x) abgespeichert.*
- *Zelle B5: =A5–$B$2*
- *Zelle C5: =(y1(A5)–y1($B$2))/(A5–$B$2)*

4 Ableitung von Funktionen

4. Interpretieren Sie die Formeln der Zellen B5 und C5 der Kalkulationstabelle von S. 94.
5. Setzen Sie Auftrag 3 fort und wählen Sie Punkte M_i, die sich dem Punkt M_1 immer mehr annähern. Berechnen Sie dazu die durchschnittlichen Gefälle.
6. Begründen Sie, bei welcher Intervalllänge das Gefälle am Markierungspunkt M_1 exakt zu berechnen wäre. Formulieren Sie das Ergebnis unter Verwendung des Grenzwertbegriffes in Form eines Terms, führen Sie die Grenzwertberechnung mit Ihrem CAS aus und interpretieren Sie das Ergebnis der Grenzwertbetrachtung.
7. Für weitere Stellen der Rutschbahn lassen sich die Berechnungen ebenso vornehmen. Wiederholen Sie die Schritte 5 und 6 für die Markierung M_3.
8. Werten Sie Ihre Ergebisse. Gehen Sie dabei auch auf Abweichungen von Modell und Realität ein. Treffen Sie auch Aussagen zur Sicherheit der Rutsche.

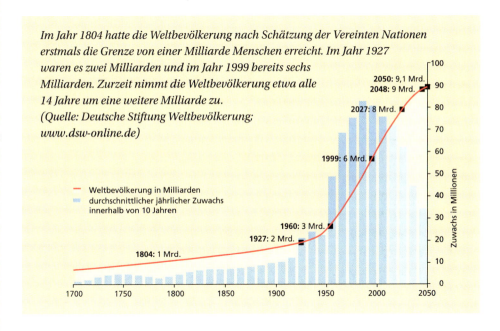

Im Jahr 1804 hatte die Weltbevölkerung nach Schätzung der Vereinten Nationen erstmals die Grenze von einer Milliarde Menschen erreicht. Im Jahr 1927 waren es zwei Milliarden und im Jahr 1999 bereits sechs Milliarden. Zurzeit nimmt die Weltbevölkerung etwa alle 14 Jahre um eine weitere Milliarde zu.
(Quelle: Deutsche Stiftung Weltbevölkerung; www.dsw-online.de)

Die in der Grafik dargestellte Entwicklung der Weltbevölkerung weist für den Zeitraum von 1804 bis 1999 (bei gleichem Stichtag) ein *durchschnittliches* Wachstum von etwa 25,64 Millionen Menschen pro Jahr auf. Wir erhalten diesen Durchschnittswert als Quotient aus der Bevölkerungszunahme und der entsprechenden Zeitspanne:

$$\frac{N(1999) - N(1804)}{1999 - 1804} = \frac{6 \cdot 10^9 - 1 \cdot 10^9}{1999 - 1804} \approx 2{,}564 \cdot 10^7$$

Dieser Wert entspricht natürlich nicht den tatsächlichen Zuwächsen pro Jahr. Zu Beginn des 19. Jahrhunderts war der jährliche Zuwachs deutlich niedriger, am Ende des 20. Jahrhunderts deutlich höher als dieser Durchschnittswert.
Für die Jahre von 1920 bis 1999 sollen die Aussagen zum Bevölkerungswachstum im Folgenden konkretisiert werden.

4 Ableitung von Funktionen

Zur mathematischen Beschreibung des Wachstums lässt sich aus den Daten mithilfe einer Regression 3. Grades mit dem GTR oder CAS die Funktion
$N(t) = 0{,}002032\, t^3 + 0{,}1892\, t^2 + 6{,}008\, t + 1\,632$
($t \in \mathbb{R}$; t in Jahren des 20. Jahrhunderts; N Bevölkerung in Millionen)
finden, deren Graph im Intervall [20; 99] die Bevölkerungsentwicklung modelliert.
Eine erste Abschätzung für das Bevölkerungswachstum liefert der Quotient

$$\frac{N(90) - N(20)}{90 - 20} = \frac{5\,183 - 1\,844}{90 - 20} \approx 47{,}7 \quad \text{(Bezugspunkt sei jeweils der Jahresanfang)}.$$

Demnach bestand von 1920 bis 1990 ein *durchschnittlicher* jährlicher Zuwachs von 47,7 Millionen Menschen. Präzisere Angaben erhalten wir durch eine Verkleinerung des Zeitintervalls:

Startjahr	Endjahr	Intervallbreite	durchschnittliches Bevölkerungswachstum in Mio.
1920	1990	70	47,7496
	1950	30	27,1768
	1930	10	19,3288
	1925	5	17,6208
	1922	2	16,6448
	1921	1	16,3276

Offensichtlich nähert sich das jährliche Wachstum, bezogen auf das Jahr 1920, der 16-Millionen-Grenze.
Eine Grenzwertbildung mithilfe eines CAS führt zu $\lim\limits_{t \to 20} \dfrac{N(t) - N(20)}{t - 20} = 16{,}0$.

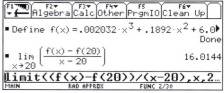

Dieser Grenzwert ist als *momentaner Bevölkerungszuwachs* oder *momentane Änderungsrate* zu interpretieren. Zum Zeitpunkt $t_0 = 20{,}00$, also am 01.01.1920, betrug die momentane Änderungsrate 16 Millionen Menschen pro Jahr. Eine Änderung des Zeitpunktes t_0 lässt Modellaussagen für jeden anderen Zeitpunkt des 20. Jahrhunderts zu. So erhält man zum Beispiel $\lim\limits_{t \to 50} \dfrac{N(t) - N(50)}{t - 50} = 40{,}17$ und $\lim\limits_{t \to 90} \dfrac{N(t) - N(90)}{t - 90} = 89{,}44$.
Nach dieser Modellrechnung betrug die momentane Wachstumsrate zum Jahresbeginn 1950 40,17 Millionen, 1990 bereits 89,44 Millionen. Das Bevölkerungswachstum hat sich also in Bezug auf 1920 nach 30 Jahren mehr als verdoppelt; bis 1990 ist es sogar auf mehr als das Fünffache angestiegen.

Vergleicht man die Modelldaten mit den Realdaten der entsprechenden Jahre, so stellt man fest, dass kleinere Schwankungen aufgrund aktueller Ereignisse wie beispielsweise der Nachkriegsjahre in Europa oder ersten Erfolge bei der Eindämmung des Bevölkerungswachstums in Asien und Afrika Ende der 90er-Jahre nicht erfasst wurden. Die scheinbare Genauigkeit des Modells muss deshalb für die jeweilige Anwendung und die dort vorhandenen Faktoren jeweils neu bewertet werden.

4 Ableitung von Funktionen

Verallgemeinerung der Problemlösungen und Begriffsbildung

Die bisher gewonnenen Erkenntnisse lassen sich für eine ganze Klasse von Problemen verallgemeinern. Nach Modellierung der Sachverhalte mittels einer Funktion f wird zunächst die mittlere Änderungsrate $\frac{\Delta y}{\Delta x} = \frac{y - y_0}{x - x_0}$ mit $y = f(x)$ (mit $x \in D_f$) berechnet. Die mittlere Änderungsrate entspricht dem Anstieg m_S der Sekante zwischen zwei Punkten P und P_0 des Graphen von f.

Je näher P an P_0 heranrückt, desto besser beschreibt der Differenzenquotient $\frac{y - y_0}{x - x_0}$ das Verhalten der Kurve im Punkt P_0.

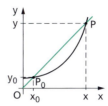
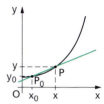

Auch in den Einstiegsbeispielen „Kinderrutsche" und „Bevölkerungswachstum" lässt sich der mittlere Anstieg der Kurven in einem Intervall $[x_0; x]$ durch entsprechende Sekanten veranschaulichen. Mit kleiner werdender Intervalllänge erhalten wir eine zunehmend bessere Beschreibung des Anstiegs der Kurve im Punkt P_0.

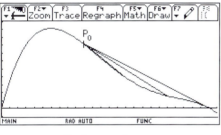

Kinderrutsche · Bevölkerungswachstum

Die Annäherung von x an x_0 führt dazu, dass sich die Sekante durch P und P_0 immer mehr der Tangente an den Graphen im Punkt P_0 annähert. Der Anstieg m_T der Tangente beschreibt dann die *lokale Änderungsrate* von f an der Stelle x_0.

Man erhält sie als Grenzwert $\lim\limits_{x \to x_0} \frac{f(x) - f(x_0)}{x - x_0}$.

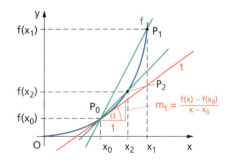

Häufig findet man in diesem Zusammenhang eine andere Bezeichnungsweise: Führen wir für die Länge des Intervalls $[x; x_0]$ die Variable h ein, so folgt $x = x_0 + h$ bzw. $f(x) = f(x_0 + h)$. Nähert sich nun x an x_0, so strebt h gegen 0. Für den Grenzwert des Differenzenquotienten erhält man in diesem Fall $\lim\limits_{h \to 0} \frac{f(x_0 + h) - f(x_0)}{h}$.

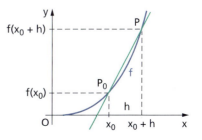

4 Ableitung von Funktionen

Die Annäherung von Graph und Tangente lässt sich mithilfe der ZOOM-Funktion eines GTR veranschaulichen: Wird der Graph in der Umgebung von P_0 immer mehr vergrößert, nähert er sich einer Geraden. Die folgenden Abbildungen zeigen die „Streckung" des Graphen der Funktion $f(x) = x^2$ in der Umgebung des Punktes $P(1; 1)$ und die damit verbundene Annäherung an die Tangente in diesem Punkt.

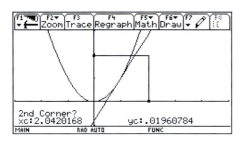
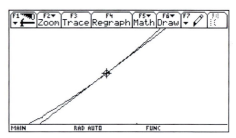

Aufgrund der Annäherung von Graph und Tangente in einer hinreichend kleinen Umgebung eines Punktes ist es naheliegend, den Anstieg der Kurve in einem Punkt durch den Anstieg der Tangente in diesem Punkt zu beschreiben.

Um das maximale Gefälle der Rutsche zu ermitteln, kann an verschiedenen Stellen des Funktionsgraphen der Anstieg der Tangente bestimmt werden. So findet man durch systematisches Probieren mithilfe eines CAS, dass die Tangente mit der Gleichung $y = -0{,}89x + 17{,}01$ „am

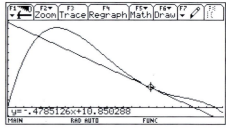

steilsten" verläuft. Aus dem Anstieg $m = -0{,}89$ und der Beziehung $m = \tan\alpha$ erhalten wir den Anstiegswinkel der Tangente. Es ist $\tan^{-1}(-0{,}89) = -41{,}67°$. Das Minuszeichen zeigt, dass die Gerade fällt. Also beträgt der maximale Neigungswinkel rund 42°.

Zur mathematischen Beschreibung des mittleren Anstiegs einer Kurve und des Anstiegs in einem Punkt werden die Begriffe „Differenzenquotient" und „Differenzialquotient" definiert.

D

Es sei $y = f(x)$ eine auf D_f definierte Funktion und $x_0, x_0 + h \in D_f$. Die Funktion
$d(x) = \frac{\Delta y}{\Delta x} = \frac{f(x) - f(x_0)}{x - x_0}$ (mit $x \neq x_0$) bzw. $d(h) = \frac{f(x_0 + h) - f(x_0)}{h}$ (mit $h \neq 0$)
heißt **Differenzenquotient** von f an der Stelle x_0.

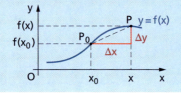
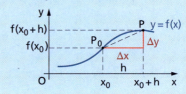

4 Ableitung von Funktionen

Es sei $y = f(x)$ eine auf D_f definierte Funktion und $x_0, x_0 + h \in D_f$.
Wir nennen $y = f(x)$ **an der Stelle x_0 differenzierbar**, wenn der Grenzwert des
Differenzenquotienten $\lim\limits_{x \to x_0} \frac{f(x) - f(x_0)}{x - x_0}$ bzw. $\lim\limits_{h \to 0} \frac{f(x_0 + h) - f(x_0)}{h}$ in $\mathbb{R}$ existiert.
Dieser Grenzwert heißt **Ableitung** oder **Differenzialquotient** der Funktion f an der Stelle x_0.

Man schreibt: $\lim\limits_{h \to 0} \frac{f(x) - f(x_0)}{x - x_0} = f'(x_0)$ (*gesprochen: „f Strich von x_0"*)

oder auch $\quad\quad\quad\quad = \frac{dy}{dx}\Big|_{x_0}$ (*gesprochen: „dy nach dx an der Stelle x_0"*)

Die mathematische Operation zum Ermitteln der Ableitung einer Funktion nennt man „Differenziation", ihre Durchführung „differenzieren".

Ermitteln der Ableitung der Funktion $f(x) = 0{,}6x^2 - 2$ an der Stelle $x_0 = 1$

Das Berechnen der Ableitung einer Funktion „von Hand" lässt sich nach folgender Schrittfolge vornehmen:

(1) Aufstellen des Differenzenquotienten d
$$d(h) = \frac{f(x_0 + h) - f(x_0)}{h} = \frac{0{,}6(x_0 + h)^2 - 2 - (0{,}6x_0^2 - 2)}{h}$$

(2) Differenzquotient vereinfachen
$$d(h) = \frac{0{,}6(x_0^2 + 2x_0 h + h^2) - 2 - 0{,}6x_0^2 + 2}{h} = \frac{1{,}2x_0 h + 0{,}6h^2}{h} = 1{,}2x_0 + 0{,}6h$$

(3) Grenzwert des Differenzenquotienten ermitteln
$$f'(x_0) = \lim\limits_{h \to 0}(1{,}2x_0 + 0{,}6h) = 1{,}2x_0$$

(4) Grenzwert des Differenzenquotienten an der Stelle x_0 bestimmen
$$f'(1) = 1{,}2 \cdot 1 = 1{,}2$$

Die Funktion f hat an der Stelle $x_0 = 1$ die Ableitung $f'(1) = 1{,}2$. Damit hat die Tangente im Punkt $P(1; f(1))$ den Anstieg 1,2. Man sagt, die Funktion f hat an der Stelle $x_0 = 1$ den Anstieg 1,2.

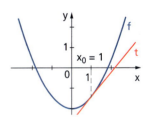

Modellierung heißt meist, sprachliche Formulierungen in eine mathematische Form zu „übersetzen". Typische Beispiele dafür sind:

Anwendungssituation (beschrieben durch eine Funktion f mit f(t))	Modell
Die durchschnittliche Änderung/die mittlere Steigung/die Durchschnittsgeschwindigkeit/das durchschnittliche Wachstum ... im Zeitraum von t_1 bis t_2 beträgt ...	$\frac{f(t_2) - f(t_1)}{t_2 - t_1}$
Der Anstieg/die Momentangeschwindigkeit/die Wachstumsgeschwindigkeit/die Änderungsrate ... zum Zeitpunkt t beträgt ...	$f'(t)$

(Siehe auch Beispiele auf Seite 152 unten sowie Seite 153 oben.)

4 Ableitung von Funktionen

In allen bisherigen Beispielen wurde eine Funktion f an einer frei gewählten Stelle x_0 untersucht. Dieser Stelle x_0 wurde eindeutig ein Wert $f'(x_0)$ zugeordnet. Ordnen wir *allen* Stellen x_0 ($x_0 \in D_f$), an denen eine Funktion f differenzierbar ist, ihre Ableitung $f'(x_0)$ zu, so entsteht wiederum eine Funktion. Diese Funktion $x_0 \to f'(x_0)$ heißt **Ableitungsfunktion** von f und wird mit f' (*gesprochen:* „f Strich") bezeichnet.

Die Ableitung der Funktion $f(x) = 0,6x^2 - 2$ an einer Stelle x_0 ist gleich $f'(x_0) = 1,2x_0$ (siehe obiges Beispiel). Damit ist f an jeder Stelle differenzierbar.

Die folgende Tabelle enthält für ausgewählte x_0 die zugeordneten Ableitungswerte $f'(x_0)$:

x_0	–2	–1	0	1	3
$f'(x_0)$	–2,4	–1,2	0	1,2	3,6

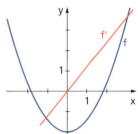

Da die ermittelte Ableitung für jede beliebige Stelle x_0 zutrifft, gilt für die Ableitungsfunktion f': $f'(x) = 1,2x$

> *Ein CAS enthält spezielle Befehle, mit deren Hilfe zu einer gegebenen Funktion f sehr schnell die Ableitungsfunktion f' bestimmt werden kann. In der Regel wird hier aber nicht die Schreibweise f'(x), sondern $\frac{dy}{dx}$ bzw. $\frac{d}{dx}f(x)$ verwendet.*
>
> *Soll die Ableitung an einer Stelle x_0 ermittelt werden, genügt eine numerische Differenziation, die i. d. R. auch mit GTR ohne CAS möglich ist.*

Das Profil der Rutsche ließ sich über
$f(x) = -3,5 \cdot 10^{-4}x^4 + 0,0231x^3 - 0,521x^2 + 4,06x + 0,010$ mit $x \in [0; 25]$ beschreiben.
Ihr Gefälle wird durch die Ableitungsfunktion $f'(x) = -\frac{7}{5\,000}x^3 + \frac{693}{10\,000}x^2 - \frac{521}{500}x + \frac{203}{50}$
beschrieben. Beim GTR *Voyage 200*
erhalten wir sie durch Anwenden des
Befehls *d(differentiate)*. Um die Ableitung
an einer Stelle zu ermitteln, wird die bisherige Eingabe über den *mit-Operator (|)*
durch die Stelle (hier: x = 10) ergänzt.
Wir erhalten $f'(10) = -0,83$.

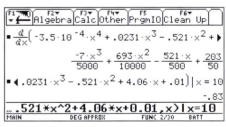

Bei PC-integrierten CAS wie *Derive* (linke Abbildung) oder *Mathcad* (rechte Abbildung) werden die Ableitungen meist über spezielle Menüs gebildet.

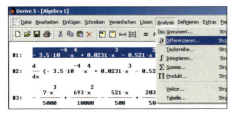
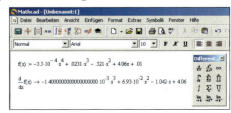

4 Ableitung von Funktionen

Ableitungen höherer Ordnung

> Ist die Ableitungsfunktion f' mit y' = f'(x) einer Funktion f wiederum differenzierbar, so heißt die Funktion f (an der Stelle x_0 oder im gesamten Definitionsbereich) zweimal differenzierbar.
> Die Ableitung der Ableitungsfunktion f' heißt **zweite Ableitung von f**.
> Man schreibt: y" = f"(x) (gesprochen: „y zwei Strich gleich f zwei Strich von x")
> oder $\frac{d^2y}{dx^2}$ (gesprochen: „d zwei y nach dx Quadrat").

Ist eine Funktion f für alle $x \in D_f$ n-mal differenzierbar, so heißt das Ergebnis der n-maligen Differenziation die **n-te Ableitung von f**. Die 2. Ableitung und alle weiteren Ableitungen einer Funktion werden auch **Ableitungen höherer Ordnung** genannt.
Ab der 4. Ableitung schreibt man: $y^{(4)} = f^{(4)}(x)$; $y^{(5)} = f^{(5)}(x)$; ...; $y^{(n)} = f^{(n)}(x)$

Gesucht sind die ersten vier Ableitungen der Funktion $f(x) = \frac{1}{3}x^3$ an einer Stelle x_0.

1. Ableitung: $d(h) = \frac{f(x_0+h) - f(x_0)}{h} = \frac{\frac{1}{3} \cdot (x_0+h)^3 - \frac{1}{3} \cdot x_0^3}{h} = \frac{\frac{1}{3} \cdot (x_0^3 + 3x_0^2 \cdot h + 3x_0 \cdot h^2 + h^3) - \frac{1}{3} \cdot x_0^3}{h}$
$= x_0^2 + x_0 \cdot h + \frac{1}{3}h^2$
$\Rightarrow \quad y' = f'(x_0) = \lim_{h \to 0} (x_0^2 + x_0 \cdot h + \frac{1}{3}h^2) = x_0^2$

2. Ableitung: $d(h) = \frac{f(x_0+h) - f(x_0)}{h} = \frac{(x_0+h)^2 - x_0^2}{h} = \frac{(x_0^2 + 2x_0 \cdot h + h^2) - x_0^2}{h} = 2x_0 + h$
$\Rightarrow \quad y" = f"(x) = \lim_{h \to 0} (2x_0 + h) = 2x_0$

3. Ableitung: $d(h) = \frac{f(x_0+h) - f(x_0)}{h} = \frac{2(x_0+h) - 2x_0}{h}$
$= \frac{2x_0 + 2h - 2x_0}{h} = 2$
$\Rightarrow \quad y''' = f'''(x) = \lim_{h \to 0} (2) = 2$

4. Ableitung: $d(h) = \frac{f(x_0+h) - f(x_0)}{h} = \frac{2-2}{h} = \frac{0}{h} = 0$
$\Rightarrow \quad y^{(4)} = f^{(4)}(x) = \lim_{h \to 0} (0) = 0$

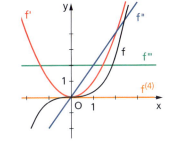

Geschwindigkeit und Beschleunigung als Ableitungen des Weges nach der Zeit

Die Bewegung eines Körpers wird durch drei Größen beschrieben: den zurückgelegten *Weg*, die Änderungsrate dieses Weges (die *Geschwindigkeit*) und die Änderungsrate der Geschwindigkeit (die *Beschleunigung*).
Bezogen auf die *momentanen* Änderungsraten heißt das: Die 1. Ableitung der Weg-Zeit-Funktion s(t) führt zur Momentangeschwindigkeit s'(t) = v(t). Die 1. Ableitung der Geschwindigkeits-Zeit-Funktion v(t) führt zur Beschleunigung. Das ist aber gleichzeitig die 2. Ableitung des Weges nach der Zeit s"(t) = v'(t) = a(t).

4 Ableitung von Funktionen

Differenzierbarkeit und Stetigkeit

Ein Körper wird aus der Ruhelage bis zu einem Zeitpunkt t_1 gleichmäßig beschleunigt. Ab dem Zeitpunkt t_1 bewegt er sich gleichförmig weiter bis zu einem Zeitpunkt t_2. Zu diesem Zeitpunkt stößt der Körper auf einen unverrückbaren Gegenstand.

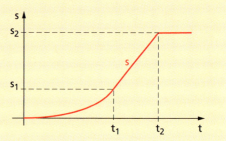

Die Funktion s ist eine stetige Funktion, die abschnittsweise zu beschreiben ist:

$$s(t) = \begin{cases} \frac{1}{2} a \cdot t^2 & (t \in [0; t_1]) \\ v_1 \cdot t & (t \in (t_1; t_2]) \\ s_2 & (t > t_2) \end{cases}$$

Da die Geschwindigkeit die 1. Ableitung des Weges nach der Zeit ist, gilt für die Geschwindigkeit zum Zeitpunkt t_1: $\lim\limits_{t \to t_1} \frac{s(t) - s(t_1)}{t - t_1} = v_1$

Insbesondere gilt

$\lim\limits_{\substack{t \to t_1 \\ t < t_1}} \frac{\frac{1}{2}at^2 - \frac{1}{2}at_1^2}{t - t_1} = \lim\limits_{\substack{t \to t_1 \\ t < t_1}} \frac{\frac{1}{2}a(t + t_1)(t - t_1)}{t - t_1} = \frac{1}{2} a \cdot 2t_1 = v_1$ für die beschleunigte Bewegung und

$\lim\limits_{\substack{t \to t_1 \\ t > t_1}} \frac{v_1 t - v_1 t_1}{t - t_1} = \lim\limits_{\substack{t \to t_1 \\ t > t_1}} \frac{v_1(t - t_1)}{t - t_1} = v_1$ für die gleichförmige Bewegung.

Da der linksseitige und der rechtsseitige Grenzwert übereinstimmen, ist die stetige Funktion s an der Stelle t_1 differenzierbar.

Wiederholt man die Überlegungen für den Zeitpunkt t_2, so erhält man

$\lim\limits_{\substack{t \to t_2 \\ t < t_2}} \frac{v_1 t - v_1 t_2}{t - t_2} = v_1$ für die gleichförmige Bewegung und

$\lim\limits_{\substack{t \to t_2 \\ t > t_2}} \frac{s_2 - s_2}{t - t_2} = 0$ für die Zeit nach dem Aufprall.

Folglich existiert $\lim\limits_{t \to t_2} \frac{s(t) - s(t_2)}{t - t_2}$ nicht. Die stetige Funktion s ist an der Stelle t_2 nicht differenzierbar.

Anhand des Beispiels wird plausibel, dass die Stetigkeit einer Funktion f an einer Stelle x_0 nicht hinreichend für die Differenzierbarkeit der Funktion f an der Stelle x_0 ist. Dagegen ist die Umkehrung dieser Aussage gültig:

> Ist eine Funktion f an der Stelle x_0 differenzierbar, so ist sie an dieser Stelle x_0 auch stetig.

4 Ableitung von Funktionen

Beweisidee:
Da f laut Voraussetzung an jeder beliebigen Stelle x_0 differenzierbar ist, ist f dort auch definiert. Es ist deduktiv zu schließen, dass für eine solche Stelle x_0 die Aussage
$$\lim_{x \to x_0} f(x) = f(x_0) \text{ bzw. } \lim_{x \to x_0} [f(x) - f(x_0)] = 0 \text{ gilt.}$$

Beweis:
Für $x \neq x_0$ gilt: $\quad f(x) - f(x_0) = \frac{f(x) - f(x_0)}{x - x_0} \cdot (x - x_0)$
Daraus folgt unter Verwendung der Grenzwertsätze:
$$\lim_{x \to x_0} [f(x) - f(x_0)] = \lim_{x \to x_0} \frac{f(x) - f(x_0)}{x - x_0} \cdot \lim_{x \to x0} (x - x_0) = f'(x_0) \cdot 0 = 0 \qquad \text{w. z. b. w.}$$

Dieser Satz lässt sich für die Untersuchung lokaler Eigenschaften von Funktionen ausnutzen: Gilt die Feststellung, dass eine Funktion an einer Stelle x_0 bzw. über ihrem gesamten Definitionsbereich differenzierbar ist, so ist sie dort auch stetig. Demnach ist die Differenzierbarkeit eine *hinreichende* Bedingung für die Stetigkeit.

(1) Die Heavysidefunktion H mit $H(x) = \begin{cases} 0 & \text{für } x \leq 0 \\ 1 & \text{für } x > 0 \end{cases}$
weist an der Stelle $x_0 = 0$ einen endlichen Sprung auf. Sie ist an der Stelle x_0 nicht stetig und auch nicht differenzierbar.

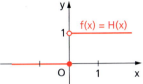

(2) Ganzrationale Funktionen sind im gesamten Definitionsbereich differenzierbar und demzufolge auch stetig.

(3) Die Funktion $f(x) = |x|$ ist an der Stelle $x_0 = 0$ nicht differenzierbar und dort trotzdem stetig. Die Differenzierbarkeit ist demnach für die Stetigkeit nicht notwendig.

Vorsicht Taschenrechner!

Die Funktion $f(x) = |x|$ mit $x \in \mathbb{R}$ ist stetig und bis auf die Stelle $x = 0$ auch differenzierbar.
Da Rechentechnik meistens auf numerischen (Näherungs-) Verfahren basiert, können die Ergebnisse durchaus vom exakten mathematischen Ergebnis abweichen und ggf. auch falsch sein.

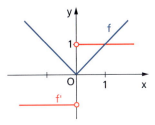

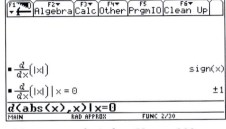

Ableitung von f mit dem *Voyage 200* an der Stelle $x = 0$

Ableitung von f mit *Casio 9850* an den Stellen $x = 0$ und $x = 1$

Dieses Beispiel zeigt, dass beim Einsatz von Rechentechnik im Besonderen die Sinnhaftigkeit des angezeigten Ergebnisses zu prüfen ist.

4 Ableitung von Funktionen

Übungen

1. *Begründen Sie*, an welchen Stellen die 1. Ableitung von f nicht existiert.

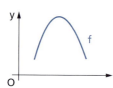 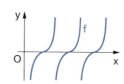 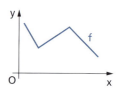

   Überlegen Sie: Für welche Stellen lässt sich der Differenzenquotient aufstellen, für welche nicht? Wie wird der Grenzwert des Differenzenquotienten interpretiert? An welchen Stellen der Funktionen existiert dieser nicht?

2. *Stellen Sie* folgende Funktionen *grafisch dar* und *begründen Sie*, ob diese an der Stelle $x_0 = 0$ differenzierbar sind oder nicht. *Bilden Sie* die Ableitung an der Stelle x_0, sofern die Funktion an dieser Stelle differenzierbar ist.
   a) $f(x) = \frac{1}{2}x - 1$
   b) $f(x) = x^2 + 1$
   c) $f(x) = \frac{1}{x}$

3. *Bilden Sie* die Ableitungsfunktion rechnerisch und grafisch.
   a) $f(x) = x^2$
   b) $f(x) = x^3$
   c) $f(x) = 2x^2 + 1$.

4. Gegeben ist die Funktion $f(x) = \sqrt{x}$.
   a) *Ermitteln Sie* die Ableitungsfunktion und die 1. Ableitung an der Stelle $x_0 = 2$ und *kommentieren Sie* die Lösungsschritte.
   b) *Begründen Sie*, weshalb die Funktion bei $x_0 = 0$ nicht differenzierbar ist.

5. *Untersuchen Sie* die stetigen Funktionen auf Differenzierbarkeit.
   a) $f(x) = \begin{cases} x^3 + 3 & x \leq 1 \\ 4x & x > 1 \end{cases}$
   b) $f(x) = \begin{cases} x^2 + 2x & x \leq 0 \\ -x^3 + 3x & x > 0 \end{cases}$

6. Die im Eingangsbeispiel auf Seite 94 betrachtete Rutsche ließ sich über $f(x) = -3,5 \cdot 10^{-4}x^4 + 0,0231x^3 - 0,521x^2 + 4,06x + 0,010$ mit $x \in [0; 25]$ und das Gefälle der Rutsche über $f'(x) = -\frac{7}{5000}x^3 + \frac{693}{10000}x^2 - \frac{521}{500}x + \frac{203}{50}$ beschreiben.
   a) *Stellen Sie* beide Funktionen *grafisch dar*.
   b) *Berechnen Sie* die 1. Ableitung von f an den Stellen $x = 10$, $x = 15$ und $x = 20$. *Vergleichen Sie* mit den Ergebnissen des Auftrags 2 (S. 94).
   c) *Interpretieren Sie* die Ableitungsfunktion abschnittsweise.
   Ermitteln Sie dazu, für welche Intervalle die Ableitungsfunktion
   (1) positiv; (2) null bzw. (3) negativ ist.
   d) *Deuten Sie* inhaltlich die Situationen „die Änderungsrate des Gefälles ist positiv", „die Änderungsrate des Gefälles ist null" und „die Änderungsrate des Gefälles ist negativ". *Geben Sie an*, in welchem Intervall das Gefälle wieder abnimmt, also die steilste Stelle überwunden ist.
   e) *Ermitteln Sie* die 2. Ableitung von f sowie deren Nullstelle.
   Interpretieren Sie die Nullstelle mit Blick auf die Rutsche.

7. *Informieren Sie sich* über Situationen, in denen durchschnittliche Größenänderungen (mittlere Änderungsraten) errechnet werden.
   Interpretieren Sie in der jeweiligen Modellierung den Grenzwert $\lim\limits_{x_n \to x_0} \frac{f(x_n) - f(x_0)}{x_n - x_0}$.

4 Ableitung von Funktionen

4.2 Regeln zum Ableiten von Funktionen

Das Höhenwachstum von Birken mittleren Wuchses lässt sich näherungsweise durch die Funktion f mit $f(x) = 0{,}00002x^3 - 0{,}00548x^2 + 0{,}513257x - 0{,}3638$ beschreiben. Das Alter der Bäume wird durch x in Jahren, die Höhe durch $f(x)$ in Metern angegeben.

Der Graph der Funktion ist im Koordinatensystem dargestellt. Zur Untersuchung der Wachstumsgeschwindigkeit wurden an verschiedenen Punkten des Graphen Tangenten angelegt. Man erkennt, dass die Anstiege mit zunehmenden x-Werten im interessierenden Intervall [0; 100] kleiner werden. Für unser Beispiel bedeutet das:
Die Wachstumsgeschwindigkeit einer Birke nimmt mit zunehmendem Alter ab.

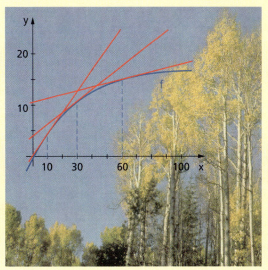

Arbeitsaufträge

1. Stellen Sie die oben angegebene Funktion f grafisch dar und ermitteln Sie daraus die Wachstumsgeschwindigkeiten für verschiedene Zeitpunkte x_0.
2. Berechnen Sie die Wachstumsgeschwindigkeiten für diese Zeitpunkte über den Grenzwert des Differenzenquotienten.
3. Da die Funktion f im gesamten Definitionsbereich differenzierbar ist, existiert eine Ableitungsfunktion f', die jeder Stelle x_0 der Funktion f die Ableitung $f'(x_0)$ und damit den Anstieg der Tangente an dieser Stelle zuordnet. Bestimmen Sie die Gleichung der Ableitungsfunktion f' und daraus die Wachstumsgeschwindigkeiten für die oben verwendeten Zeitpunkte x_0. Vergleichen Sie mit den Ergebnissen unter 1 und 2.
4. Geben Sie den Funktionstyp der Funktion f an, vergleichen Sie die Funktionsterme von f und f' und stellen Sie eine Vermutung auf, wie man den Funktionsterm $f'(x)$ rechnerisch aus $f(x)$ erhält. Formulieren Sie Ihre Vermutung als Satz.
5. Geben Sie die Grenzen des Modells bei diesem Wachstumsproblem an.
6. Bestimmen Sie für mindestens fünf Stellen x_0 die Anstiege der Funktionen
   $f_1(x) = 2{,}6$, $f_2(x) = x$, $f_3(x) = x^2$, $f_4(x) = x^3$ sowie $f_5(x) = x^4$ und ermitteln Sie daraus die Gleichungen der Ableitungsfunktionen f_1', f_2', f_3', f_4', f_5'.
   Vergleichen Sie diese Gleichungen mit denen der zugehörigen Ausgangsfunktionen und formulieren Sie eine zu vermutende Ableitungsregel.
   Nutzen Sie die Ihnen zur Verfügung stehenden Hilfsmittel sachgerecht.

4 Ableitung von Funktionen

Der Aufwand, die Ableitung über den Grenzwert des Differenzenquotienten zu bestimmen, ist zum Teil sehr groß. Es gibt aber Regeln, mit deren Hilfe sich Ableitungsfunktionen rechnerisch bestimmen lassen. Entscheidend dafür, welche Regel benutzt werden kann, ist der Funktionsterm von f.

Ableitung einer konstanten Funktion
Der Graph der konstanten Funktion $f(x) = 3$ ist eine zur Abszissenachse parallele Gerade. Sein Anstieg ist an jeder Stelle $x_0 \in D_f$ gleich null. Also gilt $f'(x) = 0$.

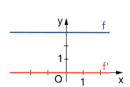

Allgemein gilt: Der Graph einer Funktion $f(x) = c$ ist eine Parallele zur x-Achse. Daraus folgt, dass der Anstieg der Tangente an den Graphen von f an allen Stellen x_0 null sein muss. Es gilt $f'(x) = 0$.

> **Konstantenregel**
> Für eine konstante Funktion $f(x) = c$ mit $c \in \mathbb{R}$ ist die Ableitungsfunktion $f'(x) = 0$.

Um die Ableitungsfunktion f' der Potenzfunktion f mit $f(x) = x^n$ ($n \in \mathbb{N}; n \geq 1$) zu ermitteln, greifen wir auf die Ergebnisse von Arbeitsauftrag 6 zurück. Dort wurden mithilfe der Tangentenanstiege an verschiedenen Stellen x_0 zu Potenzfunktionen f_i die zugehörigen Ableitungsfunktionen f_i' gebildet:

f_i	$f_1(x) = x$	$f_2(x) = x^2$	$f_3(x) = x^3$	$f_4(x) = x^4$
f_i'	$f_1'(x) = 1$	$f_2'(x) = 2x$	$f_3'(x) = 3x^2$	$f_4'(x) = 4x^3$

Die Ableitungsfunktionen f_i' sind offensichtlich wieder Potenzfunktionen, deren Grad um eins kleiner als der von f_i ist. Außerdem fällt auf, dass die Exponenten der Potenzen von x der Funktionen f_i in den Ableitungsfunktionen f_i' als Koeffizienten der Potenzen von x auftreten. Daraus formulieren wir eine weitere Ableitungsregel und beweisen im Anschluss ihre Allgemeingültigkeit.

> **Potenzregel**
> Die Funktion f mit $f(x) = x^n$ ($n \in \mathbb{N}; n \geq 1$) ist im gesamten Definitionsbereich differenzierbar und es gilt $f'(x) = n \cdot x^{n-1}$.

Das Anwenden der Potenzregel gehört zu den symbolischen Fähigkeiten eines CAS.

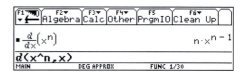

4 Ableitung von Funktionen

Beweis:
Schreibt man den Differenzenquotienten in der Form $d(x) = \frac{f(x) - f(x_0)}{x - x_0}$, so ergibt sich
für $f(x) = x^n$: $d(x) = \frac{x^n - x_0^n}{x - x_0}$, $x \neq x_0$

Wegen $x \neq x_0$ ist die Polynomdivision ausführbar und ergibt:
$(x^n - x_0^n) : (x - x_0) = x^{n-1} + x_0 \cdot x^{n-2} + x_0^2 \cdot x^{n-3} + \ldots + x_0^{n-2} \cdot x + x_0^{n-1}$

Man erhält die Ableitung, indem der Grenzwert für $x \to x_0$ gebildet wird:

$$f'(x) = \lim_{x \to x_0} d(x) = \lim_{x \to x_0} (x^{n-1} + x_0 \cdot x^{n-2} + x_0^2 \cdot x^{n-3} + \ldots + x_0^{n-2} \cdot x + x_0^{n-1})$$

$$= x_0^{n-1} + x_0 \cdot x_0^{n-2} + x_0^2 \cdot x_0^{n-3} + \ldots + x_0^{n-2} \cdot x_0 + x_0^{n-1}$$

$$= x_0^{n-1} + x_0^{n-1} + x_0^{n-1} + \ldots + x_0^{n-1} + x_0^{n-1} = n \cdot x_0^{n-1} \qquad \text{w. z. b. w.}$$

Ableitung einer Potenzfunktion

Die Ableitung f′ einer Potenzfunktion f ist wieder eine Potenzfunktion mit einem gegenüber f um 1 niedrigeren Grad.

$f(x) = x^1 \qquad f'(x) = 1 \cdot x^{1-1} = 1$

$f(x) = x^2 \qquad f'(x) = 2 \cdot x^{2-1} = 2 \cdot x$

$f(x) = x^3 \qquad f'(x) = 3 \cdot x^{3-1} = 3 \cdot x^2$

$f(x) = x^4 \qquad f'(x) = 4 \cdot x^{4-1} = 4 \cdot x^3$

Ableitung der Funktion $f(x) = \sqrt{x} = x^{\frac{1}{2}}$

Die Potenzregel ist auch für Potenzfunktionen mit rationalen Exponenten gültig, wie im Abschnitt 3.3 gezeigt wird. Deshalb gilt beispielsweise für $f(x) = \sqrt{x} = x^{\frac{1}{2}}$ ($x > 0$):

$$f'(x) = \frac{1}{2} x^{\frac{1}{2} - 1} = \frac{1}{2} x^{-\frac{1}{2}} = \frac{1}{2\sqrt{x}}$$

> *Die beim Finden der Potenzregel angewandte **experimentelle Methode** ist auch in der Mathematik ein legitimer Weg, um Gesetzmäßigkeiten zu ergründen und Vermutungen für mathematische Sätze und Regeln zu gewinnen.*
>
> *So kann man durch Suchen von Gemeinsamkeiten und Unterschieden einer möglichst großen Anzahl von Einzelbeispielen sehr effektiv zu allgemeinen Aussagen gelangen. Ein solches Verfahren wird „**induktive Methode**" genannt.*
>
> *Da die Verallgemeinerung von Einzelbeispielen ein unzuverlässiger Schritt ist, entsteht die Notwendigkeit, induktiv gewonnene Sätze zu beweisen.*
>
> *Den Gegenpol zur induktiven Methode bildet die „**deduktive Methode**".*
> *Mithilfe deduktiver Denk- und Arbeitsweisen werden aus allgemeinen Gesetzmäßigkeiten spezielle Einzelerkenntnisse gewonnen, es wird mit logischen Regeln „vom Allgemeinen auf das Besondere" geschlussfolgert.*

So wie die Definition des Differenzialquotienten zum Beweis experimentell gefundener Ableitungsregeln verwendet wurde, kann sie auch zur Herleitung weiterer Regeln herangezogen werden.

4 Ableitung von Funktionen

Für die Funktion $f(x) = c \cdot g(x)$ mit $c \in \mathbb{R}$ und g differenzierbar in D_f soll eine Ableitungsregel hergeleitet werden. Dazu bilden wir den Differenzenquotienten
$$d(h) = \frac{c \cdot g(x_0 + h) - c \cdot g(x_0)}{h} = c \cdot \frac{g(x_0 + h) - g(x_0)}{h}$$ mit $h \neq 0$ und $x_0 \in D_f$ und ermitteln dessen Grenzwert und damit die Ableitung von f:
$$\lim_{h \to 0} c \cdot \frac{g(x_0 + h) - g(x_0)}{h} = \lim_{h \to 0} c \cdot \lim_{h \to 0} \frac{g(x_0 + h) - g(x_0)}{h} = c \cdot g'(x_0) = f'(x_0)$$

Da x_0 beliebig gewählt werden kann, ist $f'(x) = c \cdot g'(x)$.

Faktorregel
Ist die Funktion g differenzierbar, so ist auch die Funktion f mit $f(x) = c \cdot g(x)$ und $c \in \mathbb{R}$ differenzierbar. Es gilt $f'(x) = c \cdot g'(x)$.

Geometrische Deutung der Faktorregel
Als Ableitung von $f(x) = 8 \cdot x^5$ erhalten wir nach der Faktor- und der Potenzregel:
$f'(x) = 8 \cdot (5 \cdot x^4) = 40 \cdot x^4$
Der Graph der Funktion f entsteht durch Streckung des Graphen der Funktion g mit $g(x) = x^5$ auf das Achtfache.
Entsprechend beträgt die Steigung der Tangente in $P(x_0; 8 \cdot g(x_0))$ das Achtfache der Steigung der Tangente in $Q(x_0; g(x_0))$.

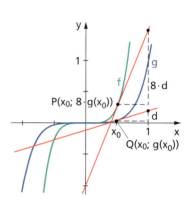

Regeln zum Ableiten zusammengesetzter Funktionen gewinnen wir im Folgenden aus CAS-Anwendungen. Die Beweise dieser Ableitungsregeln lassen sich wieder mithilfe der Grenzwerte von Differenzenquotienten führen.

Das Schirmbild zeigt, dass eine Summenfunktion f mit $f(x) = g(x) + h(x)$ summandenweise differenziert wird.

Summenregel
Sind die Funktionen g und h an der Stelle x_0 differenzierbar, so ist auch f mit $f(x) = g(x) + h(x)$ in x_0 differenzierbar. Es gilt $f'(x) = g'(x) + h'(x)$.

Ableitung der Funktionen $f(x) = 7x^2 - 4x^4$ und $g(x) = 6x + 12$
a) Setzt man $u(x) = 7x^2$ und $v(x) = -4x^4$ und differenziert summandenweise, so erhält man $u'(x) = 14x^1$ und $v'(x) = -16x^3$. Nach der Summenregel folgt $f'(x) = 14x - 16x^3$.
b) Für die Ableitung der Funktion g erhält man (in Kurzform): $g'(x) = 6x^0 + 0 = 6$

4 Ableitung von Funktionen

Ist f Produkt zweier Funktionen u und v, so liefert der Ableitungsbefehl eines CAS den nebenstehenden Ausdruck. Wir formulieren daraus eine Produktregel:

Produktregel
Sind zwei Funktionen u und v in x_0 differenzierbar, so ist auch die Funktion f mit $f(x) = u(x) \cdot v(x)$ an dieser Stelle differenzierbar. Es gilt:
$f'(x_0) = u'(x_0) \cdot v(x_0) + v'(x_0) \cdot u(x_0)$
(In Kurzform: $f = u \cdot v \Rightarrow f' = u' \cdot v + v' \cdot u$)

Zu ermitteln ist die Ableitung der Funktion $f(x) = x^3 \cdot (x^2 - x + 10)$.
Es ist $u(x) = x^3$, also $u'(x) = 3x^2$; $v(x) = x^2 - x + 10$, also $v'(x) = 2x - 1$.
Nach Einsetzen in $f'(x) = u'(x) \cdot v(x) + v'(x) \cdot u(x)$ erhält man:
$f'(x) = 3x^2 \cdot (x^2 - x + 10) + (2x - 1) \cdot x^3 = 3x^4 - 3x^3 + 30x^2 + 2x^4 - x^3 = 5x^4 - 4x^3 + 30x^2$

Bei ganzrationalen Funktionen ist es in der Regel einfacher, zuerst das Produkt auszumultiplizieren und dann die Summenregel anzuwenden:
$f(x) = x^3 \cdot (x^2 - x + 10) = x^5 - x^4 + 10x^3$
$f'(x) = 5x^4 - 4x^3 + 30x^2$

Lässt sich eine Funktion f als Quotient in der Form $f(x) = \frac{u(x)}{v(x)}$ mit $v(x) \neq 0$ darstellen, wird zum Ableiten die Quotientenregel benutzt.

Quotientenregel
Sind die Funktionen u und v differenzierbar und ist $v(x) \neq 0$, so ist auch f mit $f(x) = \frac{u(x)}{v(x)}$ differenzierbar. Es gilt $f'(x) = \frac{u'(x) \cdot v(x) - u(x) \cdot v'(x)}{[v(x)]^2}$.
(In Kurzform: $f = \frac{u}{v} \Rightarrow f' = \frac{u'v - uv'}{v^2}$)

Gesucht ist der Anstieg der Funktion $f(x) = \frac{2x}{x-1}$ ($x \neq 1$) an der Stelle $x_0 = 2$.
Wir wenden die Quotientenregel an und setzen
$u = 2x$,   also $u' = 2$,
$v = x - 1$, also $v' = 1$.
Damit erhalten wir die Ableitungsfunktion
$f'(x) = \frac{2(x-1) - 2x \cdot 1}{(x-1)^2} = -\frac{2}{(x-1)^2}$
und an der Stelle $x_0 = 2$ den Anstieg
$m = f'(2) = -\frac{2}{(2-1)^2} = -2$.

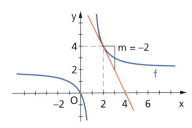

4 Ableitung von Funktionen

Nicht alle Funktionen lassen sich mit den bisher betrachteten Differenziationsregeln ableiten, so z. B. *verkettete Funktionen f(x) = v[u(x)]*.

Ableitung einer verketteten Funktion
Die Funktion $f(x) = \sqrt{3x-1}$ stellt eine Verkettung einer linearen Funktion mit einer Wurzelfunktion dar. Die innere Funktion wird durch $u(x) = 3x - 1$, die äußere Funktion durch $v(z) = \sqrt{z}$ mit $z = 3x - 1$ angegeben.
Bildet man die Ableitung der Funktion $f(x) = \sqrt{3x-1}$ mit einem CAS, so erhält man $f'(x) = \frac{3}{2\sqrt{3x-1}}$.

Es ist bekannt, dass die Ableitung g' der Funktion g mit $g(x) = \sqrt{x}$ durch $g'(x) = \frac{1}{2\sqrt{x}}$ beschrieben wird. Vergleicht man nun f' mit g', fällt im Zähler von f' der Wert 3 auf. Schreiben wir f' als Produkt $f'(x) = 3 \cdot \frac{1}{2\sqrt{3x-1}}$ und überlegen uns, dass die Ableitung der inneren Funktion $u'(x) = 3$ ist, liegt die Vermutung nahe, dass die Ableitung der verketteten Funktion f gleich dem Produkt der Ableitung der äußeren und der inneren Funktion ist.

> **Kettenregel**
> Ist die Funktion u an der Stelle x_0 und die Funktion v an der Stelle $u(x_0)$ differenzierbar, so ist auch die Verkettung f mit $f(x) = v(u(x))$ in x_0 differenzierbar und es gilt $f'(x) = v'(u(x_0)) \cdot u'(x_0)$.
> Die Ableitung einer verketteten Funktion ist gleich dem Produkt der Ableitungen von äußerer und innerer Funktion.

Ableitung der Funktion $f(x) = (4x+1)^3$
Die Funktion f ist die Verkettung der inneren Funktion $z = u(x) = 4x + 1$ mit der äußeren Funktion $v(z) = z^3$.
Demzufolge ist $u'(x) = 4$ und $v'(z) = 3z^2$.
Dann gilt $f'(x) = u'(x) \cdot v'(z) = 4 \cdot 3z^2 = 4 \cdot 3(4x+1)^2 = 12(4x+1)^2$.

Ableitung der Funktion $f(x) = \sqrt{2x^3}$
Es ist $\quad z = u(x) = 2x^3 \quad$ und $\quad v(z) = \sqrt{z}$.
Also ist $\quad u'(x) = 6x^2 \quad$ und $\quad v'(z) = \frac{1}{2\sqrt{z}}$.
Dann gilt $f'(x) = u'(x) \cdot v'(z) = 6x^2 \cdot \frac{1}{2\sqrt{z}} = 6x^2 \cdot \frac{1}{2\sqrt{2x^3}} = \frac{6x^2}{2x\sqrt{2x}} = \frac{3x}{\sqrt{2x}}$.

Trotz dieser Ableitungsregeln ist das Differenzieren von Funktionen zum Teil immer noch mit erheblichem Rechenaufwand verbunden. Bei komplizierten Termstrukturen ist es deshalb günstiger, die Ableitungen unter Verwendung eines CAS zu bilden.

4 Ableitung von Funktionen

Übungen

1. *Differenzieren Sie* mithilfe der Ableitungsregeln.
   a) $f(x) = x^2 - x^3$
   b) $f(x) = 0{,}6x^3$
   c) $f(x) = 7x^3 + 4x - 2$
   d) $f(x) = x^{2n} + x^n$
   e) $f(x) = \frac{x^{n-1}}{n-1} - \frac{x^{n+1}}{n+1}$
   f) $f(x) = 2\sqrt{x}$
   g) $f(x) = x^3 - \sqrt{5}$
   h) $f(x) = -\frac{x}{2} + \frac{3c}{4}$

2. *Bilden Sie* die ersten drei Ableitungen der Funktionen.
   a) $f(x) = 2x^7 + 5x^3 - 2x^2 + 8$
   b) $f(k) = \frac{1}{2}k^4 + 2k^3 - k$
   c) $f(x) = \frac{1}{25}x^{-5}$
   d) $f(t) = \frac{1}{t} + t^{\frac{1}{2}}$
   e) $f(x) = x^{5n} + x^k$ (n, k ∈ ℕ)
   f) $f(x) = \sqrt{4x}$

3. *Leiten Sie* nach der Produktregel *ab* und *kontrollieren Sie* Ihre Ergebnisse durch Anwendung eines CAS.
   a) $f(x) = (2x - 2)(x + 3)$
   b) $f(x) = (3x + x^2)^2$
   c) $f(x) = x\sqrt{x}$
   d) $f(x) = (3x + 1)\sqrt{x}$
   e) $f(x) = (2x + 2) \cdot \frac{1}{x}$
   f) $f(x) = (cx - 1) \cdot (x + 1)$
   g) $f(x) = x^2 \cdot h(x)$
   h) $f(x) = g'(x) \cdot h(x)$

4. *Ermitteln Sie* die Ableitung von f mithilfe der Quotientenregel. *Prüfen Sie* Ihre Rechnung mit einem CAS.
   a) $f(x) = \frac{x}{x+2}$
   b) $f(x) = \frac{x-2}{2+x}$
   c) $f(x) = \frac{4x^2 - 2}{2x + 1}$
   d) $f(x) = \frac{c + dx}{c - dx}$
   e) $f(x) = \frac{ax^2 - b}{ax - b}$
   f) $f(x) = \frac{\sqrt{x}}{x - 1}$
   g) $f(x) = \frac{\sqrt{x} - 2}{\sqrt{x} + 3}$
   h) $f(x) = \frac{3}{x - 1}$

5. *Leiten Sie ab* und *kontrollieren Sie* das Ergebnis mit einem CAS.
   a) $f(x) = (2x - 3)^2$
   b) $f(x) = (3x^2 - 1)^3$
   c) $f(x) = \sqrt{5x - 7}$
   d) $f(x) = \frac{1}{(x+3)^2}$
   e) $f(x) = \frac{4}{(x-3)^3}$
   f) $f(x) = \frac{3x - 1}{(5 - x)^2}$
   g) $f(x) = \frac{(x-1)^2}{(-2x+3)^3}$
   h) $f(x) = \frac{\sqrt{2x - 1}}{x}$
   i) $f(x) = \left(\frac{x-1}{x+1}\right)^2$

6. *Bestimmen Sie* jeweils den Anstieg des Graphen von f in den Schnittpunkten mit der x-Achse.
   a) $f(x) = -0{,}5x^2 + 4$
   b) $f(x) = 0{,}2x^3 - 0{,}3x^2 - 3{,}6x$
   c) $f(x) = \frac{x}{x-1}$

7. *Ermitteln Sie* die Stellen, an denen die Tangente an den Graphen der Funktion f mit $f(x) = 0{,}2x^3 - 0{,}3x^2 - 3{,}6x + 1$ parallel zur x-Achse verläuft.

Aufgaben zum Argumentieren

8. *Begründen Sie* anhand von Beispielen, dass Funktionen, die sich nur durch eine additive Konstante unterscheiden, die gleiche Ableitung haben.
9. *Beweisen Sie* die Faktorregel zum Ableiten einer Funktion f mit $f(x) = u(x) \cdot v(x)$.
10. *Zeigen Sie* mithilfe der Produktregel, dass für $f(x) = [v(x)]^2$ gilt: $f'(x) = 2 \cdot v(x) \cdot v'(x)$
11. *Ermitteln Sie* mit einem CAS die Ableitung der Funktion $f(x) = \frac{u(x)}{v(x)}$ und *weisen Sie nach*, dass die Rechnerausgabe identisch mit dem Term $\frac{u'(x) \cdot v(x) - u(x) \cdot v'(x)}{[v(x)]^2}$ ist.
12. *Zeigen Sie* mithilfe der Quotientenregel, dass für die Funktion f mit $f(x) = x^{-n}$ und $n \in \mathbb{N}$ gilt: $f'(x) = -n \cdot x^{-n-1}$
13. *Untersuchen Sie*, ob für beliebige Funktionen f gilt: $f(x)^{f(x)} = f'(x)^{f'(x)}$

4.3 Ableiten elementarer Funktionen

Ein Federball muss nach den Badminton-Spielregeln zwischen 4,74 g und 5,50 g wiegen. Angenommen, ein Spieler führt den Aufschlag nicht korrekt aus und der Federball fliegt senkrecht nach oben, dann bewegt sich der Ball nach Erreichen des höchsten Punktes entsprechend den Gesetzen des freien Falls wieder nach unten. Bei Vernachlässigung der Reibung genügt die Bewegung dem Geschwindigkeit-Zeit-Gesetz $v(t) = g \cdot t$, wobei g die Fallbeschleunigung auf der Erde mit $g \approx 9{,}81 \frac{m}{s^2}$ angibt. Ein Geschwindigkeit-Zeit-Gesetz, welches die reale Bewegung des Federballs in guter Näherung beschreibt, liefert $v(t) = \sqrt{\frac{m \cdot g}{k}} \cdot \tanh\left(\sqrt{\frac{g \cdot k}{m}} \cdot t\right)$ mit $m = 4{,}74$ g und $k = 1{,}138 \frac{g}{m}$. (k beschreibt den Luftreibungskoeffizienten, zu tanh siehe Erklärung im Kasten.)

Der Einfluss der Luftreibung wird mit zunehmender Geschwindigkeit größer, die Werte weichen immer stärker von der linearen Funktion $v(t) = g\,t$ ab.
Fällt der Ball nun aus immer größerer Höhe, stellt sich die Frage, wie sich die Geschwindigkeit des Federballes verhält.

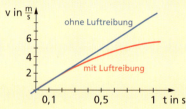

Der Badminton-Spieler behauptet: Je stärker sein Aufschlag ist, umso größer ist die Endgeschwindigkeit v_E des Federballs beim Aufkommen auf der Erde. Ein Maß für das Ansteigen der Geschwindigkeit liefert die Beschleunigung a. Sie beschreibt den Anstieg der Tangente an den Graphen von v für einen bestimmten Zeitpunkt t.

Auch wenn sich Funktionen mit den bisher bekannten Ableitungsregeln nicht differenzieren lassen, kann das gestellte Problem mithilfe eines CAS dennoch gelöst werden. Im angeführten Beispiel ist uns nicht einmal der Funktionstyp tanh x (der Tangenshyperbolicus) bekannt.
Meist genügt die Eingabe „tanh x", um die Funktion grafisch darzustellen oder abzuleiten. Wenn nicht, kann auf die Definition $\tanh x = \frac{e^x - e^{-x}}{e^x + e^{-x}}$ zurückgegriffen werden.

Arbeitsaufträge

1. Bestimmen Sie das Beschleunigung-Zeit-Gesetz $a(t) = \frac{dv}{dt} = v'(t)$ mittels eines CAS.
2. Untersuchen Sie das Verhalten von a für immer größer werdende t.
3. Setzen Sie sich mit der Behauptung des Badminton-Spielers auseinander und begründen Sie Ihre Aussagen.
4. Ermitteln Sie eine Regel zum Ableiten der Funktion $f(x) = e^x$. Untersuchen Sie dazu den Anstieg der Tangente an den Graphen von f an verschiedenen Stellen x_0.

4 Ableitung von Funktionen

Der Verkehr an einer stark frequentierten Kreuzung einer Ortschaft soll beruhigt werden. Aus diesem Grund ist eine Straße u geplant, welche am Ort vorbeiführen und die Straßen e_1 und e_2 miteinander verbinden soll.
Die Berechnungen für den Verlauf von u sind bereits so weit fortgeschritten, dass die Umgehungsstraße durch die Funktion u mit $u(x) = a\sqrt{x} + bx + 2$ modelliert werden kann.

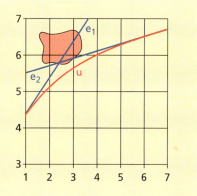

Arbeitsaufträge

1. Die Straßen e_1 und e_2 verlaufen im angegebenen Bereich geradlinig. Im oben dargestellten Planungsnetz ist $m_{e_1} = 1$ und $m_{e_2} = 0{,}2$. Bestimmen Sie den vollständigen Funktionsterm der Funktion u, welche die zu bauende Straße beschreibt.
2. Geben Sie Funktionen für die Straßen e_1 und e_2 an, die deren Verlauf bezogen auf u modellieren.

Schall, Klang, Geräusch und Ton sind zentrale Begriffe aus der Akustik. Schallereignisse beruhen auf Schwingungen von Teilchen. Lassen sich diese Schwingungen mathematisch durch eine Sinusfunktion beschreiben, spricht man von einem Sinuston (oder kurz Ton).
Die Periodendauer T kennzeichnet die zeitliche Dauer einer Schwingung, die Amplitude A gibt die maximale Auslenkung an und die Frequenz f beschreibt die Schwingungsanzahl pro Sekunde. Amplitude und Frequenz sind vor allem für Lautstärke und Tonhöhe eines Tones verantwortlich. Die Einheit der Frequenz ist das Hertz [Hz].

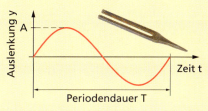

Ein Sinuston mit der Frequenz $f = 500$ Hz und einer Amplitude von $y_0 = 20$ dB (dB – Dezibel) ist durch die trigonometrische Funktion $y(t) = 20 \cdot \sin(2\pi \cdot 500 \cdot t)$ beschreibbar. Die Größe $y(t)$ gibt hierbei die momentane Auslenkung in Abhängigkeit von der Zeit t an.
(Ausführlichere Informationen zu Grundlagen der Akustik und Hörbeispiele sind im Internet zu finden, z. B. unter www.dasp.uni-wuppertal.de/ars_auditus/).

Arbeitsaufträge

1. Stellen Sie die Funktion y grafisch dar.
2. Nutzen Sie Ihre Kenntnisse über Ableitungsfunktionen und skizzieren Sie y'.
3. Beschreiben Sie anhand Ihrer grafischen Darstellung y' durch einen Funktionsterm. Begründen Sie.
4. Überlegen Sie, welche physikalische Bedeutung y' zukommt.

4 Ableitung von Funktionen

Im Folgenden soll untersucht werden, ob elementare Funktionen wie z. B.
$f(x) = x^{\frac{1}{n}}$ (mit $n \in \mathbb{N}$; $n > 0$), $f(x) = \ln x$, $f(x) = e^x$ und $f(x) = \sin x$ auch ohne die Hilfe eines CAS differenzierbar sind.

Ableitung von Potenzfunktionen

Beim Ableiten der Funktion $f(x) = \sqrt{x} = x^{\frac{1}{2}}$ wurde bereits davon ausgegangen, dass sich die Ableitungsregel für Potenzfunktionen mit natürlichen Exponenten (siehe 4.2) auch auf Potenzfunktionen mit rationalen Exponenten erweitern lässt.

Die Richtigkeit dieser Annahme soll nun gezeigt werden:

Allgemein sei f durch $f(x) = x^{\frac{1}{n}}$ mit $n \in \mathbb{N}$ und $n > 0$ gegeben. Durch Potenzieren der Gleichung mit n erhalten wir $[f(x)]^n = x$.
Beide Seiten dieser Gleichung werden nun mit der Kettenregel nach x abgeleitet.
Wir erhalten $n \cdot [f(x)]^{n-1} \cdot f'(x) = 1$.
Durch Umstellen der Gleichung nach f'(x) folgt $f'(x) = \frac{1}{n} \cdot \frac{1}{[f(x)]^{n-1}} = \frac{1}{n} \cdot [f(x)]^{1-n}$.
Mit $f(x) = x^{\frac{1}{n}}$ erhalten wir $f'(x) = \frac{1}{n} \cdot \left(x^{\frac{1}{n}}\right)^{1-n}$ und schließlich die Ableitungsfunktion von f mit $f'(x) = \frac{1}{n} \cdot x^{\frac{1}{n}-1}$.
Ebenso lässt sich beweisen, dass die Potenzregel auch auf Potenzfunktionen der Form $f(x) = x^{\frac{m}{n}}$ (m, $n \in \mathbb{N}$; $n > 0$) angewendet werden kann. Es gilt:

> Für die Ableitungsfunktion einer Potenzfunktion f der Form
> $f(x) = x^{\frac{1}{n}}$ ($n \in \mathbb{N}$; $n > 0$) gilt $f'(x) = \frac{1}{n} \cdot x^{\frac{1}{n}-1}$.
> Ist die Funktion f eine Potenzfunktion der Form $f(x) = x^{\frac{m}{n}}$ (m, $n \in \mathbb{N}$; $n > 0$),
> so ist $f'(x) = \frac{m}{n} \cdot x^{\frac{m}{n}-1}$.

Ableitung von Potenzfunktionen mit rationalen Exponenten

Gesucht sind die Ableitungen der Funktionen $f_1(x) = \frac{2}{3x^2}$ ($x \neq 0$), $f_2(x) = \sqrt[3]{x}$ ($x > 0$) und $f_3(x) = \frac{5}{\sqrt[4]{x^3}}$ ($x > 0$).

(1) Da $f_1(x) = \frac{2}{3x^2} = \frac{2}{3} \cdot x^{-2}$, lässt sich die Potenzregel anwenden. Wir erhalten:

$f_1'(x) = \frac{2}{3} \cdot (-2) \cdot x^{-2-1} = -\frac{4}{3} x^{-3} = \frac{-4}{3 \cdot x^3}$

(2) Aus $f_2(x) = \sqrt[3]{x} = x^{\frac{1}{3}}$ folgt durch Anwenden der Potenzregel:

$f_2'(x) = \frac{1}{3} \cdot x^{\frac{1}{3}-1} = \frac{1}{3} \cdot x^{-\frac{2}{3}} = \frac{1}{3 \cdot x^{\frac{2}{3}}} = \frac{1}{3 \cdot \sqrt[3]{x^2}}$

(3) Da $f_3(x) = \frac{5}{\sqrt[4]{x^3}} = \frac{5}{x^{\frac{3}{4}}} = 5 \cdot x^{-\frac{3}{4}}$, lässt sich die Potenzregel auch hier anwenden. Es folgt:

$f_3'(x) = 5 \cdot \left(-\frac{3}{4}\right) \cdot x^{-\frac{3}{4}-1} = -\frac{15}{4} \cdot x^{-\frac{7}{4}} = \frac{-15}{4x^{\frac{7}{4}}} = \frac{-15}{4\sqrt[4]{x^7}} = \frac{-15}{4\sqrt[4]{x^4 \cdot x^3}} = \frac{-15}{4x\sqrt[4]{x^3}}$

4 Ableitung von Funktionen

Ableitung von trigonometrischen Funktionen

Durch Einsatz eines CAS finden wir sehr schnell, dass für die Sinus- bzw. Kosinusfunktion gilt:

$(\sin x)' = \cos x$

$(\cos x)' = -\sin x$

$(\sin x)'' = -\sin x$

Diese Aussagen sollen geprüft werden, indem f' und f'' von $f(x) = \sin x$ mithilfe des Differenzialquotienten hergeleitet werden.

Wir bilden zunächst für eine beliebige Stelle x_0 den Differenzenquotienten $d(h)$:

$$d(h) = \frac{f(x_0+h) - f(x_0)}{h} = \frac{\sin(x_0+h) - \sin(x_0)}{h} \qquad (*)$$

Anwenden des Additionstheorems $\sin(\alpha + \beta) = \sin\alpha \cdot \cos\beta + \cos\alpha \cdot \sin\beta$ auf $\sin(x_0 + h)$ ergibt:

$\sin(x_0 + h) = \sin x_0 \cdot \cos h + \cos x_0 \cdot \sin h$

In (*) eingesetzt, erhalten wir:

$$d(h) = \frac{\sin x_0 \cdot \cos h + \cos x_0 \cdot \sin h - \sin x_0}{h} = \frac{\sin x_0 \cdot \cos h - \sin x_0}{h} + \frac{\cos x_0 \cdot \sin h}{h}$$

$$= \frac{\sin x_0 \cdot (\cos h - 1)}{h} + \frac{\cos x_0 \cdot \sin h}{h} = \sin x_0 \cdot \frac{\cos h - 1}{h} + \cos x_0 \cdot \frac{\sin h}{h}.$$

Wir bilden den Grenzwert des Differenzquotienten für $h \to 0$ und erhalten:

$$f'(x) = \lim_{h \to 0}\left(\sin x_0 \cdot \frac{\cos h - 1}{h} + \cos x_0 \cdot \frac{\sin h}{h}\right) = \sin x_0 \cdot \lim_{h \to 0}\left(\frac{\cos h - 1}{h}\right) + \cos x_0 \cdot \lim_{h \to 0}\left(\frac{\sin h}{h}\right)$$

Der gesuchte Grenzwert des Differenzquotienten für $h \to 0$ existiert, wenn die Grenzwerte $\lim_{h \to 0} \frac{\cos h - 1}{h}$ und $\lim_{h \to 0} \frac{\sin h}{h}$ existieren.

Im Abschnitt A3 (siehe S. 75) wurde der Grenzwert von $f(x) = \frac{\sin x}{x}$ ($x \neq 0$) für $x \to 0$ bereits bestimmt. Aufgrund des dort gefundenen Ergebnisses gilt $\lim_{h \to 0} \frac{\sin h}{h} = 1$.

Um $\lim_{h \to 0} \frac{\cos h - 1}{h}$ zu ermitteln, setzen wir eine Tabellenkalkulation ein.

Wir berechnen den Quotienten $\frac{\cos h - 1}{h}$ für konkrete von links und rechts gegen 0 strebende Werte von h und gewinnen die Vermutung, dass $\lim_{h \to 0} \frac{\cos h - 1}{h} = 0$ ist.

	A	B	C	D	E	F	G	H	I
1	h	-1	-0,1	-0,01	-0,001	1	0,1	0,01	0,001
2	(cos(h)-1)/h	0,45969769	0,04995835	0,00499996	0,0005	0,45969769	-0,04995835	-0,00499996	0,0005
3									
4									

Mit $\lim_{h \to 0} \frac{\cos h - 1}{h} = 0$ und $\lim_{h \to 0} \frac{\sin h}{h} = 1$ folgt für die 1. Ableitung $f'(x_0) = \cos x_0$.

Damit ist gezeigt, dass die Funktion $f(x) = \sin x$ die Ableitungsfunktion $f'(x) = \cos x$ besitzt.

4 Ableitung von Funktionen

Um die 2. Ableitung der Sinusfunktion zu ermitteln, ist nun die Ableitung der Kosinusfunktion zu bestimmen. Dazu bilden wir für $f'(x_0) = \cos x_0$ erneut den Differenzenquotienten und erhalten schließlich $f''(x_0) = -\sin x_0$.

Somit ist die Vermutung bestätigt, dass für die zweite Ableitung der Sinusfunktion $f''(x) = -\sin x$ und für die Ableitung der Kosinusfunktion $f'(x) = -\sin x$ gilt.

Ableitung von Sinus- und Kosinusfunktion
Sinusfunktion und Kosinusfunktion sind im gesamten Definitionsbereich differenzierbar. Die Funktion $f(x) = \sin x$ besitzt die Ableitungsfunktion $f'(x) = \cos x$, die Funktion $g(x) = \cos x$ besitzt die Ableitungsfunktion $g'(x) = -\sin x$.

Die Ableitung der trigonometrischen Funktionen f_1 bis f_4 erfolgt mithilfe der Ketten-, der Produkt- und der Quotientenregel.

$f_1(x) = \cos \frac{\pi}{2} x \qquad \Rightarrow \qquad f_1'(x) = -\sin \frac{\pi}{2} x \cdot \frac{\pi}{2} = -\frac{\pi}{2} \sin \frac{\pi}{2} x$

$f_2(x) = 3 \cdot \sin 2x \qquad \Rightarrow \qquad f_2'(x) = 3 \cdot \cos 2x \cdot 2 = 6 \cdot \cos 2x$

$f_3(x) = \sin^2 x = (\sin x)^2 \Rightarrow \qquad f_3'(x) = 2 \cdot \sin x \cdot \cos x$

$f_4(x) = \frac{\sin x}{x} \qquad \Rightarrow \qquad f_4'(x) = \frac{\cos x \cdot x - \sin x \cdot 1}{x^2} = \frac{\cos x}{x} - \frac{\sin x}{x^2}$

Anstieg der Tangente an den Graphen einer Sinusfunktion
Gesucht ist der Anstieg der Tangente an den Graphen der Funktion $f(x) = 3 \cdot \sin \frac{1}{2} x$ an der Stelle $x_0 = \pi$.

Die Ableitungsfunktion von $f(x) = 3 \cdot \sin \frac{1}{2} x$ lautet $f'(x) = 3 \cdot \cos \frac{1}{2} x \cdot \frac{1}{2} = \frac{3}{2} \cdot \cos \frac{1}{2} x$.

Da für den Anstieg der Tangente die Beziehung $m = \tan \alpha = f'(x_0)$ gilt, ist
$m = \tan \alpha = f'(\pi) = \frac{3}{2} \cdot \cos \frac{1}{2} \pi = \frac{3}{2} \cdot 0 = 0$
der gesuchte Anstieg.
Die Tangente an den Funktionsgraphen von f an der Stelle $x_0 = \pi$ ist also eine Parallele zur x-Achse.

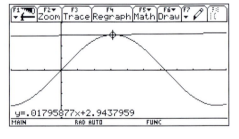

Mit einem GTR lässt sich die Tangente an den Funktionsgraphen in einem gegebenen Punkt per Befehl einzeichnen. Dabei wird die Tangentengleichung oftmals sofort vom System angegeben. Diese Gleichung muss allerdings kritisch betrachtet werden, da ihre Genauigkeit stark von der Exaktheit des vorgegebenen Punktes abhängt.
Aufgrund der Bildschirmauflösung des GTR wurde die Tangente an einer Stelle $x_0 < \pi$ gezeichnet. Infolgedessen ist der Anstieg der Tangente nicht 0, sondern 0,01795...

4 Ableitung von Funktionen

Ableitung von Exponentialfunktionen

Um die Ableitungsfunktion der Exponentialfunktion $f(x) = a^x$ ($a \in \mathbb{R}$; $a > 0$; $a \neq 1$) zu bestimmen, wird wieder der Differenzenquotient für eine beliebige Stelle x_0 ermittelt:

$$d(h) = \frac{f(x_0 + h) - f(x_0)}{h} = \frac{a^{x_0 + h} - a^{x_0}}{h} = \frac{a^{x_0} \cdot (a^h - 1)}{h} = a^{x_0} \cdot \frac{a^h - 1}{h}$$

Der Grenzwert $\lim\limits_{h \to 0} \frac{a^h - 1}{h}$ lässt sich für konkrete Werte von a numerisch berechnen.

Aus einer Vielzahl von Beispielen kann induktiv (siehe S. 107) eine allgemeine Aussage vermutet werden:

	A	B	C	D	E	F	G
1	h	0,1	0,01	0,001	0,0001	0,00001	0,000001
2	a						
3	2	0,71773463	0,69555501	0,69338746	0,6931712	0,69314958	0,69314742
4	3	1,16123174	1,10466919	1,09921598	1,09867264	1,09861832	1,09861289
5	10	2,58925142	2,32929923	2,30523808	2,30285021	2,3026116	2,30258774
6	100	5,84893192	4,71285480	4,61579027	4,60623072	4,60527623	4,60515808

Ein CAS liefert die Grenzwerte sofort und im entsprechenden Modus auch exakt. Nebenstehendes Schirmbild zeigt den Grenzwert für a = 2 und und allgemein $\lim\limits_{h \to 0} \frac{a^h - 1}{h} = \ln a$.

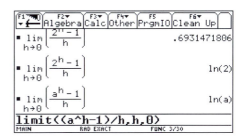

Die Probe für a = 3 und a = 10 zeigt Übereinstimmung mit den Näherungswerten in der Tabelle.

Damit ist gezeigt (aber nicht bewiesen), dass $f'(x_0) = a^{x_0} \cdot \lim\limits_{h \to 0} \frac{a^h - 1}{h} = a^{x_0} \cdot \ln a$ gilt.

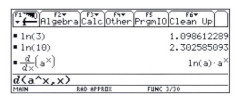

Ableitung der Exponentialfunktion $f(x) = a^x$
Die Exponentialfunktion $f(x) = a^x$ ($a \in \mathbb{R}$; $a > 0$; $a \neq 1$) ist an jeder Stelle ihres Definitionsbereiches differenzierbar. Für ihre Ableitung gilt $f'(x) = a^x \cdot \ln a$.

Die Funktion $f(x) = 3^x$ hat die Ableitungsfunktion $f'(x) = 3^x \cdot \ln 3$.
Der Graph der Ableitungsfunktion entsteht demnach aus dem Graphen der Funktion f durch Streckung mit dem Faktor $\ln 3 \approx 1{,}1$ in Richtung der y-Achse.

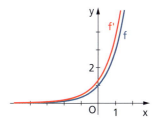

4 Ableitung von Funktionen

Lassen wir die Ableitung der Funktion $f(x) = 4^{3x}$ mit einem CAS ausrechnen, erscheint als Ergebnis auf dem Display:
$f'(x) = 6 \cdot \ln 2 \cdot 64^x$

Dagegen erhält man mit der Kettenregel $f'(x) = \ln 4 \cdot 4^{3x} \cdot 3 = 3 \cdot \ln 4 \cdot 4^{3x}$.
Durch Umformen wird gezeigt, dass beide Funktionsterme für $f'(x)$ identisch sind:
$f'(x) = 3 \cdot \ln 4 \cdot 4^{3x} = 3 \cdot \ln 2^2 \cdot (4^3)^x = 6 \cdot \ln 2 \cdot 64^x$

Unter allen Exponentialfunktionen nimmt die Funktion mit der Basis a = e eine besondere Stellung ein. Die Zahl e heißt *eulersche Zahl* und ist durch
$e = \lim\limits_{n \to \infty} \left(1 + \frac{1}{n}\right)^n = 2{,}71828...$ definiert.
Für a = e ergibt sich nach obigem Satz: $f'(x) = \ln e \cdot e^x$
Mit $\ln e = 1$ folgt schließlich $f'(x) = e^x$.

Ableitung der Funktion $f(x) = e^x$
Ist f eine Exponentialfunktion mit der Basis a = e, so stimmt die Funktion $f(x) = e^x$ mit ihrer Ableitungsfunktion überein. Es gilt $f'(x) = e^x$.

Geometrisch heißt das:
Die momentane Änderungsrate der Funktion $f(x) = e^x$ an einer beliebigen Stelle x_0 ist genauso groß wie der Funktionswert an dieser Stelle. Es gilt:
$f(x_0) = f'(x_0)$
Diese Eigenschaft macht die e-Funktion für viele Anwendungen zu einer hervorgehobenen Funktion.

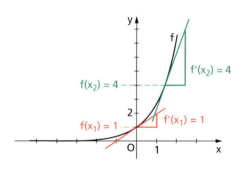

Ableiten von Verkettungen und Verknüpfungen mit der e-Funktion
Die Ableitung der Funktion $f_1(x) = e^{-x}$ erhalten wir durch Anwenden der Kettenregel:
$f_1'(x) = e^{-x} \cdot (-1) = -e^{-x}$
Die Funktion $f_2(x) = e^x \cdot (-x + 1)$ wird nach der Produktregel abgeleitet:
Aus $u = e^x$ und $v = -x + 1$ folgt $u' = e^x$ und $v' = -1$ und damit
$f_2'(x) = e^x \cdot (-x + 1) + e^x \cdot (-1) = -x \cdot e^x$.

Von den Funktionen f_3 und f_4 ist jeweils die 2. Ableitung zu bilden:
$f_3(x) = e^{2x}$ $\Rightarrow$ $f_3'(x) = e^{2x} \cdot 2 = 2e^{2x}$ (Kettenregel)
$\Rightarrow$ $f_3''(x) = 2e^{2x} \cdot 2 = 4e^{2x}$
$f_4(x) = e^x \cdot x^5$ $\Rightarrow$ $f_4'(x) = e^x \cdot x^5 + 5x^4 \cdot e^x = e^x \cdot (x^5 + 5x^4)$ (Produktregel)
$\Rightarrow$ $f_4''(x) = e^x \cdot (x^5 + 5x^4) + e^x \cdot (5x^4 + 20x^3) = e^x \cdot (x^5 + 10x^4 + 20x^3)$

4 Ableitung von Funktionen

Ableitung von Logarithmusfunktionen

Die Regeln zum Ableiten der Logarithmusfunktion $f(x) = \log_a x$ ergeben sich aus ihrer Eigenschaft, Umkehrfunktion der Exponentialfunktion $f(x) = a^x$ zu sein.

> **Ableitung der Logarithmusfunktion $f(x) = \log_a x$**
> Die Logarithmusfunktion $f(x) = \log_a x$ ($a > 0$; $a \neq 1$) ist an jeder Stelle ihres Definitionsbereiches differenzierbar. Für ihre Ableitung gilt $f'(x) = \frac{1}{x \cdot \ln a}$.
>
> **Ableitung der natürlichen Logarithmusfunktion**
> Ist f eine Logarithmusfunktion zur Basis $a = e$, so ergibt sich für die Funktion $f(x) = \log_e x = \ln x$ die Ableitung $f'(x) = \frac{1}{x}$.

> Zur Eingabe einer Logarithmusfunktion $f(x) = \log_a x$ in einen Rechner kann es bei manchen Rechnertypen erforderlich sein, die Funktion in folgender Form zu schreiben:
> $f(x) = \log_a x = \frac{\ln x}{\ln a}$

Gesucht sind die Ableitungen der Logarithmusfunktionen f_1 bis f_5:

$f_1(x) = \log_2 x \quad \Rightarrow \quad f_1'(x) = \frac{1}{x \cdot \ln 2}$

$f_2(x) = 5 \cdot \log_a x \quad \Rightarrow \quad f_2'(x) = 5 \cdot \frac{1}{x \cdot \ln a} = \frac{5}{x \cdot \ln a}$

$f_3(x) = \ln 5x \quad \Rightarrow \quad f_3'(x) = \frac{1}{5x} \cdot 5 = \frac{1}{x}$ \quad (Kettenregel)

$f_4(x) = \ln(x^2) \quad \Rightarrow \quad f_4'(x) = \frac{2x}{x^2} = \frac{2}{x}$ \quad (Kettenregel)

$f_5(x) = \frac{\ln x}{x} \quad \Rightarrow \quad u = \ln x, v = x$, also $u' = \frac{1}{x}$ und $v' = 1$
und damit $f_5'(x) = \frac{\frac{1}{x} \cdot x - \ln x \cdot 1}{x^2} = \frac{1 - \ln x}{x^2}$ \quad (Quotientenregel)

An welcher Stelle x_0 haben die Funktionen f und g mit $f(x) = x \cdot \ln x - 1$ und $g(x) = \frac{\ln x}{x} + 0{,}5$ ($x > 0$) den gleichen Anstieg?

Das Problem kann grafisch gelöst werden. Der gesuchte Anstieg ist gleich für $f'(x_0) = g'(x_0)$. Also erhält man x_0 aus dem Schnittpunkt der Graphen der Ableitungsfunktion f' und g'. Es gilt:

$f'(x) = 1 \cdot \ln x + x \cdot \frac{1}{x} = \ln x + 1; \qquad g'(x) = \frac{\frac{1}{x} \cdot x - \ln x}{x^2} = \frac{1 - \ln x}{x^2}$

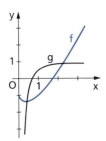
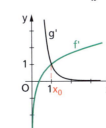
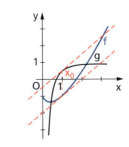

eitung von Funktionen

gen

en Sie die Funktion f jeweils nach x *ab* und *geben Sie* den Definitionsbereich der ction und ihrer Ableitung *an*.

a) $f(x) = x^{\frac{1}{3}}$
b) $f(x) = \sqrt{0{,}5x}$
c) $f(x) = 3x^{\frac{3}{2}} - 4x^{\frac{1}{3}}$
d) $f(x) = -\sin x$
e) $f(x) = -\cos x$
f) $f(x) = 3 \cdot \sin\frac{\pi}{2} x$
g) $f(x) = \frac{1}{2} \cdot \sin x - \frac{3}{4} \cdot \cos x$
h) $f(x) = 2 - \sin 2x$
i) $f(x) = e^{-x}$
j) $f(x) = e^{2x-1}$
k) $f(x) = -x \cdot e^x$
l) $f(x) = 5 \cdot 10^x$
m) $f(x) = -3 \cdot 5^{-x}$
n) $f(x) = \ln\frac{x}{2}$
o) $f(x) = \ln x^3$
p) $f(x) = 2x \cdot \ln x$
q) $f(x) = \log_4 x$
r) $f(x) = 3 \cdot \log_2 x$

2. *Bestimmen Sie* den Anstieg der Funktionen f_1 bis f_6 an der Stelle x_0.

a) $f_1(x) = \sqrt[3]{x^2};\ x_0 = 2$
b) $f_2(x) = x^2 \cdot 2^x;\ x_0 = 1$
c) $f_3(x) = e^{-\frac{1}{2}x};\ x_0 = 4$
d) $f_4(x) = \lg x;\ x_0 = -1$
e) $f_5(x) = \sin x;\ x_0 = \frac{\pi}{2}$
f) $f_6(x) = x \cdot \cos x;\ x_0 = \pi$

Aufgaben zum Argumentieren

3. *Bilden Sie* die erste Ableitung und *überprüfen Sie* Ihre Ergebnisse mit einem CAS.

a) $f(x) = \frac{e^x}{x+1}$
b) $f(x) = \frac{\sqrt{x}}{x-1}$
c) $f(x) = \sqrt{x} \cdot \ln x$
d) $f(x) = \sin^2 x - 2 \cdot \sin x$
e) $f(x) = x + e^{-2x}$
f) $f(x) = \frac{1}{x^2} - \frac{1}{x^3}$
g) $f(x) = -ax^2 \cdot e^x$
h) $f(x) = \frac{\sqrt{ax-1}}{x}$
i) $f(x) = \ln(ax^2 - 1)$

4. Als Ableitung der Funktion f mit $f(x) = 3^{2x-2}$ erhält man ohne Hilfsmittel $f'(x) = 2 \cdot \ln 3 \cdot 3^{2x-2}$.
Ein CAS liefert dagegen den Term $f'(x) = \frac{2 \cdot \ln 3 \cdot 9^x}{9}$.

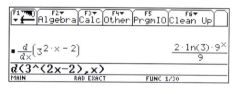

Zeigen Sie, dass die Funktionsterme beider Ableitungen gleichwertig sind.

5. In den Abbildungen sind jeweils der Graph einer Funktion f und der Graph ihrer Ableitung f' dargestellt. *Geben Sie an*, welcher Graph zu f und welcher zu f' gehört. *Begründen Sie* Ihre Aussage.

a)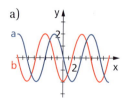
b)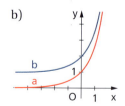
c)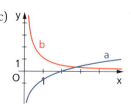

6. a) *Beweisen Sie* mithilfe der Kettenregel:
Ist $f(x) = x^{\frac{m}{n}}$ $(m, n \in \mathbb{N};\ n > 0)$, so ist $f'(x) = \frac{m}{n} \cdot x^{\frac{m}{n} - 1}$.

b) *Beweisen Sie*: Ist $f(x) = -\sin x$, so ist $f'(x) = -\cos x$.

Gemischte Aufgaben

Aufgaben zum Argumentieren

1. Die nebenstehende Abbildung zeigt den Graphen einer nicht näher bekannten Funktion f.
   In den Abbildungen (1) bis (4) sind Funktionen dargestellt, von denen eine die Ableitungsfunktion von f ist.
   Geben Sie an, um welche Abbildung es sich hierbei handelt, und *begründen Sie*, warum die anderen Abbildungen nicht Graphen der Ableitungsfunktion von f sein können.

   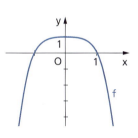

   (1) 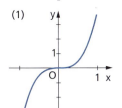 (2) 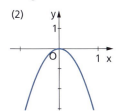 (3) 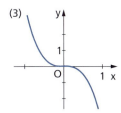 (4)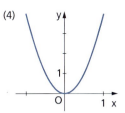

2. An welchen Stellen x_0 hat die Tangente an den Graphen von f den Anstieg m?
   Begründen Sie ihre Aussage. *Stellen Sie* eine Gleichung der jeweiligen Tangente auf.
   a) $f(x) = x(x-2)^2 - 3$; $m = -1$ b) $f(x) = \frac{\ln x}{x}$; $m = 0$ c) $f(x) = 0{,}8 \cdot \sin\frac{x}{2}$; $m = -0{,}4$

3. *Erklären Sie* den Begriff „Normale in einem Punkt" und *geben Sie* für die folgenden Funktionen Gleichungen der Tangenten und der Normalen in den Punkten $P(1; f(1))$ an.
   a) $f(x) = x^2$ b) $f(x) = x^4 - x^2 + x$ c) $f(x) = 2\sqrt{x}$

4. Wieso ist die „e-Funktion" eine „besondere" Funktion? *Diskutieren Sie* Eigenschaften und Anwendungen dieser Funktion und *präsentieren Sie* Ihre Ergebnisse.

5. *Stellen Sie* für das exponentielle Wachstum $N(t) = N_0 \cdot a^t$ eine Gleichung für die mittlere Wachstumsgeschwindigkeit *auf*.
   Leiten Sie daraus eine Gleichung der momentanen Wachstumsgeschwindigkeit *ab* und *interpretieren Sie* diese Gleichung.

6. In Gewässern nimmt eine durch das Tageslicht hervorgerufene Beleuchtungsstärke B mit zunehmender Tiefe d exponentiell ab.
   Stellen Sie eine Funktion der Beleuchtungsstärke in Abhängigkeit von der Gewässertiefe *auf*, wenn an der Oberfläche eines Sees eine Beleuchtungsstärke von 4 500 Lux gemessen wird, ein Meter unter der Oberfläche aber nur noch 80 % davon.
   Stellen Sie die Funktion *grafisch dar*, *zeichnen Sie* die Sekante durch die Punkte $P_1(1; f(1))$ und $P_2(8; f(8))$ und die Tangenten an den Graphen der Funktion in P_1 und P_2.
   Interpretieren Sie die Sekante und die Tangenten. *Diskutieren Sie* das verwendete Modell.

7. Abgebildet ist der Graph der Ableitungsfunktion f' einer ganzrationalen Funktion f.
   Begründen Sie folgende Aussagen:
   (1) f ist achsensymmetrisch zur y-Achse.
   (2) f hat in den Nullstellen von f' Tangenten, die parallel zur x-Achse verlaufen.

   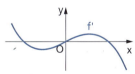

Aufgaben zum Modellieren und Problemlösen

8. Das Bergzeitfahren der Tour de France 2004 führte hinauf nach l'Alpe d'Huez.
Zur mathematischen Beschreibung des Streckenprofils von Pied de côte bis l'Alpe d'Huez kann die Funktion $f(x) = -2{,}4 \cdot 10^{-6} x^3 + 5{,}56 \cdot 10^{-4} x^2 + 4{,}63 \cdot 10^{-2} x + 7$ mit $x \in [0; 155]$ verwendet werden (1 Einheit entspricht 100 m).

a) *Berechnen Sie* anhand der Skizze und mithilfe der gegebenen Modellfunktion die durchschnittliche Steigung von Pied de côte bis l'Alpe d'Huez und von Pied de côte bis Huez-en-Oisans. *Vergleichen Sie* das Modell mit dem realen Streckenprofil.

b) *Berechnen Sie* die Steigung zu Etappenbeginn in Pied de côte und unmittelbar vor dem Etappenziel in l'Alpe d'Huez.

c) *Berechnen Sie* auch die Steigung in „Le Ribot" und in „Huez-en-Oisans".

d) Der modellierte Aufstieg nach l'Alpe d'Huez beginnt flach und endet flach. *Bestimmen Sie* näherungsweise die Stelle des größten Anstiegs und *beschreiben Sie* Ihr Vorgehen.

9. Im Jahr 1804 hatte die Weltbevölkerung nach Schätzung der Vereinten Nationen erstmals die Grenze von 1 Milliarde Menschen erreicht. In den darauffolgenden 200 Jahren versechsfachte sich diese Zahl. Für das 20. Jahrhundert lässt sich die Bevölkerungsentwicklung in guter Näherung durch folgende Gleichung beschreiben (siehe S. 95 f.):
$N(t) = 0{,}002032 \, t^3 + 0{,}1892 \, t^2 + 6{,}008 \, t + 1632$
($t \in \mathbb{R}$; t in Jahren des 20. Jahrhunderts; N in Millionen)

a) *Veranschaulichen Sie* die Bevölkerungsentwicklung, indem Sie die Funktion $N(t)$ grafisch darstellen.

b) *Stellen Sie* die Ableitungsfunktion N' *grafisch dar* und *interpretieren Sie* den Verlauf der Ableitungsfunktion.

c) *Erläutern Sie*, welche Merkmale das mathematische Modell aufweisen müsste, wenn die Weltbevölkerung nicht mehr anstiege.
Wie verhält sich die Ableitungsfunktion, wenn das Bevölkerungswachstum konstant ist bzw. wenn die Bevölkerungsanzahl stagniert?

d) *Ermitteln Sie* ein Modell, nach welchem die Wachstumsgeschwindigkeit nach 1999 konstant bliebe. *Überprüfen Sie* die Prognose der UN bis 2054 darauf, ob das Modell mit konstanter Wachstumsgeschwindigkeit ab 1999 die Prognose der UN bis 2054 angemessen modelliert.

Gemischte Aufgaben

10. Ein Gramm Ra-226, das entspricht einer Anzahl von $2{,}66 \cdot 10^{21}$ Teilchen, sendet im Zeitraum von 1000 Jahren $0{,}94458 \cdot 10^{21}$ α-Teilchen aus.

Die Funktion $f(t)$ beschreibt die Anzahl der zur Zeit t vorhandenen Kerne und $f'(t) = \frac{d}{dt} f(t)$ die Geschwindigkeit der zeitlichen Änderung der Anzahl, die Zerfallsrate. Diese Rate ist proportional zur Anzahl der vorhandenen Kerne.

Es gilt $f'(t) = -\lambda \cdot f(t)$, wobei λ die Zerfallskonstante bezeichnet.

a) *Stellen Sie* mithilfe der Gleichung $f'(t) = -\lambda \cdot f(t)$ sowie der gegebenen Anfangsbedingungen das Zerfallsgesetz $f(t)$ für den radioaktiven Zerfall von Ra-226 *auf*.

b) *Berechnen Sie* die Zeit, in der die Hälfte aller Teilchen zerfallen ist.

11. Wissenschaftliche Untersuchungen zeigen: Je ärmer ein Land, desto höher die Wahrscheinlichkeit, dass in diesem Land ein Bürgerkrieg ausbricht. Je höher das Nationaleinkommen, desto geringer wird die Gefahr eines Waffengangs.

Statistisch betrachtet lässt ein Einbruch des Wirtschaftswachstums um fünf Prozent die Wahrscheinlichkeit eines bewaffneten Konflikts um 50 Prozent ansteigen. Verdoppelt sich das Bruttosozialprodukt von 250 auf 500 Dollar pro Einwohner, so halbiert sich die Wahrscheinlichkeit, dass es in den nächsten fünf Jahren zum Bürgerkrieg kommt.

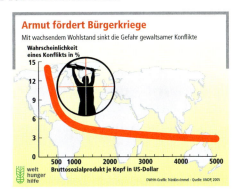

Quelle: Grafikdienst der Welthungerhilfe
www.welthungerhilfe.de

Natürlich sind die Ursachen eines Bürgerkriegs vielfältig, doch der statistisch nachweisbare Zusammenhang ist eindeutig, was verschiedene Studien der letzten Jahre zeigen. Das sagt noch nichts darüber aus, ob Armut zu Krieg führt oder eher umgekehrt Konflikte die Armut verstärken. In der Regel gilt beides. Eine wichtige Rolle spielen auch regionale und soziale Unterschiede innerhalb eines Landes, die von statistischen Durchschnittswerten überdeckt werden können (Quelle: Agenda 21 der Konferenz der Vereinten Nationen für Umwelt und Entwicklung im Juni 1992).

Der im Diagramm dargestellte Zusammenhang kann näherungsweise durch die Funktion f mit $f(x) = 635{,}905 x^{-0{,}699499}$ beschrieben werden.

a) *Berechnen Sie*, wie sich bei Verdopplung des Bruttosozialproduktes von 250 auf 500 Dollar die Wahrscheinlichkeit für die Gefahr eines gewaltsamen Konfliktes in einem Land verändert. *Vergleichen Sie* das Ergebnis mit den Angaben aus dem Text.

b) In Burkina Faso betrug im Jahr 2004 das Bruttosozialprodukt je Einwohner 220 Dollar. In Deutschland belief es sich im gleichen Jahr auf 23 560 Dollar (Daten nach Fischer Weltalmanach 2004).

Bestimmen Sie für beide Länder die Wahrscheinlichkeiten, mit denen in diesen Ländern bewaffnete Auseinandersetzungen in den nächsten fünf Jahren ausbrechen könnten und *berechnen Sie* die Änderungsraten für diese Wahrscheinlichkeiten. *Diskutieren Sie* die Ergebnisse.

Gemischte Aufgaben

12. Die Funktion f mit $f(x) = x \cdot e^x$ $(x \in \mathbb{R})$ ist gegeben.
    a) *Ermitteln Sie* die 1. und 2. Ableitung der Funktion f.
       Skizzieren Sie die Graphen von f, f' und f'' in einem Koordinatensystem.
    b) *Berechnen Sie* die Schnittwinkel der Graphen der Funktionen f, f' und f'' mit der Abszissenachse.
    c) Für die n-te Ableitung $f^{(n)}$ von f gilt $f^{(n)}(x) = (x+n) \cdot e^x$.
       Berechnen Sie den Grad n der Ableitung, ab dem die Graphen der Ableitungen von f die Abszissenachse unter einem kleineren Winkel als 1° schneiden.
    d) *Berechnen Sie* die Verschiebung des Graphen von f entlang der Ordinatenachse so, dass der Graph von f die Abszissenachse in einem Winkel von 60° schneidet.
    e) *Berechnen Sie*, ob es eine Stelle x_1 gibt, sodass die Tangente an den Graphen der Funktion f im Punkt $Q(x_1; f(x_1))$ und die Tangente im Punkt $P(-2; f(-2))$ einander im rechten Winkel schneiden. Geben Sie die Koordinaten von Q an.

13. Von einer Bakterienkultur wird drei Tage nach ihrem Anlegen ein Ausmaß von 100 cm² gemessen. Nach weiteren drei Tagen ist die bedeckte Fläche bereits 150 cm² groß.
    a) *Stellen Sie* das exponentielle Wachstumsgesetz für diese Bakterienkultur *auf*.
       Ermitteln Sie die Größe der von Bakterien bedeckten Fläche nach weiteren fünf Tagen.
    b) *Bestimmen Sie* eine Funktion, welche den Geschwindigkeitsverlauf dieses Wachstumsprozesses beschreibt.
    c) Ein exponentielles Wachstum kann in der Realität nicht unbegrenzt andauern. Es ist irgendwann eine Grenze erreicht, z. B. durch begrenzte Ausbreitungsmöglichkeiten der Bakterienkultur. Berücksichtigt man dies, indem man die maximale Ausbreitungsfläche N_{max} einführt, gelangt man zu dem realistischeren „logistischen Wachstum".
       Das Wachstumsgesetz lautet nun $N(t) = \dfrac{N_0 \cdot N_{max} \cdot e^{\mu \cdot N_{max} \cdot t}}{N_0 \cdot e^{\mu \cdot N_{max} \cdot t} - N_0 + N_{max}}$ mit $\mu = \dfrac{\lambda}{N_{max}}$.

       Bestimmen Sie für das angegebene Beispiel einer Bakterienentwicklung das logistische Wachstumsgesetz. Die maximale Ausbreitungsfläche sei $N_{max} = 600$ cm². *Vergleichen Sie* den logistischen Verlauf der zeitlichen Ausbreitung mit dem exponentiellen.
    d) *Ermitteln Sie* eine Funktion, welche den Geschwindigkeitsverlauf des logistischen Wachstums näherungsweise beschreibt.
       Vergleichen Sie auch hier das logistische mit dem exponentiellen Modell.

14. Gegeben ist die Funktion f mit $f(x) = 4 - \sqrt[3]{x^2}$.
    a) *Untersuchen Sie* die Funktion auf Stetigkeit und Differenzierbarkeit.
    b) *Berechnen Sie* den Schnittwinkel, den die Tangenten in den Punkten $P_i(x_i; 0)$ des Graphen miteinander bilden.

15. Die Beschleunigung a einer geradlinigen Bewegung wird durch den Differenzialquotienten $a(t) = v'(t) = \dfrac{dv}{dt}$ definiert. Versuchen Sie für $a(t) = a$ mit $a \in \mathbb{R}$ dieses Differenzial zurückzurechnen. *Vergleichen Sie* Ihr Ergebnis mit dem Geschwindigkeit-Zeit Gesetz einer geradlinigen gleichmäßig beschleunigten Bewegung (siehe Formelsammlung).

16. *Geben Sie* jeweils eine Funktion f *an*, welche die angegebene Bedingung erfüllt.
    a) $f(x) - f'(x) = 0$
    b) $f(x) - f''(x) = 0$
    c) $f(x) + \lambda \cdot f'(x) = 0$

Gemischte Aufgaben

17. In der folgenden Statistik ist die jährliche Geburtenzahl in Deutschland für den Zeitraum 1994 bis 2003 angegeben (Angaben in Tausend):

Jahr	1994	1995	1996	1997	1998	1999	2000	2001	2002	2003
Geburten	770	765	796	812	785	771	767	734	719	715

(Quelle: Destatis – Statistisches Bundesamt Deutschland)

a) *Stellen Sie* die Geburtenentwicklung in Deutschland für den angegebenen Zeitraum mittels eines GTR oder CAS *grafisch dar*.

b) *Ermitteln Sie* eine Funktion, welche die Änderungsrate dieser Entwicklung zeigt, und *diskutieren Sie* diese.

Aufgabe zum Kooperieren

c) *Informieren Sie sich* über die Geburtenentwicklung anderer europäischer Länder und *stellen Sie* diese der deutschen Entwicklung *gegenüber*.

> **DIE ZEIT 11/2004**
> Her mit den Kindern!
> Plädoyer für eine moderne Bevölkerungspolitik, die den Namen verdient
> Von Susanne Mayer
>
> … Obwohl die Geburtenrate in Frankreich mit 1,89 europaweit an der Spitze liegt und weit über der unsrigen, die mit 1,32 das Schlusslicht bildet, hat die Regierung einen 10-Punkte-Katalog zur Anhebung der Kinderzahl durchgesetzt – zum Beispiel ein Begrüßungsgeld von 800 Euro pro Kind und die Zusicherung, keine Familie müsse sich wegen der Kinder ruinieren. Die Allgemeinheit stellt Familien ab dem dritten Kind steuerfrei. Eine wunderbare Lektion in Solidarität! In Schweden werden Eltern im einjährigen Babyjahr 80 Prozent des Lohnes überwiesen – handfestes Zeugnis für einen gesellschaftlichen Konsens darüber, dass Erziehung der Gesellschaft so viel wert ist wie die Erwerbsarbeit …

18. Die Funktionen $f_1(x) = \frac{1}{2}(e^x - e^{-x})$ und $f_2(x) = \frac{1}{2}(e^x + e^{-x})$ verbindet eine besondere Eigenschaft. *Ermitteln Sie* diese.

19. Angaben des Deutschen Instituts für Wirtschaftsforschung zufolge ist die Armutsquote von Zuwanderern erheblich höher als bei Einheimischen. Als arm wird in unserer Gesellschaft bezeichnet, wer über weniger Mittel als 60 % des vergleichbaren durchschnittlichen Nettoeinkommens verfügt. Im angegebenen Zeitraum lässt sich die Entwicklung der Armutsquote der Migranten näherungsweise durch die Funktion $f(x) = 3{,}76953 \sin(1{,}3611x - 2{,}98569) + 19{,}8496$, die der Mehrheitsbevölkerung durch die Funktion $g(x) = 0{,}178571x^2 - 0{,}43571x + 11{,}7857$ beschreiben.

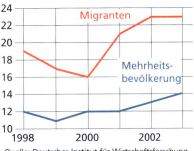

Armutsquote bei Einheimischen und Zuwanderern 1998 bis 2003 (in Prozent)

Quelle: Deutsches Institut für Wirtschaftsforschung, DIW-Wochenbericht Nr. 5/2005

a) *Geben Sie* die Grenzen dieser Modelle *an*.

b) *Bestimmen Sie*, in welchem Jahr während des Zeitraumes von 1998 bis 2003 die Änderungsrate der Armutsquote bei Einwanderern am größten war.

c) *Berechnen Sie* die Änderungsrate der Armutsquote Einheimischer für das Jahr 2003.

d) *Deuten Sie* die Ergebnisse.

Im Überblick

Grundlagen der Differenzialrechnung

Eine Funktion f heißt **differenzierbar**, wenn an jeder Stelle x_0 des Definitionsbereiches der Differenzialquotient

$$\lim_{x \to x_0} \frac{f(x) - f(x_0)}{x - x_0}$$ existiert.

Der Differenzialquotient oder die 1. Ableitung f' der Funktion f an der Stelle x_0 gibt den **Anstieg der Tangente** an den Graphen von f im Punkt $P_0(x_0; f(x_0))$ an.

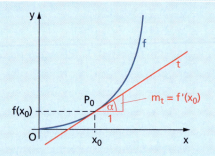

Ableitungsregeln

Die Ableitung von Funktionen erhält man mithilfe von **Ableitungsregeln** oder eines CAS. Als Merkhilfe kann die Kurzform der Ableitungsregeln dienen, wobei f, u und v differenzierbare Funktionen sind.

Potenzregel
$(x^n)' = n \cdot x^{n-1}$ ($n \in \mathbb{N}$; $n \geq 1$)

$f(x) = x^4$
$f'(x) = 4 \cdot x^{4-1} = 4x^3$

Konstantenregel
$c' = 0$ ($c \in \mathbb{R}$)

$f(x) = 5$
$f'(x) = 0$

Faktorregel
$(c \cdot v)' = c \cdot v'$

$f(x) = \frac{1}{2}x^2$
$f'(x) = \frac{1}{2} \cdot 2x^{2-1} = x$

Summenregel
$(u \pm v)' = u' \pm v'$

$f(x) = x^3 + x^4$
$f'(x) = 3 \cdot x^{3-1} + 4 \cdot x^{4-1}$
$= 3x^2 + 4x^3$

Produktregel
$(u \cdot v)' = u' \cdot v + u \cdot v'$

$f(x) = e^x \cdot x^2$
$u(x) = e^x;\quad u'(x) = e^x$
$v(x) = x^2;\quad v'(x) = 2x$
$f'(x) = e^x \cdot x^2 + e^x \cdot 2x$
$= e^x(x^2 + 2x)$

Quotientenregel
$\left(\frac{u}{v}\right)' = \frac{u'v - uv'}{v^2}$ ($v \neq 0$)

$f(x) = \frac{x^2}{x+1}$; $x \neq -1$
$u(x) = x^2;\quad u'(x) = 2x$
$v(x) = x+1\quad v'(x) = 1$
$f'(x) = \frac{2x \cdot (x+1) - (x^2 \cdot 1)}{(x+1)^2} = \frac{x^2 + 2x}{(x+1)^2}$

Kettenregel
Ist $f(x) = v(u(x))$ so gilt:
$f'(x) = v'(u(x)) \cdot u'(x)$

$f(x) = (x^2 + 2)^3$
äußere Funktion: $v(z) = z^3$
$v'(z) = 3z^2 = 3(x^2+2)^2$
innere Funktion: $z = u(x) = x^2 + 2$
$u'(x) = 2x$
$\Rightarrow f'(x) = 3(x^2+2)^2 \cdot 2x = 6x(x^2+2)^2$

Im Überblick

Ableitungsfunktionen elementarer Funktionen

Potenzfunktionen mit rationalen Exponenten

$\left(x^{\frac{m}{n}}\right)' = \frac{m}{n} \cdot x^{\frac{m}{n} - 1}$ (m, n ∈ ℕ; n > 0)

$f(x) = \sqrt[3]{x^2} = x^{\frac{2}{3}};\ x > 0$
$f'(x) = \frac{2}{3} \cdot x^{\frac{2}{3} - 1} = \frac{2}{3} x^{-\frac{1}{3}} = \frac{2}{3x^{\frac{1}{3}}} = \frac{2}{3\sqrt[3]{x}}$

Trigonometrische Funktionen

$(\sin x)' = \cos x$
$(\cos x)' = -\sin x$

$f(x) = \sin 3x$
$f'(x) = 3 \cos 3x$

Exponentialfunktionen

$(a^x)' = a^x \cdot \ln a$ (a ∈ ℝ; a > 0; a ≠ 1)
$(e^x)' = e^x$

$f(x) = 5^x \Rightarrow f'(x) = 5^x \cdot \ln 5$
$f(x) = e^{4x} \Rightarrow f'(x) = 4 \cdot e^{4x}$

Logarithmusfunktionen

$(\log_a x)' = \frac{1}{x \cdot \ln a}$ (a ∈ ℝ; a > 0; a ≠ 1)
$(\ln x)' = \frac{1}{x}$

$f(x) = \log_5 x \Rightarrow f'(x) = \frac{1}{x \cdot \ln 5}$
$f(x) = \ln 4x \Rightarrow f'(x) = \frac{1}{4x} \cdot 4 = \frac{1}{x}$

Differenziation unter Verwendung eines CAS

Die genaue Vorgehensweise ist vom verwendeten CAS abhängig und muss der jeweiligen Bedienungsanleitung entnommen werden. Typisch sind folgende Beispiele.

Abzuleiten ist folgende Funktion:

$f(x) = \frac{x^2 - 1}{(x + 2)^2} \cdot (2x - 7)$

(1) Mit dem *Voyage 200*:
  - Aufruf der Rechnerfunktion d(differentiate)
  - Eingabe: Funktionsterm, Komma, Differenziationsvariable, Klammer schließen, Enter
  - Für höhere Ableitungen wird nach der Differenziationsvariablen durch Komma getrennt die Nummer der Ableitung eingegeben.

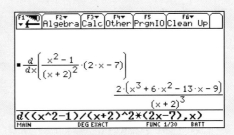

(2) Mit *Derive*:
  - Eingabe des Funktionsterms
  - Öffnen des Analysis-Menüs und Aufrufen des Fensters *Differenzieren*
  - Überprüfen, ggf. Korrigieren der dortigen Eintragungen
  - Ausführen mit *Vereinfachen*

(3) Mit *Mathcad*: ↗💿

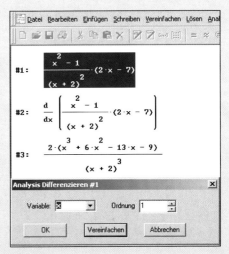

Mosaik

Begründen und Beweisen
Um die Richtigkeit einer Aussage oder Entscheidung zu belegen, muss man sie **begründen,** man muss **Argumente** finden, die diese Aussage stützen bzw. die Entscheidung rechtfertigen.
Die *Formen der Begründung* sind in Abhängigkeit vom jeweiligen Praxis- oder Wissenschaftsbereich sehr unterschiedlich und häufig auch Veränderungen unterworfen.

Auch in der **Mathematik** werden unterschiedliche Begründungsformen verwendet, wobei der Grad der durch sie jeweils erreichten Gewissheit weit voneinander abweichen kann.
Allen Begründungen ist gemeinsam, dass sie zwar die *subjektive Gewissheit* von der Richtigkeit einer Aussage erhöhen, aber u. U. noch *keinen objektiven Nachweis* für die Gültigkeit in einem beliebigen Fall erbringen können. Letzteres trifft immer dann zu, wenn nicht jeder mögliche Fall für die Begründung erfasst wurde bzw. gar nicht auf diese Weise erfasst werden kann, da es unendlich viele Möglichkeiten gibt.

> In den *Sozialwissenschaften* greift man zur Begründung meist auf statistische Argumente zurück – beispielsweise bei Aussagen zur mittleren Lebensdauer von Frauen oder Männern.
>
> In der *Medizin* bzw. *Pharmazie* ergeben sich Aussagen zur Wirksamkeit neuer Medikamente häufig aus Tierversuchen oder Erprobungen mit genau überwachten Menschengruppen.
>
> In den *Naturwissenschaften* ist die Anwendung der experimentellen Methode eine der wichtigsten Vorgehensweisen zur Begründung von Aussagen über Zusammenhänge zwischen bestimmten Erscheinungen oder Vorgängen.
>
> Die *Geisteswissenschaften* (wie die Geschichts-, die Literatur-, die Kunstwissenschaft) bedienen sich u. a. hermeneutischer Begründungen wie z. B. der Analyse und Auswertung von Dokumenten, Schriften, Kunstwerken usw.

> Wir finden Begründungen
> - durch *Plausibilitätsbetrachtungen* (z. B. dass für eine Wahrscheinlichkeitsverteilung P mit P(Ω) = 1 die Beziehung P(A) = 1 − P($\overline{A}$) gilt);
> - durch Untersuchen einer größeren Zahl von *Einzelfällen* („unvollständige Induktion");
> - durch *Ableiten* von als richtig bekannten Aussagen aus der zu begründenden;
> - für die Funktionsweise eines Taschenrechners (z. B. der Vorrangautomatik) durch *mehrfaches Ausführen* auf verschiedenen Wegen.

Auch in der Mathematik sind Texte zu lesen, zu verstehen und wiederzugeben. Das können eigene Aufzeichnungen, Lehrbücher, Nachschlagewerke oder Internettexte sein.
- *Verschaffen Sie sich dabei zuerst einen Überblick und achten Sie auf Überschriften, Hervorhebungen und Grafiken. Notieren Sie sich Fragen an den Text.*
- *Lesen Sie den Text nun gründlich und suchen Sie Antworten auf Ihre Fragen.*
- *Arbeiten Sie Beispiele sorgfältig durch und versuchen Sie, diese selbstständig nachzuvollziehen. Suchen Sie selbst nach weiteren Beispielen.*
- *Fassen Sie das Wesentliche zusammen. Erfassen Sie Definitionen, Sätze und Beispiele.*
- *Formulieren Sie die Kernaussagen und halten Sie sich selbst einen Vortrag.*
- *Notieren Sie offen gebliebene Fragen so präzise wie möglich.*

Nutzen Sie den Text „Begründen und Beweisen" oder Teile davon, um das Verstehen und Wiedergeben eines Textes zu üben.

Damit aus einer Vermutung über einen mathematischen Zusammenhang ein **mathematischer Satz,** also eine gesicherte Aussage, wird, muss man die Richtigkeit dieser Vermutung *für jeden möglichen Fall* nachweisen, d. h., es muss deren Allgemeingültigkeit durch einen **mathematischen Beweis** nachgewiesen werden. Dabei ist zu unterscheiden zwischen dem Beweis einer **Allaussage** und dem einer *Existenzaussage:*

> Eine **Allaussage** behauptet das Zutreffen einer Eigenschaft für *alle* Elemente des betreffenden Grundbereichs.
>
> Beispiel:
> Für alle ebenen Dreiecke gilt: Die Summe der Innenwinkel beträgt 180°.
> Kurzfassung: Die Innenwinkelsumme eines ebenen Dreiecks beträgt 180°.
>
> Eine **Existenzaussage** behauptet das Vorhandensein von *(mindestens) einem* Element des jeweiligen Grundbereichs mit der betreffenden Eigenschaft.
>
> Beispiel:
> Es gibt ebene Vektoren $\vec{a}, \vec{b}$ mit $\vec{a} \cdot \vec{b} = 0$.
>
> Für den **Nachweis**
> – der *Wahrheit einer Allaussage* ist ein Beweis erforderlich, der alle Elemente des Grundbereichs erfasst;
> – der *Falschheit einer Allaussage* genügt es, ein Gegenbeispiel zu finden;
> – der *Wahrheit einer Existenzaussage* genügt es, ein Element anzugeben, für das diese Aussage zutrifft;
> – der *Falschheit einer Existenzaussage* ist ein alle möglichen Fälle erfassender Beweis notwendig.

Kann die Richtigkeit der zu beweisenden Aussage nicht durch die Untersuchung von Einzelfällen (wie etwa bei einer Existenzaussage) nachgewiesen werden, muss man unter Verwendung von Definitionen und logischen Schlussregeln zeigen, dass der vermutete oder behauptete Zusammenhang aus Axiomen oder bereits bewiesenen Aussagen ableitbar ist.

> Jeder Beweis besteht im Grundsätzlichen aus **drei Schritten,** nämlich
> – der Angabe von **Voraussetzungen;**
> – der Formulierung der **Behauptung;**
> – der **Beweisdurchführung,** in der Regel als „Beweis" bezeichnet.

Die Beweisdurchführung verlangt, eine endliche Kette wahrer Aussagen (Folgerungen) aufzubauen. Dabei dürfen beim Übergang von einem Glied der Folgerungskette zum nächsten nur die Voraussetzungen, bereits bewiesene Sätze, Gesetze der Logik (Schlussregeln) und Regeln für äquivalente Umformungen verwendet werden. Insbesondere ist streng darauf zu achten, dass nicht die Behauptung des Satzes (u. U. in anderer Formulierung, bereits umgeformt oder anderweitig „versteckt") bei der Beweisdurchführung genutzt wird. Die Behauptung muss sich als letztes Glied in der Folgerungskette ergeben.

Für den Beweis einer mathematischen Aussage ist es günstig, diese als **Implikation,** also in „Wenn …, dann"-Form, anzugeben. Der auf „Wenn" folgende Satzteil enthält die Voraussetzung, der sich an „dann" anschließende die Behauptung. Die Umkehrung eines Satzes lässt sich auf diese Weise ebenfalls leichter formulieren.

In der Mathematik unterscheidet man im Wesentlichen zwei Beweisverfahren, den **direkten** und den **indirekten Beweis.** Der auf dem Prinzip der vollständigen Induktion beruhende Beweis (↗ 💿) ist seinem Wesen nach ein direkter Beweis.

> **Direkter Beweis**
> Der Ausgangspunkt eines direkten Beweises sind bereits bewiesene Aussagen sowie die jeweiligen Voraussetzungen. Aus diesen wird dann mithilfe gültiger Schlussregeln nach einer endlichen Anzahl von Schritten die Behauptung gewonnen.

Beispiel 1

Man beweise: Wenn die Quersumme einer beliebigen fünfstelligen natürlichen Zahl durch 9 teilbar ist, dann gilt dies auch für die natürliche Zahl selbst.

Da hier eine Aussage über eine Eigenschaft aller fünfstelligen natürlichen Zahlen gemacht wird, muss der **Beweis einer Allaussage** geführt werden.

Voraussetzung:
Die Quersumme z einer beliebigen fünfstelligen natürlichen Zahl n sei durch 9 teilbar.

Behauptung: n ist durch 9 teilbar.

Beweis:
Jede fünfstellige natürliche Zahl n lässt sich in folgender Form schreiben:
$n = 10000a + 1000b + 100c + 10d + e$
$(a, b, c, d, e \in \mathbb{N})$
Nach obiger Voraussetzung gilt also
$9 | (a + b + c + d + e)$. Nun ist
$n = 9(1111a + 111b + 11c + d)$
$\quad + (a + b + c + d + e)$.
Eine Summe natürlicher Zahlen ist genau dann durch eine Zahl $n^* \in \mathbb{N}$ teilbar, wenn jeder Summand durch n^* teilbar ist.
Da $9 | 9(1111a + 111b + 11c + d)$ und $9 | (a + b + c + d + e)$ ist, gilt $9 | n$.
$\hfill$ w. z. b. w.

Beispiel 2

Man beweise: Es gibt voneinander verschiedene Zahlen a, b mit a, b ∈ ℕ, für die $a^b = b^a$ gilt.

In diesem Falle handelt es sich um eine **Existenzaussage**. Unter der Voraussetzung „a, b ∈ ℕ, a ≠ b" ist nachzuweisen, dass (mindestens) ein Paar a_i, b_i mit $a_i \neq b_i$ existiert, sodass $a_i^{b_i} = b_i^{a_i}$ ist.
Da das Paar $a_i = 4$, $b_i = 2$ die Forderung erfüllt, ist der Existenzbeweis erbracht.

> **Indirekter Beweis**
> Bei der Durchführung indirekter Beweise wird angenommen, dass die Negation der Behauptung gilt. Ausgehend von wahren Aussagen schließt man unter Nutzung von Schlussregeln so lange, bis sich ein **Widerspruch** zur Voraussetzung, zu bewiesenen Sätzen, zu Definitionen oder zur Annahme (negierte Behauptung) ergibt. Tritt ein solcher Widerspruch ein, dann ist die negierte Behauptung falsch und es gilt die eigentliche Behauptung. Lässt sich die Ausgangsannahme nicht zum Widerspruch führen, dann kann man mit dem indirekten Beweisverfahren die Gültigkeit des betreffenden Satzes nicht nachweisen.

Beispiel 3

Man beweise: Sind a und b nichtnegative reelle Zahlen, dann ist das arithmetische Mittel von a und b größer oder höchstens gleich dem geometrischen Mittel dieser Zahlen.

Voraussetzung: $a, b \in \mathbb{R}$; $a, b \geq 0$

Behauptung: $\frac{a+b}{2} \geq \sqrt{a \cdot b}$

Beweis (indirekt):
Annahme:
$\frac{a+b}{2} < \sqrt{a \cdot b}$, also $a + b < 2\sqrt{a \cdot b}$
Dann würde folgen:
$a + b - 2\sqrt{a \cdot b} = (\sqrt{a} - \sqrt{b})^2 < 0$
Da a und b nichtnegative reelle Zahlen sind, kann das Quadrat ihrer Differenz niemals negativ sein. Aus diesem Widerspruch ergibt sich die Richtigkeit der Behauptung.

Mit der Entwicklung der **elektronischen Rechentechnik** erschlossen sich auch für mathematische Beweisführungen neue Wege. So ergeben sich Möglichkeiten, mittels Computer die Existenz von bestimmten mathematischen Objekten „konstruktiv" nachzuweisen oder solche Beweise zu führen, bei denen eine große Zahl umfangreicher und komplizierter Berechnungen erforderlich ist.

5 Anwendungen der Differenzialrechnung

Rückblick
- Zu den wesentlichen Eigenschaften von Funktionen bzw. deren Graphen zählen Nullstellen, Symmetrien, Monotonie, Polstellen und Asymptoten.
- Der **Differenzenquotient** einer Funktion f ist ein Maß für die mittlere Änderungsrate der Funktion f in einem Intervall. Der Grenzwert des Differenzenquotienten an einer Stelle x_0 heißt **Differenzialquotient** oder **1. Ableitung** von f. Er kennzeichnet die lokale Änderungsrate von f. So kann z. B. die Momentangeschwindigkeit als 1. Ableitung des „Weges nach der Zeit", also der 1. Ableitung der Funktion, welche die Weglänge in Abhängigkeit von der Zeit beschreibt, angesehen werden.
- Die *rechnerische* Untersuchung von Funktionseigenschaften führt meist zum **Lösen von Gleichungen.** Die Kenntnis bevorzugter Lösungsverfahren für verschiedene Typen von Gleichungen erleichtert die manuelle Rechnung.
- Jeder reelle Wert einer Variablen, der im Variablengrundbereich liegt und eine Gleichung in eine wahre Aussage überführt, ist **Lösung** dieser Gleichung. Lösungen einer Gleichung mit zwei Variablen sind geordnete Zahlenpaare.
- Ein Zahlenpaar ist **Lösung eines Gleichungssystems,** wenn das Zahlenpaar jede einzelne Gleichung des Systems löst.

Aufgaben

1. Erklären Sie die folgenden Begriffe:
   Nullstelle; Extrempunkt; Polstelle; Monotonieintervall.

2. Ermitteln Sie näherungsweise Nullstellen, Extrempunkte und Asymptoten.
   a) $f(x) = \frac{1}{5}x^3 - x^2 + 3$ b) $f(x) = \frac{x^2 - 3}{x - 1}$ c) $f(x) = \frac{x^2 - 2}{e^x} + 1$

3. Geben Sie charakteristische Eigenschaften der folgenden Funktionsklassen an:
   quadratische Funktionen; Potenzfunktionen; Exponentialfunktionen.

4. Lösen Sie die Gleichungen.
   a) $x \cdot (x + 2)^2 = 0$ b) $16 = 3 \cdot a + 4 \cdot x$ ($a \in \mathbb{R}$)   c) $5 = e^{b \cdot x}$ ($b \in \mathbb{R}; b \neq 0$)

5. Lösen Sie die Gleichungssysteme.
   a) $y = 4x + 3$ b) $3a + b = 0$ c) $3x + y = 4$
      $y = -x + 1$ $-a - b = 6$ $y = x^2 - 4x - 1$

6. Interpretieren Sie die Ableitungsfunktion des funktionalen Zusammenhangs.
   a) Zeit $\mapsto$ zurückgelegter Weg   b) Zeit $\mapsto$ Bakterienanzahl
   c) horizontale Entfernung $\mapsto$ Höhe über NN   d) $x \mapsto y = f(x)$

7. Bilden Sie die 1. und 2. Ableitung.
   a) $f(x) = 3x^4 - ax^2 - 2c$ b) $g(t) = (t + 1) \cdot e^{2t}$ c) $h(x) = e^{-x} \cdot \sin x$

8. Ermitteln Sie jeweils eine Funktion, welche die gegebene Eigenschaft besitzt.
   a) Die Punkte A(1; 2) und B(3; 4) liegen auf dem Graphen der Funktion.
   b) Der Extrempunkt ist E(0; 0). Ein weiterer Punkt auf dem Graphen ist K(1; 3).
   c) Das Guthaben wächst exponentiell und verdoppelt sich in zwei Jahren.

5 Anwendungen der Differenzialrechnung

5.1 Analyse der Eigenschaften von Funktionen

Die Formel-1-Rennstrecke in Shanghai ist mit Abstand die modernste und größte Grand-Prix-Anlage der Welt. Der 5,451 km lange Kurs mit jeweils sieben Rechts- und Linkskurven ist dem chinesischen Schriftzeichen „shang" nachempfunden. Sportlich interessant ist vor allem die doppelte Rechtskurve nach der Zielgeraden, die ihren Radius immer weiter verengt und in einen Linksknick mündet.

Für einen abbildungsgetreuen Modellkurs von Shanghai sollen Rennautos mit automatischer Steuerung entwickelt werden. Dabei sind viele Fragen zu beantworten: Wie lässt sich der Kurs in einem Programm erfassen? Wie ist auf dem Kurs feststellbar, dass eine Links- in eine Rechtskurve übergeht? Wie ist feststellbar, wo das Fahrzeug den nördlichsten Punkt der Strecke erreicht hat? Diese und viele weitere Fragen können unter Verwendung der zu erweiternden Kenntnisse funktionaler Zusammenhänge beantwortet werden.

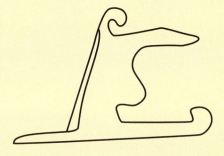

Bisher wurden Eigenschaften von Funktionen ohne die Mittel der Differenzialrechnung untersucht. Eine umfassende Eigenschaftsanalyse ist aber erst mithilfe der Differenzialrechnung möglich. Diese Verfahren werden hier am Beispiel einer ganzrationalen Funktion erörtert, die nur durch ihren Graphen beschrieben ist.

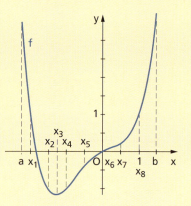

5 Anwendungen der Differenzialrechnung

Arbeitsaufträge

1. a) Zeichnen Sie den Graphen der oben dargestellten Funktion f näherungsweise für das ausgewiesene Intervall [a; b] und geben Sie den Definitionsbereich von f an.
   b) Skizzieren Sie in den Punkten $P_i(x_i; f(x_i))$ (i = 1, ..., 8) die Tangenten an den Graphen von f. Bestimmen Sie näherungsweise den Anstieg m_i der Tangenten und zeichnen Sie in ein neues Koordinatensystem die Punkte $Q_i(x_i; m_i(x_i))$ (i = 1, ..., 8).
   c) Wählen Sie weitere Punkte P_i (also für i > 8) und treffen Sie Aussagen über entsprechende Punkte Q_i. Stellen Sie einen Zusammenhang zur 1. Ableitung von f her und skizzieren Sie den Verlauf von f'.
   d) Skizzieren Sie in den Punkten $Q_i(x_i; f'(x_i))$ (i = 1, ..., 8) die Tangenten an den Graphen von f'.
   Bestimmen Sie näherungsweise den Anstieg $\overline{m}_i$ dieser Tangenten und zeichnen Sie in ein neues Koordinatensystem die Punkte $R_i(x_i; \overline{m}_i(x_i))$ (i = 1, ..., 8).
   e) Wählen Sie weitere Punkte Q_i und treffen Sie Aussagen über entsprechende Punkte R_i. Stellen Sie einen Zusammenhang zur 2. Ableitung von f her und skizzieren Sie den Verlauf von f''.

2. Geben Sie die Monotonieintervalle von f an. Stellen Sie einen Zusammenhang zwischen dem Monotonieverhalten von f und den Funktionswerten f' in den entsprechenden Intervallen her. Formulieren und begründen Sie Ihre Erkenntnis.

3. a) Markieren Sie den lokalen Extrempunkt der Funktion f und formulieren Sie eine charakteristische Eigenschaft der Extremstelle von f in deren Ableitungsfunktion.
   b) Stellen Sie einen Zusammenhang zwischen dem Monotonieverhalten vor und nach der lokalen Extremstelle x_3 von f sowie der Art der lokalen Extremstelle x_3 her. Begründen Sie Ihre Aussage und gehen Sie auf mögliche andere Fälle ein.
   c) Formulieren und begründen Sie ein Verfahren zur Berechnung der lokalen Extremstelle und deren Art.

4. a) Formulieren Sie eine Aussage zur Änderungsrate des Tangentenanstiegs von f an der Stelle x_3. Überprüfen Sie Ihre Überlegung anhand des Graphen.
   b) Formulieren Sie unter Verwendung der 1. und 2. Ableitung einer Funktion ein Verfahren, um die Extremstellen einer Funktion zu berechnen und die Art der Extremstelle zu bestimmen.

5. a) Beschreiben Sie unter Verwendung der Monotonieintervalle der Funktion f' das Krümmungsverhalten in Teilintervallen von f.
   Geben Sie einen Näherungswert für die Koordinaten der Punkte an, in denen die Krümmung ihre Richtung ändert, und tragen Sie die x-Werte dieser Punkte, die sogenannten „Wendestellen", in Ihre Darstellung ein.
   b) Eine Wendestelle von f bildet ein charakteristisches Merkmal von f'.
   Beschreiben Sie dieses Merkmal und formulieren Sie eine Schrittfolge zur Berechnung von Wendestellen.
   c) Ordnen Sie mithilfe Ihrer bisherigen Überlegungen die Begriffe „Rechtskrümmung" und „Linkskrümmung" den Krümmungen „konkav" und „konvex" zu.

5 Anwendungen der Differenzialrechnung

Das Monotonieverhalten

Die bisher verwendete Definition des Monotonieverhaltens einer Funktion f (siehe S. 23) stellt ein recht aufwendiges Mittel dar, um Monotonieintervalle festzulegen und nachzuweisen. Die erste Ableitungsfunktion von f ist dazu wesentlich geeigneter (siehe Auftrag 2, S. 133).

f ist in x_0 monoton wachsend	f ist in x_0 monoton fallend
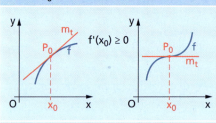	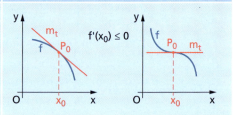
Der Anstieg $m_t = f'(x_0)$ der Tangente an den Graphen von f im Punkt $P_0(x_0; f(x_0))$ ist nicht negativ.	Der Anstieg $m_t = f'(x_0)$ der Tangente an den Graphen von f im Punkt $P_0(x_0; f(x_0))$ ist nicht positiv.

Ist $f'(x_0) = 0$, kann keine Aussage über das Wachsen oder Fallen der Funktion an der Stelle x_0 getroffen werden.

Zusammenhang zwischen Monotonie und 1. Ableitung
Eine im offenen Intervall I differenzierbare Funktion f ist in I genau dann
- **monoton wachsend,** wenn für alle $x \in I$ gilt: $f'(x) \geq 0$
- **monoton fallend,** wenn für alle $x \in I$ gilt: $f'(x) \leq 0$

Monotonieverhalten der Funktion f mit $f(x) = \frac{1}{15}x^3 - \frac{1}{5}x^2 - \frac{8}{5}x + 3$

Um die Monotonieintervalle bestimmen zu können, ermitteln wir die Nullstellen der Ableitungsfunktion f'.
Aus $f'(x) = \frac{1}{5}x^2 - \frac{2}{5}x - \frac{8}{5}$ erhalten wir
$\frac{1}{5}x^2 - \frac{2}{5}x - \frac{8}{5} = 0$ bzw.
$x^2 - 2x - 8 = (x + 2)(x - 4) = 0$
und daraus $x_1 = -2$ und $x_2 = 4$.
Der Definitionsbereich der Funktion f wird in die drei Abschnitte $]-\infty; -2[$, $]-2; -4[$ und $]4; \infty[$ unterteilt, die nun einzeln auf Monotonie analysiert werden.

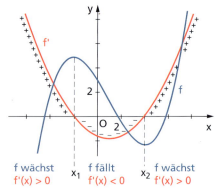

f wächst x_1 f fällt x_2 f wächst
$f'(x) > 0$ $\quad$ $f'(x) < 0$ $\quad$ $f'(x) > 0$

Es ist $f'(x) > 0$ für $x < -2$ oder für $x > 4$ und $f'(x) < 0$ für $-2 < x < 4$.
Demnach ist f streng monoton wachsend in den Intervallen $]-\infty; -2[$, $]4; \infty[$ und streng monoton fallend im Intervall $]-2; 4[$.

5 Anwendungen der Differenzialrechnung

Monotonieverhalten der Funktion f mit $f(x) = \frac{x-3}{x^2-4}$ $(x \in D_f)$

Die Funktion f ist definiert für alle x mit $x \in \mathbb{R}$; $x \neq -2$; $x \neq 2$; die Stellen $x_1 = -2$ und $x_2 = 2$ sind Polstellen.

Näherungsweise lassen sich die Monotonieintervalle von f bereits aus der grafischen Darstellung ablesen. Dazu wird eine Ablesehilfe wie die TRACE-Funktion verwendet und der Graph gegebenenfalls intervallweise dargestellt (ZOOM-Effekt; rechtes Bild).

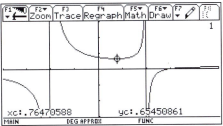
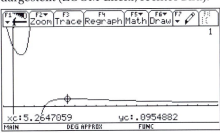

So erhalten wir die Monotonieintervalle $]-\infty; -2]$, $]-2; 0{,}8]$, $[0{,}8; 2[$, $]2; 5{,}3]$ sowie $[5{,}3; \infty[$. Zum exakten Nachweis ermitteln wir die 1. Ableitung nach der Quotientenregel oder – wie auch die Nullstellen der 1. Ableitung – sofort mit dem CAS:

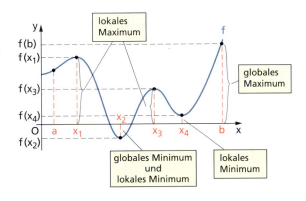

Es ist $f'(x) = \frac{-x^2 + 6x - 4}{(x^2-4)^2}$ mit $x_1 = 3 - \sqrt{5}$ und $x_2 = 3 + \sqrt{5}$ als Nullstellen der 1. Ableitung.

Die Nullstellen der 1. Ableitung unterteilen den Definitionsbereich in die Monotonieintervalle $]-\infty; -2[$, $]-2; 3-\sqrt{5}]$, $[3-\sqrt{5}; 2[$, $]2; 3+\sqrt{5}]$ und $[3+\sqrt{5}; \infty[$.

Wir ermitteln für jedes Intervall das Vorzeichen der Ableitungsfunktion, z. B. durch
$f'(-3) = -\frac{31}{25}$; $f'(0) = -\frac{1}{4}$; $f'(1) = \frac{1}{9}$; $f'(3) = \frac{1}{5}$; $f'(6) = -\frac{1}{256}$
und können nun das Monotonieverhalten beschreiben:

f ist monoton wachsend in $[3-\sqrt{5}; 2[$, $]2; 3+\sqrt{5}]$.
f ist monoton fallend in $]-\infty; -2[$, $]-2; 3-\sqrt{5}]$, $[3+\sqrt{5}; \infty[$.

Lokale Extrema

Die Untersuchung der Extremwerte einer Funktion verlangt eine Unterscheidung in *globale* und *lokale* Extrema.
Während globale Extrema den jeweils größten bzw. kleinsten Funktionswert innerhalb eines Intervalls [a; b] angeben, sind lokale Extrema $f(x_E)$ in einer *Umgebung* einer Extremstelle x_E am größten bzw. kleinsten.

5 Anwendungen der Differenzialrechnung

Charakteristisches Merkmal eines lokalen Maximums ist die Änderung des Monotonieverhaltens von f von „monoton wachsend" in „monoton fallend".
Ein Wechsel von „monoton fallend" zu „monoton wachsend" ist dagegen typisch für ein lokales Minimum.

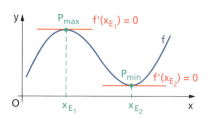

An den lokalen Extremstellen selbst verlaufen die Tangenten an den Graphen von f parallel zur x-Achse. Hier gilt $f'(x_E) = 0$. Da es nur an diesen Stellen x_E lokale Extrema geben kann, ist die Bedingung $f'(x_E) = 0$ für das Auftreten von Extrema *notwendig*.

Notwendige Bedingung für lokale Extremstellen
Ist die Funktion f in ihrem Definitionsbereich D_f differenzierbar und $x_E \in D_f$ eine lokale Extremstelle von f, so gilt $f'(x_E) = 0$.

Notwendige Bedingung heißt:
– Nur wenn diese Bedingung erfüllt ist, kann die darauf aufbauende Eigenschaft eintreten, sie muss es aber nicht.
– Ist die notwendige Bedingung nicht erfüllt, tritt auch die Eigenschaft nicht ein.
Hinreichende Bedingung heißt:
– Ist die Bedingung erfüllt, tritt die Eigenschaft mit Sicherheit ein.
– Ist die Bedingung nicht erfüllt, kann die Eigenschaft aber trotzdem eintreten.
Ist eine Bedingung notwendig und hinreichend zugleich, kann sofort entschieden werden, ob die geforderte Eigenschaft eintritt oder nicht.

Dass die Bedingung $f'(x_E) = 0$ für die Existenz von Extremstellen *nicht hinreichend* ist, zeigt das Beispiel der Funktion $f(x) = x^3$.
Diese Funktion besitzt an der Stelle $x_E = 0$ kein lokales Extremum, obwohl hier $f'(0) = 0$ gilt.

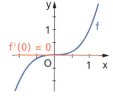

Mögliche Extremstellen einer Funktion
Die Funktion $f(x) = \frac{1}{15}x^3 - \frac{1}{5}x^2 - \frac{8}{5}x + 3$ ist auf mögliche lokale Extremstellen zu untersuchen.
- Wir bilden die erste Ableitung $f'(x) = \frac{1}{5}x^2 - \frac{2}{5}x - \frac{8}{5}$ und ermitteln die Werte von x_E, für die $f'(x_E)$ gleich 0 ist:
  Aus $\frac{1}{5}x_E^2 - \frac{2}{5}x_E - \frac{8}{5} = 0$ bzw. $x_E^2 - 2x_E - 8 = 0$ folgt
  $x_{E_1} = 4$, $x_{E_2} = -2$ und $f(4) = -\frac{7}{3}$, $f(-2) = \frac{73}{15}$.
- Die Punkte $P_1(4; -\frac{7}{3})$ und $P_2(-2; \frac{73}{15})$ können also Extrempunkte des Graphen von f sein.

5 Anwendungen der Differenzialrechnung

Für die Entscheidung, ob an den „extremwertverdächtigen" Stellen einer differenzierbaren Funktion tatsächlich Extrema vorliegen, müssen weitere Bedingungen erfüllt sein.

Im Abschnitt 4.1 (siehe S. 94) wurde mithilfe der 1. und 2. Ableitung das Gefälle einer Kinderrutsche untersucht. Während mit der 1. Ableitung der Anstieg der Tangenten und damit gleichzeitig das Gefälle der Rutsche bestimmt wurde, machte die 2. Ableitung eine Aussage über die *Änderung* der Tangentenanstiege bzw. des Gefälles. Diese Überlegungen sollen nun verallgemeinert werden.

So wie die Funktion an den lokalen Extremstellen ihr Monotonieverhalten ändert, wechselt die 1. Ableitung an den lokalen Extremstellen ihr Vorzeichen:
beim lokalen Maximum von „+" zu „−";
beim lokalen Minimum von „−" zu „+".

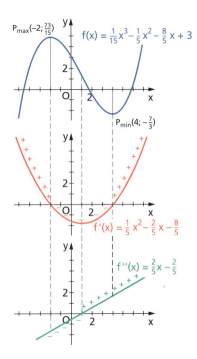

Die Ableitungsfunktion f' ist an einer lokalen Minimumstelle monoton wachsend. Das bedeutet, dass $f''(x) \geq 0$ sein muss.
Bei einer lokalen Maximumstelle ist die Ableitungsfunktion hingegen monoton fallend, weshalb in diesem Falle $f''(x) \leq 0$ sein muss. Folglich hat die 2. Ableitung an einer lokalen Maximumstelle einen negativen Wert und an einer lokalen Minimumstelle einen positiven Wert.

> **Hinreichende Bedingung für lokale Extremstellen**
> Eine zweimal differenzierbare Funktion f hat in x_E eine lokale Maximumstelle, wenn $f'(x_E) = 0$ und $f''(x_E) < 0$, bzw. eine lokale Minimumstelle, wenn $f'(x_E) = 0$ und $f''(x_E) > 0$ gilt.

Diese Bedingung ist *hinreichend*, weil an der Stelle x_E mit Sicherheit ein lokaler Extremwert existiert, sofern diese Bedingung an der Stelle x_E erfüllt ist.
Diese Bedingung ist aber *nicht notwendig*, denn es kann ein Extremwert vorliegen, obwohl die Bedingung nicht erfüllt ist. So besitzt die Funktion $f(x) = x^4$ an der Stelle $x_E = 0$ ein lokales Minimum, obwohl die zweite Ableitung an der Stelle x_E null wird:
$f(x) = x^4 \quad f'(x) = 4x^3; f'(0) = 0 \quad f''(x) = 12x^2; f''(0) = 0$

5 Anwendungen der Differenzialrechnung

Lokale Extrema der Funktion f mit $f(x) = \dfrac{6x}{x^2+4}$

Die Schrittfolge zur Untersuchung des Graphen von f auf lokale Extrema kann auf der CAS-Darstellung nachvollzogen werden (die Ausgabezeilen wurden nachträglich farbig unterlegt):

#2 und #3   Bilden der 1. Ableitung
#4 und #5   Ermitteln der Nullstellen der 1. Ableitung
#6 und #7   Bilden der 2. Ableitung
#8 und #9   Überprüfen der hinreichenden Bedingung:
         $f'(-2) > 0 \Rightarrow$ lok. Minimum
         $f''(2) < 0 \Rightarrow$ lok. Maximum
#10 bis #13   Ermitteln der Funktionswerte an den Extremstellen –2 und 2.

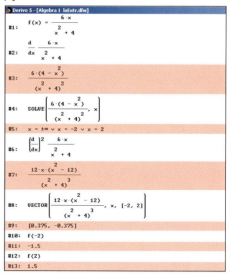

Verschiedene Rechner bieten spezielle Funktionen an, mit denen Minima und Maxima mit wenigen Knopfdrücken ermittelt werden können (siehe auch S. 320).

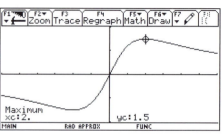

Lokale Extrema einer Funktionsschar

Gesucht sind die lokalen Extrempunkte der Funktionsschar $f_a(x) = ax^3 + a^2x^2 - 2a^4$ ($x \in \mathbb{R}$; $a \in \mathbb{R}$; $a \neq 0$). Die Abbildung zeigt die Kurvenschar für $a \in \{-3; -2; -1; 1; 2; 3\}$.

Bei einigen Kurven ist kaum zu erkennen, dass überhaupt Extrempunkte existieren. Deshalb wurden die interessierenden Ausschnitte nochmals vergrößert dargestellt (siehe unten). Hier könnten die Koordinaten der Extrempunkte für eine konkrete Funktion der gegebenen Schar näherungsweise bestimmt werden.

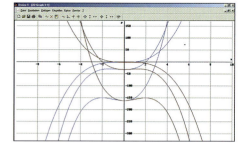

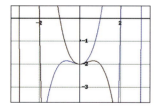 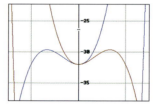 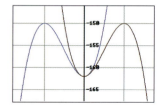

5 Anwendungen der Differenzialrechnung

Eine *allgemeine Lösung* ist allerdings nur mithilfe der Differenzialrechnung möglich. Dazu wenden wir die bekannte Schrittfolge an:

1. Bilden der 1. Ableitung von f:
   $f_a'(x) = 3ax^2 + 2a^2x \quad (x \in \mathbb{R})$
2. Berechnen der Stellen, die die notwendige Bedingung erfüllen:
   $0 = 3ax_E^2 + 2a^2x_E = a \cdot x_E(3x_E + 2a)$, also $x_{E_1} = 0$ und $x_{E_2} = -\frac{2}{3}a$
3. Bilden der 2. Ableitung von f:
   $f_a''(x) = 6ax + 2a^2 \quad (x \in \mathbb{R})$
4. Überprüfen der Stellen $x_{E_1} = 0$ und $x_{E_2} = -\frac{2}{3}a$ auf Erfüllung der hinreichenden Bedingung und Bestimmen der Art des Extremums:
   $f_a''(0) = 2a^2$; $f_a''(-\frac{2}{3}a) = -2a^2$
   Die Stelle $x_{E_1} = 0$ ist lokale Minimumstelle, da die 2. Ableitung für jedes $a \neq 0$ an dieser Stelle positiv ist.
   Die Stelle $x_{E_2} = -\frac{2}{3}a$ ist lokale Maximumstelle, da die 2. Ableitung für jedes $a \neq 0$ an dieser Stelle negativ ist.
5. Angabe der Extrempunkte:
   $P_{min}(0; -2a^4); \quad P_{max}\left(-\frac{2}{3}a; -\frac{50}{27}a^4\right) \quad$ mit $a \in \mathbb{R}; a \neq 0$

Die Extrempunkte aller Kurven der Schar liegen auf den Graphen neuer Funktionen, der sogenannten **Ortskurve** oder **Ortslinie** der Maximum- oder Hochpunkte bzw. der Minimum- oder Tiefpunkte.

Ortskurve der Hoch- bzw. Tiefpunkte

Die *Ortskurve der Tiefpunkte* der Funktionsschar $f_a(x) = ax^3 + a^2x^2 - 2a^4$ kann leicht vermutet werden. Bereits der grafischen Darstellung ist zu entnehmen, dass alle Tiefpunkte auf der Geraden $x = 0$ liegen. Die Berechnung von $P_{min}(0; -2a^2)$ im oberen Beispiel bestätigt dies, unabhängig vom Parameter a ist die Abszisse der Tiefpunkte 0. Anders ist es mit der *Ortskurve der Hochpunkte*. Ihre Gleichung erhält man aus den allgemein ermittelten Koordinaten $P_{max}\left(-\frac{2}{3}a; -\frac{50}{27}a^4\right)$.

Aus $x = -\frac{2}{3}a$ folgt $a = -\frac{3}{2}x$.

Wird dieser Wert in $y = -\frac{50}{27}a^4$ eingesetzt, erhält man

$y = -\frac{50}{27} \cdot \left(-\frac{3}{2}x\right)^4 = -\frac{50}{27} \cdot \frac{81}{16}x^4 = -\frac{75}{8}x^4$.

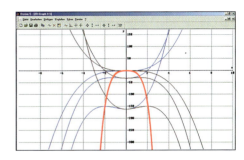

Die Ortskurve der Hochpunkte hat also die Gleichung $y = -\frac{75}{8}x^4$.

Wird die Kurvenschar durch die Ortskurve ergänzt, bestätigt sich die Richtigkeit der ermittelten Gleichung: Alle Hochpunkte liegen auf der Ortskurve.

Krümmungsverhalten und Wendestellen

Ein drittes Merkmal einer Funktion, das mithilfe der Differenzialrechnung analysiert werden kann, ist das Krümmungsverhalten ihres Graphen (siehe Arbeitsauftrag 5, S. 133).

Der Graph kann unabhängig vom Monotonieverhalten *rechtsgekrümmt* oder *linksgekrümmt* sein. So „durchfährt" man in Richtung steigender x-Werte in den Abbildungen (1) und (3) eine *Rechtskurve* und in den Abbildungen (2) und (4) eine *Linkskurve*.

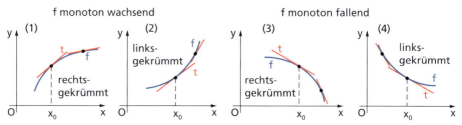

Mitunter wird das Krümmungsverhalten auch mit den Begriffen *konvex* und *konkav* beschrieben.

Die Art der Krümmung lässt sich mithilfe der Tangentensteigung $m_t = f'(x)$ bestimmen.

> Ist f eine im Intervall I differenzierbare Funktion und ist f' in I streng monoton fallend, dann bezeichnet man den Graphen von f in I als **rechtsgekrümmt**; ist f' in I streng monoton wachsend, dann bezeichnet man den Graphen von f in I als **linksgekrümmt**.
> Die Stelle, an der sich das Krümmungsverhalten ändert, heißt **Wendestelle x_W**, der zugehörige Punkt **Wendepunkt**.

> **Wendestelle und Krümmungsverhalten**
> Eine dreimal differenzierbare Funktion f hat in x_W eine Wendestelle von rechts- nach linksgekrümmt, wenn $f''(x_W) = 0$ und $f'''(x_W) > 0$ gilt bzw. eine Wendestelle von links- nach rechtsgekrümmt, wenn $f''(x_W) = 0$ und $f'''(x_W) < 0$ gilt.

Die Bedingungen $f'''(x_W) > 0$ bzw. $f'''(x_W) < 0$ sind – sofern außerdem $f''(x_W) = 0$ gilt – *hinreichend*, weil an den Stellen x_W mit Sicherheit ein Wendepunkt vorliegt, wenn die Bedingungen an diesen Stellen erfüllt sind. Die Bedingungen sind jedoch *nicht notwendig*, denn es kann auch ein Wendepunkt vorliegen, obwohl die 3. Ableitung an der Stelle x_W null wird.
So hat die Potenzfunktion $f(x) = x^5$ an der Stelle $x_W = 0$ eine Wendestelle, obwohl für sie gilt:
$f'(x) = 5x^4$; $f''(x) = 20x^3$; $f''(0) = 0$;
$f'''(x) = 60x^2$; $f'''(0) = 0$

5 Anwendungen der Differenzialrechnung

Krümmung und Wendepunkt der Funktion f mit $f(x) = \frac{1}{15}x^3 - \frac{1}{5}x^2 - \frac{8}{5}x + 3$

Nach obiger Definition liegt eine Wendestelle vor, wenn sich das Monotonieverhalten der Ableitungsfunktion ändert.

- Bilden der ersten drei Ableitungen: $f'(x) = \frac{1}{5}x^2 - \frac{2}{5}x - \frac{8}{5}$; $f''(x) = \frac{2}{5}x - \frac{2}{5}$; $f'''(x) = \frac{2}{5}$
- Ermitteln der Nullstellen der 2. Ableitung: Aus $\frac{2}{5}x - \frac{2}{5} = 0$ folgt $x_W = 1$.
- Art der Krümmung untersuchen:
  Da $f'''(1) = \frac{2}{5} > 0$ ist, erfolgt an der Stelle $x_W = 1$ ein Wechsel von rechts- nach linksgekrümmt.
- Ermitteln des Wendepunktes:
  Es ist $f(1) = \frac{19}{15}$. Demnach hat der Wendepunkt die Koordinaten $P_W\left(1; \frac{19}{15}\right)$.

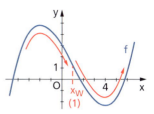

Horizontalwendepunkte

Die Funktion $f(x) = x^3 - 3x^2 + 3x + 1$ hat bei $x_W = 1$ eine Wendestelle, denn für sie gilt:
$f'(x) = 3x^2 - 6x + 3$
$f''(x) = 6x - 6 = 0 \implies x_W = 1$
$f'''(x) = 6 > 0$

Außerdem gilt $f'(x_W) = 0$, d. h., die Tangente an den Graphen von f an der Stelle x_W verläuft parallel zur x-Achse. Solche Wendepunkte heißen **Horizontalwendepunkte** oder **Terrassenpunkte** (mitunter auch **Sattelpunkte**).

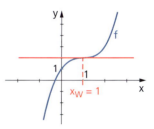

Krümmungsverhalten und Wendepunkte der Funktionsschar f_a mit
$f_a(x) = ax^3 + a^2x^2 - 2a^4$ $(x \in \mathbb{R}; a \in \mathbb{R}; a \neq 0)$

- Bilden der ersten drei Ableitungen von f_a:
  $f_a'(x) = 3ax^2 + 2a^2x$ $f_a''(x) = 6ax + 2a^2$ $f_a'''(x) = 6a$
- Berechnen der Stellen, die die notwendige Bedingung für Wendestellen erfüllen:
  $0 = 6ax + 2a^2$, damit $x_W = -\frac{1}{3}a$
- Überprüfen der Stelle $x_W = -\frac{1}{3}a$ auf Erfüllung der hinreichenden Bedingung und Ableitung des Krümmungsverhaltens:
  $f_a'''\left(-\frac{1}{3}a\right) = 6a$
  Da die 3. Ableitung an der Stelle $x_W = -\frac{1}{3}a$ stets von null verschieden ist, ist $x_W = -\frac{1}{3}a$ Wendestelle. Das Krümmungsverhalten hängt somit von a ab:
  Ist $a > 0$, so handelt es sich um einen Übergang von rechts- nach linksgekrümmt, anderenfalls um einen Übergang von links- nach rechtsgekrümmt.
- Angabe des Wendepunktes:
  $W\left(-\frac{1}{3}a; -\frac{52}{27}a^4\right)$

Die Abbildung zeigt die Graphen für $a \in \{-1; 1,5; 1,8; 2; 2,2\}$.

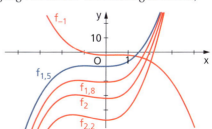

5 Anwendungen der Differenzialrechnung

Übungen

1. *Berechnen Sie* Nullstellen, Extrempunkte und Wendepunkte der Funktion bzw. ihres Graphen.
   Leiten Sie daraus weitere Eigenschaften *ab* und *begründen Sie* Ihre Aussagen.
   Skizzieren Sie mithilfe der ermittelten Eigenschaften den Graphen der Funktion.
   a) $f(x) = x^5 - x^3 + x$ $(x \in D_f)$
   b) $g(t) = t^4 - 3t^3 + 5t^2$ $(t \in D_g)$

2. *Analysieren Sie* die Eigenschaften der Funktionen bzw. Funktionsscharen:
   a) $f(x) = \frac{3x+5}{x^2+1}$ $(x \in D_f)$
   b) $h(x) = \frac{4x}{x^3-1}$ $(x \in D_h)$
   c) $f_t(x) = x^4 - tx^3 + 2t^2x^2$ $(x \in \mathbb{R}; t \in \mathbb{R}; t > 0)$
   d) $h_a(x) = \frac{5-2x}{x^2-a^2}$ $(x \in D_h; a \in \mathbb{R}; a > 0)$

3. Von den Graphen der dargestellten Funktionen sind die Funktionsgleichungen nicht mehr bekannt. *Ermitteln Sie* die Gleichung einer Funktion, die in den angegebenen Eigenschaften mit dem Graphen der Ausgangsfunktionen übereinstimmt.

   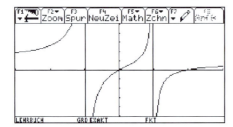 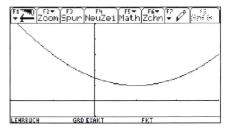

   a) Die im linken Bild dargestellte Funktion hat die Polstellen $x_{p_1} = -1$ und $x_{p_2} = 1$ sowie die Nullstellen $x_1 = 0$ und $x_2 = 2$. Die horizontale Asymptote ist $y = 1$.
   b) Die rechts abgebildete Funktion besitzt keine Wendepunkte. Im Punkt (1; 1) geht der Graph von monoton fallend in monoton wachsend über.

4. Der Graph einer Funktion 4. Grades besitzt einen Tiefpunkt $M_1(-1; -2)$, einen Hochpunkt $M_2(0,3; 0,2)$ sowie mindestens die Nullstellen $x_1 = 0,6$ und $x_2 = 1$.
   Skizzieren Sie einen möglichen Graphen einer solchen Funktion. *Begründen Sie* Aussagen zur Existenz und Lage weiterer Extrempunkte und zu Wendepunkten.

5. Von der Funktion $f(x) = (x-2) \cdot e^x$ $(x \in \mathbb{R})$ wird behauptet, dass der lokale Extrempunkt auf der Ordinatenachse liegt.
   a) *Überprüfen Sie* diese Aussage mittels der 1. Ableitung.
   b) *Berechnen Sie* die tatsächlich vorhandenen Extrempunkte und *weisen Sie* deren Art *nach*.
   c) *Überprüfen Sie*, ob andere charakteristische Merkmale des Funktionsgraphen auf der Ordinatenachse liegen.

6. Die Wendepunkte W_t der Funktion $f_t(x) = x^3 - tx^2 + 2tx$ $(x \in \mathbb{R}; t \in \mathbb{R}; t > 0)$ liegen auf dem Graphen einer Funktion.
   a) *Skizzieren Sie* in ein Koordinatensystem für mindestens fünf Werte des Parameters t die Wendepunkte.
   b) *Ermitteln Sie* die Gleichung der Funktion, auf deren Graphen alle Wendepunkte von f_t liegen.

5.2 Extremwertprobleme

Zur Einzäunung einer Schafweide stehen 213 Meter Zaunmaterial zur Verfügung. Das Weideland ist ausreichend groß, um eine freie Gestaltung zu ermöglichen. Die Weide soll eine optimale Haltung der Schafe gewährleisten.

Arbeitsaufträge

1. Entwerfen Sie mögliche Einzäunungsvarianten und nennen Sie Kriterien, anhand derer die Varianten miteinander verglichen werden können. Formulieren Sie eine Vermutung, welche Weideform eine optimale Schafhaltung ermöglichen kann.
2. a) Es wurde entschieden, dass die Weidefläche in Rechteckform angelegt wird. Dazu stehen 70 Zaunsegmente von 3 m Länge zur Verfügung. Entwickeln Sie eine Kalkulationstabelle, mit der die Berechnung der Weidefläche für unterschiedliche Seitenlängen effektiv möglich ist.
   b) Analysieren Sie die berechneten Werte und formulieren Sie eine Aussage zur optimalen Gestaltung der Weidefläche.
3. Der Flächeninhalt der rechteckigen Weideflächen lässt sich durch die Funktion $A(a) = -a^2 + \frac{210}{2}a$ beschreiben, wobei a die Länge einer Rechteckseite und die Zahl 210 die Maßzahl des Umfangs der Rechtecke ist.
   a) Formulieren Sie mithilfe zweier Seitenlängen a und b eine Gleichung G_1 zur Berechnung des Flächeninhaltes und eine Gleichung G_2 zur Berechnung des Umfangs der Rechtecke und leiten Sie daraus die Gleichung für A(a) her.
   b) Formulieren Sie einen Definitionsbereich der Funktion A.
   c) Zeichnen Sie den Graphen der Funktion A. Markieren Sie den Punkt, dessen Koordinaten die optimale Lösung beschreiben, und berechnen Sie diese über die Scheitelpunktsformel quadratischer Funktionen.
4. Berechnen Sie den Scheitelpunkt der Parabel unter Verwendung der Mittel der Differenzialrechnung. Vergleichen Sie Ihre Ergebnisse.
5. Die Überprüfung des Weidegrundstückes hat ergeben, dass lediglich eine Grundstücksbreite von 40 Metern verfügbar ist.
   a) Diskutieren Sie den Einfluss dieser Beschränkung sowie der Segmentlänge auf die gewonnenen Ergebnisse.
   Formulieren Sie eine allgemeine Schlussfolgerung für die Bestimmung einer optimalen Lösung derartiger Probleme.
   b) Ermitteln Sie unter diesen Bedingungen eine optimale Weidegestaltung.

5 Anwendungen der Differenzialrechnung

Der Verlauf der abgebildeten Straße kann streckenweise als parabelförmig angesehen werden. In der Umgebung des Scheitelpunktes lässt er sich näherungsweise durch die Funktion $f(x) = \frac{1}{10}x^2$ beschreiben. Von einem Punkt A außerhalb der Straße soll auf kürzestem Weg eine Wasserleitung zur Straße verlegt werden.
Wie groß ist die Entfernung mindestens, wenn man sich die Parabel derart in ein Koordinatensystem gelegt denkt, dass sich der Scheitelpunkt der Parabel im Ursprung befindet und der Punkt A die Koordinaten (50; 20) hat (Angaben in Meter)?

---

*Das **Modellieren** vollzieht sich in der Regel in folgenden Schritten:*
- *Ein reales Problem wird mit eigenen Worten formuliert. Dabei werden möglichst alle Voraussetzungen, Bedingungen und Einflussgrößen erfasst und strukturiert.*
- *Die reale Situation wird vereinfacht; wesentliche Eigenschaften bleiben erhalten, unwesentliche werden nicht berücksichtigt. Welche Aspekte wesentlich sind, hängt vom Ziel des Modells ab.*
- *Die Situation wird mathematisiert. Dazu wird das umgangssprachlich formulierte Realmodell in ein formales mathematisches Modell „übersetzt", beispielsweise mithilfe von Gleichungen oder Ungleichungen, Funktionen, Graphen, Matrizen, Vektoren u. v. a. m. Auch Methoden der elektronischen Datenverarbeitung und Computersimulationen ordnen sich hier ein.*
- *Die Arbeit mit dem mathematischen Modell führt schließlich zu Berechnungen oder zu experimentellen Ergebnissen.*
- *Wird die mathematische Lösung anhand des Ausgangsproblems interpretiert, kann dessen Lösung formuliert werden. Dabei ist die Gültigkeit („Validität") der verwendeten mathematischen Modelle zu überprüfen. Gegebenenfalls muss das Modell sofort revidiert werden.*

Arbeitsaufträge

1. Diskutieren Sie das oben beschriebene Modell und ergänzen Sie gegebenenfalls notwendige Bedingungen.
2. Veranschaulichen Sie das Problem in einem Koordinatensystem und ermitteln Sie für die gesuchte Entfernung einen Näherungswert.
3. Die zu ermittelnde Entfernung des Punktes A zur parabelförmigen Straße ist identisch mit der Länge der Strecke $s = |\overline{AB}|$, wobei B ein Punkt der Parabel mit den Koordinaten $(x_B; y_B)$ ist.
   Drücken Sie s als Funktion einer einzigen Variablen aus und untersuchen Sie diese Funktion auf Extrempunkte. Interpretieren Sie Ihr Ergebnis.

5 Anwendungen der Differenzialrechnung

Die Situationen des „Weidezaunproblems" und der „Länge der Wasserleitung" beschreiben exemplarisch eine ganze Klasse von Problemen. Gemeinsames Merkmal ist die Ermittlung einer optimalen Lösung unter Beachtung gegebener Bedingungen. Man nennt sie Extremwertaufgaben. Im Gegensatz zur Lösungsstrategie des systematischen Probierens oder grafischer Lösungen versprechen die mathematischen Werkzeuge der Differenzialrechnung bessere Aussichten, die optimale Lösung zu erreichen.

> *Lösungsstrategie zur Bearbeitung von Extremwertproblemen:*
> *(1) Die Größe, die einen für die Problemlösung optimalen Wert annehmen soll, wird mittels einer Funktion (Zielfunktion) beschrieben, in der diese Größe als abhängige Variable auftritt. Der Funktionsterm enthält eine oder auch mehrere unabhängige Variable.*
> *(2) Sind mehrere unabhängige Variablen in der Zielfunktion, so muss durch Verwendung sich aus der Aufgabe ergebender Bedingungen (Nebenbedingungen) die Anzahl der unabhängigen Variablen auf genau eine Variable reduziert werden. Außerdem ist unter Beachtung aller Bedingungen der Definitionsbereich der Zielfunktion zu formulieren.*
> *(3) Die Zielfunktion wird nun innerhalb des festgelegten Definitionsbereichs auf Extrema untersucht. Das kann analytisch oder (näherungsweise) grafisch oder auch tabellarisch erfolgen.*
> *Zur analytischen Ermittlung werden mithilfe der 1. und 2. Ableitung die lokalen Extremstellen der Zielfunktion berechnet.*
> *(4) Das die Lösung des Problems darstellende globale Extremum wird aus den berechneten lokalen Extrema und den Ergebnissen der Untersuchung an den Rändern des Definitionsbereiches der Zielfunktion abgeleitet.*

Schrittfolge beim Lösen von Extremwertaufgaben

Ein Kanal der Stadtentwässerung soll einen Querschnitt von 2 m² besitzen und aus einem Rechteck mit aufgesetztem Halbkreis bestehen. Der Querschnitt soll eine Mindesthöhe von 1,20 m besitzen.
Welche Maße muss der Kanal aufweisen, damit zu dessen Bau möglichst wenig Material benötigt wird?

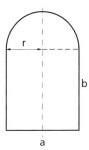

(1) Aufstellen der Zielfunktion

Die Grundidee für die Modellierung lautet:
Möglichst wenig Material heißt möglichst kleiner Umfang. Demnach muss der Umfang des Kanalquerschnittes minimal werden.
Die Zielfunktion lautet: $\qquad u(a, b, r) = a + 2b + \pi r$

(2) Angabe von Nebenbedingungen

Die Nebenbedingungen sind: $\qquad a = 2r \text{ und } a \cdot b + \frac{1}{2}\pi r^2 = 2, \ b + r \geq 1{,}2$

5 Anwendungen der Differenzialrechnung

(3) Einsetzen von Nebenbedingungen in die Zielfunktion
Es ist $u(b, r) = 2r + 2b + \pi r$ und $2r \cdot b + \frac{1}{2}\pi r^2 = 2$ bzw. $2b = \frac{2}{r} - \frac{1}{2}\pi r$.
Als modifizierte Zielfunktion erhalten wir: $\quad u(r) = 2r + \frac{2}{r} + \frac{1}{2}\pi r$

(4) Festlegen des Definitionsbereiches $\quad r \in \mathbb{R}, r \in \left]0; \sqrt{\frac{4}{\pi}}\right[$

(5) Ableiten der Zielfunktion
$u(r) = 2r + 2r^{-1} + \frac{1}{2}\pi r \Rightarrow u'(r) = 2 - 2r^{-2} + \frac{1}{2}\pi = -\frac{2}{r^2} + \frac{\pi}{2} + 2; \; u''(r) = \frac{4}{r^3}$

(6) Bestimmen des lokalen Extremums
Nullstellen r_E der 1. Ableitung: $\quad -\frac{2}{r^2} + \frac{\pi}{2} + 2 = 0 \quad \Rightarrow \quad r_1 = \frac{2}{\sqrt{\pi + 4}}; r_2 = \frac{-2}{\sqrt{\pi + 4}}$
Für alle $r > 0$ gilt: $u''(r) > 0 \Rightarrow$ An der Extremstelle r_1 existiert ein lokales Minimum.
Funktionswert an der Stelle r_E: $\quad u\left(\frac{2}{\sqrt{\pi + 4}}\right) = 2\sqrt{\pi + 4}$
Die Extremstelle lautet $r_E \approx 0{,}748$; das lokale Minimum beträgt $u_{min} \approx 5{,}345$.

(7) Ermitteln des globalen Extremums
Da $\lim\limits_{r \to 0} u(r) = +\infty$ und $u\left(\sqrt{\frac{4}{\pi}}\right) \approx 5{,}802 > u(r_E) \approx 5{,}34$ gilt, hat der Kanalquerschnitt einen minimalen Umfang, wenn er die Maße $r = \frac{2}{\sqrt{\pi + 4}}$, $a = \frac{4}{\sqrt{\pi + 4}}$ und $b = \frac{2}{\sqrt{\pi + 4}} = r$ besitzt.
Die Querschnittsfläche beträgt wie gefordert 2 m^2.
Die Kanalhöhe beträgt $1{,}4966 \text{ m} \approx 1{,}50 \text{ m}$.

In die Fläche unter dem Graphen einer Funktion f mit $f(x) = -2x^3 + 2x$ soll ein bei A rechtwinkliges Dreieck OAB mit $O(0; 0)$, $A(x; 0)$ und $B(x; f(x))$ ($x \in [0; 1]$) mit maximalem Flächeninhalt einbeschrieben werden.

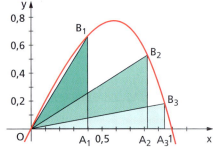

(1) Der Flächeninhalt des rechtwinkligen Dreiecks soll maximal werden. Demzufolge lautet die Zielfunktion:
$A = \frac{1}{2}\overline{OA} \cdot \overline{AB}$

(2) Mit den Nebenbedingungen $|\overline{OA}| = x$ und $|\overline{AB}| = y$ gilt zunächst: $A(x; y) = \frac{1}{2}x \cdot y$
Daraus folgt als modifizierte Zielfunktion: $A(x) = \frac{1}{2}x \cdot (-2x^3 + 2x) = -x^4 + x^2, \; x \in [0; 1]$

(3) Lokales Extremum
$A'(x) = -4x^3 + 2x$
$0 = 2x(-2x^2 + 1) \Rightarrow x_1 = 0; \; x_2 = -\sqrt{\frac{1}{2}}; \; x_3 = \sqrt{\frac{1}{2}}$, wobei x_1 und x_2 als Lösung entfallen
$A''(x) = -12x^2 + 2$ und $A''\left(\sqrt{\frac{1}{2}}\right) = -4 < 0 \Rightarrow$ lokales Maximum
Berechnung des lokalen Maximums: $A\left(\sqrt{\frac{1}{2}}\right) = \frac{1}{4}$
Randbetrachtungen:
$A(0) = 0$ und $A(1) = 0$, somit ist das lokale Maximum das gesuchte Ergebnis.
Das Dreieck hat damit die Koordinaten $O(0; 0)$, $A\left(\frac{1}{2}\sqrt{2}; 0\right)$ und $B\left(\sqrt{\frac{1}{2}}; \sqrt{\frac{1}{2}}\right)$.

5 Anwendungen der Differenzialrechnung

Acryl-Fugendichtmasse wird üblicherweise in zylindrischen Kartuschen mit einem Bodendurchmesser von 4,5 cm und einer Höhe von 19,5 cm verpackt, die 310 ml Dichtmasse fassen. Ist die zylindrische Verpackung mit den gegebenen Maßen effektiv oder kann der Oberflächeninhalt des Zylinders unter Beibehaltung seines Volumens optimiert, also möglichst verringert werden?

(1) Die Zielfunktion lautet:
$$A_O(d; h) = \frac{\pi}{2}d^2 + \pi dh$$

(2) Die Nebenbedingung ist das konstante Volumen:
$$310 = \frac{\pi}{4}d^2 \cdot h \quad \text{bzw.} \quad h = \frac{1240}{\pi \cdot d^2}$$
Somit lautet die modifizierte Zielfunktion:
$$A_O(d) = \frac{\pi}{2}d^2 + \frac{1240}{d} \quad \text{mit } d \in \mathbb{R}; d > 0$$

(3) Lokales Extremum
$$A_O'(d) = \pi d - \frac{1240}{d^2}; \quad \text{Aus } \pi d - \frac{1240}{d^2} = 0 \text{ folgt } d = \sqrt[3]{\frac{1240}{\pi}} \approx 7{,}335.$$
$$A_O''(d) = \pi + \frac{2480}{d^3}; \quad A_O''(d_E) = 3\pi > 0 \quad \Rightarrow \quad \text{lokales Minimum}$$

Spezielle Rechnerfunktionen liefern die Lösung mit wenigen Knopfdrücken:

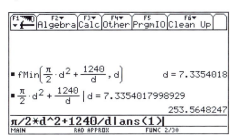
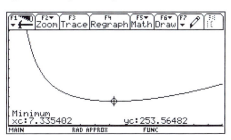

Der Oberflächeninhalt der Kartusche ist bei einem Durchmesser von 7,34 cm und bei einer Höhe von ebenfalls 7,34 cm minimal. Er beträgt annähernd 253 cm². Damit wäre das Material optimal für die Verpackung eingesetzt, wenn der Verpackungszylinder einen Durchmesser und eine Höhe von 7,3 cm hätte.

Nachteilig würde sich der Einsatz der Acrylkartusche gestalten. Die Kartuschenpistole drückt die Grundfläche der Kartusche in den Zylinder hinein. Dazu hat der Hersteller einen Auspressdruck und damit eine Auspresskraft F über das physikalische Gesetz $p = \frac{F}{A}$ ermittelt. Die mit der Optimierung der Oberfläche neu berechnete Grundfläche hat etwa den 1,6-fachen Durchmesser, also etwa den 2,6-fachen Grundflächeninhalt. Um den Auspressdruck aufrechtzuerhalten, müsste die erforderliche Kraft verdreifacht werden. Dieser Aspekt müsste bei der konstruktiven Veränderung einer solchen Verpackung berücksichtigt und gegebenenfalls im mathematischen Modell mit einer Randbedingung erfasst werden.

5 Anwendungen der Differenzialrechnung

Übungen

Aufgaben zum Modellieren und Problemlösen

1. Gesucht sind zwei reelle Zahlen, deren Produkt maximal werden soll. Von den Zahlen ist bekannt, dass ihre Summe 400 beträgt. Wie heißen die beiden Zahlen?

2. Dem abgebildeten Fünfeck soll ein Rechteck mit größtmöglichem Flächeninhalt einbeschrieben werden.
   a) *Ermitteln Sie* die Seitenlängen und den Flächeninhalt dieses Rechtecks.
   b) *Finden Sie* praktische Sachverhalte, die diesem Modell entsprechen.

   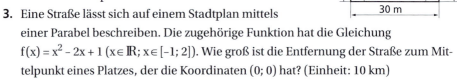

3. Eine Straße lässt sich auf einem Stadtplan mittels einer Parabel beschreiben. Die zugehörige Funktion hat die Gleichung $f(x) = x^2 - 2x + 1$ ($x \in \mathbb{R}$; $x \in [-1; 2]$). Wie groß ist die Entfernung der Straße zum Mittelpunkt eines Platzes, der die Koordinaten (0; 0) hat? (Einheit: 10 km)

4. Aus einem DIN-A4-Blatt Papier soll eine oben offene Schachtel gefaltet werden. Welches Volumen besitzt diese Schachtel höchstens?

5. *Ermitteln Sie* die Maße einer zylindrischen Dose zur Optimierung der Verpackung von 0,75 Liter Farbe. *Überprüfen Sie* Ihr Ergebnis an handelsüblichen Farbdosen.

6. *Beschreiben Sie* die Eigenschaften eines Rechtecks mit einem Flächeninhalt von 4 cm² und einem minimalen Umfang.

7. Eine Radrennbahn soll neu gebaut werden. Die Bahn mit einer Länge von 500 m beschreibe zwei kongruente Halbkreise, die durch zwei gleich lange, zueinander parallele Strecken miteinander verbunden sind.
   Unterbreiten Sie einen Bauvorschlag, der eine möglichst große Nutzfläche im Inneren der Bahn für Veranstaltungen zulässt.

8. Die Parabel der Funktion $f(x) = -x^4 + 2$ begrenzt mit der x-Achse eine Fläche. *Berechnen Sie* die Kantenlängen eines in die Fläche einbeschriebenen Rechtecks, dessen Flächeninhalt maximal ist.

9. In eine Kugel mit dem Durchmesser 1 m soll ein Kegel einbeschrieben werden. Welches maximale Volumen kann ein derartiger Kegel besitzen?

10. Einem halbkugelförmigen Hohlkörper mit dem Radius r = 6 cm soll ein Zylinder eingesetzt werden. Wie groß sind Radius und Höhe des Zylinders zu wählen, damit sein Volumen einen größtmöglichen Wert annimmt?

11. Das Drahtmodell eines Tetraeders mit einer Kantenlänge von 15 cm soll aufgebogen werden, um daraus ein Kantenmodell eines Quaders mit quadratischer Grundfläche herzustellen. *Berechnen Sie* das maximale Volumen eines solchen Quaders.

12. *Berechnen Sie* die Konstruktionsmaße einer Rinne aus zwei Brettern der Breite b, sodass die Rinne einen möglichst großen Querschnitt besitzt.

13. Die Funktion $f(x) = \sin x$ soll im Intervall $[0; \pi]$ durch eine quadratische Funktion g angenähert werden. *Berechnen Sie* sowohl die maximale Abweichung als auch die relative Abweichung der Funktionswerte von g bezüglich f.

5 Anwendungen der Differenzialrechnung

5.3 Bestimmen von Funktionsgleichungen

„Von Dresden zum Frühstück nach Prag!"
Der Neubau der A17 zwischen Dresden und Prag soll das ermöglichen. Allerdings sind dazu auf nur 45 km deutscher Seite insgesamt 58 Brückenbauwerke zu errichten. Eines der imposantesten ist dabei die Lockwitztalbrücke (www.autobahn17.de).

Die Brücke hat ein Bogensystem, das im Überbau verankert ist. Das Bogensystem liegt unter dem Überbau und besteht aus Bögen und Halbbögen zwischen Pfeilern und Fahrbahn. Diese erst machen solch große Spannweiten von 125 Metern zwischen den Stützpfeilern statisch möglich. An den Pfeilern liegt der Überbau ca. 8 m über dem Brückenbogen. Mit einer geeigneten Wahl des Koordinatensystems ergeben sich die Messpunkte $A(-62{,}5;\ -8)$, $B(0;\ 0)$ und $C(62{,}5;\ -8)$.

Arbeitsaufträge

1. Beschreiben Sie eine Möglichkeit, die Bögen mithilfe quadratischer Funktionen darzustellen. Gehen Sie dabei auf verwendete Merkmale der Bögen ein.
2. Erläutern Sie, wie sich die Modellierung verändert, wenn nur ein Halbbogen zwischen zwei Pfeilern verwendet wird.
3. Planen Sie eine Berechnung des Winkels, in welchem die Bögen die Kräfte auf die Brückenpfeiler übertragen.

Beim Modellieren der verschiedensten technischen und naturwissenschaftlichen Probleme ist man darauf angewiesen, Funktionen zu finden, die den jeweiligen Sachverhalt hinreichend gut beschreiben.

Häufig sind nur für wenige Stellen $x_1, x_2, \ldots, x_n$, den sogenannten **Stützstellen,** Werte der gesuchten Funktion bekannt. Diese Funktionswerte $f(x_1), f(x_2), \ldots, f(x_n)$ werden **Stützwerte** genannt.
Man sucht dann eine Funktion, die mit einer Reihe vorhandener Stützpunkte $P_i(x_i;\ f(x_i))$ übereinstimmt.

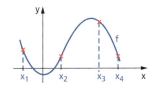

Eine effektive Methode zur Lösung derartiger Probleme besteht im Aufstellen und Lösen von Gleichungssystemen. Für die Bestimmung *ganzrationaler* Funktionen ist dabei der folgende Satz bedeutsam und hilfreich:

5 Anwendungen der Differenzialrechnung

> Eine ganzrationale Funktion n-ten Grades ist durch (n + 1) geordnete Paare $(x_i; f(x_i))$ eindeutig bestimmt.

Geometrisch bedeutet das: Der Graph einer ganzrationalen Funktion n-ten Grades ist durch (n + 1) Punkte mit verschiedenen Abszissen eindeutig festgelegt.

Mit Zunahme der zu beachtenden Bedingungen eines Anwendungsproblems wird der Grad der ganzrationalen Funktion und damit auch die Komplexität des linearen Gleichungssystems schnell steigen.
Betrachten wir als Beispiel den Griff eines Schraubendrehers. Seine Berandung soll nach Einbettung in ein ebenes Koordinatensystem durch eine ganzrationale Funktion beschrieben werden.
Zu beachten sind drei Extrempunkte und zwei Randpunkte, insgesamt also fünf

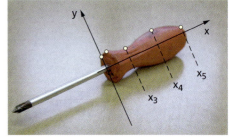

Messpunkte. Daraus lassen sich acht Gleichungen aufstellen, die eine ganzrationale Funktion 7. Grades bestimmen würden:

(1) $P_1(0; 1)$ $\Rightarrow$ $1 = a \cdot 0^7 + b \cdot 0^6 + c \cdot 0^5 + d \cdot 0^4 + e \cdot 0^3 + f \cdot 0^2 + g \cdot 0 + h;$
(2) $P_2(0,5; 1,3)$ $\Rightarrow$ $1,3 = a \cdot 0,5^7 + b \cdot 0,5^6 + c \cdot 0,5^5 + d \cdot 0,5^4 + e \cdot 0,5^3 + f \cdot 0,5^2 + g \cdot 0,5 + h;$
(3) $P_3(2; 1)$ $\Rightarrow$ $1 = a \cdot 2^7 + b \cdot 2^6 + c \cdot 2^5 + d \cdot 2^4 + e \cdot 2^3 + f \cdot 2^2 + g \cdot 2 + h;$
(4) $P_4(4; 1,5)$ $\Rightarrow$ $1,5 = a \cdot 4^7 + b \cdot 4^6 + c \cdot 4^5 + d \cdot 4^4 + e \cdot 4^3 + f \cdot 4^2 + g \cdot 4 + h;$
(5) $P_5(5,5; 1,3)$ $\Rightarrow$ $1,3 = a \cdot 5,5^7 + b \cdot 5,5^6 + c \cdot 5,5^5 + d \cdot 5,5^4 + e \cdot 5,5^3 + f \cdot 5,5^2 + g \cdot 5,5 + h$

Die Ableitungsfunktion einer Funktion 7. Grades ist
$f'(x) = 7ax^6 + 6bx^5 + 5cx^4 + 4dx^3 + 3ex^2 + 2fx + g$.
Mit ihrer Hilfe erhält man die Gleichungen (6) bis (8):

(6) $f'(0,5) = 0$ $\Rightarrow$ $0 = 7a \cdot 0,5^6 + 6b \cdot 0,5^5 + 5c \cdot 0,5^4 + 4d \cdot 0,5^3 + 3e \cdot 0,5^2 + 2f \cdot 0,5 + g;$
(7) $f'(2) = 0$ $\Rightarrow$ $0 = 7a \cdot 2^6 + 6b \cdot 2^5 + 5c \cdot 2^4 + 4d \cdot 2^3 + 3e \cdot 2^2 + 2f \cdot 2 + g;$
(8) $f'(4) = 0$ $\Rightarrow$ $0 = 7a \cdot 4^6 + 6b \cdot 4^5 + 5c \cdot 4^4 + 4d \cdot 4^3 + 3e \cdot 4^2 + 2f \cdot 4 + g$

Mit einem CAS ist das Lösen dieses Gleichungssystems kein großes Problem, ohne Hilfsmittel dagegen schon. Zur Vereinfachung der Beschreibung wird deshalb das Intervall in Teilintervalle aufgeteilt, in denen jeweils Funktionen niedrigeren Grades den Verlauf beschreiben. An den Intervallrändern müssen jeweils die Werte der Funktion und der Ableitungsfunktion mit den entsprechenden Werten der benachbarten Intervallfunktion übereinstimmen, damit keine Sprünge und keine Knicke entstehen. Beispielsweise gilt für das Intervall $[x_3; x_4]$: $f(x_3) = y_3$, $f'(x_3) = 0$, $f(x_4) = y_4$, $f'(x_4) = 0$
Die Berandung des Schraubendrehers im Intervall $[x_3; x_4]$ wird durch eine Funktion 3. Grades beschrieben.

5 Anwendungen der Differenzialrechnung

Aus der Funktion $f(x) = ax^3 + bx^2 + cx + d$, der Ableitungsfunktion $f'(x) = 3ax^2 + 2bx + c$ und den Messpunkten $P_3(2; 1)$ und $P_4(4; 1,5)$ ergibt sich folgendes Gleichungssystem:

$f(2) = 1 \Rightarrow$ (I) $\quad 2^3 a + 2^2 b + 2c + d = 1$
$f'(2) = 0 \Rightarrow$ (II) $\quad 3 \cdot 2^2 a + 2 \cdot 2 b + c = 0$
$f(4) = 1,5 \Rightarrow$ (III) $\quad 4^3 a + 4^2 b + 4c + d = 1,5$
$f'(4) = 0 \Rightarrow$ (IV) $\quad 3 \cdot 4^2 a + 2 \cdot 4 b + c = 0$

Wir lösen das lineare Gleichungssystem aus vier Gleichungen, indem wir die Variablen a, b, c, d schrittweise eliminieren. Dazu nutzen wir im Wesentlichen das Additionsverfahren. Wir erhalten die Lösung $a = -0,125$, $b = 1,125$, $c = -3$, $d = 3,5$.

Somit lautet die gesuchte Funktionsgleichung:

$f(x) = -0,125x^3 + 1,125x^2 - 3x + 3,5$ für $x \in [2; 4]$

Für die Intervalle $[0; x_3]$ und $[x_4; x_5]$ ist analog zu verfahren.

CAS und GTR verfügen häufig über spezielle Routinen oder Flash-Applikationen zum Lösen linearer Gleichungssysteme. In diesem Fall genügt es, die einzelnen Gleichungen einzugeben und die aufzulösenden Variablen zu benennen.

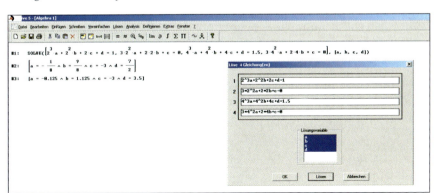

Sind keine entsprechenden Routinen vorhanden, ist auf rechnerspezifische Befehle zurückzugreifen.
So erhält man die Lösung z. B. mithilfe einer Koeffizientenmatrix und dem Operator rref.

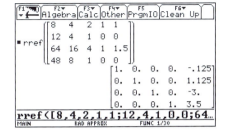

Mitunter kann das Gleichungssystem auch mit dem solve-Befehl und einer and-Verknüpfung gelöst werden.

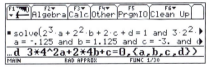

5 Anwendungen der Differenzialrechnung

Bestimmen des Bogensystems der Lockwitztalbrücke

Die Messpunkte A, B und C (siehe S. 149) liegen auf dem Graphen der Funktion f mit $f(x) = ax^2 + bx + c$, die den Brückenbogen beschreibt. Zum Bestimmen der Koeffizienten a, b und c lässt sich daraus wieder ein lineares Gleichungssystem aufstellen. Wegen der besonderen Lage der Kurve im Koordinatensystem kann hier aber sofort von der Gleichung $y = ax^2$ ausgegangen werden.

Mit $A(-62{,}5;\ -8)$ oder $C(62{,}5;\ -8)$ folgt daraus
$a = \frac{y}{x^2} = -\frac{8}{62{,}5^2} = -0{,}002048$.

Somit lautet die gesuchte Funktionsgleichung:
$f(x) = -0{,}002048x^2$ ($x \in [-62{,}5;\ 62{,}5]$)

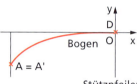

Der Halbbogen zwischen den rechten Pfeilern der Brücke kann ebenso durch eine Funktion erfasst werden. Legt man den Ursprung des Koordinatensystems in den Punkt D (62,5; 0), so wird der Punkt A zu A'(−125; −8) und man erhält sofort
$a = -\frac{8}{125^2} = -\frac{8}{15\,625}$.

Die Funktionsgleichung zur Beschreibung des rechten Halbbogens lautet dann $g(x) = -\frac{8}{15\,625}x^2$ ($x \in [-125;\ 0]$).

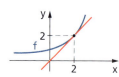

Die gefundenen Funktionsgleichungen ermöglichen nun eine Berechnung der Winkel aus Auftrag 3. Ausgangspunkt ist der Anstieg des Brückenbogens von A nach C, der mithilfe der Ableitungsfunktion $f'(x) = -0{,}004096x$ ($x \in [-62{,}5;\ 62{,}5]$) bestimmt werden kann. Da D_f lediglich aufgrund der Konstruktion eingeschränkt ist, kann $f'(-62{,}5)$ berechnet werden. Es ist $m = f'(-62{,}5) = 0{,}256$. Damit beträgt der Winkel zur Horizontalen $\arctan(0{,}256) = 14{,}4°$ und zum Pfeiler 75,6°. Der Winkel des Halbbogens zum Pfeiler beträgt nach analogen Überlegungen 82,7°.

Die Informationen, die zu einem Gleichungssystem führen, müssen nicht ausschließlich aus Stützstellen und Stützwerten gewonnen werden. Auch Informationen aus der 1. und 2. Ableitung einer Funktion können in ein Gleichungssystem einfließen.

Beispiele für Informationen, die der 1. Ableitung entnommen werden

- „Der Extrempunkt ist E (4; 5)" bedeutet:
  Punkteigenschaft: $\quad f(4) = 5$
  Extremstelleneigenschaft: $f'(-4) = 0$
- „Der Graph berührt die x-Achse an der Stelle 5" bedeutet:
  Punkteigenschaft: $\quad f(5) = 0$
  Horizontale Berührung: $\quad f'(5) = 0$
- „Der Graph berührt bei x = 2 die Winkelhalbierende des 1. Quadranten" bedeutet:
  Punkteigenschaft: $\quad f(2) = 2$
  Berührung der Tangente
  $y = x$ mit dem Anstieg 1: $\quad f'(2) = 1$

5 Anwendungen der Differenzialrechnung

- „Der Graph schneidet an der Stelle x = −1 die x-Achse im Winkel von 30°" bedeutet:
  Punkteigenschaft: $f(-1) = 0$
  Anstieg aus Winkel: $f'(-1) = \tan 30°$
  oder $f'(-1) = -\tan 30°$

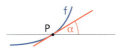

Beispiele für Informationen, die der 2. Ableitung entnommen werden

- „Der Wendepunkt ist W(4; 5)" bedeutet:
  Punkteigenschaft: $f(4) = 5$
  Wendeeigenschaft: $f''(4) = 0$

- „Im Punkt P(0; 1) wechselt das Wachstum von progressiv nach degressiv" bedeutet:
  Punkteigenschaft: $f(0) = 1$
  Art des Wachstums wechselt
  im Wendepunkt P: $f''(0) = 0$

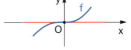

- „Die Wendetangente im Punkt P(1; 1) hat den Anstieg 4" bedeutet:
  Punkteigenschaft: $f(1) = 1$
  P ist Wendepunkt: $f''(1) = 0$
  Tangentenanstieg: $f'(1) = 4$

- „Der Koordinatenursprung O ist Terrassenpunkt" bedeutet:
  Punkteigenschaft: $f(0) = 0$
  Terrassenpunkt − Anstieg null: $f'(0) = 0$
     − Wendeeigenschaft: $f''(0) = 0$

Rekonstruktion einer Funktionsgleichung

Die Gleichung eines Funktionsgraphen ist nicht mehr bekannt und soll ermittelt werden.
Der Rekonstruktionsprozess stützt sich auf zwei ablesbare Eigenschaften:

(1) P(2; 2) ist Extrempunkt.
(2) W(1; 0) ist Terrassenpunkt.

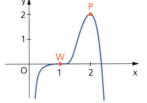

Daraus ergeben sich fünf in Gleichungen umsetzbare Informationen für die Bestimmung einer ganzrationalen Funktion 4. Grades. Allgemein ist:

$f(x) = ax^4 + bx^3 + cx^2 + dx + e$; $f'(x) = 4ax^3 + 3bx^2 + 2cx + d$; $f''(x) = 12ax^2 + 6bx + 2c$

Aus der Information (1a) $f(2) = 2$ folgt die Gleichung: $2 = 16a + 8b + 4c + 2d + e$
(1b) $f'(2) = 0$ $0 = 32a + 12b + 4c + d$
(2a) $f(1) = 0$ $0 = a + b + c + d + e$
(2b) $f'(1) = 0$ $0 = 4a + 3b + 2c + d$
(2c) $f''(1) = 0$ $0 = 12a + 6b + 2c$

Die Lösung dieses Gleichungssystems ergibt die Parameter a = −6, b = 32, c = −60, d = 48 und e = −14 und folglich die Gleichung $f(x) = -6x^4 + 32x^3 - 60x^2 + 48x - 14$.
Es bleibt zu prüfen, ob die gefundene Funktionsgleichung tatsächlich die entsprechenden Merkmale beschreibt, die die Skizze darstellt.

Übungen

1. *Bestimmen Sie* die Funktionsgleichung einer ganzrationalen Funktion 3. Grades, welche die jeweils angegebene Eigenschaften aufweist.
   a) Der Graph von f besitzt den Maximumpunkt P(2; 1) sowie mit Q(5; 0) einen weiteren Extrempunkt.
   b) Der Graph von f berührt die x-Achse an der Stelle 1; der Wendepunkt ist W(3; 3).
   c) Die Wendetangente im Punkt W(0; 3) ist parallel zur Geraden $y = 3x$ und der Graph von f hat die Nullstelle $x = 6$.
   d) Der Graph von f verläuft durch den Koordinatenursprung und besitzt im Punkt W(1; 1) eine Wendetangente mit dem Anstieg 1.

2. Ein Teil einer Spielzeugautorennbahn wird über eine ganzrationale Funktion dritten Grades beschrieben. Der linke Rand des Abschnittes ist 20 cm über dem Fußboden, der rechte Rand ist 100 cm vom linken entfernt und 40 cm über dem Fußboden. Genau in der Mitte des Abschnittes ist die steilste Stelle.
   Berechnen Sie für dieses Stück der Autorennbahn eine beschreibende Funktion, wenn
   a) die Bahn am linken Rand horizontal verläuft,
   b) am linken Rand ein Gefälle von 10 % vorhanden ist,
   c) die steilste Stelle bei (50; 30) liegt.

3. Die Flugweite eines geworfenen oder gestoßenen Gegenstandes hängt von der Anfangsgeschwindigkeit, dem Abwurfwinkel und der Abwurfhöhe ab.
   Vernachlässigt man den Luftwiderstand, dann lässt sich die Flugbahn einer Kugel näherungsweise durch eine Parabel beschreiben. Dabei soll gelten:

   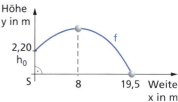

   - Die Abwurfhöhe h_0 beträgt 2,20 m.
   - Der höchste Punkt der Flugbahn wird nach 8 m erreicht.
   - Die Kugel landet bei 19,5 m.

   a) *Bestimmen Sie* eine Funktion 2. Grades $f(x) = ax^2 + bx + c$, welche die Flugbahn näherungsweise beschreibt.
   b) *Berechnen Sie* den Abwurfwinkel und den Aufprallwinkel.

4. Die Abbildung stellt einen Schnitt durch den Schraubendreher von Seite 150 dar.
   a) *Berechnen Sie* die Randfunktionen für die Intervalle $[0; x_3]$ und $[x_4; x_5]$.
   b) *Ermitteln Sie* durch Regression mit ganzrationalen Funktionen 4. Grades (siehe S. 90) eine mögliche Randfunktion für den Schraubendreher.
   c) *Berechnen Sie* die maxiale Abweichung zwischen den beiden Modellierungen.

5 Anwendungen der Differenzialrechnung

5.4 Das NEWTON-Verfahren

Am Semesterende saßen fast 100 Studierende mit Taschenrechner, Tafelwerk und Schreibzeug bewaffnet, um die Klausur zum Erwerb des Scheines „Mathematik für Biologen" zu schreiben.
Laut Aufgabenblatt war unter anderem die Gleichung $27x^4 - 9x^3 = 64$ zu lösen. Aber: Statt x^3 hätte es x^2 heißen sollen!
Viele Studierende erinnerten sich an ihr Schulwissen. Sie formulierten die Gleichung zu einem Nullstellenproblem um, notierten $0 = 27x^4 - 9x^3 - 64$, definierten die Funktion f mit $f(x) = 27x^4 - 9x^3 - 64$ und suchten nach einem Wert $x_0 \in \mathbb{R}$ mit $0 = f(x_0)$.
Manchen erinnerte dies an eine biquadratische Gleichung. Jedoch versagt das entsprechende Verfahren, wenn sowohl Terme vierten als auch dritten Grades vorkommen. Die Aufsicht weigerte sich, dazu Stellung zu nehmen, und verwies auf den gedruckten Aufgabentext. So gaben die meisten auf und wandten sich anderen Aufgaben zu. Nicht so Matheass Ü. Bärblick. Er erinnerte sich, in der gymnasialen Oberstufe etwas vom NEWTON-Verfahren gehört zu haben, blätterte in seiner Formelsammlung und ...

Arbeitsaufträge
1. Lösen Sie die Gleichung $27x^4 - 9x^3 = 64$ mit dem Bisektionsverfahren auf zwei Dezimalstellen genau.
2. Zeichnen Sie den Graphen der Funktion $f(x) = 27x^4 - 9x^3 - 64$ im Intervall $[0; 3]$.
3. Bestimmen Sie die Gleichungen der Tangenten an den Graphen von f in den Punkten $P_1(1; f(1))$ und $P_2(2; f(2))$ und zeichnen Sie die Tangenten ein.

Der englische Mathematiker, Physiker und Astronom ISAAC NEWTON (1643 bis 1727) legte ein Näherungsverfahren zur Bestimmung von Nullstellen vor, das sehr viel schneller konvergiert als das Bisektionsverfahren.
Allerdings hat es zwei Nachteile: Zum einen benötigt man mindestens die 1. Ableitung der Funktion, zum anderen versagt es bei ungünstig gewählten Startwerten.

Beim NEWTON-Verfahren wird eine gewählte Anfangsnäherung x_1 schrittweise verbessert, indem der Graph der Funktion f in der Nähe der Nullstelle x_0 durch eine Tangente ersetzt und die Nullstelle dieser Tangente berechnet wird. Das Verfahren heißt deshalb auch **Tangentennäherungsverfahren.** Eine Rechenvorschrift für einen jeweils „besseren Näherungswert" ergibt sich demzufolge aus der Berechnung der Nullstelle einer Tangente an den Graph von f.

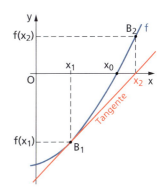

5 Anwendungen der Differenzialrechnung

Die Gleichung der Tangente t erhalten wir mithilfe der Punktrichtungsgleichung
$y - y_0 = m(x - x_0)$ einer Geraden. Die Tangente berührt den Graphen von f im Punkt $P(x_1; f(x_1))$ und hat dort dieselbe Steigung wie der Funktionsgraph, nämlich $m = f'(x_1)$.
Damit lautet die Gleichung der Tangente t:
$y - f(x_1) = f'(x_1) \cdot (x - x_1)$
Wir bestimmen nun die Nullstelle x_2 der Tangente t. Aus $0 - f(x_1) = f'(x_1) \cdot (x_2 - x_1)$ folgt
für $f'(x_1) \neq 0$: $x_2 = x_1 - \frac{f(x_1)}{f'(x_1)}$
Unter bestimmten Bedingungen liegt die Nullstelle x_2 der Tangente sehr viel näher an der Nullstelle x_0 der Funktion f als der Startwert x_1. Von x_2 ausgehend berechnen wir nun einen noch besseren Näherungswert x_3, dann x_4, x_5, ..., x_i so lange, bis der Funktionswert $f(x_i) \approx 0$ erreicht ist. Wir formulieren diese Vorgehensweise als Algorithmus:

> **NEWTON-Algorithmus**
> 1. Wähle einen Startwert x_1 mit $f'(x_1) \neq 0$ (in der Nähe der Nullstelle x_0).
> 2. Berechne für $i = 1, 2, 3, 4, ...$
> $x_{i+1} = x_i - \frac{f(x_i)}{f'(x_i)}$ bis $|f(x_i)| < 0{,}001$ (für eine Genauigkeit von 0,001)
> 3. Ausgabe: Nullstelle $x_0 \approx x_i$

Da das NEWTON-Verfahren auf der wiederholten Anwendung eines Algorithmus beruht, wird es auch als **iteratives Verfahren** bezeichnet.

Wir kehren zur Klausur der Biologiestudierenden zurück. Matheass Ü. Bärblick fand per Wertetabelle $f(1) = -46 < 0$ und $f(2) = 296 > 0$. Er schloss daraus, dass zwischen $x = 1$ und $x = 2$ eine Nullstelle x_0 liegen muss. Als Startwert wählte er daher $x_1 = 1$.
Er notierte f und f' und legte eine Tabelle an:
$f(x) = 27x^4 - 9x^3 - 64$, $\qquad f'(x) = 108x^3 - 27x^2$

i	x_i	$f(x_i)$	$f'(x_i)$	$\frac{f(x_i)}{f'(x_i)}$
1	1	−46	81	−0,5679
2	1,56790	64,47980	349,9001	0,18428
3	1,38362	11,11436	234,3827	0,04742
4	1,33620	0,59853	209,4486	0,00286
5	1,33334	0,00206	208,0050	0,00001
6	1,33333	0,00069	...	...

Schon nach fünf Rechenstufen war $|f(x_i)| = 0{,}00069... < 0{,}001$. Matheass entschied sich, $x_6 = 1{,}33333$ als hinreichend guten Näherungswert für die Nullstelle x_0 zu nehmen. Er formulierte seinen Antwortsatz: Nullstelle der Funktion $f(x) = 27x^4 - 9x^3 - 64$ und damit Lösung der Gleichung $27x^4 - 9x^3 = 64$ ist $x \approx 1{,}33333 = \frac{4}{3}$.
Die Klausur war geschafft, der Schein gesichert.

5 Anwendungen der Differenzialrechnung

Bisher war vorausgesetzt worden, dass die durch das NEWTON-Verfahren erzeugte Iterationsfolge gegen x_0 konvergiert. „NEWTON-Versager" (siehe Aufgabe 3, unten) zeigen, dass wir ein Kriterium benötigen, welches garantiert, dass der NEWTON-Algorithmus eine vorhandene Nullstelle auch tatsächlich findet. Das Kriterium ist hinreichend, aber nicht notwendig. Ist es erfüllt, so ist die Konvergenz gesichert; ist es nicht erfüllt, so konvergiert das Verfahren trotzdem in vielen Fällen.

Hinreichendes Kriterium für das NEWTON-Verfahren
Es sei f eine im Intervall [a; b] stetige und zweimal differenzierbare Funktion und es gelte $f(a) \cdot f(b) < 0$.
Der NEWTON-Algorithmus konvergiert gegen eine Nullstelle x_0 der Funktion f, wenn für alle $x \in [a; b]$ gilt: $f'(x) \neq 0$ und $\left| \dfrac{f(x) \cdot f''(x)}{(f'(x))^2} \right| < 1$

Anwendung des Konvergenzkriteriums
Es soll entschieden werden, ob der Newton-Algorithmus mit den gegebenen Startwerten eine vorhandene Nullstelle x_0 finden kann oder nicht:

$f_1(x) = \sqrt{x} - 1$; $x_1 = 2$
Das Konvergenzkriterium (siehe Zeile 1 der Abbildung) ist erfüllt, die Iterationsfolge wird gegen x_0 konvergieren.

$f_2(x) = \sqrt{x - 1}$; $x_1 = 2$
Das Konvergenzkriterium (siehe Zeile 2) ist nicht erfüllt, es kann folglich keine sichere Aussage getroffen werden, ob die Iterationsfolge gegen x_0 konvergiert.

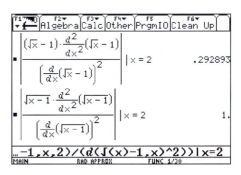

Übungen
1. *Wenden Sie* den NEWTON-Algorithmus auf die Funktionen f_1 und f_2 des obigen Beispiels *an*.
2. *Bestimmen Sie* jeweils die Lösungen der Gleichung nach dem NEWTON-Algorithmus auf sechs Stellen nach dem Komma genau.
   a) $x^4 = 2x^3 + 4$ b) $3x^3 = x^2 - 3x + 1$ c) $e^x = 3x$
3. *Weisen Sie* für die gegebene Funktion f *nach*, dass der NEWTON-Algorithmus mit dem angegebenen Startwert x_1 eine vorhandene Nullstelle nicht findet, dass also jeweils ein „NEWTON-Versager" vorliegt.
   Welche Bedingung für die Konvergenz ist nicht erfüllt?
   a) $f(x) = x^3 - 3x^2 + 3x + 1$; $x_1 = 2$ b) $f(x) = \dfrac{3}{8}x^3 - \dfrac{19}{8}x^2 + \dfrac{25}{8}x - \dfrac{1}{8}$; $x_1 = 1$
4. *Notieren Sie* die Iterationsfolge $x_{n+1} = \Phi(x_n)$ des NEWTON-Verfahrens für die Gleichung $x^2 = a$ bzw. die Funktion $f(x) = x^2 - a$ mit $a > 0$.
   Auf welches bekannte Verfahren sind Sie gestoßen?

Gemischte Aufgaben

Aufgaben zum Argumentieren und Präsentieren

1. *Sprechen Sie* über die Eigenschaften ganzrationaler und nichtrationaler Funktionen. Verwenden Sie dazu die Funktionen $f(x) = x^4 - 2x^2 + 1$ bzw. $g(x) = \frac{x-1}{e^x}$.
   Präsentieren Sie Ihre Ergebnisse in einer geeigneten Form.

2. Eine Funktion $f(x) = x^3 - 2x^2 + x$ $(x \in D_f)$ ist gegeben.
   a) *Überprüfen Sie* folgende Aussagen:
      – Es existieren genau zwei Nullstellen.
      – Der Abstand der Extrempunkte beträgt $d = 1$.
      – Der minimale Anstieg der Funktion ist $m_{min} = -\frac{1}{3}$.
   b) Durch Streckung der Funktion f mit einem Parameter t ($t \in \mathbb{R}$; $t > 0$) entsteht eine Funktionsschar g_t. *Bestimmen Sie* den Wert t_1 des Parameters so, dass der lokale Maximumpunkt die Koordinaten $M_{max}(x_{max}; 10)$ besitzt. *Bestimmen Sie* den Wert t_2 des Parameters so, dass der minimale Anstieg der Funktion $m_{min} = -1$ ist.
   c) Die Punkte $O(0; 0)$ und $R(x_R; f(x_R))$ $(x_R \in (0; 1))$ beschreiben ein achsenparalleles Rechteck. *Berechnen Sie* den Punkt R so, dass das Rechteck einen maximalen Flächeninhalt besitzt.
   d) Die Funktion f wird durch eine quadratische Funktion q im Intervall [0; 1] angenähert. Dabei sollen die Nullstellen von f auch Nullstellen von q sein und der Maximumpunkt von f auf dem Graphen von q liegen.
      Bestimmen Sie die Gleichung der Funktion q.
      Berechnen Sie die maximale Abweichung der Funktionswerte von f und q.
   e) Die Funktion f soll im Intervall [0; 1] durch eine quadratische Funktion r angenähert werden. Zu verwenden sind dazu die Wertepaare $W_k(0{,}2k; f(0{,}2k))$ mit $k \in \{0; 1; ...; 5\}$.
      Bestimmen Sie die Gleichung der Funktion r.
      Berechnen Sie die maximale Abweichung der Funktionswerte von f und r.

---

*Ziel einer **Präsentation** ist es, Arbeitsergebnisse, je nach Aufgabenstellung auch Lösungswege oder arbeitsorganisatorische Entscheidungen, so darzustellen, dass sie*
– *durch Veranschaulichungen besser verstanden werden,*
– *problematisieren und zum Nachdenken anregen und*
– *im Gedächtnis haftenbleiben.*
Bei den Präsentationsarten sind zwei Grundformen zu unterscheiden:

Präsentationen zu einem Vortrag	Stand-Alone-Präsentationen (stand-alone, engl. svw. eigenständig)
Tafel, White Board oder Flipchart Pinnwand oder Magnetwand Handout (Handzettel/Thesenpapier) Overheadfolien oder Computerpräsentation	Poster oder Wandzeitung Elektronische Präsentationen im Internet, im schulinternen Intranet oder auf Speichermedien

Gemischte Aufgaben

3. *Stellen Sie* folgende Funktionen *grafisch dar* und *begründen Sie*, ob die Funktionen an der Stelle $x_0 = 0$ differenzierbar sind oder nicht.
   Bilden Sie die Ableitung an der Stelle x_0, sofern die Funktion dort differenzierbar ist.
   a) $f(x) = x \cdot \ln x$ b) $f(x) = \lg x$ c) $f(x) = e^{x+1}$
   d) $f(x) = \frac{e^x}{x}$ e) $f(x) = \frac{\sin x}{\cos x}$ f) $f(x) = \frac{\cos x}{\sin x}$

4. An den Graphen der Funktion $g(x) = 3x + 2^x$ ($x \in \mathbb{R}$) wird im Punkt $P(2; g(2))$ die Tangente gelegt. Die Tangente schneidet die Abszissenachse im Winkel α.
   a) *Veranschaulichen Sie* das Problem grafisch.
   b) *Ermitteln Sie* den Anstieg der Tangente und *berechnen Sie* den Schnittwinkel α.

5. Die Funktion $f_t = (t^2 - t)(x^3 - 3x)$ mit $t \in \mathbb{R}$; $t \neq 0$ besitzt genau zwei Extrempunkte.
   Veranschaulichen Sie das Problem und *berechnen Sie* den Wert des Parameters t, für den die Extrempunkte minimalen Abstand haben.

6. Eine Zulieferfirma erhält den Auftrag zur Serienfertigung von Kufen für Wasserflugzeuge und plant eine entsprechende Fertigungslinie, wobei zwei unterschiedliche Technologien infrage kommen.
   Für die Metallvariante werden die Serienfertigungskosten pro Kufe näherungsweise durch folgende Funktionsgleichung beschrieben (gemessen in willkürlichen Kosteneinheiten):
   $K(x) = \frac{25x + 5000}{x + 50}$ (x – Anzahl der Kufen; $x \in \mathbb{R}$; $x > 0$)
   Bei der zweiten Variante handelt es sich um die Einführung einer neuen Technologie, bei der teilweise Kunststoff eingesetzt wird. Für die Kosten gilt näherungsweise:
   $t(x) = \frac{15x + 7200}{x + 60}$
   Diskutieren Sie die beiden Varianten. Beachten Sie dabei ökonomische Gesichtspunkte und unterbreiten Sie differenzierte Vorschläge für die Entscheidung.

7. In der folgenden Tabelle ist das jährlich ermittelte Wirtschaftswachstum der Bundesrepublik Deutschland für die Jahre 1991 bis 1999 erfasst:

Jahr	1991	1992	1993	1994	1995	1996	1997	1998	1999
Wirtschaftswachstum	3,43	2,00	1,77	1,53	2,07	1,73	2,50	2,73	3,33

   a) *Weisen Sie rechnerisch nach*, dass das Wirtschaftswachstum für den angegebenen Zeitraum näherungsweise durch folgende Funktion modelliert werden kann:
   $x(t) = -0{,}015\,t^3 + 0{,}324\,t^2 - 1{,}879\,t + 4{,}858$ mit $t \in [0{,}5;\, 9{,}5]$
   b) *Informieren Sie sich*, was man unter progressivem und degressivem Wachstum versteht und *berechnen Sie* die Zeiträume progressiven und degressiven Wachstums für den oben angegebenen Zeitraum. *Geben Sie* den Zeitraum *an*, in dem die „Trendwende" im Wirtschaftswachstum erreicht wurde.
   c) *Stellen Sie* die realen Daten zum Wirtschaftswachstum sowie die Modellfunktion in einem Koordinatensystem *grafisch dar*.
   Beurteilen Sie beide Funktionen hinsichtlich Stetigkeit und Differenzierbarkeit.
   Untersuchen Sie, welche Seiten des Wirtschaftswachstums das Modell erfasst.

Gemischte Aufgaben

Aufgaben zum Modellieren und Problemlösen

8. a) Der Graph einer Funktion f ist in einem Teil des Definitionsbereiches dargestellt. *Übertragen Sie* den Graphen der Funktion und *skizzieren Sie* die Graphen der ersten und zweiten Ableitung von f im dargestellten Intervall.

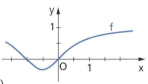

b) *Berechnen Sie* für eine Funktion f mit $f(x) = \frac{x^2 + x}{x^2 + x + 1}$ $(x \in D_f)$ die lokalen Extrempunkte und deren Art sowie die Wendepunkte und *leiten Sie* daraus Aussagen zu Monotonieintervallen und zur Symmetrie der Funktion f *ab*.
Beweisen Sie gegebenenfalls spezielle vermutete Eigenschaften.

c) Im Intervall [–1; 0] wird der Graph von f durch eine Parabel einer Funktion g 2. Grades angenähert. Die Graphen von f und g sollen den lokalen Extrempunkt von f und die Funktionswerte an den Intervallgrenzen gemeinsam haben.
Ermitteln Sie eine Gleichung der Funktion g.
Bestimmen Sie die größte Abweichung der Graphen beider Funktionen an einer Stelle.

9. Die verkettete Funktion $f(x) = \sin\frac{1}{x}$ $(x \in \mathbb{R}; x \neq 0)$ soll mithilfe grafischer Darstellungen analysiert werden. Die linke Abbildung zeigt den Graphen der inneren Funktion $v(x) = \frac{1}{x}$, die rechte Abbildung den Graphen der Funktion f.
(Angegeben sind außerdem die jeweiligen Darstellungsintervalle.)

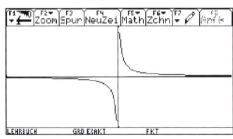

$x_{min} = -10$ $x_{max} = 10$ $y_{min} = -5$ $y_{min} = 5$

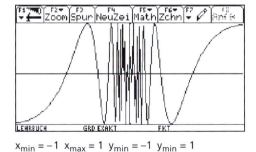

$x_{min} = -1$ $x_{max} = 1$ $y_{min} = -1$ $y_{min} = 1$

a) *Formulieren Sie* Vermutungen zu Nullstellen, Extrempunkten und Wendepunkten der Funktion v.

b) *Berechnen Sie* die Nullstellen der Funktion f und *erläutern Sie*, weshalb der Graph die dargestellten Eigenschaften besitzt.

c) *Begründen Sie*, dass f in jeder beliebig kleinen Umgebung von 0 unendlich viele Wendepunkte besitzt.

10. Auf Seite 152 wurde der rechte Brückenbogen der Lockwitztalbrücke durch folgende Gleichung beschrieben:
$f(x) = -\frac{8}{15625}x^2$

Zeigen Sie, dass der Brückenbogen bei einer anderen Wahl des Koordinatensystems auch durch die Gleichung $f(x) = -\frac{8}{15625}x^2 + \frac{8}{125}x - 2$ beschrieben werden kann.
Geben Sie den hierfür gültigen Definitionsbereich an.

Gemischte Aufgaben

11. Von einer Fischpopulation von 2 000 Tieren sind nach einer plötzlichen Verschmutzung des Wassereinzugsgebietes innerhalb von zehn Tagen 50 % der Tiere gestorben, nach weiteren zehn Tagen erneut 50 % des verbliebenen Bestandes.
Aus wissenschaftlichen Untersuchungen weiß man, dass sich dieser Prozess aufgrund der Umweltschäden analog fortsetzen wird.
  a) *Vergleichen Sie* die Anzahl der durchschnittlich täglich gestorbenen Tiere innerhalb der ersten 30 Tage mit der Sterberate am 30. Tag nach dem Unfall.
  b) Frühere Umweltsünden zeigen, dass die exponentielle Abnahme der Population zum Zeitpunkt t_l in eine lineare übergeht, sobald nur noch 10 % der Tiere der Ausgangspopulation vorhanden sind. Die Todesrate bleibt dann ab dem Zeitpunkt t_l konstant.
  Berechnen Sie, wie viele Tagen nach dem Unglück alle Tiere gestorben sind.
  c) Für die Praxis hat sich gezeigt, dass die exponentiellen Zusammenhänge zwischen der Fischpopulationsgröße N und der Zeit t bis zum Zeitpunkt t_l gut durch ganzrationale Funktionen angenähert werden können. Dabei sollen die Populationsgrößen zu Beginn des Fischsterbens t_0 und zum Zeitpunkt t_l sowie die zugehörigen Sterberaten als Kriterien für die Approximation angesehen werden.
  Begründen Sie die Notwendigkeit einer ganzrationalen Funktion dritten Grades zur Approximation und bestimmen Sie eine derartige Funktion. *Berechnen Sie* den maximalen absoluten Fehler, der durch eine derartige Näherung zu erwarten ist.

12. Die nichtrationale Funktion $f(x) = \sqrt{x+1}$ $(x \geq -1)$ kann in einem begrenzten Intervall durch eine ganzrationale Funktion angenähert werden. *Ermitteln Sie* eine ganzrationale Funktion 3. Grades, die an den Stellen $x_0 = 0$, $x_1 = 1$, $x_2 = 2$ und $x_3 = 3$ mit f übereinstimmt.

13. Das Tal der Wilden Gera in Thüringen wird von der größten Bogenbrücke Deutschlands überquert. Ihre Bogenspannweite beträgt 252 m (Bauwerksgesamtlänge 552 m), wobei im Bogenbereich sechs Pfeiler im Abstand von jeweils 42 m die Fahrbahn tragen (siehe Abbildung). Die Brücke erhebt sich etwa 110 m über dem Talgrund, der Beginn des Bogens und der Fußpunkt der äußersten Pfeiler liegt rund 38,5 m über dem Talgrund. Die Stärke des Bogens verringert sich von 5,5 m an den Widerlagern auf 3,3 m im höchsten Punkt. Die Autobahn besitzt von Osten nach Westen eine konstante Steigung von etwa 2,6 %.
  a) *Beschreiben Sie* mathematisch den Verlauf des äußeren und inneren Brückenbogens.
  b) *Ermitteln Sie* näherungsweise eine Gleichung der (geradlinig verlaufenden) Fahrbahn.
  c) *Berechnen Sie* näherungsweise die Länge der äußersten Pfeiler im Bogenbereich.

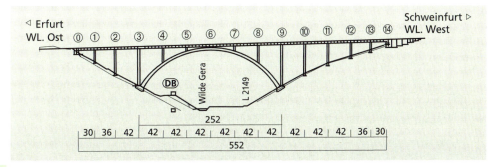

Gemischte Aufgaben

14. Nebenstehende Skizze zeigt das Profil der Dachkonstruktion einer Schwimmhalle.

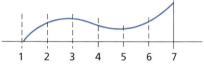

a) *Beschreiben Sie* das Dachprofil mittels einer ganzrationalen Funktion dritten Grades.

Dachprofil, Messpunkt mit Koordinaten (horizontale Entfernung, vertikale Entfernung) in Metern

b) *Bewerten Sie* die Güte Ihres Modells.

1 … (0,0; 0,0)   5 … (20,0; 2,5)
2 … (5,0; 3,0)   6 … (25,0; 3,5)
3 … (10,0; 4,0) 7 … (30,0; 6,0)
4 … (15,0; 3,0)

c) Aus Sicherheitsgründen müssen in Bereichen mit Dachneigungen größer als 15° Sicherungseinrichtungen für Instandsetzungsarbeiten vorgesehen werden.
Ermitteln Sie aus dem von Ihnen gewonnenen Modell derartige Bereiche.

d) *Berechnen Sie* den Punkt des Daches, an dem die Neigung am größten ist, und geben Sie den Neigungswinkel an.

e) Im Dachstuhl soll senkrecht zum Boden ein dreieckiges Segel unter dem Deckenprofil gespannt werden.
Berechnen Sie dessen maximalen Flächeninhalt.

f) Dächer dieser Dachform und einer Breite von 30 Metern lassen sich stets über die Funktion $d_k(x) = k \cdot (1{,}55x^3 - 70x^2 + 900x)$ ($x \in \mathbb{R}$; $x \in [0; 30]$; $k \in \mathbb{R}$) beschreiben.
Berechnen Sie den Wert k so, dass keine Sicherungseinrichtungen für Instandsetzungsarbeiten vorgesehen werden müssen.

15. Bei der Erzeugung elektrischer Energie in Windkraftanlagen sind sowohl die Windverhältnisse in unterschiedlichen Höhen als auch die Baukosten der Windanlagen zu beachten. Der prozentuale Anteil P an einer theoretisch erreichbaren Energieausbeute kann durch die Funktion $P(h) = \dfrac{100}{1 + e^{-0{,}1 \cdot (h - 50)}}$ in Abhängigkeit der Höhe h (h in Metern) beschrieben werden.

a) *Stellen Sie* die Funktion P *grafisch dar*.
Berechnen Sie die Höhenbereiche, in denen die Energieausbeute am stärksten zunimmt.
Begründen Sie, in welchen Höhen eine Höhenveränderung kaum zu einer Erhöhung der Energieausbeute führt.

Die Baukosten für Windkraftanlagen können über eine ganzrationale Kostenfunktion K dritten Grades in Abhängigkeit der Anlagenhöhe h beschrieben werden.

b) *Bestimmen Sie* eine derartige Kostenfunktion, wenn Fixkosten von 50 000 € zugrunde liegen und die Bauhöhen 30 m, 40 m und 50 m die Kosten von 131 000 €, 242 000 € bzw. 425 000 € zur Folge haben.

c) *Berechnen Sie*, in welcher Höhe das Verhältnis von Energieausbeute und Anlagenkosten optimal ist.

16. An welchen Stellen x_0 hat die Tangente an den Graphen von f den Anstieg m?
Stellen Sie eine Gleichung der jeweiligen Tangente *auf*.

a) $f(x) = \dfrac{1}{x}$; $m = -4$
b) $f(x) = \dfrac{1}{x^2 + 2}$; $m = \dfrac{1}{9}$
c) $f(x) = \dfrac{x^3 - x}{x}$; $m = 6$

Gemischte Aufgaben

17. Gegeben sei die Funktion $f(x) = \frac{1}{18}(x-6)(x^2-9)$. In den Punkten $P_1(-3; 0)$ und $P_2(6; 0)$ seien Tangenten t_1 und t_2 an den Graphen der Funktion f gelegt. Die Tangenten schneiden einander im Punkt S.
   a) *Berechnen Sie* den Schnittwinkel beider Tangenten.
   b) *Berechnen Sie* den Flächeninhalt des Dreiecks P_1P_2S.

18. *Untersuchen Sie*, ob die handelsübliche 1-Liter-Milchtüte mit rechteckiger Grundfläche oder die ebenfalls weit verbreitete mit quadratischer Grundfläche verpackungsminimal hergestellt ist.

19. Vom Punkt A(1; 5) eines kartesischen Koordinatensystems soll an den Graphen der Funktion $y = f(x) = \sqrt{x}$ eine Strecke s minimaler Länge gezeichnet werden. Die Strecke endet im Punkt $B(x_B; y_B)$ des Graphen.
   a) *Zeichnen Sie* den Graphen der Funktion f und skizzieren sie die Strecke $\overline{AB}$.
   b) *Stellen Sie* eine Gleichung der Funktion $s(x_B)$ auf und stellen Sie auch diese Funktion grafisch dar.
   c) *Ermitteln Sie*, für welchen Punkt B die Strecke $\overline{AB}$ minimal wird, und *geben Sie* die Länge dieser Strecke *an*.

20. Eine zur y-Achse symmetrische Parabel 4. Ordnung soll durch den Koordinatenursprung gehen und an der Stelle x = 1 einen Wendepunkt haben.
   a) *Zeigen Sie*, dass es unendlich viele Parabeln dieser Art gibt.
   b) Welche Punkte haben alle diese Parabeln gemeinsam?
   c) Für welche Parabeln sind die Wendetangenten orthogonal?

21. Gegeben ist die Funktionsschar $f_k(x) = (3 - x^2) \cdot e^{kx}$ $(k \in \mathbb{R})$.
   a) *Zeigen Sie*, dass es drei Punkte gibt, durch die alle Graphen von f_k verlaufen.
   b) *Bestimmen Sie* die Ortslinien der Extrempunkte.

22. Beim Anschluss von Lautsprechern an Verstärker sind die angegebenen Widerstände zu beachten (z. B. 6 Ohm). Dieser physikalische Sachverhalt kann vereinfacht im nebenstehenden Ersatzschaltbild dargestellt werden.
Ein Arbeitswiderstand R wird an eine Gleichspannungsquelle angeschlossen, die die Quellspannung U_0 liefert und den Innenwiderstand R_i besitzt.

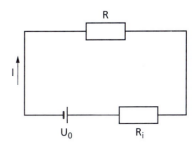

Berechnen Sie den Arbeitswiderstand so, dass die Leistung P am Arbeitswiderstand maximal ist. Wie groß ist dann die Maximalspannung?

Es gelten folgende Beziehungen: I = konstant, $U = R \cdot I$, $I = \frac{U_0}{R_{ges}}$, $R_{ges} = R + R_i$, $P = U \cdot I$

23. *Stellen Sie* die folgenden Funktionen grafisch *dar* und *begründen Sie*, ob diese an der Stelle $x_0 = 0$ differenzierbar sind oder nicht. *Bilden Sie* die Ableitung an der Stelle x_0, sofern die Funktion an dieser Stelle differenzierbar ist.
   a) $f(x) = 0{,}2x^3 - 2x^2 + 0{,}8x - 3$
   b) $f(x) = \frac{1}{x^2 + 2}$
   c) $f(x) = \frac{1}{x^2 - 2}$

Im Überblick

Eigenschaften einer gebrochenrationalen Funktion

Allgemeiner Fall:
$$f(x) = \frac{u(x)}{v(x)} = \frac{a_n x^n + a_{n-1} x^{n-1} + \ldots + a_1 x + a_0}{b_m x^m + b_{m-1} x^{m-1} + \ldots + b_1 x + b_0}$$

Beispiel:
$$f(x) = \frac{2x-1}{x^2}$$

Ableitungen
(mit CAS oder nach Quotientenregel):
$$f'(x) = \frac{2-2x}{x^3}; \quad f''(x) = \frac{4x-6}{x^4}; \quad f'''(x) = \frac{24-12x}{x^5}$$

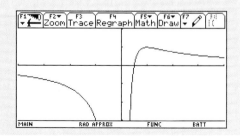

Stehen zur grafischen Darstellung einer Funktion weder CAS noch Funktionsplotter zur Verfügung, sind aus der gegebenen Gleichung einer Funktion so viele Eigenschaften zu bestimmen, dass das Skizzieren des Graphen möglich ist. Solche Eigenschaften sind:

(1) Definitionsbereich:
$D_f = \mathbb{R} \setminus \{x; v(x) = 0\}$ 	$D_f = \mathbb{R} \setminus \{0\}$

(2) Symmetrieeigenschaften:
Gilt $f(-x) = f(x)$ für alle $x \in D_f$, so ist f achsensymmetrisch zur y-Achse.
Gilt $f(-x) = -f(x)$ für alle $x \in D_f$, so ist f punktsymmetrisch zu $P(0; 0)$.

$f(-x) = \frac{-2x-1}{(-x)^2} = \frac{-2x-1}{x^2} \neq f(x) \neq -f(x)$

Es liegt keine Symmetrie vor.

(3) Verhalten im Unendlichen:
Zu untersuchen ist $\lim\limits_{x \to \pm\infty} f(x)$.
Für $n < m$ ist $y = 0$ die Gleichung der Asymptote.
Für $n = m$ ist $y = \frac{a_n}{b_n}$ die Gleichung der Asymptote.
Für $n > m$ ist $f(x) = g(x) + e(x)$ und der Graph von g ist Asymptote.
f wird durch Polynomdivision in einen ganzrationalen Anteil g und einen gebrochenrationalen Anteil e zerlegt.

$\lim\limits_{x \to \pm\infty} \frac{2x-1}{x^2} = \lim\limits_{x \to \pm\infty} \frac{x^2 \left(\frac{2}{x} - \frac{1}{x^2}\right)}{x^2} = 0$

Da $n < m$, ist $y = 0$ Asymptote.

(4) Stetigkeit / Unstetigkeit:
f hat an der Stelle x_0 eine Polstelle, wenn $v(x_0) = 0$ und $u(x_0) \neq 0$.

Nur für $x_1 = 0$ ist $v(x_1) = 0$ und $u(x_1) \neq 0$.
$x_1 = 0$ ist Polstelle.

(5) Nullstellen:
Lösungen x_0 der Gleichung $u(x) = 0$, wenn $v(x_0) \neq 0$.

$\frac{2x-1}{x^2} = 0$, also $2x - 1 = 0$ und $x_2 = \frac{1}{2}$;
x_2 ist Nullstelle, weil $v\left(\frac{1}{2}\right) = \frac{1}{4} \neq 0$.
$P_2\left(\frac{1}{2}; 0\right)$ ist Schnittpunkt mit der x-Achse.

Im Überblick

(6) Schnittpunkt mit der y-Achse:
$y_s = f(0)$
Schnittpunkt mit der y-Achse: $P_y(0; y_s)$

$x = 0$ gehört nicht zum Definitionsbereich von f. Das bedeutet:
Der Graph von f hat keinen Schnittpunkt mit der y-Achse.

(7) Lokale Extremstellen:
a) Lösen der Gleichung $f'(x) = 0$, d.h., Zähler von $f'(x)$ muss 0 und Nenner von $f'(x)$ muss ungleich 0 sein.
b) Ist x_E Lösung, dann berechnet man $f''(x_E)$.
c) Entscheidung:
$f''(x_E) < 0$: x_E ist Maximumstelle.
$f''(x_E) > 0$: x_E ist Minimumstelle.
$f''(x_E) = 0$: Entscheidung über höhere Ableitungen oder Monotonieverhalten von f

a) $\frac{2 - 2x}{x^3} = 0$, also $2x = 2$ und $x_3 = 1$.

b) $f''(1) = -2$

c) $f''(1) = -2$
$\Rightarrow x_3 = 1$ ist Maximumstelle und $P_3(1; 1)$ Maximumpunkt.

(8) Wendepunkte:
a) Lösen der Gleichung $f''(x) = 0$ (Zählerfunktion = 0, Nennerfunktion ≠ 0).
b) Ist x_W Lösung, dann Berechnung von $f'''(x_W)$.
c) Entscheidung:
$f'''(x_W) \neq 0$: x_W ist Wendestelle
$f'''(x_W) = 0$: Entscheidung über höhere Ableitungen oder Monotonieverhalten von f'

a) $\frac{4x - 6}{x^4} = 0$, also $4x = 6$ und $x_4 = \frac{3}{2}$.

b) $f'''\left(\frac{3}{2}\right) = \frac{(24 - 18)}{3^5} \cdot 25 = \frac{6 \cdot 25}{3^5} \approx 0{,}79$

c) $f'''\left(\frac{3}{2}\right) \neq 0$
$\Rightarrow x_4 = \frac{3}{2}$ ist Wendestelle und $P_4\left(\frac{3}{2}; \frac{8}{9}\right)$ ist Wendepunkt.

Wendetangenten:
a) Anstieg: $m = f'(x_W)$

b) Gleichung: $m = \frac{y - y_W}{x - x_W}$

a) $m = f'\left(\frac{3}{2}\right) = \frac{2 - \frac{6}{2}}{\frac{27}{8}} = \frac{-1}{\frac{27}{8}} = -\frac{8}{27}$

b) $-\frac{8}{27} = \frac{y - \frac{8}{9}}{x - \frac{3}{2}}$, also $-\frac{8}{27}x + \frac{4}{9} = y - \frac{8}{9}$.
Tangentengleichung: $y = -\frac{8}{27}x + \frac{4}{3}$

(9) Graph:

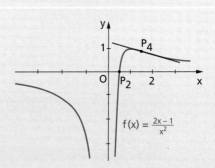

Mosaik

Extremwertbestimmung einmal anders

Viele Extremwertprobleme lassen sich neben dem im Abschnitt 5.2 behandelten Verfahren auch ohne das Bilden von Ableitungen inhaltlich lösen. Einige Aufgaben sind mit den klassischen Methoden nur schwer oder gar nicht lösbar.

(1) Wozu Fußballer einen Grafikrechner benötigen

Am 6. Oktober 2001 spielte die deutsche Fußballnationalmannschaft gegen Finnland. Das Spiel endete torlos: 0 : 0. Die deutsche Boulevard-Presse ging hart mit den Kickern von Team-Chef Rudi Völler ins Gericht und wertete das Remis wie eine Niederlage. Die Presse kritisierte vor allem Stürmer Oliver B., der aus „acht Metern (!)" Entfernung das Tor nicht traf. Es steht die Frage, warum hinter der Angabe „acht Meter" das Ausrufezeichen gesetzt wurde. Ist es vielleicht weniger verwerflich, aus 6 m das Tor zu verfehlen oder aus einer Entfernung von 10 m?

Wir veranschaulichen den Sachverhalt in einer Skizze.

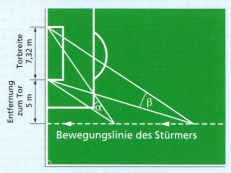

(Skizze nicht maßstäblich)

Der Stürmer war entlang einer gedachten Linie parallel zur Außenlinie in Richtung gegnerisches Tor gelaufen. Den Abstand dieser Linie zum Tor schätzen wir auf 5 m. Die Torbreite beträgt 7,32 m.
Zu jeder Entfernung des Stürmers von der Torauslinie existiert genau ein Einschusswinkel. In der Skizze sind z. B. zwei Winkel eingezeichnet.
Gibt es unter all diesen Winkeln einen maximalen? Falls ja, in welcher Entfernung von der Torauslinie ist die günstigste Schussposition?

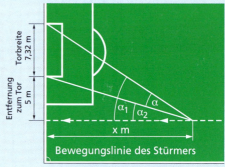

(Skizze nicht maßstäblich)

Ein möglicher Ansatz für eine Zielfunktion lautet:

$$\alpha = \alpha_1 - \alpha_2 = \arctan\left(\frac{12{,}32\text{ m}}{x\text{ m}}\right) - \arctan\left(\frac{5\text{ m}}{x\text{ m}}\right)$$

Hinweis: Da die Arkustangensfunktion vielfach unbekannt ist, begnügen wir uns mit der vom Taschenrechner gewohnten Schreibweise:

$$\alpha = \tan^{-1}\left(\frac{12{,}32 \text{ m}}{x \text{ m}}\right) - \tan^{-1}\left(\frac{5 \text{ m}}{x \text{ m}}\right)$$

Nun stellen wir die Funktion Entfernung $\mapsto$ Winkel mithilfe des GTR dar.

Auf der x-Achse wird die Entfernung des Stürmers von der Torauslinie abgetragen. Das Intervall 0 m < x < 30 m erscheint realistisch. Auf der y-Achse wird die Größe des Winkels abgetragen. Hier wählen wir den Darstellungsbereich 0° < y < 50°.
Die grafische Darstellung der Funktion zeigt, dass sie tatsächlich ein lokales Maximum besitzt, also ein größtmöglicher Einschusswinkel existiert.

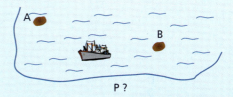

Die optimale Einschussentfernung ist also rund 8 m, der größtmögliche Einschusswinkel beträgt etwa 25°.
Die Untersuchung kann natürlich auch in einer Tabelle erfolgen.

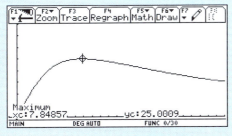

Es ist durchaus überraschend, dass die Presse so genau recherchiert hat.
Das Ausrufezeichen hinter der Angabe „acht Meter" war „berechtigt".

(2) Optimierung der Postzustellung für Inseln

Vor der südlichen Küste (K) einer Bucht liegen zwei Inseln A und B. An dieser Küste soll ein Postfach P aufgestellt werden, zu dem von A aus täglich ein Boot fährt, das anschließend die Insel B ansteuert, um dann nach A zurückzukehren. Der Ort für das Postfach P ist so zu wählen, dass die Länge des Weges von A nach P und weiter nach B minimal wird.

Ein klassischer Lösungsansatz besteht darin, das Ganze mit einem Koordinatensystem zu hinterlegen und Koordinaten der Punkte A und B und des Punktes P, der auf einer die Küstenlinie beschreibenden Geraden liegt, anzugeben. Für die Berechnung des Abstandes zweier Punkte existiert eine Formel, wobei zu beachten ist, dass die Koordinaten des Punktes P Parameter enthalten.
Dieser Weg erweist sich als sehr langwierig.
Sehr elegant ist dagegen eine konstruktive Variante. Wir zeichnen in der Skizze eine Gerade g entlang der Küstenlinie und spiegeln den Punkt B an dieser Geraden. Der Bildpunkt und der Punkt A werden verbunden. Der Schnittpunkt dieser Linie mit der Geraden g ist der gesuchte Punkt, der die Bedingungen erfüllt.

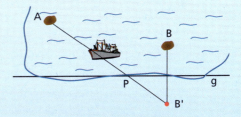

Hilfsmittelfreier Test

1. Eine Gerade g verläuft durch den Punkt P(−1; −3); ihr Anstiegswinkel beträgt 45°.
   a) *Bestimmen Sie* die Gleichung einer Funktion mit dem Graphen g.
   b) *Geben Sie* eine Gleichung einer Funktion h *an*, deren Graph senkrecht zu g ist und den Punkt Q(0; 1) enthält.

2. Gegeben sind Graphen quadratischer Funktionen f_i bzw. Graphen von Sinusfunktionen der Form $g_i(x) = a \cdot \sin bx + d$.
   Bestimmen Sie die Funktionsterme der dargestellten Funktionen.

   a) 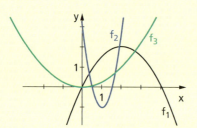   b)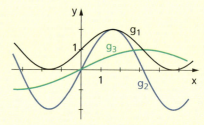

3. *Geben Sie* jeweils den Definitions- und den Wertebereich der Funktionsschar f_a *an*.
   Untersuchen Sie die Funktionen in Abhängigkeit von a mit $a \in \mathbb{R}$; a > 0 auf Schnittpunkte mit den Koordinatenachsen und *bestimmen Sie* das Symmetrieverhalten ihrer Graphen.
   a) $f_a(x) = ax^3 - x$ b) $f_a(x) = \dfrac{ax^4 - x^2}{x^2}$ c) $f_a(x) = a \cdot x \cdot e^{x^2}$

4. *Untersuchen Sie*, ob nachstehende Folgen arithmetische oder geometrische Folgen sind.
   Bestimmen Sie dabei gleichzeitig das Monotonieverhalten.
   a) $(a_n) = (2n + 3)$ b) $(a_n) = \left(\dfrac{n-1}{n}\right)$ c) $(a_n) = \left(\dfrac{1}{2^n}\right)$

5. *Untersuchen Sie*, ob die Folgen (a_n) aus Aufgabe 4 beschränkt sind.

6. *Bestimmen Sie* alle natürlichen Zahlen n, für die die Glieder der Zahlenfolge $(a_n) = \left(\dfrac{2n-1}{n}\right)$ ($n \in \mathbb{N}$; $n \neq 0$) in der 10^{-2}-Umgebung des Grenzwertes g von (a_n) liegen.

7. *Untersuchen Sie* die Folgen $(a_n) = \left(2 + \dfrac{1}{n}\right) \cdot \left(2 - \dfrac{1}{n}\right)$ und $(b_n) = \left(\dfrac{3n^2 + 4n + 7}{9n^2 + 7n}\right)$ auf Konvergenz.

8. Gegeben ist die Folge (a_n) mit $a_n = \dfrac{-n+1}{1+n}$.
   a) *Berechnen Sie* die ersten fünf Glieder der Folge (a_n) und *stellen Sie* diese *grafisch dar*.
   b) *Untersuchen Sie* das Monotonieverhalten von (a_n).
   c) Welche Glieder der Folge (a_n) befinden sich in der ε-Umgebung des Grenzwertes der Folge mit ε = 0,001?

9. Ein Bankkunde legt zu Jahresbeginn 10 000 € zu einem Zinssatz von 4,5 % p. a. fest an.
   Hinweis: Es werden nur volle Euro verzinst.
   a) Welchen Zinsbetrag erhält er insgesamt in sieben Jahren, wenn er sich die anfallenden Zinsen jeweils am Jahresende auszahlen lässt?
   b) Nach wie vielen Jahren hat sich der eingezahlte Betrag verdoppelt, wenn die jährlichen Zinsen dem Kapital gutgeschrieben und im Folgejahr mit verzinst werden?
   c) Auf welchen Betrag wächst das Kapital in sechs Jahren, wenn zu Beginn jedes Folgejahres 1 000 € eingezahlt werden und über die Zinsen nicht verfügt wird?

Hilfsmittelfreier Test

10. *Skizzieren Sie* den Graphen je einer Funktion, die die angegebenen Bedingungen erfüllt.
    a) $\lim_{x \to -\infty} f(x) = \infty$
       $\lim_{x \to \infty} f(x) = -1$
    b) $\lim_{x \to \pm\infty} f(x) = \infty$
    c) $\lim_{x \to -\infty} f(x) = 0$
       $\lim_{x \to \infty} f(x) = 4$

11. *Untersuchen Sie* das Verhalten der Funktion f mit f(x) für $x \to \pm\infty$.
    a) $f(x) = x^2 - 2x - 5$
    b) $f(x) = \frac{1}{3}x^3 + \frac{1}{2}x^2 + x$
    c) $f(x) = e^x - 1\,000$
    d) $f(x) = \frac{x^2 - 5}{x^2 - 4}$
    e) $f(x) = \frac{3 - x}{x^2 + 9}$
    f) $f(x) = \frac{x^2 + 2x + 1}{x}$

12. *Geben Sie* für die Funktionen von Aufgabe 11 die Gleichungen aller vorhandenen Asymptoten *an*.

13. Für welche $x > 0$ ist der Abstand des Graphen der Funktion $f(x) = \frac{1}{x - 1}$ zu seiner waagerechten Asymptote kleiner als $\frac{1}{10}$?

14. *Berechnen Sie* die Grenzwerte.
    a) $\lim_{x \to -2} (x^2 - x + 3)$
    b) $\lim_{x \to 0} \frac{x - 3}{x + 5}$
    c) $\lim_{x \to 1} \frac{x^2 - 1}{x - 1}$
    d) $\lim_{x \to 0} \frac{x^2 + 2x}{x^3 - 4x}$
    e) $\lim_{x \to 0} \frac{e^x}{x + 2}$
    f) $\lim_{x \to \frac{1}{2}} \frac{x^2 + \frac{1}{2}x - \frac{1}{2}}{x - \frac{1}{2}}$

15. *Untersuchen Sie* anhand der Graphen, ob die dargestellten Funktionen an der Stelle x_0 und im Intervall [a; b] stetig sind. *Begründen Sie* Ihre Entscheidung.

    a)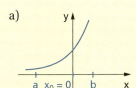
    b)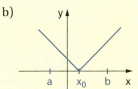
    c)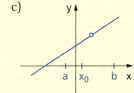
    d)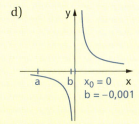
    e)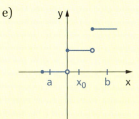
    f)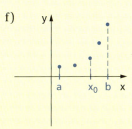

16. *Untersuchen Sie* die folgenden Funktionen auf Stetigkeit an der Stelle x_0.
    a) $f(x) = \frac{x^2 + 2x + 1}{x}$; $x_0 = 1$
    b) $f(x) = \frac{x^2 + x - 6}{x - 2}$; $x_0 = 2$
    c) $f(x) = \begin{cases} \frac{1}{2}x & \text{für } x \leq 2 \\ \frac{1}{2}x + \frac{1}{2} & \text{für } x > 2 \end{cases}$; $x_0 = 2$
    d) $f(x) = \begin{cases} \frac{1}{2}x & \text{für } x \neq 2 \\ \frac{3}{2} & \text{für } x = 2 \end{cases}$; $x_0 = 2$
    e) $f(x) = \frac{(3 + x)(2 - x)}{x^2 - 9}$; $x_0 = -3$
    f) $f(x) = \begin{cases} x^2 & \text{für } x \leq 1 \\ \sqrt{x} & \text{für } x > 1 \end{cases}$; $x_0 = 1$

17. Welche der Unstetigkeitsstellen x_0 aus Aufgabe 16 sind hebbar? *Geben Sie* die jeweilige stetige Fortsetzung *an*.

Hilfsmittelfreier Test

18. Anhand der physikalischen Größen Weg, Zeit und Geschwindigkeit kann der Zusammenhang zwischen Differenzenquotient und Differenzialquotient verdeutlicht werden.
   a) *Stellen Sie* den Differenzenquotienten für eine Funktion s(t) *auf und erläutern Sie* den physikalischen Inhalt.
   b) *Stellen Sie* den Differenzialquotienten für eine Funktion s(t) *auf und erläutern Sie* den physikalischen Inhalt.
   c) Die Funktion $s(t) = \frac{3}{2}t^2 + 2t$ ist eine Weg-Zeit-Funktion. Auf die Einheiten der physikalischen Größen wurde verzichtet.
   Ermitteln Sie den funktionalen Zusammenhang zwischen Geschwindigkeit und Zeit.

19. *Erläutern Sie*
   a) das Verfahren zur Berechnung der 1. Ableitung einer Funktion an einer Stelle x_0 mittels Differenzenquotienten,
   b) verschiedene Interpretationen der 1. Ableitung an einer Stelle x_0;
   c) verschiedene Interpretationen der 2. Ableitung an einer Stelle x_0;
   d) ein Verfahren zur Berechnung der Gleichung einer Tangente an den Graphen einer Funktion f im Punkt $P(x_0; f(x_0))$;
   e) ein Verfahren zur Berechnung der Gleichung einer Tangente durch einen Punkt $P(x_P; y_P)$ an den Graphen einer Funktion f (P liegt nicht auf dem Graphen von f).

20. *Bilden Sie* mithilfe der Ableitungsregeln die ersten zwei Ableitungen.
   a) $f(x) = 16x^2 - 5x + 10$
   b) $f(x) = \frac{3}{x^2} + 15x - 3$
   c) $f(x) = x^{\frac{1}{2}} - 3x^{\frac{2}{3}}$
   d) $f(x) = (2e^x - 1)^2$
   e) $f(x) = \left(\frac{3}{4}\right)^x$
   f) $f_t(x) = tx^2 - tx$
   g) $f(x) = e^{-x}(2x - 1)$
   h) $f(x) = \ln(-2x + 1)$
   i) $f(x) = (\ln x)^2 - 2 \cdot \ln x$
   j) $f(x) = 3 \cdot \sin(2x + \pi)$
   k) $f(x) = \frac{e^x}{1-x}$
   l) $f(x) = 2^{1-2x}$
   m) $f_t(x) = -2 \cdot \sin tx + \cos tx$
   n) $f_t(x) = \frac{2x}{t+x}$
   o) $f_t(x) = \frac{e^x}{e^x - t}$

21. *Ermitteln Sie* die Gleichung der Tangente im Punkt $P(x_0; f(x_0))$ an den Graphen von f.
   a) $f(x) = 4x^2 - x + 1$; $x_0 = 0$
   b) $f(x) = e^x(x - 1)$; $x_0 = 0$
   c) $f(x) = \frac{1}{2} \cdot \sin 2x$; $x_0 = \pi$
   d) $f(x) = \ln(2x - 1)$; $x_0 = 1$

22. *Bestimmen Sie* zu den in Aufgabe 21 beschriebenen Funktionsgraphen die Gleichungen der Normalen in den Punkten $P(x_0; f(x_0))$.

23. An den Graphen der Funktion f mit $f(x) = \frac{x-1}{x+1}$ ($x \in \mathbb{R}; x \neq -1$) lassen sich Tangenten zeichnen, die durch den Koordinatenursprung verlaufen. *Bestimmen Sie* deren Gleichungen.

24. In der Abbildung ist der Graph einer der folgenden Funktionen dargestellt:
$f(x) = e^{-x}$; $f'(x) = -e^{-x}$; $g(x) = 1 - e^x$; $g'(x) = -e^x$

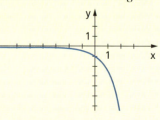

   a) *Geben Sie an*, um welche Funktion es sich in der Abbildung handelt. *Begründen Sie*, warum es nicht der Graph einer der anderen Funktionen sein kann.
   b) *Zeigen Sie rechnerisch*, dass die Graphen von f und g in ihren Schnittpunkten mit der y-Achse Tangenten haben, die zueinander parallel verlaufen.

Hilfsmittelfreier Test

25. Gegeben ist die Funktion $f(x) = 0{,}5x^4 - 2x^2 + 1$.
    a) *Erläutern Sie* anhand nebenstehender Abbildung die geometrische Bedeutung der ersten Ableitung.
    b) *Bilden Sie* auch die 2. Ableitung von f und *erläutern Sie* deren geometrische Bedeutung.

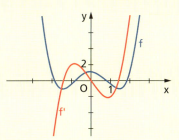

26. *Ermitteln Sie* die Stellen, an denen der Anstieg der Tangente an den Graphen der Funktion gleich null ist.
    a) $f(x) = 5x^2 - 2$
    b) $f(x) = 6(x+1)(x-1)$
    c) $f(x) = k \cdot x^4 + 3$
    d) $f(x) = \frac{8x+4}{x^2}$
    e) $f(x) = x \cdot \ln x$
    f) $f(x) = \sin 2x$

27. *Ermitteln Sie*, für welche Werte von a die erste Ableitung der Funktionsschar f_a mit $f_a(x) = \frac{4}{5}x^5 - \frac{2}{3}x^3 + ax$ $(a \in \mathbb{R})$ vier Nullstellen besitzt.

28. Gegeben sind die Funktionen $f_a(x) = a \cdot x \cdot \ln ax$ $(a \in \mathbb{R}; a > 0)$. Im Schnittpunkt ihrer Graphen mit der x-Achse existiert für jedes a eine Tangente t_a an den Graphen der Funktion f_a. *Bestimmen Sie* eine Gleichung dieser Tangente.

29. *Ermitteln Sie* die Stellen, an denen die Funktionsschar $f_a(x) = \sin \frac{x}{a}$ $(a \in \mathbb{R}; a > 0)$ einen betragsmäßig kleinsten und größten Anstieg hat und geben Sie den jeweiligen Anstieg an.

30. Für jedes a $(a \in \mathbb{R})$ ist eine Funktion f_a mit $f_a(x) = \frac{x+a}{x^2}$ gegeben.
    Bestimmen Sie, für welches a der Punkt $P_a(2; f_a(2))$ den kleinsten Abstand zum Koordinatenursprung hat.

31. Abbildung 1 zeigt den Graphen einer gebrochenrationalen Funktion f.
    a) *Geben Sie* die erkennbaren Merkmale der Funktion *an*. *Beschreiben Sie*, wie diese aus der Funktionsgleichung ermittelt werden können.
    b) Im Intervall zwischen den Polstellen (–1; 1) ist der Graph nicht dargestellt. *Begründen Sie* Eigenschaften, die der Graph dieser Funktion in diesem Intervall besitzen muss.
    c) Abbildung 2 stellt den Graphen der Ableitungsfunktion f' dar.
       Skizzieren Sie den Graphen von f und den Graphen von f''.

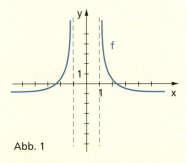

Abb. 1

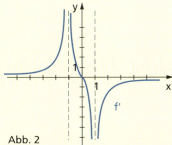

Abb. 2

32. Ein Sportplatz hat die Form eines Rechtecks mit der Länge *l* mit zwei angesetzten Halbkreisen vom Radius r. Der Umfang des Sportplatzes beträgt 400 m. Wie müssen r und *l* gewählt werden, damit die Fläche des rechteckigen Spielfeldes maximal wird?

Hilfsmittelfreier Test

33. *Begründen Sie*, weshalb die aufgeführten Aussagen zum Lösen von Extremwertproblemen falsch sind.
    a) Die mithilfe der Differenzialrechnung ermittelte Extremstelle der Zielfunktion ist die gesuchte Lösung.
    b) Zur Modifizierung einer Zielfunktion mit drei Variablen werden drei Nebenbedingungen benötigt.
    c) Das einzige Verfahren zum Lösen von Extremwertproblemen liefert die Differenzialrechnung.

34. *Untersuchen Sie* die Funktion $f(x) = x^3 + x^2$ auf Nullstellen, Monotonie, Verhalten im Unendlichen, Extrempunkte und Wendepunkte und skizzieren Sie die Graphen in einem Koordinatensystem.

35. Eine Bakterienkultur wächst nach der Funktion $N(t) = N_0 \cdot e^{kt}$, wobei t die Zeit, N(t) der Bestand an Bakterien zur Zeit t, N_0 der Anfangsbestand für t = 0 und k eine für die Bakterien typische Konstante ist.
    Berechnen Sie für $N_0 = 100$ und $k = 0{,}1$ den Bestand und die Wachstumsgeschwindigkeit der Bakterien nach 10, 20 und 30 Zeiteinheiten.

36. Für einen Körper, der eine schiefe Ebene herabgleitet, gilt das Weg-Zeit-Gesetz $s(t) = 0{,}5 \cdot g \cdot \sin\alpha \cdot t^2$. Hierbei sind s der zurückgelegte Weg, t die Zeit, g die Fallbeschleunigung (sie beträgt $9{,}81\,\frac{m}{s^2}$) und α der Neigungswinkel der Ebene.
    (Die auftretende Reibung wird vernachlässigt.)
    a) *Geben Sie* einen Ansatz zur Berechnung der mittleren Geschwindigkeit in einem Intervall $[t_0; t_1]$ *an*.
    b) *Berechnen Sie* die Momentangeschwindigkeit und die Beschleunigung zum Zeitpunkt t = 5 s, wenn der Neigungswinkel 20° beträgt.

37. Der Graph einer ganzrationalen Funktion 3. Grades verlaufe durch die Punkte $P_1(1; -17)$, $P_2(0; 3)$, $P_3(-1; 29)$ und $P_4(2; -25)$.
    Bestimmen Sie die dazugehörige Funktionsgleichung.

38. Eine Messreihe zur Bestimmung der Beschleunigung über die Gleichung $s = \frac{1}{2}at^2 + v_0 t + s_0$ ergab nebenstehende Tabelle.

t in s	1	2	3
s in m	2,5	10	22,5

    a) *Notieren Sie* ein Gleichungssystem zur Bestimmung von a, v_0 und s_0.
    b) *Lösen Sie* das Gleichungssystem. *Geben Sie* die Beschleunigung a *an*.

39. *Modellieren Sie* folgendes Problem:
    Es ist vorgesehen, eine ICE-Strecke zu bauen, die von A über B nach C führt. B liegt 105 m höher als A. C als höchster Punkt der Trasse befindet sich 250 m über A und – horizontal gemessen – 32,00 km von A entfernt.
    Es soll untersucht werden:
    – ob die Steigung der geplanten Trasse in irgendeinem Abschnitt den Wert von 10 % übersteigt, wenn man annimmt, dass die Trasse sich näherungsweise als Graph einer Funktion $y = f(x) = ax^2 + c$ auffassen lässt;
    – wie groß die Steigung der Trasse im Punkt B ist.

B Integralrechnung

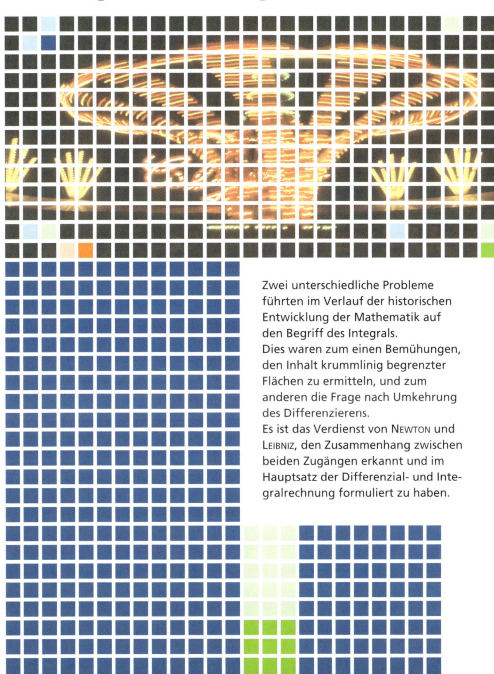

Zwei unterschiedliche Probleme führten im Verlauf der historischen Entwicklung der Mathematik auf den Begriff des Integrals.
Dies waren zum einen Bemühungen, den Inhalt krummlinig begrenzter Flächen zu ermitteln, und zum anderen die Frage nach Umkehrung des Differenzierens.
Es ist das Verdienst von NEWTON und LEIBNIZ, den Zusammenhang zwischen beiden Zugängen erkannt und im Hauptsatz der Differenzial- und Integralrechnung formuliert zu haben.

Die von GEORGE BÄHR entworfene und 1743 fertiggestellte Frauenkirche in Dresden geriet während der anglo-amerikanischen Angriffe im Februar 1945 in Brand und stürzte infolge der Brandschäden in sich zusammen. Fast 40 Jahre erinnerte die Ruine an die Opfer der Bombennacht. Entscheidende Frage für den Wiederaufbau in den Jahren 1994 bis 2005 war, wie die freitragende Sandsteinkuppel einstürzen konnte, obwohl die Kirche nicht direkt von Bomben getroffen wurde. Zur Berechnung der statischen Kräfte musste man u. a. die Masse der Kuppel kennen.

Mit dem neuen Langstreckenjet A 380 baut Airbus das gegenwärtig größte Passagierflugzeug der Welt.
Bei seiner Konstruktion waren verschiedenste physikalische und technische Bedingungen zu beachten. Insbesondere mussten die in den Tragflächen enthaltenen Tanks viel Treibstoff aufnehmen können. Gleichzeitig sollten aber die Tragflächen eine möglichst kleine Eigenmasse haben. Um das zu optimieren, sind u. a. die Inhalte ihrer Querschnittsflächen zu berechnen.

Der 320 m hohe Eiffelturm in Paris wurde von GUSTAVE EIFFEL aus Anlass der Weltausstellung 1889 errichtet. Der Turm besteht aus über 15 000 durch Nieten verbundenen Metallteilen mit einer Gesamtmasse von 7 000 t. Neben geraden Stahlträgern wurden auch kompliziert gekrümmte Teile verwendet.
Zur Konstruktion musste EIFFEL deren Länge exakt berechnen können.

1 Das bestimmte Integral

Rückblick

- Der Inhalt geradlinig begrenzter Flächen kann mittels bekannter Formeln oder durch Zerlegen in Teilflächen bestimmt werden.
  Auch für die Berechnung des Inhalts der Kreisfläche existiert eine Formel.
- Ist $(a_n) = a_1; a_2; a_3; \ldots$ eine Zahlenfolge, dann bezeichnet man die durch Summenbildung über mehrere Folgenglieder entstehenden Zahlen $s_1 = a_1; s_2 = a_1 + a_2; \ldots$; $s_n = a_1 + a_2 + \ldots + a_n$ als **Partialsummen** der Folge (a_n).
  Die Folge $(s_n) = s_1; s_2 ; s_3; \ldots$ selbst wird **Partialsummenfolge** von (a_n) genannt.
- Zur Verkürzung der Schreibweise für Partialsummen wird das **Summenzeichen** Σ verwendet. Für die n-te Partialsumme schreibt man kurz:
  $s_n = \sum_{k=1}^{n} a_k$ (*gesprochen:* Summe aller a_k für k = 1 bis n)
  Anmerkung: Das Zeichen Σ ist der griechische Buchstabe Sigma. Er entspricht dem S in der lateinischen Schrift und wurde schon von LEONHARD EULER (1707 bis 1783) als bequeme Schreibweise für Summen eingeführt.
- Das Ermitteln von Partialsummen übernehmen heute meist Computer. Nebenstehende Abbildung zeigt ein Beispiel für eine spezielle Summe bzw. eine allgemeine Summenformel.

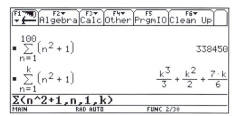

Für oft vorkommende Rechenroutinen, wie etwa das Berechnen von Flächeninhalten und Volumina, kann man in einem CAS spezielle Befehle selbst definieren.
Nebenstehendes Beispiel zeigt die Berechnung von Flächeninhalt eines Trapezes und Volumen einer Kugel.

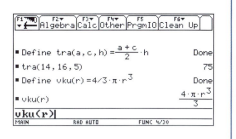

Aufgaben

1. Der Flächeninhalt eines Dreiecks mit einer Seite g und der zugehörigen Höhe h_g lässt sich mit der Formel $A = \dfrac{g \cdot h_g}{2}$ berechnen.
Versuchen Sie, Formeln für den Flächeninhalt möglichst vieler ebener Figuren mithilfe dieser Beziehung herzuleiten.
Fertigen Sie eine entsprechende Übersicht an.

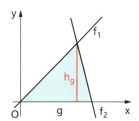

1 Das bestimmte Integral

2. Berechnen Sie den Flächeninhalt der gegebenen Figuren.
Hinweis: Die gekrümmten Linien sind Teile von Kreisen.

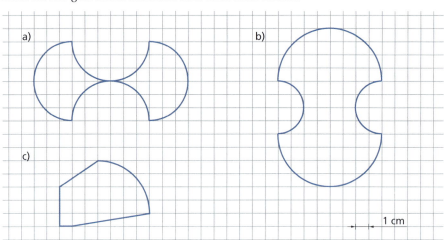

3. Berechnen Sie.

a) $\sum_{k=1}^{5} (2k-1)$ b) $\sum_{n=0}^{5} (-1)^n \cdot 2^n$ c) $\sum_{n=1}^{100} n^2$ d) $\sum_{n=1}^{100} (2n+1)^5$

Hinweis: Nutzen Sie bei c) und d) ein CAS.

4. Ermitteln Sie mithilfe Ihres CAS eine allgemeine Formel für
a) die Summe der ersten n ungeraden Zahlen;
b) die Summe der ersten n Vielfachen von 9;
c) die Summe der ersten n natürlichen Zahlen, die bei Division durch 12 den Rest 1 lassen.

5. Erstellen Sie CAS-Befehle für
a) das Berechnen des Flächeninhaltes eines Dreiecks bei gegebener Höhe und Grundlinie;
b) das Berechnen des Flächeninhaltes eines Dreiecks bei gegebenen drei Seiten;
c) das Berechnen des Flächeninhaltes eines Dreiecks in der Ebene bei Kenntnis der Koordinaten der Eckpunkte;
d) das Aufstellen einer Gleichung einer linearen Funktion aus den Koordinaten zweier Punkte des Graphen.

6. Vergleichen Sie die Funktion f mit der Gleichung $f(x) = 2x + 3$ und die Zahlenfolge mit der Zuordnungsvorschrift $(a_n) = 2n + 3$ bezüglich Definitionsbereich, Wertebereich und grafischer Darstellung.

7. Bestimmen Sie jeweils die Glieder a_1, a_2, a_{10} und a_{25} der Zahlenfolge.

a) $(a_n) = (n-15)$ b) $(a_n) = (n^2 - 2n + 3)$ c) $(a_n) = (3n^2 - 5n)$ d) $(a_n) = \left(\frac{1}{n^2} + n\right)$

8. Geben Sie jeweils eine explizite Bildungsvorschrift an.

a) $a_{n+1} = a_n - 4$; $a_1 = 7$ b) $a_{n+1} = 3a_n + 1$; $a_1 = 1$

9. Ermitteln Sie jeweils den Grenzwert der Zahlenfolgen.

a) $\lim_{x \to \infty} \frac{4n+4}{4}$ b) $\lim_{x \to \infty} \frac{4n^2+4}{n}$ c) $\lim_{x \to \infty} \frac{4n+4}{n^3}$ d) $\lim_{x \to \infty} \frac{4-4n^2}{n^2}$

1 Das bestimmte Integral

1.1 Bestandsrekonstruktionen

In vielen Gebäuden wurde früher Asbest als Baustoff verwendet. Dieser setzt Fasern frei, die in hoher Konzentration zu gesundheitlichen Schäden führen können. Insbesondere während der Verarbeitungsphase ist der Ausstoß von Fasern hoch, nach einiger Zeit nimmt er ab.

Eine Sanierung der Bauten wird in Deutschland bereits ab einer Belastung von 1000 Fasern pro Kubikmeter Luft angestrebt, die an Arbeitsplätzen maximal noch zulässige Konzentration beträgt 250 000 Fasern pro Kubikmeter Luft. Entscheidungen über Sanierung oder Abriss betreffender Gebäude sind gründlich zu überlegen, weil auch dabei Asbest freigesetzt wird und das gesundheitliche Risiko für Anwohner und Bauarbeiter möglicherweise ein höheres Risiko darstellt als das unsanierte Belassen der Bausubstanz.

Nach Sanierung eines mit Asbest belasteten Gebäudes wurden stichprobenweise die folgenden Werte gemessen:

Zeit in Tagen	0	2	10	20	30
Fasern pro Kubikmeter	220,15	205,62	149,68	89,62	53,66

Eine für die Praxis interessante Fragestellung ist nun die nach der Gesamtbelastung in den ersten 30 Tagen nach der Sanierung.

Mithilfe eines GTR wurden die Messwerte veranschaulicht (siehe nebenstehendes Bild) und durch Regression die Gleichung einer entsprechenden Funktion f bestimmt:

$f(x) = 227{,}65 \cdot 0{,}954^x$

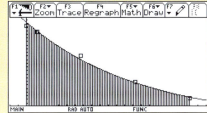

Arbeitsaufträge

1. Versuchen Sie, weitere geeignete Funktionen zu finden, die den Sachverhalt beschreiben, und nehmen Sie zur Brauchbarkeit der Modelle Stellung.
2. Begründen Sie, warum die Gesamtbelastung der Luft durch Asbestfasern mithilfe des Inhalts der schraffierten Fläche veranschaulicht werden kann.
   Übertragen Sie dazu die Figur in Ihre Aufzeichnungen und markieren Sie zunächst die Belastung an den einzelnen Tagen.
3. Ermitteln Sie anhand der gegebenen Funktionsgleichung Näherungswerte für die tägliche Faserbelastung.
   Wie könnte man einen Näherungswert für den Inhalt der schraffierten Fläche, welcher der Gesamtbelastung in den ersten 30 Tagen entspricht, ermitteln?

1 Das bestimmte Integral

In der Lübecker Bucht trat 2003 eine Kolonie von etwa 1 000 Quallen auf. Sie gehörten zu einer Art, deren Berührung beim Menschen schmerzhafte Hautrötungen auslöst. Durch gezielte Bekämpfung konnte diese Population schnell eingedämmt werden.

Angaben von Meeresbiologen zufolge nahm sie in etwa nach der Gleichung $n(t) = 1\,000 \cdot 0{,}6^t$ ab (wobei t die Zeit in Tagen und n die Anzahl der Quallen bedeuten). In diesem Fall ist also das **Änderungsverhalten** der Population bekannt, welches in nebenstehendem Bild grafisch veranschaulicht wurde.

Es entsteht nun die Frage, wie viele Quallen genau einen Tag bzw. genau zwei Tage nach Beginn der Quallenplage noch zu erwarten waren. Die Antworten lassen sich sofort aus der grafischen Darstellung (z. B. mithilfe eines CAS) ablesen:
Nach genau einem Tag waren es noch 600 Quallen, nach genau zwei Tagen gab es noch 360 Quallen.

Wir nehmen einmal an, dass jede Qualle im Schnitt pro Tag einen Menschen berührt. Mit wie vielen Berührungen war dann in den ersten zehn Tagen zu rechnen?
Diese Frage ist im Vergleich zur obigen wesentlich komplizierter zu beantworten. Betrachten wir den *ersten Tag*: Zum Startzeitpunkt t_0 gehen wir von 1 000 Quallen aus. Das würde auch 1000 Berührungen am ersten Tag ergeben. Betrachtet man aber das Ende des Tages, so hat sich die Anzahl der Quallen bei Gültigkeit der genannten Formel bereits auf $1\,000 \cdot 0{,}6^1 = 600$ reduziert. Das würde 600 Berührungen entsprechen. Für den Beginn des *zweiten Tages* hätten wir wieder mit 600 Berührungen zu rechnen, an seinem Ende mit $1\,000 \cdot 0{,}6^2 = 360$.

Mithilfe eines CAS oder einer Tabellenkalkulation kann man für die ersten Tage die Entwicklung der Quallen bzw. der Berührungen schnell berechnen.

In der Spalte *c1* steht die Nummer des Tages. In *c2* ist die Anzahl der Quallen bzw. die der Berührungen jeweils zu Beginn des Tages festgehalten, also $1\,000 \cdot 0{,}6^{c1-1}$; entsprechend in *c3* die Anzahl der Berührungen am Ende des Tages, also $1\,000 \cdot 0{,}6^{c1}$ (siehe Abbildung).

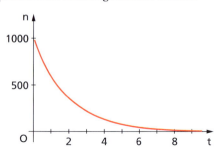

Am ersten Tag liegt die Anzahl bei 1000, wenn alle Quallen zum Zeitpunkt t_0, also zu Beginn des betrachteten Zeitraumes, einen Menschen berühren, und bei 600, wenn diese Berührungen zum Zeitpunkt t_1, also am Wechsel vom ersten zum zweiten Tag bzw. nach 24 Stunden, stattfinden. Am zweiten Tag wären diese Zahlen dann 600 bzw. 360 usw. Gefühlsmäßig vermuten wir, dass der tatsächliche Wert jeweils zwischen den beiden Intervallgrenzen liegen wird.

1 Das bestimmte Integral

Für die ersten drei Tage sind im Folgenden die kleinstmögliche und die größtmögliche Anzahl der Berührungen in Streifendiagrammen dargestellt. Die Breite des Rechtecks entspricht dabei immer einem Tag, seine Höhe der Anzahl der Berührungen.

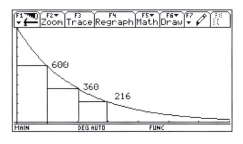 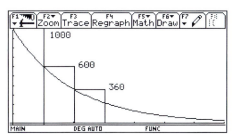

Die Gesamtsumme der Berührungen ergibt sich dann folgendermaßen:

$1 \cdot 600 + 1 \cdot 360 + 1 \cdot 216 = 1176$ $1 \cdot 1000 + 1 \cdot 600 + 1 \cdot 360 = 1960$

Diese Summe liegt unter der Anzahl der tatsächlichen Berührungen, man spricht deshalb von einer **Untersumme s**.
Die Anzahl entspricht der Maßzahl der Summe der Flächeninhalte der Rechtecke *unter* dem Graphen der Funktion.

Diese Summe liegt über der Anzahl der tatsächlichen Berührungen, man spricht folglich von einer **Obersumme S**.
Die Anzahl entspricht der Maßzahl der Summe der Flächeninhalte der Rechtecke *über* dem Graphen der Funktion.

Summieren wir nun jeweils mithilfe des CAS-Befehls *cumSum* die berechneten Anzahlen von Quallen bzw. von Berührungen (Spalten *c2* und *c3*), so ergibt sich die Folge der Untersummen (hier in *c5*) sowie der Obersummen (hier in *c4*).

Im Folgenden soll nur der erste Tag betrachtet werden. Wir wissen bereits, dass die Anzahl der Berührungen zwischen 1000 und 600 liegen muss. Nun versuchen wir, die Genauigkeit zu erhöhen, indem wir das Intervall halbieren, also einen halben Tag bzw. zwölf Stunden betrachten. Die Funktion $n(t) = 1000 \cdot 0{,}6^t$ bleibt unverändert.

In *c1* tragen wir die „Anzahlen" der Tage 0,5 und 1 ein, in *c2* die Quallenanzahl zu Beginn des Intervalls $1000 \cdot 0{,}6^{c1 - 0{,}5}$. In *c3* wählen wir $1000 \cdot 0{,}6^{c1}$ (Ende des Intervalls) sowie in *c4* und *c5* jeweils die Summen, wobei beachtet werden muss, dass diese mit $\frac{1}{2}$ zu multiplizieren sind, da die Intervallbreite halbiert wurde.

Als Ergebnis erhalten wir, dass nach einem Tag die Anzahl der Berührungen zwischen 688 und 888 liegt (siehe Abbildung).

1 Das bestimmte Integral

Anhand folgender Abbildungen lässt sich dieses Ergebnis geometrisch interpretieren.

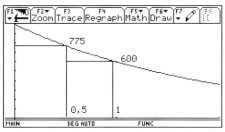 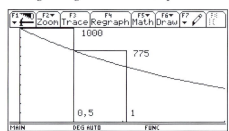

Berechnung der Untersumme s_2 bei zwei Intervallen:
$\frac{1}{2} \cdot 775 + \frac{1}{2} \cdot 600 \approx 688$

Berechnung der Obersumme S_2 bei zwei Intervallen:
$\frac{1}{2} \cdot 1000 + \frac{1}{2} \cdot 775 \approx 888$

Wir zerlegen nun das Intervall noch einmal, wie im Folgenden angegeben:

Spalte $c1$: $\{0{,}25;\ 0{,}5;\ 0{,}75;\ 1\}$

Spalte $c2$: $1000 \cdot 0{,}6^{c1 - 0{,}25}$

Spalte $c3$: $1000 \cdot 0{,}6^{c1}$

Spalte $c4$ (Obersumme): $cumSum(c2) \cdot \frac{1}{4}$

Spalte $c5$ (Untersumme): $cumSum(c3) \cdot \frac{1}{4}$

Eine geometrische Interpretation kann wiederum den folgenden Abbildungen entnommen werden.

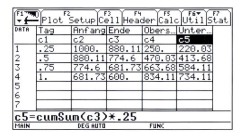

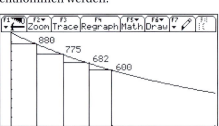 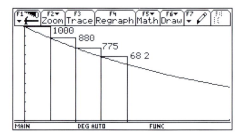

Berechnung der Untersumme s_4 bei vier Intervallen:
$\frac{1}{4} \cdot 880 + \frac{1}{4} \cdot 775 + \frac{1}{4} \cdot 682 + \frac{1}{4} \cdot 600 \approx 734$

Berechnung der Obersumme S_4 bei vier Intervallen:
$\frac{1}{4} \cdot 1000 + \frac{1}{4} \cdot 880 + \frac{1}{4} \cdot 775 + \frac{1}{4} \cdot 682 \approx 834$

Ohne es hier bereits zu beweisen, stellen wir fest, dass bei einem betrachteten konstanten Intervall mit jeder Zerlegung die Folge der Untersummen wächst, die der Obersummen fällt. Wenn beide Summenfolgen gegen einen gemeinsamen Grenzwert konvergieren, ist dieser Grenzwert der gesuchte Wert des Bestandes bzw. der gesuchten Anzahl. In der Mathematik bezeichnet man ihn auch als **bestimmtes Integral**. Wir werden später begründen, dass dieser gemeinsame Grenzwert auch der Maßzahl des Inhalts der Fläche zwischen dem Graphen der Funktion und der x-Achse im betrachteten Intervall entspricht, und Verfahren zur Berechnung bestimmter Integrale kennenlernen. Moderne CAS sind in der Lage, solche Berechnungen auszuführen.

1 Das bestimmte Integral

> Zur Rekonstruktion eines Bestandes benötigt man eine Funktion f, welche die Bestandsänderung in einem Intervall [a; b] beschreibt und in jedem noch so kleinen Teilintervall einen kleinsten und einen größten Funktionswert besitzt. Der Bestand lässt sich dann als **bestimmtes Integral** von f in [a; b] berechnen.
>
> *Schreibweise:* $\int_a^b f(x)\,dx$

Man bezeichnet a und b als **Integrationsgrenzen,** [a; b] als **Integrationsintervall,** x als **Integrationsvariable,** $f(x)$ als **Integranden** und dx als **Differenzial.**

Bezogen auf das oben dargestellte Problem, lässt sich die Anzahl der Berührungen im Verlaufe des *ersten Tages* somit als $\int_0^1 1\,000 \cdot 0{,}6^x\,dx$ berechnen.

Die Ermittlung mit dem GTR liefert den (gerundeten) Wert 783:

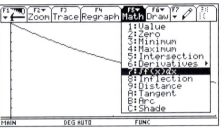

Wird nun das bestimmte Integral für *zehn Tage* mit einem CAS berechnet, so ergibt sich, dass man in diesem Zeitraum mit etwa 1950 Berührungen rechnen muss (siehe nebenstehende Abbildung).

Analog lässt sich unser Einstiegsproblem von Seite 177 lösen.

Die Gesamtbelastung der Luft mit Asbest in den ersten 30 Tagen beträgt demnach

$\int_0^{30} (227{,}65 \cdot 0{,}954^x)\,dx \approx 3\,657$ Fasern pro Kubikmeter.

Ein **Verfahren zur Rekonstruktion eines Bestandes** lässt sich wie folgt beschreiben (wenn eine Funktion f bekannt ist, die dessen Entwicklung charakterisiert):

> (1) Zerlege das Betrachtungsintervall in n Teilintervalle.
> (2) Berechne den kleinsten und größten Funktionswert in jedem Teilintervall.
> (3) Multipliziere die unter (2) berechneten Werte mit der Intervallbreite.
> (4) Addiere alle diese Produkte für die kleinsten und für die größten Funktionswerte zur jeweiligen Unter- bzw. Obersumme.
> (5) Bilde den Grenzwert dieser Summenfolgen für unendlich viele Zerlegungen. Dieser Grenzwert kennzeichnet den gesuchten Bestand bzw. das bestimmte Integral der Funktion f im betrachteten Intervall.

1 Das bestimmte Integral

Übungen

Aufgaben zum Modellieren und Problemlösen

1. Nach der Hochwasserkatastrophe im August 2002 ergab sich für Einwohner und Helfer in Dresden ein weiteres, beinahe nebensächliches Problem. Der feuchte Schlamm auf den Wiesen und in den Straßen sowie die hohen Temperaturen stellten ideale Brutbedingungen für Mücken dar. Im Stadtteil Dresden-Pieschen rechnete man am 20. August mit etwa 10 000 000 Mücken.
   Um Krankheiten vorzubeugen, bekämpfte ein Arzneimittelhersteller die Tiere mit einem speziellen Mittel. Nach dessen Einsatz gab es am 22. August noch etwa 4 000 000 und zwei Tage später noch etwa 1 000 000 Mücken. Man geht davon aus, dass nach Absenkung der Anzahl der Tiere unter 1000 die exponentielle Abnahme annähernd in eine lineare übergeht; die Abnahmerate von diesem Zeitpunkt an also konstant bleibt.
   a) *Veranschaulichen Sie* den Sachverhalt mithilfe des GTR.
   b) Angenommen, jede Mücke sticht im Schnitt pro Tag einen Menschen. Mit wie vielen Mückenstichen mussten Bewohner und Helfer seit Einsatz des Bekämpfungsmittels bis zum Zeitpunkt, an dem noch 1000 Mücken lebten, rechnen? Wie viele Stiche mussten sie insgesamt ertragen?
   c) Der exponentielle Zusammenhang der Mückenabnahme soll durch eine ganzrationale Funktion 2. Grades angenähert werden. Dabei sollen die Populationsgröße, die Bekämpfungsrate zu Beginn der Mückenplage sowie der Zeitpunkt, an dem noch 1 000 Mücken existierten, als Anhaltspunkte dienen.
   Ermitteln Sie eine Gleichung dieser Funktion. *Äußern Sie sich* zur Eignung des Modells und unterbreiten Sie gegebenenfalls einen Alternativvorschlag.

2. Linda möchte gern abnehmen und leistet sich deshalb eine teure Diät. In deren Ergebnis notiert sie die folgenden Werte:

Woche	0	1	2	3	4
Masse in kg	73	69	66	63	61

   Wie viel würde sie mit dieser Diät in einem Vierteljahr abnehmen?

3. Herr Schmetterling füllt seinen Swimmingpool. Er nutzt dazu Brunnenwasser, das durch eine Pumpe in das Becken geleitet wird.
   a) *Berechnen Sie*, welche Wassermenge nach acht Stunden im Becken ist, wenn konstant je Minute $0{,}2 \text{ m}^3$ Wasser eingelassen werden. *Stellen Sie* in einem Diagramm die Funktion „Zeit $\to$ augenblickliche Zuflussmenge" dar.
   b) Aufgrund von Druckschwankungen variiert die Zuflussmenge wie in der folgenden Tabelle angegeben.

Zeitpunkt	10.00 Uhr	12.00 Uhr	14.00 Uhr	16.00 Uhr	18.00 Uhr
Zuflussmenge in $\frac{m^3}{min}$	0,2	0,3	0,2	0,1	0,1

   Welche Wassermenge ist im betrachteten Zeitraum in das Becken geflossen?

1 Das bestimmte Integral

1.2 Ausschöpfen von Flächen und Volumina

Im bisherigen Mathematikunterricht haben wir mit Ausnahme des Kreises (bzw. von Kreisteilen) nur den Inhalt geradlinig begrenzter Flächen und mit Ausnahme der Kugel auch nur ebenflächig begrenzter Körper berechnet.
In fast allen Lebensbereichen sind solche Figuren aber eher die Ausnahme als die Regel. Techniker und Architekten berechnen heute ebenso wie Biologen, Chemiker oder Geowissenschaftler krummlinig begrenzte Flächen und gewölbte Körper.
Für derartige Berechnungen ist die Integralrechnung ein nützliches Werkzeug.
Wie kann z. B. das Volumen nicht ebenflächig begrenzter Figuren ermittelt werden? Die Betrachtung eines räumlichen Puzzles kann uns helfen, eine Idee dafür zu entwickeln. Solche Puzzles bestehen aus vielen einzelnen Scheiben aus Pappe, die (in der richtigen Reihenfolge übereinandergelegt) eine räumliche Figur ergeben, welche wiederum ein Volumen besitzt. Dieses ergibt sich als Summe der Volumina der einzelnen Scheiben.

Arbeitsaufträge

1. Die folgenden Abbildungen zeigen drei verschiedene Körper, die jeweils aus derselben Anzahl von CD gebildet wurden.

   a) Begründen Sie, dass die „Körper" volumengleich sind.
   b) Ermitteln Sie annähernd das Volumen der abgebildeten Körper.

2. Suchen Sie nach verschiedenen Möglichkeiten, um einen Näherungswert für den Flächeninhalt der nebenstehend dargestellten Figur zu ermitteln. Wählen Sie eine davon aus und beschreiben Sie das von Ihnen gewählte Vorgehen.
   Wie ließe sich die Genauigkeit des von Ihnen ermittelten Wertes verbessern?

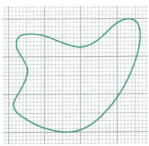

1 Das bestimmte Integral

3. Eine Wohnung soll neu vermietet werden. Dazu ist die mit quadratischen Fliesen ausgelegte Terrasse (siehe Foto) zu vermessen. Leider hat der Makler bei einer Ortsbesichtigung seinen Zollstock vergessen und nur ein 20 cm langes Lineal dabei.
Wie kann er die Größe der Fläche trotzdem schnell ermitteln?

Damit Schüler der unteren Klassen die Formeln für den Flächeninhalt von Rechtecken und Quadraten verstehen können, sollten sie derartige Flächen zuvor mit „Einheitsquadraten" ausgelegt haben.

Durch Zählen der benötigten Einheitsquadrate gelangen sie dann schnell zur Einsicht, dass etwa der Flächeninhalt eines Rechtecks nach der Formel
$A = a \cdot b$ berechnet werden kann (siehe nebenstehende Abbildung).

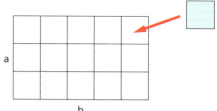

Prinzipiell lässt sich die Methode des Auslegens (bzw. die **Exhaustionsmethode**) auch zur Ermittlung von Näherungswerten der Flächeninhalte anderer Figuren nutzen. Dies soll am Beispiel eines Kreises mit dem Radius $r = \sqrt{2}$ cm demonstriert werden.

Zeichnet man diesen Kreis (wie nebenstehend abgebildet) in einem Zentimeter-Raster und zählt die enthaltenen Einheitsquadrate aus, so ergibt sich ein grober Näherungswert für den Flächeninhalt. Dieser liegt zwischen 4 cm² und 12 cm² – je nachdem, ob man die nicht vollständig ausgefüllten Quadrate mitzählt oder nicht.

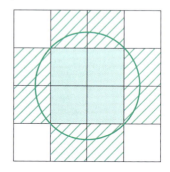

Wechselt man zu einem Millimeter-Raster, so lässt sich der Flächeninhalt schon sehr viel genauer bestimmen. Auch hier gibt es einen minimalen Wert, wenn man nur die Quadrate berücksichtigt, die vollständig im Inneren des Kreises liegen, und einen maximalen Wert, wenn man alle „angeschnittenen" Quadrate mit beachtet. Da beide Werte jeweils als Summe von Einheitsquadraten aufgefasst werden können, liegt es nahe, wie bei Bestandsrekonstruktionen auch beim Ausschöpfen von Flächen von Ober- und Untersummen zu sprechen.

Wählt man die Einheitsquadrate, mit denen die Fläche ausgelegt wird, kleiner, so wird der Wert der Obersumme ebenfalls kleiner; der Wert der Untersumme wächst gegenüber dem der gröberen Zerlegung an.

1 Das bestimmte Integral

Wählt man nun ein Raster aus Quadraten, deren Seitenlänge fast null ist, dann wäre die Auslegung des Kreises so „genau", dass der Wert der Obersumme und der Wert der Untersumme nahezu übereinstimmen.

Geht die Kantenlänge der Quadrate gegen null, so streben die bei schrittweiser Verfeinerung der Zerlegung entstehenden Folgen aus Ober- und Untersummen gegen einen gemeinsamen Grenzwert, welcher der Maßzahl des Flächeninhaltes des Kreises entspricht. Dabei ist die Folge der Obersummen monoton fallend, sie nähert sich dem gesuchten Flächeninhalt „von oben", die der Untersummen monoton wachsend, sie nähert sich dem Flächeninhalt „von unten".

Während ein Auslegen durch Quadrate bei geradlinig begrenzten Flächen sinnvoll ist, bietet sich für den Kreis ein anderes Vorgehen an. Sein Flächeninhalt kann durch ein- bzw. umschriebene reguläre n-Ecke (mit n ≥ 3) bestimmt werden, die jeweils aus n zueinander kongruenten Dreiecken bestehen (das Bild zeigt das für n = 6). Mit wachsendem n nähern sich die Flächeninhalte der n-Ecke dem Flächeninhalt des Kreises.

Wir betrachten nun zunächst die Auslegung „von innen". Der Flächeninhalt eines (in der Abbildung blauen) Teildreiecks berechnet sich im allgemeinen Fall wie folgt:

$A_\triangle(n) = \frac{1}{2} r^2 \cdot \sin \frac{2\pi}{n}$

Anmerkung: Aus Gründen der späteren Vereinfachung haben wir für den Winkel an der Spitze das Bogenmaß, also $\frac{2\pi}{n}$ statt $\frac{360°}{n}$, verwendet.

Für den Flächeninhalt des einbeschriebenen n-Ecks gilt somit:

$A(n) = n \cdot \frac{1}{2} r^2 \cdot \sin \frac{2\pi}{n}$

Man verfeinert nun die Zerlegung, indem man die Anzahl der Ecken des regulären n-Ecks weiter erhöht.

Bildet man gar den Grenzwert für n → ∞, so erhält man mit πr^2 tatsächlich den gesuchten Flächeninhalt des Kreises (siehe nebenstehendes Bild).

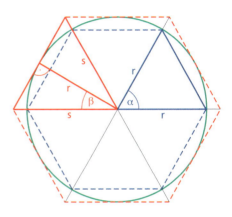

Zu überprüfen ist noch, ob auch die Annäherung der Kreisfläche durch n-Eckflächen „von außen", d.h. die Folge der Flächen der umbeschriebenen n-Ecke, zum gleichen Ergebnis führt. Wir berechnen dazu zunächst wieder den Flächeninhalt eines (in der obigen Abbildung roten) Teildreiecks und daraus dann die Gesamtfläche des umbeschriebenen n-Ecks.

1 Das bestimmte Integral

Aus $\cos\beta = \frac{r}{s}$ folgt $s = \frac{r}{\cos\beta}$, wobei $\beta = \frac{\alpha}{2} = \frac{\pi}{n}$ gilt. Somit ergeben sich die gesuchten Flächeninhalte folgendermaßen:

$$A_\triangle(n) = \frac{1}{2} \cdot s^2 \cdot \sin\alpha = \frac{1}{2} \cdot \left(\frac{r}{\cos\frac{\pi}{n}}\right)^2 \cdot \sin\frac{2\pi}{n} \quad \text{bzw.} \quad A(n) = n \cdot \frac{1}{2} \cdot \left(\frac{r}{\cos\frac{\pi}{n}}\right)^2 \cdot \sin\frac{2\pi}{n}$$

Auch hier soll die Zerlegung „unendlich fein" sein, also der Grenzwert für $n \to \infty$ gebildet werden.
Die nebenstehende Abbildung zeigt das Ergebnis.

Die Grenzwerte der Annäherung des Flächeninhaltes der Kreisfläche „von innen" und „von außen" bei unendlich feiner Zerlegung stimmen also überein und entsprechen dem bekannten Flächeninhalt des Kreises πr^2.

Ähnlich, wie wir in den vorhergehenden Beispielen gedanklich Flächen ausgeschöpft haben, kann man das auch mit Körpern tun. Während Quader und Würfel prinzipiell mit Einheitswürfeln ausgefüllt werden können, empfiehlt sich bei anderen Körpern das Auslegen mit Kreiszylindern.

Als Beispiel dafür betrachten wir einen Kreiskegel mit der Höhe von 3 cm und dem Radius der Grundfläche von 2 cm.
Die Ausschöpfung soll durch Zylinder mit einer Höhe von 1 cm erfolgen.
Für die Berechnung der entsprechenden Volumina nutzen wir nebenstehende Darstellung des Querschnitts in einem Koordinatensystem, wonach sich eine Mantellinie des Kegels durch die Funktion $f(x) = -\frac{2}{3}x + 2$ beschreiben lässt.

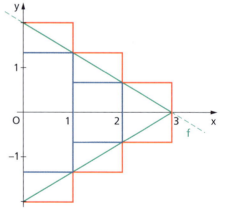

Damit ergeben sich die in der Tabelle unten zusammengestellten Werte.
Das Volumen des Kreiskegels muss also zwischen 6,98 cm³ und 19,55 cm³ liegen.

Ausschöpfung von innen				Ausschöpfung von außen			
Zylinder	Radius (in cm)	Höhe (in cm)	Volumen (in cm³)	Zylinder	Radius (in cm)	Höhe (in cm)	Volumen (in cm³)
1	$f(1) = \frac{4}{3}$	1	$\left(\frac{4}{3}\right)^2 \pi$	1	$f(0) = 2$	1	4π
2	$f(2) = \frac{2}{3}$	1	$\left(\frac{2}{3}\right)^2 \pi$	2	$f(1) = \frac{4}{3}$	1	$\left(\frac{4}{3}\right)^2 \pi$
3	$f(3) = 0$	1	0	3	$f(2) = \frac{2}{3}$	1	$\left(\frac{2}{3}\right)^2 \pi$
	Summe (Volumen):	$\frac{20}{9}\pi \approx 6{,}98$			Summe (Volumen):	$\frac{56}{9}\pi \approx 19{,}55$	

1 Das bestimmte Integral

Wie schon bei Flächen soll nun die Zerlegung verfeinert werden, indem wir den Kegel in zehn Zylinderscheiben zerlegen.

Bei der Zerlegung von *innen* ergibt sich der Radius der Grundfläche eines Zylinders jeweils als Funktionswert am rechten Rand des Intervalls, bei der Zerlegung von *außen* als der vom linken Rand des Intervalls. Die Höhe eines Zylinders beträgt jeweils $\frac{3}{10}$ cm.

Wir lösen die Aufgabe mithilfe von Listen:

$c1$ (Liste der linken Intervallgrenzen): $seq(0+i \cdot \frac{3}{10}, i, 0, 9)$

$c2$ (Liste der Radien der Grundkreise bei Zerlegung von außen): $-\frac{2}{3} \cdot c1 + 2$

$c3$ (Liste der Volumina bei Zerlegung von außen): $(c2)^2 \cdot \frac{3}{10} \cdot \pi$

$c4$ (Liste der rechten Intervallgrenzen): $seq(0+i \cdot \frac{3}{10}, i, 1, 10)$

$c5$ (Liste der Radien der Grundkreise bei Zerlegung von innen): $-\frac{2}{3} \cdot c4 + 2$

$c6$ (Liste der Volumina bei Zerlegung von innen): $(c5)^2 \cdot \frac{3}{10} \cdot \pi$

Bilden wir die Summen der Spalten $c6$ (Untersummen) und $c3$ (Obersummen) so erhalten wir 10,74 cm³ für die Untersumme und 14,51 cm³ für die Obersumme.

Wir verfeinern nun die Intervallbreite durch fortgesetztes Halbieren. Nach n Schritten beträgt die Intervallbreite $\frac{3}{2^n}$. Für das i-te Intervall ist dann $0 + (i-1) \cdot \left(\frac{3}{2^n}\right)$ die linke und $0 + i \cdot \left(\frac{3}{2^n}\right)$ die rechte Intervallgrenze.

Entsprechend gilt für das Volumen des i-ten Teilzylinders $\left[\left(0 + i \cdot \left(\frac{3}{2^n}\right)\right) \cdot \left(-\frac{2}{3}\right) + 2\right]^2 \cdot \frac{3}{2^n} \cdot \pi$ bei der Untersumme bzw. $\left[\left(0 + (i-1) \cdot \left(\frac{3}{2^n}\right)\right) \cdot \left(-\frac{2}{3}\right) + 2\right]^2 \cdot \frac{3}{2^n} \cdot \pi$ bei der Obersumme.

Somit ergeben sich Unter- und Obersumme folgendermaßen:

$$V_u = \sum_{i=1}^{2^n} \left[\left(i \cdot \left(\frac{3}{2^n}\right)\right) \cdot \left(-\frac{2}{3}\right) + 2\right]^2 \cdot \frac{3}{2^n} \cdot \pi \quad \text{bzw.} \quad V_o = \sum_{i=1}^{2^n} \left[\left((i-1) \cdot \left(\frac{3}{2^n}\right)\right) \cdot \left(-\frac{2}{3}\right) + 2\right]^2 \cdot \frac{3}{2^n} \cdot \pi$$

Bildet man nun den Grenzwert für $n \to \infty$, so erhält man jeweils den Wert 4π (siehe nebenstehende Abbildung).

Das Volumen des Kreiskegels berechnet sich nach der Formel $V = \frac{1}{3} \pi r^2 h$.

Auf unseren Fall angewendet ergibt das mit $V = \frac{1}{3} \pi \cdot 2^2 \cdot 3 = 4\pi$ den gleichen Wert.

Das Ausschöpfen des Volumens des Kegels durch Ober- und Untersummen führte bei hinreichend „feiner" Zerlegung tatsächlich zum gemeinsamen Grenzwert der Folge der Unter- und der Folge der Obersummen und somit zum Volumen des Kreiskegels.

1 Das bestimmte Integral

Wie das Verfahren zur Rekonstruktion eines Bestandes beruht auch das **Gedankenmodell des Ausschöpfens von Flächen bzw. Körpern** auf der Idee der Grenzwertbildung von Unter- und Obersummen. Daraus ergibt sich nachstehende Schrittfolge:

> (1) Finde hinreichend kleine Flächen (Körper), mit denen die gegebene Fläche (der gegebene Körper) von innen und außen ausgelegt werden kann.
> (2) Ermittle den Flächeninhalt (das Volumen) bei einer solchen Zerlegung.
> (3) Verfeinere die Zerlegung und ermittle wiederum den Flächeninhalt (das Volumen).
> (4) Setze das Verfahren fort und ermittle eine Folge der einbeschriebenen Inhalte (Untersumme) bzw. der umbeschriebenen Inhalte (Obersumme).
> (5) Bilde jeweils den Grenzwert der Folge der Untersummen und der Folge der Obersummen.
> Konvergieren beide Folgen gegen ein und denselben Grenzwert, so ist dieser ein Maß für den gesuchten Flächeninhalt bzw. das gesuchte Volumen.

Übungen

Aufgabe zum Kommunizieren und Kooperieren

1. *Erstellen Sie* eine Übersicht über verschiedene Verfahren, um den Flächeninhalt eines Kreises zu ermitteln.

2. Der Graph der Funktion mit der Gleichung $f(x) = -4x + 12$ und die Koordinatenachsen begrenzen eine Fläche vollständig.
   Ermitteln Sie den Inhalt dieser Fläche durch eine geeignete Zerlegung sowie entsprechende Grenzwertbildung von Ober- und Untersummen.

3. *Leiten Sie* in Anlehnung an das Vorgehen in Aufgabe 2 eine allgemeine Formel für den Flächeninhalt eines Rechtecks und eines Dreiecks *her*.

4. *Leiten Sie* eine Formel für die Berechnung des Volumens eines Zylinders durch entsprechende Zerlegung und Grenzwertbildung von Ober- und Untersummen *her*.

Aufgabe zum Problemlösen

5. Jemand möchte das Volumen einer Kugel durch die Methode des Ausschöpfens näherungsweise bestimmen.
   a) *Begründen Sie*, warum ein Auslegen mit Einheitskugeln nicht sinnvoll ist.
   b) *Versuchen Sie*, das Volumen einer Kugel mithilfe des Gedankenmodells des Ausschöpfens zu bestimmen.
   Stellen Sie dazu zunächst den Schnitt durch die Kugel in einem xy-Koordinatensystem *dar*. *Nutzen Sie* dabei die Möglichkeit, den Halbkreis mit dem Radius r mithilfe der Gleichung $f(x) = \sqrt{r^2 - x^2}$ zu beschreiben.
   Ermitteln Sie dann das Volumen der Kugel durch entsprechende Zerlegung und Grenzwertbildung von Ober- und Untersummen.

1 Das bestimmte Integral

1.3 Flächen unter Kurven

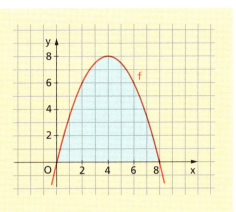

*Eine typische Anwendung der Integralrechnung ist das Berechnen von Inhalten krummlinig begrenzter Flächen bzw. krummflächig begrenzter Körper. Diese Berechnungen benötigt man zur Lösung unterschiedlicher inner- und außermathematischer Probleme.
Zum Beispiel schließen der Graph der Funktion f mit $f(x) = -0{,}5x^2 + 4x$ und die x-Achse eine Fläche vollständig ein.
Mithilfe der Integralrechnung kann ihr Inhalt exakt bestimmt werden.*

Arbeitsaufträge

1. Schätzen Sie den Inhalt der in der obigen Abbildung grün markierten Fläche.
2. Versuchen Sie, einen Näherungswert für den Flächeninhalt mithilfe verschiedener geeigneter Auslegetechniken zu ermitteln, und beschreiben Sie Ihr Vorgehen.
3. a) Ermitteln Sie anhand folgender Abbildungen jeweils die Summe der jährlichen Niederschläge auf der Zugspitze und in Berlin. Beschreiben Sie Ihr Vorgehen.

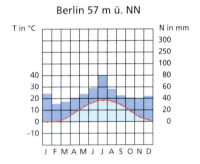

b) Übertragen Sie die Lösungsidee auf das Ermitteln des Inhalts der im obigen Beispiel grün markierten Fläche. Wie lässt sich dieser näherungsweise ermitteln?
4. Peter legt die Fläche unter einer Kurve durch Streifen verschiedener Stärke aus. Er benutzt dazu Rechtecke in der Breite von CD-Hüllen bzw. von Streichhölzern.

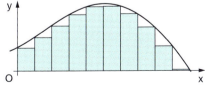 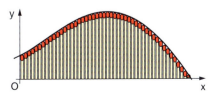

Dabei bleibt stets ein Rest übrig, den Peter möglichst gering halten will.
Beschreiben Sie, wie er die Fläche noch besser ausfüllen könnte.

1 Das bestimmte Integral

Der Fahrtenschreiber eines Lkw zeichnet das Geschwindigkeit-Zeit-Diagramm des Bewegungsablaufs auf (linkes Bild). Ein Ausschnitt dieses Diagramms wurde in ein rechtwinkliges Koordinatensystem übertragen (rechtes Bild).

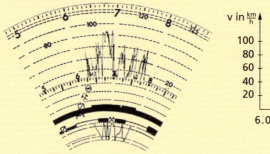
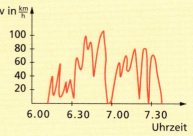

Bei konstanter Geschwindigkeit v_0 würde für den in der Zeit t zurückgelegten Weg s gelten:
$s = v_0 \cdot t$
Geometrisch interpretiert ist die Maßzahl des Weges also gleich dem Inhalt der Fläche unter dem Graphen der konstanten Funktion v(t) im Intervall $[t_1; t_2]$, d. h. gleich dem Flächeninhalt des Rechtecks mit den Seitenlängen $t_2 - t_1 = \Delta t$ und $v(t_1) = v(t_2)$.

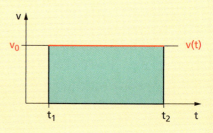

Arbeitsaufträge

1. Beschreiben Sie die Darstellung des Fahrtenschreibers auf der Kreisscheibe und charakterisieren Sie anhand der Daten den Fahrtverlauf des Lkws in der Zeit von 6.15 Uhr bis 7.30 Uhr.
2. Wie könnte man den zurückgelegten Weg in einem kleinen Zeitintervall $\Delta t^* \in [t_1; t_2]$ näherungsweise bestimmen? Wie lässt sich der zurückgelegte Gesamtweg anhand des Ausdrucks des Fahrtenschreibers näherungsweise ermitteln?

Zur Lösung dieser und anderer Aufgaben ist es notwendig, den Inhalt der Fläche zwischen dem Graphen einer Funktion und der Abszissenachse in einem abgeschlossenen Intervall $[x_1; x_2]$ zu bestimmen. Wir betrachten dazu das folgende Beispiel:

Gegeben sei eine Funktion f durch
$f(x) = -x^3 - 2x + 3$.
Der Graph dieser Funktion und die Koordinatenachsen begrenzen eine Fläche vollständig. Der Inhalt dieser Fläche soll bestimmt werden.

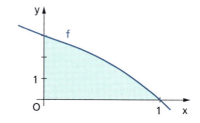

1 Das bestimmte Integral

Das Intervall Δx_0 der x-Werte der zugehörigen Fläche wird links durch die Ordinatenachse (x = 0) und rechts durch die Nullstelle von f begrenzt. Die Nullstelle ermitteln wir mit $x_N = 1$, das fragliche Intervall ist also [0; 1]. Für dieses Intervall ist der Inhalt der Fläche zu bestimmen, die „nach unten" durch die Abszissenachse und „nach oben" durch den Graphen der Funktion f begrenzt wird.

Der größte Funktionswert in diesem Intervall ist der an der linken Intervallgrenze, da die Funktion im Intervall monoton fällt. Er beträgt $f(0) = 3$.

Das Rechteck in der mit einem GTR erzeugten Abbildung hat die gegenüberliegenden Eckpunkte $P_1(0; 3)$ und $P_2(1; 0)$. Sein Flächeninhalt beträgt $f(0) \cdot \Delta x_0 = 1 \cdot 3 = 3$ (FE).

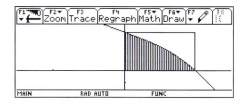

Es ist sofort ersichtlich, dass gilt:

(1) Der Inhalt der schraffierten Fläche muss größer als 0, aber kleiner als 3 sein.

Diese sehr ungenaue Abschätzung versuchen wir zu verfeinern, indem wir das Intervall halbieren und die Teilflächeninhalte durch geeignete Rechtecke jeweils „von oben" und „von unten" annähern.

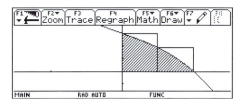 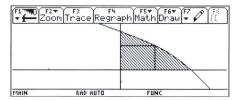

Berechnung des Flächeninhaltes A_O (linkes Bild, Annäherung „von oben"):

Da das Intervall Δx_0 die Breite 1 hat, besitzen die Rechtecke jeweils die Breite $\Delta x_1 = 0,5$. Ihre Höhe wird durch den größten Funktionswert von f im Teilintervall bestimmt. Da f monoton fällt, ist das der Funktionswert an der linken Grenze des Teilintervalls. Für das linke Rechteck gilt also $f(0) = 3,000$, für das rechte $f(0,5) = 1,875$. Demnach gilt für die von den beiden Rechtecken abgedeckte Fläche:

$A_O = 3,000 \cdot 0,5 + 1,875 \cdot 0,5 \approx 2,438$

Der so ermittelte Wert ist natürlich größer als der gesuchte Flächeninhalt.

Berechnung des Flächeninhaltes A_U (rechtes Bild, Annäherung „von unten"):

Die Höhe der Rechtecke ergibt sich jetzt durch den kleinsten Funktionswert im jeweiligen Teilintervall. Dieser liegt an der rechten Grenze, im Falle des rechten Randes ist er sogar 0. Für den Flächeninhalt der „einbeschriebenen" Rechtecke gilt dann:

$A_U = 1,875 \cdot 0,5 + 0 \cdot 0,5 \approx 0,938$

Dieser Wert ist kleiner als der gesuchte Flächeninhalt.

Somit lässt sich feststellen:

(2) Der Gesamtflächeninhalt liegt offensichtlich zwischen 0,938 und 2,438.

1 Das bestimmte Integral

Die Abschätzung (2) ist besser als die Abschätzung (1), wenngleich immer noch nicht geeignet, die Maßzahl des gesuchten Flächeninhaltes anzugeben. Wir zerlegen deshalb das Intervall [0; 1] in vier Teilintervalle und verfahren analog.

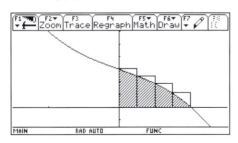 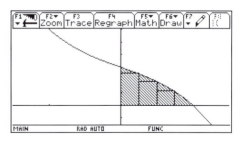

Berechnung des Flächeninhaltes A_O (linkes Bild, Annäherung „von oben"):
Jedes der vier Rechtecke besitzt jetzt die Breite $\Delta x_2 = 0{,}25$ und die Funktionswerte an den jeweiligen linken Rändern der Teilintervalle sind $f(0) = 3{,}000; f(0{,}25) = 2{,}484;$
$f(0{,}5) = 1{,}875; f(0{,}75) = 1{,}078$. Für den Flächeninhalt gilt dann:
$A_O = 3{,}000 \cdot 0{,}25 + 2{,}484 \cdot 0{,}25 + 1{,}875 \cdot 0{,}25 + 1{,}078 \cdot 0{,}25 \approx 2{,}109$

Berechnung des Flächeninhaltes A_U (rechtes Bild, Annäherung „von unten"):
Analog zur Berechnung der Fläche A_O folgt:
$A_U = 2{,}484 \cdot 0{,}25 + 1{,}875 \cdot 0{,}25 + 1{,}078 \cdot 0{,}25 + 0 \cdot 0{,}25 \approx 1{,}359$
Der Gesamtflächeninhalt liegt also zwischen 1,359 und 2,109.

Hinweis: Bei Inhaltsberechnungen wurde hier (und wird auch im Folgenden immer) nur die Maßzahl angegeben.

Unsere bisherigen Ergebnisse sind in der folgenden Tabelle zusammengefasst.

Anzahl k der Zerlegungen	0	1	2	...
Anzahl n der Teilintervalle	$1 = 2^0$	$2 = 2^1$	$4 = 2^2$	
Breite h des Teilintervalls: $\frac{1}{n} = \Delta x = h$	1	0,5	0,25	...
Summe der Flächeninhalte A_U der Rechtecke „unter" dem Graphen	0,000	0,938	1,359	...
Summe der Flächeninhalte A_O der Rechtecke „über" dem Graphen	3,000	2,438	2,109	...

Man erkennt, dass die Folge der Summen der Flächeninhalte der Rechtecke „unter" dem Graphen wächst, die der Flächeninhalte „über" dem Graphen fällt. Geometrisch bedeutet das, dass sich die Rechtecke immer mehr an den Graphen annähern und die gesuchte Fläche immer besser ausfüllen. Die Folgen der **Ober- bzw. Untersummen** sollen im Folgenden näher betrachtet werden.

1 Das bestimmte Integral

Jedes Rechteck, dessen Flächeninhalt in die Obersumme einfließt, hat eine Seite der Länge $h = \Delta x_k = \frac{1}{n}$ und eine, deren Länge dem Funktionswert am linken Rand des Rechtecks entspricht, und zwar $f(0 + i \cdot h)$ mit $i = 0, 1, ..., n - 1$.
Analog gilt für Rechtecke der Untersumme, dass die Länge einer Seite dem Funktionswert am rechten Rand entspricht, also $f(0 + i \cdot h)$ mit $i = 1, 2, ..., n$.

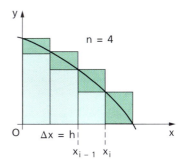

Allgemein gilt für eine beliebige Intervallbreite $h = \Delta x$:

$$A_O = \sum_{i=0}^{n-1} [f(0 + i \cdot h) \cdot h] \qquad \text{bzw.}$$

$$A_U = \sum_{i=1}^{n} [f(0 + i \cdot h) \cdot h]$$

Die Intervallbreite $h = \Delta x$ ergibt sich aus $\frac{1}{n}\left(\frac{\text{Breite des Gesamtintervalls}}{\text{Anzahl der Teilintervalle}}\right)$, wobei die Anzahl n der Teilintervalle für die k-te Zerlegung bei ständiger Halbierung gleich 2^k ist.

Für die Ober- und Untersumme gilt dann:

$$A_O = \sum_{i=0}^{n-1}\left[f\left(0 + i \cdot \frac{1}{n}\right) \cdot \frac{1}{n}\right] = \sum_{i=0}^{2^k-1}\left[f\left(0 + i \cdot \frac{1}{2^k}\right) \cdot \frac{1}{2^k}\right] \qquad \text{bzw.}$$

$$A_U = \sum_{i=1}^{n}\left[f\left(0 + i \cdot \frac{1}{n}\right) \cdot \frac{1}{n}\right] = \sum_{i=1}^{2^k}\left[f\left(0 + i \cdot \frac{1}{2^k}\right) \cdot \frac{1}{2^k}\right]$$

Mithilfe eines CAS oder einer Tabellenkalkulation lassen sich Unter- und Obersummen auch für eine hohe Anzahl von Zerlegungen ermitteln. Die folgenden Abbildungen zeigen Formeleingaben und Ergebnisse einer Tabellenkalkulation für $n = 2^{10} = 1\,024$:

	A	B	C	D	E	F
1	Berechnung des Flächeninhalts unter dem Graphen einer Funktion im Intervall [a; b]					
2	mithilfe von Ober- und Untersummen nach der Rechteckmethode					
3						
4	Funktion f(x) = – x³ – 2x + 3					
5	Parameter					
6	a	0	Es ergibt sich eine Streifenbreite Δx =		=(B7–B6)/B8	
7	b	1				
8	n	1024				
9						
10	Teilintervall i	Zerlegungsstelle x_i = a + i*Δx	f(x_{i-1})	f(x_i)	obere Rechtecke f(x_{i-1})*Δx	untere Rechtecke f(x_i)*Δx
11	1	=$B$6+A11*$F$6	=–B6^3–2*B6+3	=–B11^3–2*B11+3	=C11*$F$6	=D11*$F$6
12	2	=$B$6+A12*$F$6	=D11	=–B12^3–2*B12+3	=C12*$F$6	=D12*$F$6
13	3	=$B$6+A13*$F$6	=D12	=–B13^3–2*B13+3	=C13*$F$6	=D13*$F$6
14	4	=$B$6+A12*$F$6	=D13	=–B14^3–2*B14+3	=C14*$F$6	=D14*$F$6
1033	1023	=$B$6+A1033*$F$6	=D1032	=–B1033^3–2*B1033+3	=C1033*$F$6	=D11*$F$6
1034	1024	=$B$6+A1034*$F$6	=D1033	=–B1034^3–2*B1034+3	=C1034*$F$6	=D11*$F$6
1035						
1036			Obersumme A_o:		=SUMME(E11:E1034)	
1037			Untersumme A_u:			=SUMME(F11:F1034)
1038						

1 Das bestimmte Integral

	A	B	C	D	E	F
1	Berechnung des Flächeninhalts unter dem Graphen einer Funktion im Intervall [a; b]					
2	mithilfe von Ober- und Untersummen nach der Rechteckmethode					
3						
4	Funktion f(x) = –x³ – 2x + 3					
5	Parameter					
6	a	0	Es ergibt sich eine Streifenbreite Δx =			0,000976563
7	b	1				
8	n	1024				
9						
10	Teilintervall i	Zerlegungsstelle x_i = a + i·Δx	$f(x_{i-1})$	$f(x_i)$	obere Rechtecke $f(x_{i-1})\cdot Δx$	untere Rechtecke $f(x_i)\cdot Δx$
11	1	0,000976563	3	2,998046874	0,002929688	0,00292778
12	2	0,001953125	2,998046874	2,996093743	0,00292778	0,002925873
13	3	0,002929688	2,996093743	2,9941406	0,002925873	0,002923965
14	4	0,00390625	2,9941406	2,99218744	0,002923965	0,002922058
...						
1033	1023	0,999023438	0,009754188	0,004879952	9,52557E-06	4,76558E-06
1034	1024	1	0,004879952	0	4,76558E-06	0
1035						
1036			Obersumme A_o:		1,751464605	
1037			Untersumme A_u:			1,748534918
1038						

Mithilfe eines CAS lassen sich Ober- und Untersummen für jede beliebige Zerlegung ermitteln. Dazu definiert man zunächst die Funktion und speichert die Berechnungsvorschriften für die Summen. Das rechte Schirmbild zeigt die bereits berechneten Summen sowie die Summen für die 5. und 10. Zerlegung:

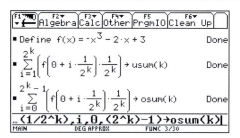

> *Die hier definierten CAS-Befehle zur Bildung von osum und usum gehen davon aus, dass die Funktion im betrachteten Intervall monoton fällt, d. h., dass sich in jedem Teilintervall der größte Funktionswert an der linken Intervallgrenze und der kleinste Funktionswert an der rechten Intervallgrenze befinden.*
> *In allen anderen Fällen müssten die Befehle entsprechend modifiziert werden.*

Beim Betrachten der folgenden Tabelle liegt die Vermutung nahe, dass die Folge der Untersummen und die Folge der Obersummen mit fortschreitender Zerlegung gegen dieselbe Zahl konvergieren, die der Maßzahl des gesuchten Flächeninhalts entspricht.

Zerlegung k	0	1	2	5	10
Untersumme A_U	0,000	0,938	1,359	1,703	1,749
Obersumme A_O	3,000	2,438	2,109	1,797	1,751

1 Das bestimmte Integral

Wir bilden nun den Grenzwert für $k \to \infty$, d. h., wir setzen die Zerlegung gedanklich „unendlich oft" fort, sodass die Rechteckbreite Δx_k gegen null konvergiert. Die Grenzwerte von Ober- und Untersumme sind gleich groß, der gesuchte Flächeninhalt beträgt also 1,75.

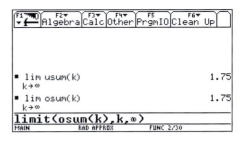

Wir übertragen das Verfahren auf die Ermittlung des Flächeninhaltes unter dem Graphen der Funktion f mit $f(x) = -x^2 + 4$ im Intervall [0; 1] und erhalten $A \approx 3{,}7$.

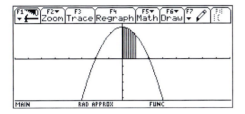
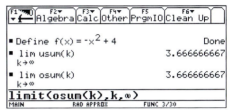

Der sowohl beim Rekonstruieren eines Bestandes als auch beim Ermitteln des Inhalts einer Fläche benutzte Begriff des bestimmten Integrals soll nun mathematisch exakt definiert werden.

> Es sei f eine im Intervall [a; b] definierte Funktion, die in jedem abgeschlossenen Teilintervall von [a; b] einen kleinsten Funktionswert $f(\underline{x}_i)$ sowie einen größten Funktionswert $f(\overline{x}_i)$ besitzt.
> Haben die beiden Folgen $(s_n) = \left(\sum_{i=1}^{n} [f(\underline{x}_i) \cdot \Delta x]\right)$ und $(S_n) = \left(\sum_{i=1}^{n} [f(\overline{x}_i) \cdot \Delta x]\right)$ einen gemeinsamen Grenzwert, so heißt dieser Grenzwert das **bestimmte Integral** der Funktion f im Intervall [a; b].

Wir verwenden für das so definierte Integral die aus Abschnitt 1.1 bekannten Schreib- und Sprechweisen:

$\int_a^b f(x)\,dx$ (gesprochen: „Integral über $f(x)\,dx$ in den Grenzen von a bis b")

Man bezeichnet a und b als **Integrationsgrenzen,** [a; b] als **Integrationsintervall,** x als **Integrationsvariable,** $f(x)$ als **Integranden** und dx als **Differenzial.** Die Schreibweise „dx" drückt aus, dass für unendlich viele, sehr kleine Differenzen Δx summiert wird, die in der Differenzialrechnung als Differenziale bezeichnet werden.

Die obige Definition des Integrals stammt vom damals in Göttingen wirkenden deutschen Mathematiker BERNHARD RIEMANN (1826 bis 1866). Man bezeichnet das so definierte Integral deshalb auch als RIEMANN-Integral.

1 Das bestimmte Integral

Das bestimmte Integral ist eine eindeutig festgelegte Zahl, die nur von der Funktion f und den Integrationsgrenzen abhängig ist. Man erhält sie nach folgendem Verfahren:

(1) Das Intervall [a; b] wird in n (n ∈ ℕ; n ≥ 1) gleich lange Teilintervalle zerlegt.
Die Endpunkte der Teilintervalle seien
$a = x_0; x_1; x_2; ...; x_{n-1}; x_n = b$.
Jedes Teilintervall hat die Länge $\Delta x = \frac{b-a}{n}$.

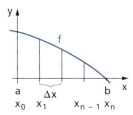

(2) Für jedes Teilintervall werden die Produkte $f(\underline{x}_i) \cdot \Delta x$ und $f(\overline{x}_i) \cdot \Delta x$ gebildet, wobei $f(\underline{x}_i)$ der kleinste und $f(\overline{x}_i)$ der größte Funktionswert im i-ten Teilintervall ist.

(3) Es werden Summen $s_n = \sum_{i=1}^{n} f(\underline{x}_i) \cdot \Delta x$ und
$S_n = \sum_{i=1}^{n} f(\overline{x}_i) \cdot \Delta x$, also die Unter- und die Obersumme, gebildet.

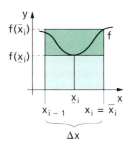

So werden jeder natürlichen Zahl n (n ∈ ℕ; n ≥ 1) zwei Zahlen s_n und S_n zugeordnet, d. h., man erhält zwei Zahlenfolgen (s_n) und (S_n) mit folgenden Eigenschaften:
- Weil im Intervall [a; b] stets $f(\underline{x}_i) \cdot (b - a) \leq s_n \leq S_n \leq f(\overline{x}_i) \cdot (b - a)$ gilt, ist (s_n) nach oben und (S_n) nach unten beschränkt.
- Beim Übergang von der n-ten zur (n + 1)-ten Zerlegung des Intervalls kann die Summe s_{n+1} nicht kleiner als die Summe s_n und S_{n+1} nicht größer als S_n sein. Daraus folgt, dass (s_n) monoton wachsend und (S_n) monoton fallend ist. Da jede monoton wachsende (fallende) und nach oben (unten) beschränkte Zahlenfolge konvergiert, existieren die beiden Grenzwerte $\lim_{n \to \infty} s_n$ und $\lim_{n \to \infty} S_n$.
- Stimmen beide Grenzwerte überein, so existiert das bestimmte Integral der Funktion f im Intervall [a; b] und es gilt $\lim_{n \to \infty} s_n = \lim_{n \to \infty} S_n = \int_a^b f(x)\, dx$.

Anwenden der Integraldefinition

Das Integral $\int_0^3 x^3\, dx$ soll berechnet werden. Die Funktion f mit $f(x) = x^3$ ist stetig und monoton wachsend. Somit hat f in jedem abgeschlossenen Teilintervall einen größten und einen kleinsten Funktionswert. Nach Definition ergibt sich folgende Schrittfolge:

(1) Zerlegen des Intervalls [0; 3] in n gleich lange Teilintervalle der Länge $\Delta x = \frac{3-0}{n} = \frac{3}{n}$.

(2) Bilden der Summen s_n und S_n

Das i-te Teilintervall ist $[x_{i-1}; x_i]$, somit folgt:

$x_{i-1} = (i-1) \cdot \Delta x = (i-1) \cdot \frac{3}{n}$ $\qquad f(x_{i-1}) = \left[(i-1) \cdot \frac{3}{n}\right]^3$

$x_i = i \cdot \frac{3}{n}$ $\qquad f(x_i) = \left(i \cdot \frac{3}{n}\right)^3$

$s_n = \sum_{i=1}^{n} f(\underline{x}_i) \cdot \Delta x = \sum_{i=1}^{n} \left[(i-1) \cdot \frac{3}{n}\right]^3 \cdot \frac{3}{n}$ $\qquad S_n = \sum_{i=1}^{n} f(\overline{x}_i) \cdot \Delta x = \sum_{i=1}^{n} \left(i \cdot \frac{3}{n}\right)^3 \cdot \frac{3}{n}$

1 Das bestimmte Integral

Zur Ermittlung der Summenformel kann ein Rechner eingesetzt werden:

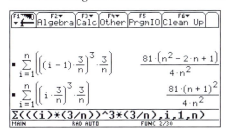
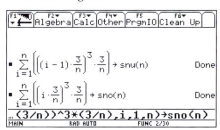

(3) Auch das Berechnen der Grenzwerte von Unter- und Obersumme erfolgt mit einem Rechner:
Wegen $\lim_{n \to \infty} s_n = \lim_{n \to \infty} S_n = \frac{81}{4}$ gilt:
$\int_0^3 x^3 \, dx = \frac{81}{4}$.

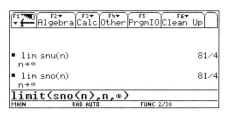

Hinweis: Da die Funktion monoton wachsend ist, konnten nicht die Befehle *osum()* und *usum()* aus dem letzten Beispiel verwendet werden.

Das übereinstimmende Vorgehen beim Bilden eines bestimmten Integrals und beim Zerlegen einer Fläche in untere und obere Rechtecksummen lässt eine geometrische Deutung des bestimmten Integrals zu.

Geometrische Deutung des bestimmten Integrals
Es sei f eine im Intervall [a; b] definierte und dort nichtnegative Funktion, die in jedem abgeschlossenen Teilintervall von [a; b] einen kleinsten sowie einen größten Funktionswert besitzt.
Dann entspricht das bestimmte Integral $\int_a^b f(x) \, dx$ derjenigen positiven Zahl, welche die Maßzahl des Inhalts A der Fläche angibt, welche von dem Graphen der Funktion f, der x-Achse sowie den Geraden mit den Gleichungen x = a und x = b begrenzt wird.

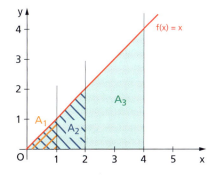

Mithilfe der grafischen Darstellung lassen sich z. B. folgende Integrale bestimmen:

(1) Aus $A_1 = \frac{1 \cdot 1}{2} = \frac{1}{2}$ folgt $\int_0^1 x \, dx = \frac{1}{2}$.

(2) Aus $A_2 = \frac{2 \cdot 2}{2} = 2$ folgt $\int_0^2 x \, dx = 2$.

(3) Aus $A_3 = \frac{4 \cdot 4}{2} = 8$ folgt $\int_0^4 x \, dx = 8$.

1 Das bestimmte Integral

Das bestimmte Integral kann aber auch eine physikalische Größe ausdrücken. So lässt sich der zurückgelegte Weg (siehe Beispiel des Fahrtenschreibers auf Seite 190) als Maßzahl der Fläche unter dem Graphen im Geschwindigkeit-Zeit-Diagramm deuten, d. h., der Weg wird als Integral über der Geschwindigkeit in Abhängigkeit von der Zeit betrachtet. Es gilt:

$$s = \int_{t_1}^{t_2} v(t)\, dt$$

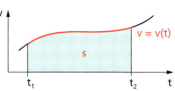

Übungen

1. *Berechnen Sie* jeweils mithilfe der Definition des bestimmten Integrals.

   a) $\int_0^1 (-x^2 + 4)\, dx$
   b) $\int_0^1 (-x^3 + 8)\, dx$

2. a) *Berechnen Sie* mithilfe der Integraldefinition $\int_0^1 x^2\, dx$ und $\int_0^2 x^2\, dx$.

   b) *Begründen Sie*, warum man hier die auf Seite 194 definierten Befehle *usum* und *osum* nicht verwenden darf.

   Entwickeln Sie entsprechende CAS-Befehle.

3. Lassen sich die folgenden bestimmten Integrale als Flächeninhalte zwischen dem Graphen einer Funktion und der x-Achse deuten?

   a) $\int_1^2 (2x + 2)\, dx$
   b) $\int_{-1}^1 (x^2 + 1)\, dx$
   c) $\int_{-1}^5 (x - 2)\, dx$

4. *Geben Sie* den Inhalt der markierten Flächen mithilfe bestimmter Integrale *an*.

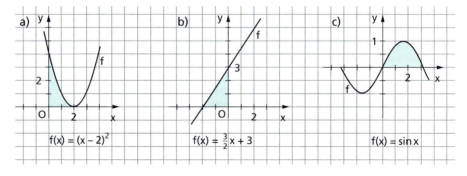

a) $f(x) = (x - 2)^2$ b) $f(x) = \tfrac{3}{2}x + 3$ c) $f(x) = \sin x$

Aufgabe zum Argumentieren

5. *Begründen Sie* anhand einer geometrischen Veranschaulichung, dass für die physikalische Arbeit W die Beziehung $W = \int_{s_1}^{s_2} F(s)\, ds$ gilt.

6. Bestandsrekonstruktionen, das Ausschöpfen von Flächen und Volumina sowie die Berechnung von Flächeninhalten „unter Kurven" führten zum Begriff des bestimmten Integrals.

   Erklären Sie die gemeinsame Grundidee der drei Zugänge zum Integralbegriff.

1 Das bestimmte Integral

1.4 Eigenschaften des bestimmten Integrals

Das bestimmte Integral ist im Abschnitt 1.3 zur Berechnung von Flächeninhalten „unter" den Graphen von Funktionen benutzt worden.

(1) Berechnet man mithilfe eines CAS das bestimmte Integral $\int_1^2 [-(x^2 - x)]\,dx$, so erhält man die negative Zahl $-\frac{5}{6}$, welche natürlich nicht Maßzahl eines Flächeninhaltes sein kann. Wie lässt sich dieser Wert interpretieren?

(2) Ermittelt man grafisch das bestimmte Integral $\int_0^{4\pi} \sin x\,dx$, erhält man 0. Wie kann dieses Ergebnis geometrisch interpretiert werden?

(3) Das CAS fand für das bestimmte Integral $\int_1^2 \frac{e^x}{x}\,dx$ keine Lösung (linkes Bild).

Anhand der grafischen Darstellung lässt sich aber ein Näherungswert ermitteln (rechtes Bild).
Existiert dieses bestimmte Integral?

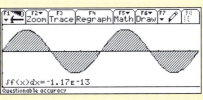
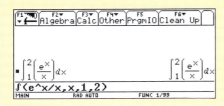
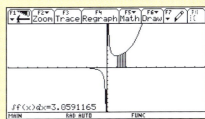

Arbeitsaufträge

1. Zu den oben betrachteten drei bestimmten Integralen wurden Fragen formuliert. Suchen Sie nach Antworten und *begründen* Sie Ihre Vermutungen.
2. Ermitteln Sie mithilfe geeigneter Hilfsmittel die folgenden bestimmten Integrale. In welchen Fällen ist das exakt möglich, in welchen Fällen können nur Näherungswerte ermittelt werden? Versuchen Sie, die Ergebnisse jeweils zu interpretieren.

a) $\int_2^4 (x^3 - 2x)\,dx$ b) $\int_1^2 e^{-x^2}\,dx$ c) $\int_a^b e^{-x^2}\,dx$ d) $\int_3^5 \sqrt{x}\,dx$

e) $\int_{-1}^1 \sqrt{x}\,dx$ f) $\int_{-1}^1 \frac{1}{x}\,dx$ g) $\int_0^2 \frac{x^2-1}{x-1}\,dx$ h) $\int_2^3 \frac{e^x}{x}\,dx$

i) $\int_0^2 f(x)\,dx$ mit $f(x) = \begin{cases} \sqrt{x} & \text{für } x \leq 1 \\ x & \text{für } x > 1 \end{cases}$ j) $\int_0^2 f(x)\,dx$ mit $f(x) = \begin{cases} \sqrt{x} & \text{für } x \leq 1 \\ 3x & \text{für } x > 1 \end{cases}$

1 Das bestimmte Integral

3. Ermitteln Sie die bestimmten Integrale $\int_0^1 x^2\,dx, \int_0^3 x^2\,dx, \int_1^3 x^2\,dx$.

   Suchen Sie nach einem Zusammenhang zwischen diesen Integralen. Begründen Sie Ihre Vermutung auch geometrisch.

4. Ermitteln Sie die Integrale $\int_0^2 x^2\,dx, \int_0^2 (-x^2)\,dx, -\int_0^2 x^2\,dx, \int_2^0 x^2\,dx$ und $\int_2^0 (-x^2)\,dx$.

   Stellen Sie Vermutungen bezüglich weiterer Eigenschaften des bestimmten Integrals auf.

Bisher haben wir mithilfe des bestimmten Integrals Flächen zwischen dem Graphen einer Funktion und der x-Achse berechnet und damit eine wesentliche Grundlage für das Ermitteln von Inhalten krummlinig begrenzter Figuren kennengelernt.

Dabei waren wir in den Beispielen stets davon ausgegangen, dass die entsprechende Fläche „oberhalb" der x-Achse liegt, also die zugehörige Funktion f im entsprechenden Intervall nur positive Funktionswerte besitzt.

Betrachtet man im Unterschied dazu etwa die Funktion f(x) = sin x und bildet mit einem CAS das bestimmte Integral $\int_{-\pi}^{\pi} \sin x\,dx$, so erhält man 0 (linkes Bild).

Der Graph der Funktion und die x-Achse begrenzen in dem Intervall aber zwei Flächen, deren Inhalt jeweils deutlich von 0 verschieden ist (rechtes Bild).

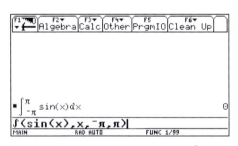
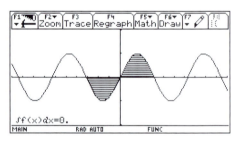

Berechnet man mithilfe eines CAS $\int_{-1}^{5} (3x - 5)\,dx$, erhält man als Ergebnis den Wert 6.

Aus der grafischen Darstellung (siehe nebenstehendes Bild) wird aber deutlich, dass diese Zahl nicht der Inhalt der vom Graphen und der x-Achse im Intervall eingeschlossenen Fläche sein kann. Allein das gekennzeichnete Rechteck hat bereits einen Flächeninhalt von 6 FE.

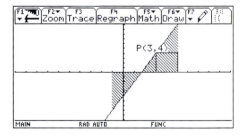

Offensichtlich kann man das bestimmte Integral nur dann als Maßzahl des Flächeninhalts zwischen dem Graphen einer Funktion f und der x-Achse in einem abgeschlossenen Intervall deuten, wenn f in diesem Intervall nur nichtnegative Funktionswerte besitzt.

1 Das bestimmte Integral

Auch mit einem CAS kann das Integrieren von Funktionen in einigen Fällen ein Problem sein.
Findet das CAS kein bestimmtes Integral, heißt das noch nicht, dass dieses nicht existiert.

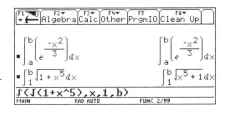

Unter welchen Bedingungen existiert nun aber ein bestimmtes Integral?
Aus der Definition des bestimmten Integrals ist bekannt:

(1) Damit $\int_a^b f(x)\,dx$ existiert, muss die Funktion f in jedem abgeschlossenen Teilintervall von [a; b] einen kleinsten und einen größten Funktionswert besitzen.

(2) Zusätzlich müssen die Folge der Untersummen (s_n) und die der Obersummen (S_n) gegen ein und denselben Grenzwert konvergieren.

Nur wenn diese beiden Bedingungen erfüllt sind, existiert das bestimmte Integral. Insbesondere die Prüfung der letzten Bedingung kann mitunter sehr aufwendig sein. Sind dagegen andere Eigenschaften, wie insbesondere Stetigkeit und Monotonie der Funktion im betreffenden Intervall, bereits bekannt, kann sehr schnell eine Aussage zur Existenz des bestimmten Integrals getroffen werden.

> Ist f eine im Intervall [a; b] stetige Funktion, so existiert das bestimmte Integral
> $\int_a^b f(x)\,dx$.   **(Existenz des Integrals einer stetigen Funktion)**
>
> Ist f eine im Intervall [a; b] monotone Funktion, so existiert das bestimmte Integral $\int_a^b f(x)\,dx$.   **(Existenz des Integrals einer monotonen Funktion)**

Der letztgenannte Satz soll hier bewiesen werden.
Dazu wird vorausgesetzt, dass f eine im Intervall [a; b] monoton wachsende Funktion ist. (Der Beweis für monoton fallende Funktionen kann analog geführt werden.)
Das Intervall [a; b] wird in n gleich große Teilintervalle [x_{i-1}; x_i] zerlegt, die alle die Breite $\Delta x = \frac{b-a}{n}$ besitzen. Wenn f monoton wächst, muss im i-ten Teilintervall $f(x_{i-1})$ der kleinste und $f(x_i)$ der größte Funktionswert sein.
Wir bilden nun die Folgen (s_n) mit $s_n = \sum_{i=1}^{n} f(x_{i-1}) \cdot \Delta x$ und (S_n) mit $S_n = \sum_{i=1}^{n} f(x_i) \cdot \Delta x$.
Da (s_n) monoton wächst und beschränkt ist, existiert $\lim_{n \to \infty} s_n$. Da (S_n) monoton fällt und beschränkt ist, existiert auch $\lim_{n \to \infty} S_n$.
Falls f integrierbar ist, muss $\lim_{n \to \infty} s_n = \lim_{n \to \infty} S_n$ bzw. $\lim_{n \to \infty} S_n - \lim_{n \to \infty} s_n = \lim_{n \to \infty} (S_n - s_n) = 0$ gelten, d. h., ($S_n - s_n$) muss eine Nullfolge sein, was im Folgenden gezeigt wird.

1 Das bestimmte Integral

Es gilt:
$$S_n - s_n = \sum_{i=1}^{n} f(x_i) \cdot \Delta x - \sum_{i=1}^{n} f(x_{i-1}) \cdot \Delta x$$
$$= \Delta x \cdot [(f(x_1) + f(x_2) + \ldots + f(x_n)] - \Delta x \cdot [(f(x_0) + f(x_1) + \ldots + f(x_{n-1})]$$
$$= \Delta x \cdot [(f(x_n) - f(x_0)]$$

Mit $x_0 = a$ und $x_n = b$ gilt:
$$S_n - s_n = \Delta x \cdot [(f(b) - f(a)] = \frac{b-a}{n} \cdot [(f(b) - f(a)]$$

Bildet man den Grenzwert, so erhält man $\lim_{n \to \infty} (S_n - s_n) = \lim_{n \to \infty} \frac{(b-a) \cdot [f(b) - f(a)]}{n} = 0$.

(Der Zähler ist eine Konstante, der Nenner n wächst für $n \to \infty$ unbeschränkt.)

Damit ist gezeigt, dass (S_n) und (s_n) gegen ein und denselben Grenzwert konvergieren. Somit existiert das bestimmte Integral $\int_a^b f(x)\,dx$. w.z.b.w.

Stetigkeit und Monotonie sind jeweils hinreichende Bedingungen für die Existenz des bestimmten Integrals. Damit bieten sie in vielen Fällen eine schnelle Entscheidungshilfe, ob dieses Integral existiert. Bei stetigen und bei monotonen Funktionen muss deshalb nur ein Grenzwert (Ober- oder Untersumme) gebildet werden.

Beide Bedingungen sind aber keine notwendigen Bedingungen, d. h., es gibt auch Funktionen, die in einem Intervall nicht monoton sind bzw. Unstetigkeitsstellen in diesem Intervall enthalten, bei denen trotzdem das bestimmte Integral existiert.

stetig und monoton	stetig und nicht monoton	nicht stetig und monoton	nicht stetig und nicht monoton

Gegeben sei eine Funktion f mit
$$f(x) = \begin{cases} x^2 & \text{für } x < 1 \\ x+1 & \text{für } x \geq 1 \end{cases}.$$

Im Intervall $[-1; 3]$ ist f weder stetig noch monoton (siehe nebenstehendes Bild).

Bei $x = 1$ hat der Graph einen Sprung.

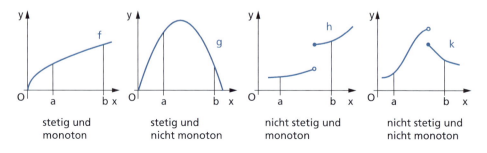

Trotzdem ermitteln CAS problemlos das bestimmte Integral in diesem Intervall.

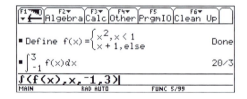
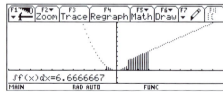

1 Das bestimmte Integral

Bisher hatten wir beim Ermitteln des bestimmten Integrals $\int_a^b f(x)\,dx$ in allen Beispielen angenommen, dass für die Integrationsgrenzen a < b gilt.
Lässt man auch a = b und a > b zu, so müssen Festlegungen getroffen werden, was in diesen Fällen unter den bestimmten Integralen zu verstehen ist.

Nach den Überlegungen in Abschnitt 1.3 ermittelten wir das bestimmte Integral, indem im ersten Schritt die Inhalte aller zugehörigen Teilflächen zur Untersumme addiert wurden. Anschaulich kann man sich das so vorstellen, dass eine Fläche von links nach rechts streifenweise aufgebaut wird (linkes Bild). Dieselbe Fläche kann streifenweise von rechts nach links abgebaut werden (rechtes Bild).

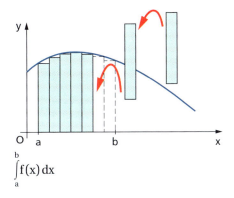

$$\int_a^b f(x)\,dx$$

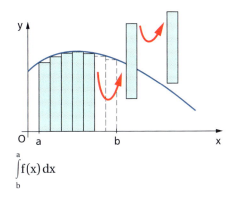

$$\int_b^a f(x)\,dx$$

- Aufbau der Fläche aus schmalen Rechtecken von links nach rechts
- Der Zahlenwert des Integrals entspricht dem Inhalt der aufgebauten Fläche (Addition).
- Das bestimmte Integral im obigen Beispiel ist positiv.

- Abbau der Fläche durch Entfernen von Rechtecken von rechts nach links
- Der Betrag des Zahlenwertes des Integrals entspricht dem Inhalt der abgebauten Fläche (Subtraktion).
- Das bestimmte Integral im obigen Beispiel ist negativ.

Diese Überlegungen führen zu folgenden Definitionen:

> **D**
> Existiert für die Funktion f im Intervall [a; b] das bestimmte Integral $\int_a^b f(x)\,dx$, so gilt:
>
> (1) $\int_a^b f(x)\,dx = -\int_b^a f(x)\,dx$ **(Vertauschen der Integrationsgrenzen)**
>
> (2) $\int_a^a f(x)\,dx = 0$ **(Übereinstimmung der Integrationsgrenzen)**

Geometrisch ist sofort plausibel, dass bei Übereinstimmung der Integrationsgrenzen der Inhalt der zugehörigen „entarteten" Fläche 0 sein muss.

1 Das bestimmte Integral

Über Summenbildung bzw. mit einem CAS kann man bestimmen: $\int_1^2 x^2 \, dx = \frac{7}{3}$

Dann gilt auch:
$$\int_2^1 x^2 \, dx = -\int_1^2 x^2 \, dx = -\frac{7}{3}$$

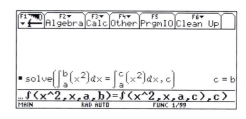

Aus der Definition des bestimmten Integrals lässt sich eine Eigenschaft folgern, die bei Anwendungsproblemen des bestimmten Integrals oft benötigt wird:

Additivität des bestimmten Integrals
Es sei die Funktion f im Intervall [a; b] integrierbar und c eine beliebige Zahl aus dem Intervall [a; b]. Dann gilt:
$$\int_a^c f(x) \, dx + \int_c^b f(x) \, dx = \int_a^b f(x) \, dx$$

(1) Da $\int_0^2 x \, dx = 2$ und $\int_0^4 x \, dx = 8$ (siehe S.197) und

$\int_0^2 x \, dx + \int_2^4 x \, dx = \int_0^4 x \, dx$ ist, folgt:

$\int_2^4 x \, dx = 6$

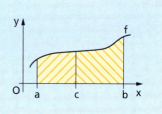

(2) $\int_{-1}^0 x^2 \, dx + \int_0^1 x^2 \, dx = \int_{-1}^1 x^2 \, dx = \frac{2}{3}$

bzw.

$\int_{-1}^0 x^2 \, dx + \int_0^1 x^2 \, dx = 2 \cdot \int_0^1 x^2 \, dx = \frac{2}{3}$ (Symmetrie)

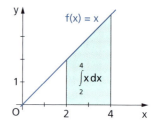

Im Beispiel (2) wurde die Symmetrie des Graphen von f genutzt. Da die Teilflächen gleich groß sind, genügt die Berechnung *eines* Integrals und die Multiplikation mit 2. Allgemein gilt:

$\int_a^b k \cdot f(x) \, dx = k \cdot \int_a^b f(x) \, dx$ $(k \in \mathbb{R})$ **(Faktorregel)**

$\int_a^b f(x) \, dx \pm \int_a^b g(x) \, dx = \int_a^b [f(x) \pm g(x)] \, dx$ **(Summenregel)**

1 Das bestimmte Integral

Anwenden von Faktor- und Summenregel

(1) $\int_0^1 3x^2 \, dx = 3 \int_0^1 x^2 \, dx$

(2) $\int_0^1 x \, dx - \int_0^1 x^2 \, dx = \int_0^1 (x - x^2) \, dx$

Das Beispiel (2) kann mithilfe eines GTR visualisiert werden.
Die Dreiecksfläche veranschaulicht das Integral $\int_0^1 x \, dx$.

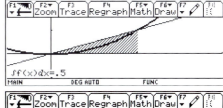

Die Fläche unter der Parabel veranschaulicht das Integral $\int_0^1 x^2 \, dx$, die rot eingefärbte Fläche die Differenz $\int_0^1 x \, dx - \int_0^1 x^2 \, dx$.

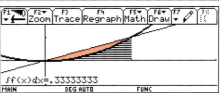

Diese Differenz entspricht auch der Fläche unter der Parabel $f(x) = x - x^2$.

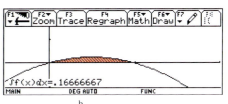

Aus der geometrischen Deutung des bestimmten Integrals $\int_a^b f(x) \, dx$ wissen wir, dass der Wert dieses Intergrals zwischen den Maßzahlen der Flächeninhalte zweier Rechtecke liegt, wie sie in der Zeichnung dargestellt sind.
Die eine Seite der beiden Rechtecke hat die Länge $b - a$, die andere Seite ist durch den jeweils kleinsten bzw. größten Funktionswert im Intervall $[a; b]$ bestimmt.
Es gibt nun genau ein Rechteck mit der Seite $b - a$, dessen Flächeninhalt genau dem Wert des bestimmten Integrals $\int_a^b f(x) \, dx$ entspricht.

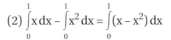

Der Flächeninhalt dieses Rechtecks ist dann $A = (b - a) \cdot f(x_0)$. Die Zahl $f(x_0)$ wird als **Integralmittelwert** bezeichnet.

Mittelwertsatz der Integralrechnung
Ist f eine im Intervall $[a; b]$ stetige Funktion, dann gibt es mindestens eine Zahl x_0 mit $a < x_0 < b$, für deren Funktionswert $f(x_0)$ gilt:

$$\int_a^b f(x) \, dx = f(x_0) \cdot (b - a)$$

Der Beweis dieses Satzes befindet sich auf der CD.

1 Das bestimmte Integral

Übungen

1. Welche der folgenden bestimmten Integrale können als Maßzahl des Inhaltes der Fläche zwischen dem Graphen der Funktion f und der x-Achse gedeutet werden?

a) $\int_{-1}^{5} x\,dx$ b) $\int_{1}^{4} x\,dx$ c) $\int_{1}^{1} x\,dx$ d) $\int_{4}^{1} x\,dx$ e) $\int_{1}^{5} x^2\,dx$ f) $\int_{0}^{2} \frac{1}{x-1}\,dx$

2. Berechnen Sie.

a) $\int_{2}^{2} (x^3 + 2x^2)\,dx$ b) $\int_{0}^{0} z^7\,dz$ c) $\int_{0}^{7} c\,dx$ d) $\int_{\pi}^{\pi} \sin x\,dx$ e) $\int_{a}^{a} (3a^2 - a)^2\,da$

3. Fassen Sie zusammen.

a) $\int_{1}^{5} (x^3 - 2x)\,dx + \int_{5}^{10} (x^3 - 2x)\,dx$ b) $\int_{2}^{5} 2\,dx + \int_{5}^{2} 2x\,dx$

c) $\int_{0}^{\pi} \sin x\,dx + 2\int_{0}^{\pi} \sin x\,dx$ d) $\int_{1}^{2} (-x)\,dx + \int_{1}^{2} x\,dx$

4. Vereinfachen Sie.

a) $\int_{c}^{d} (x-a)^2\,dx + \int_{d}^{c} x^2\,dx + a\int_{c}^{d} (-2x + a)\,dx$ b) $\int_{2}^{3} (3x - 2)\,dx + \int_{2}^{3} (2x + 2)\,dx - \int_{2}^{3} 4x\,dx$

5. Berechnen Sie die bestimmten Integrale mithilfe eines CAS.

a) $\int_{1}^{4} (3x^2 - 2x^3)\,dx$ b) $\int_{-1}^{3,6} 2x^3\,dx$ c) $\int_{2\sqrt{2}}^{10} x\sqrt{x}\,dx$ d) $\int_{1}^{8} \frac{5}{x^5}\,dx$

e) $\int_{0}^{a} a \cdot b\,db$ f) $\int_{-2}^{-1} (-(x^2))\,dx$ g) $\int_{a}^{b} x\,dx$ h) $\int_{a}^{b} (x^2 + x^3)\,dx$

Aufgabe zum Argumentieren

6. Welche der folgenden Aussagen sind falsch?

(1) $\int_{0}^{3} (x + 3)\,dx = 0$ (2) $\int_{-2}^{2} x^2\,dx = 0$ (3) $\int_{-2}^{2} x^2\,dx = \frac{16}{3}$ (4) $\int_{0}^{3} x^3\,dx = -8$

Begründen Sie Ihre Entscheidung, auch unter Nutzung von Skizzen bzw. anderer geeigneter Hilfsmittel.

Das Ermitteln eines bestimmten Integrals ist auch im Grafik-Bildschirm eines GTR bzw. durch Berechnung eines CAS möglich (im Folgenden am Beispiel von Seite 196f. demonstriert).

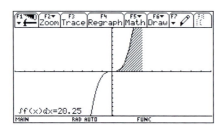

Gemischte Aufgaben

1. *Finden Sie* jeweils die richtige Antwort.

   a) Der Wert des bestimmten Integrals $\int_0^1 x^3 \, dx$ beträgt:

   (1) 0   (2) $\frac{1}{4}$ (3) $-\frac{1}{4}$ (4) 10

   b) Der Flächeninhalt eines Rechtecks mit den Seitenlängen 2 und 3 kann auch folgendermaßen ausgedrückt werden:

   (1) $\int_0^2 3x \, dx$ (2) $\int_2^3 3 \, dx$ (3) $\int_1^3 2 \, dx$ (4) $\int_1^3 3 \, dx$

2. Durch welche der folgenden Abbildungen wird das Integral $\int_1^2 \frac{1}{2}x^2 \, dx$ veranschaulicht?

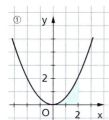 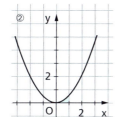 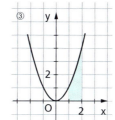 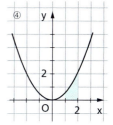

Aufgabe zum Problemlösen

3. *Finden Sie* möglichst viele verschiedene Wege, um den Inhalt der in nebenstehender Abbildung markierten Fläche zu ermitteln.

   Beschreiben Sie Ihre jeweilige Vorgehensweise.

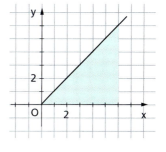

4. Für welche Zahl k gilt jeweils die Aussage?

   a) $\int_1^k (3x + 1) \, dx = \frac{51}{2}$ b) $\int_0^k \sin x \, dx = 2$

5. Gegeben ist eine Funktionsschar f_k durch $f_k(x) = k \cdot x^2 + \frac{1}{2}x^3$.

   a) *Beschreiben Sie* den Einfluss des Parameters k auf den Verlauf der Graphen von f_k.

   b) *Ermitteln Sie* den Inhalt der Fläche, die für k = 2 vom Graphen und der x-Achse vollständig begrenzt wird.

   c) Für welche Werte k schließen der Graph der Funktion und die x-Achse eine Fläche ein, die vollständig „oberhalb" der x-Achse liegt?

   d) Für welchen Wert k beträgt der Inhalt dieser Fläche $\frac{512}{3}$?

6. Welche der folgenden Aussagen sind wahr?

   (1) Jede monotone Funktion ist integrierbar.

   (2) Eine Funktion ist nicht integrierbar, wenn sie eine Nullstelle besitzt.

   (3) Eine stetige Funktion ist dann integrierbar, wenn sie monoton ist.

   (4) Eine integrierbare Funktion ist immer auch stetig.

Im Überblick

Der Begriff des bestimmten Integrals

Es sei f eine im Intervall [a; b] definierte Funktion, die in jedem abgeschlossenen Teilintervall von [a; b] einen kleinsten Funktionswert $f(\underline{x}_i)$ und einen größten Funktionswert $f(\overline{x}_i)$ besitzt. Haben die Folgen (s_n) und (S_n) mit $s_n = \sum_{i=1}^{n} f(\underline{x}_i) \cdot \Delta x$ und $S_n = \sum_{i=1}^{n} f(\overline{x}_i) \cdot \Delta x$ einen gemeinsamen Grenzwert, so heißt dieser **bestimmtes Integral** von f im Intervall [a; b].

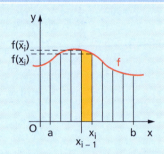

Schreibweise: $\int_a^b f(x)\,dx$

Sprechweise: Integral über f(x) dx in den Grenzen von a bis b

Deutungen des bestimmten Integrals

Das bestimmte Integral kann folgendermaßen gedeutet werden:
- als **Flächeninhalt** (siehe auch unten);
- als aus Änderungen einer Größe **rekonstruierter Bestand**, z. B. Asbestbelastung in einem bestimmten Zeitraum (siehe S.177)
- als **physikalische Größe**, z. B. Weg als bestimmtes Integral der Geschwindigkeit nach der Zeit: $s = \int_{t_1}^{t_2} v\,dt$

Eigenschaften des bestimmten Integrals

(1) Die Funktion f sei im Intervall [a; b] definiert und besitzt dort nur nichtnegative Funktionswerte.

Das bestimmte Integral $\int_a^b f(x)\,dx$ ist die Maßzahl des Inhaltes der Fläche, die begrenzt wird durch den Graphen von f, die x-Achse sowie die Geraden x = a und x = b.

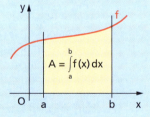

(2) $\int_a^b f(x)\,dx = -\int_b^a f(x)\,dx$ (Vertauschung der Integrationsgrenzen)

(3) $\int_a^a f(x)\,dx = 0$ (Übereinstimmung der Integrationsgrenzen)

(4) $\int_a^b k \cdot f(x)\,dx = k \cdot \int_a^b f(x)\,dx$ (Faktorregel)

(5) $\int_a^b f(x)\,dx \pm \int_a^b g(x)\,dx = \int_a^b [f(x) \pm g(x)]\,dx$ (Summenregel)

(6) $\int_a^c f(x)\,dx + \int_c^b f(x)\,dx = \int_a^b f(x)\,dx$ (Additivität)

Mosaik

Mathematik und Internet

Das Internet bietet eine Vielzahl von Informations- und Kommunikationsmöglichkeiten an, die den Erwerb von Wissen in der Schule (und darüber hinaus) stark beeinflussen. Es liefert neue Ideen und Materialien und stellt Werkzeuge zur Verfügung, die den Lernprozess stark verändern können. Andererseits kann die Fülle von Informationen aber auch vom Wesentlichen ablenken und zu uneffektiven Arbeitsweisen führen. So kann es durchaus schwierig und zeitaufwendig sein, spezielle Informationen zu finden und deren Richtigkeit zu beurteilen. Ein kritischer Umgang mit dem Internet ist deshalb durchaus geboten.

Das Internet als Informationsquelle

Mit dem Internet steht eine hervorragend ausgestattete, aber weniger gut sortierte Fachbibliothek griffbereit zur Verfügung. Die Recherche von Texten und Materialien erfolgt mithilfe von Suchmaschinen oder Katalogen.
Während Suchmaschinen wie etwa *www.altavista.com*, *www.fireball.de*, *www.google.de*, *www.web.de* das Web ständig nach neuen Seiten zu den gewünschten Suchbegriffen durchsuchen und ordnen, bestehen Kataloge wie z. B. *Deutscher Bildungsserver* aus manuell zusammengestellten und gepflegten Linksammlungen und bieten damit einen gut sortierten Bestand an Internetadressen. Metasuchmaschinen wie etwa *MetaGer* beziehen gleich mehrere Suchmaschinen in die Suche ein.
Aufgrund der Fülle von Einträgen ist es fast immer angebracht, Suchbegriffe zu präzisieren. Dazu werden mithilfe der logischen Operatoren OR, AND, NOT oder der entsprechenden Kürzel (Leer-, Plus-, Minuszeichen) Wortkombinationen gebildet (Beispiele siehe Tabelle).

Suchbegriffe	Suchergebnis	Einträge bei Google
Grenzwert	Seiten, auf denen der Begriff *Grenzwert* vorkommt	ca. 1 080 000
Grenzwert+Funktion	nur Seiten, auf denen beide Begriffe vorkommen	ca. 445 000
Grenzwert+Funktion+Stelle	nur Seiten, auf denen alle drei Begriffe vorkommen	ca. 196 000
Grenzwert+Funktion–Stelle	nur Seiten, auf denen die Begriffe *Grenzwert* und *Funktion*, nicht aber der Begriff *Stelle* vorkommt	ca. 249 000

Tipp: Eine Anleitung zur Suche im Internet befindet sich in *http://www.suchfibel.de*.

Unter *www.schuelerlexikon.de* findet man eine Vielzahl von Artikeln, welche speziell für Schüler entwickelt worden sind. Diese Beiträge enthalten Grafiken, Animationen sowie interaktive Rechenbeispiele zum Mathematikunterricht.

Onlinewerkzeuge und E-Learning
Im Internet gibt es ein großes Angebot an mathematischen Werkzeugen (Tools), Programmen und Lernsoftware, die zum Online-Lernen oder zum Downloaden zur Verfügung stehen. Das reicht von (zumeist kostenfreien) Java-Applets oder Flash-Applikationen bis hin zu umfangreichen (oft lizenzpflichtigen) Programmen wie Computeralgebrasystemen, Dynamischer Geometriesoftware oder Tabellenkalkulationen. Die Tools lassen sich online zum Lösen eigener Aufgaben, z. B. zum Differenzieren und Integrieren, oder auch für diverse Visualisierungen oder Animationen einsetzen.

Empfehlenswerte Internetseiten zur Mathematik

Adresse	Beschreibung
www.emath.de	ausführliche Darstellung von Lösungsverfahren, Abituraufgaben und Tools
www.math-abi.de	Abituraufgaben mit Lösungen; weiterführende Links
www.mathematik-online.de	Mathematiker beantworten Fragen zum Mathematikunterricht und Link zur Literatursuche
www.mathe-online.at	umfangreiches mathematisches Lexikon und multimediale Lernhilfen der Universität Wien
www.matheprisma.uni-wuppertal.de	umfassende Sammlung für Schüler, Studenten und sonstige Mathematikinteressierte
www.mathworld.com	Mathematik-Enzyklopädie (in englischer Sprache)
http://mone.denninger.at	umfassende Linksammlung zur Mathematik
www.schuelerlexikon.de	alle wichtigen Inhalte aus dem Mathematikunterricht und aus anderen Unterrichtsfächern
www.schulweb.de	Bildungs- und Informationsportal für Schulen
www.tafelwerk.de	interaktive Formelsammlung bis zum Abitur
www.uni-flensburg.de/mathe/links	umfangreiche Linksammlung zur Mathematik
www.wissen.de	fächerübergreifendes Onlinelexikon mit umfangreichen mathematischen Inhalten
www2.bezreg-duesseldorf.nrw.de/schule/mathe	viele nützliche Seiten zum Mathematikunterricht

Einen zur grafischen Darstellung von Funktionen unverzichtbaren Funktionsplotter findet man z. B. als Freeware unter *www.studienkreis.de/funkyplot*. Java-Skripte für Onlineberechnungen liefert u. a. *www.mitglied.lycos.de*. Unter *www.flash-school.de* werden Flash-Applikationen und eine Einführung in Makromedia-Flash angeboten.

Eine besonders intensive Verbindung von Lernen und Internet ist beim Onlinelernen („E-Learning") zu verzeichnen. Hierbei handelt es sich um interaktive Lern- und Übungsprogramme, die sich dem individuellen Lernfortschritt anpassen, auf Lernhandlungen reagieren und Rückmeldungen liefern.

Während es sich bei Übungsprogrammen meist um Multiple-Choice-Aufgaben handelt, bei denen aus mehreren vorgegebenen Antworten die richtige auszuwählen ist, erfolgt die Kommunikation bei ausgereiftem Onlineunterricht zwischen Lernenden und Lehrenden per E-Mail oder Chat. Die Inhalte werden bei derartigen Kursen in Form von Texten, Abbildungen, meist auch mit interaktiven Beispielen und Animationen vermittelt. Oftmals sind diese zumeist interaktiven Lerneinheiten über Links mit weiteren Internetseiten verknüpft. Spezielle Anleitungen und Kontrollfragen unterstützen den individuellen Lernprozess. Derzeit sind die meisten Onlinekurse allerdings noch ohne Formen der Rückkopplung (z. B. unter *www.mathematik.net*).

Internet als Kommunikationsmedium

Emails, Newsgroups oder Chats ermöglichen einen weltweiten Informations- und Meinungsaustausch zu vielen Fragen, so auch zu mathematischen Problemen. Diskussionsforen zu den verschiedensten Suchbegriffen findet man beispielsweise unter *http://groups.google.com*.

Chats zum Mathematikunterricht sind u. a. im „Mathe-Treff" unter der Adresse *www2.bezreg-duesseldorf.nrw.de/schule* möglich.

Auch für den direkten Kontakt zwischen Lehrern und Schülern steht das Internet zur Verfügung. Über Webseiten der Lehrer oder der Schule (eventuell in passwortgeschützten Bereichen) oder per E-Mail lassen sich Informationen, Aufgaben, Anleitungen u. a. verbreiten – eine Kommunikationsmethode, die im universitären Bereich längst üblich ist.

Internet als Publikationsmedium

Das Internet ist bestens geeignet, eigene Arbeitsergebnisse wie interessante Lösungen, Projekte oder ausgewählte Facharbeiten aus dem Mathematikunterricht zu verbreiten und anderen zu präsentieren, z. B. auf einer schuleigenen Mathe-Homepage. Auch ein schulinternes Internet würde hierfür infrage kommen. Mithilfe spezieller Autorenwerkzeuge wie *FrontPage* oder *Dreamweaver* lassen sich Texte in ein internetkompatibles Format übersetzen und durch Abbildungen, Übersichten oder Animationen ergänzen. Hilfreich sollte hierbei die Zusammenarbeit mit Informatikern der Schule sein. Tipp: Ein Werkzeug zur Entwicklung von Internetseiten stellen Mathematiker der TU Dresden mit dem Programm *study2000* zur Verfügung (*http://studierplatz 2000.tu-dresden.de*).

2 Rechnen mit Integralen

Rückblick

- Vielfältige inner- und außermathematische Probleme lassen sich mithilfe der Differenzialrechnung lösen. Beispielsweise können Anstiege von Funktionen an einer Stelle oder Änderungsraten bei funktionalen Zusammenhängen ermittelt werden. Für das **Ableiten** von Funktionen gelten bestimmte Regeln.

Konstantenregel	$f(x) = k \quad (k \in \mathbb{R})$	$\Rightarrow f'(x) = 0$
Potenzregel	$f(x) = x^n \quad (n \in \mathbb{R})$	$\Rightarrow f'(x) = n \cdot x^{n-1}$
Faktorregel	$f(x) = k \cdot g(x) \quad (k \in \mathbb{R})$	$\Rightarrow f'(x) = k \cdot g'(x)$
Summenregel	$f(x) = u(x) + v(x)$	$\Rightarrow f'(x) = u'(x) + v'(x)$
Produktregel	$f(x) = u(x) \cdot v(x)$	$\Rightarrow f'(x) = u'(x) \cdot v(x) + u(x) \cdot v'(x)$
Quotientenregel	$f(x) = \frac{u(x)}{v(x)} \quad [v(x) \neq 0]$	$\Rightarrow f'(x) = \frac{u'(x) \cdot v(x) - u(x) \cdot v'(x)}{[v(x)]^2}$
Kettenregel	$f(x) = v[u(x)]$	$\Rightarrow f'(x) = v'[u(x)] \cdot u'(x)$

- Mithilfe der Differenzialrechnung können Eigenschaften reeller Funktionen bestimmt werden, wie z. B. das Monotonieverhalten, die Koordinaten lokaler Extrempunkte, die Art der Extrema und die Koordinaten von Wendepunkten.
- Viele der in der Mathematik auftretenden Operationen sind umkehrbar. Das trifft auch auf das Differenzieren in vielen Fällen zu.

Aufgaben

1. Ermitteln Sie die Ableitungen der folgenden Funktionen.
   a) $f(x) = x^5 - 3x^2 + 2x - 6$
   b) $f(x) = x^{\frac{4}{5}} - x^{\frac{2}{3}}$
   c) $f(x) = \frac{1}{x-2}$
   d) $f(x) = x \cdot e^x$
   e) $f(x) = 2x^2 \cdot \ln x$
   f) $f(x) = \sqrt{x} \cdot \sin x$
   g) $f(x) = \frac{x^2 - 2x}{x^2}$
   h) $f(x) = \frac{x-3}{x+1}$
   i) $f(x) = (x-2)^3$
   j) $f(x) = \sqrt{x^2 - x}$
   k) $f(x) = e^{2x^2 + 1}$
   l) $f(x) = ax^2 \cdot e^{ax}$

2. Bestimmen Sie jeweils die Anstiege der Funktionen $f(x) = x^4 - 2x^3 + 3x - 6$ und $f(x) = 2x^3 \cdot \ln(x+8) - 1$ in den Schnittpunkten mit den Koordinatenachsen.

3. Gegeben sind die Funktionen $f(x) = x^2$ und $g(x) = \sqrt{x}$. Im Intervall $0 \leq x \leq 1$ existiert eine Stelle x_E, für welche die Differenz der Funktionswerte der Funktionen f und g maximal ist. Bestimmen Sie die Stelle x_E und geben Sie die maximale Differenz an.

4. Erstellen Sie eine Übersicht zu Anwendungsmöglichkeiten der Differenzialrechnung beim Untersuchen von Eigenschaften von Funktionen und deren Graphen. Illustrieren Sie Ihre Aussagen anhand einer selbst gewählten ganzrationalen Funktion 3. Grades und präsentieren Sie Ihr Arbeitsergebnis Ihren Mitschülern.

5. Erstellen Sie eine Übersicht zur Berechnung von Bestimmungsstücken an Kreis, Zylinder und Kugel. Leiten Sie entsprechende Formeln her.

2 Rechnen mit Integralen

2.1 Stammfunktionen

In modernen ICE-Zügen werden für die Reisenden wichtige Informationen, wie etwa die momentane Geschwindigkeit des Zuges, sein nächster Halt und die Uhrzeit, angezeigt.
Ein Fahrgast notiert die folgenden Werte:

13.10 Uhr bis 13.13 Uhr	130 $\frac{km}{h}$
13.13 Uhr bis 13.18 Uhr	128 $\frac{km}{h}$
13.18 Uhr bis 13.20 Uhr	95 $\frac{km}{h}$

Die Anzeige im Zug reagiert jedoch auf Änderungen der Geschwindigkeit sehr „träge". Ähnlich wie beim Videotext werden die Informationen nur in gewissen Zeitabständen aktualisiert.
Es ist deshalb sofort einzusehen, dass das Geschwindigkeit-Zeit-Diagramm während der betrachteten Bewegung nicht dem nebenstehend dargestellten entsprechen kann.

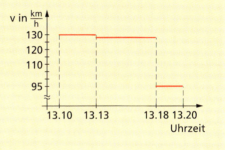

Arbeitsaufträge

1. Ermitteln Sie einen Näherungswert für den durch den Zug im betrachteten Intervall zurückgelegten Weg.
   Erläutern Sie mögliche Fehlerquellen.
2. Skizzieren Sie ein mögliches Geschwindigkeit-Zeit-Diagramm, das die Bewegung des Zuges beschreibt.
3. Betrachten Sie ausschließlich den Zeitabschnitt, in dem der Zug von 128 $\frac{km}{h}$ auf 95 $\frac{km}{h}$ abgebremst wird, und bestimmen Sie eine mögliche Funktion v, die in diesem Abschnitt die Geschwindigkeit in Abhängigkeit von der Zeit beschreibt.

Das Ermitteln des zurückgelegten Weges bei Kenntnis des Geschwindigkeit-Zeit-Diagramms ist nicht nur ein theoretisches Problem, sondern es tritt auch im Alltag auf, z. B. beim Auswerten von Lkw-Fahrtenschreibern. Aus der Kenntnis der Geschwindigkeit zum jeweiligen Zeitpunkt möchte man auf den zurückgelegten Weg schließen.
In jedem noch so kleinen Zeitintervall legt der Zug im obigen Beispiel ein (wenn auch noch so kleines) Stück Weg zurück. Das mathematische Problem besteht nun darin, die Summe dieser Wegstücke zu bilden. Je kleiner die gewählten Zeitintervalle sind, umso genauer wird dabei die Summenbildung.

2 Rechnen mit Integralen

Würde man eine Funktion kennen, die den zurückgelegten Weg in Abhängigkeit von der Zeit beschreibt, so wäre das Problem gelöst. Nun ist die Geschwindigkeit v in der Physik allgemein durch $v(t) = \frac{ds}{dt} = s'(t)$, d.h. als Funktion von der Zeit t, definiert und kann damit als erste Ableitung des Weges s in Abhängigkeit von t interpretiert werden. Das bedeutet, dass wir eine Funktion s(t) suchen, deren Ableitungsfunktion v(t) ist. Verallgemeinert besteht das mathematische Problem darin, zu einer gegebenen Funktion f diejenige Funktion F zu ermitteln, für die f die erste Ableitung ist, sodass also gilt:
$F'(x) = f(x)$

D Ist die Funktion f die erste Ableitung einer Funktion F und besitzen beide Funktionen einen gemeinsamen Definitionsbereich, so heißt F **Stammfunktion** von f.

Wir betrachten als Beispiel die Funktion f mit $f(x) = -x^2 + 14$. Gesucht ist eine zugehörige Stammfunktion F.
Die Funktion f beschreibt für jedes x die erste Ableitung der Funktion F. Aus den Eigenschaften der Funktion f und ihres Graphen lässt sich u.a. auf verschiedene Eigenschaften der Funktion F schließen.

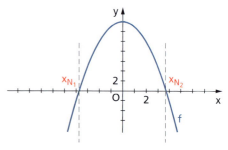

Mithilfe eines GTR können solche Eigenschaften der Funktion f schnell bestimmt und Vermutungen hinsichtlich der Eigenschaften der Funktion F ausgesprochen werden.

Eigenschaften der Funktion f	Vermutete Eigenschaften der Funktion F
Nullstellen bei $x_{N_1} \approx -3{,}74$ und $x_{N_2} \approx 3{,}74$	lokale Extremstellen bei $x_{E_1} \approx -3{,}74$ und $x_{E_2} \approx 3{,}74$
positive Funktionswerte für $-3{,}74 < x < 3{,}74$	monoton steigend für $-3{,}74 < x < 3{,}74$
negative Funktionswerte für $x < -3{,}74$ und für $x > 0{,}374$	monoton fallend für $x < -3{,}74$ und für $x > 0{,}374$

Bei Kenntnis dieser Eigenschaften kann man einen ersten „groben Entwurf" eines möglichen Graphen der Stammfunktion zeichnen.
Dabei sind jedoch sehr unterschiedliche Graphen denkbar. So zeigt die Abbildung drei Graphen von Funktionen, welche die oben vermuteten Eigenschaften besitzen.

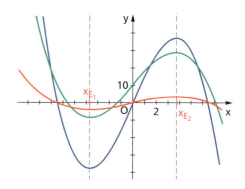

2 Rechnen mit Integralen

Von den lokalen Extrema sind jeweils die Art und die Stelle bekannt. Um den Graphen der gesuchten Funktion F näher zu bestimmen, kann man auf die Eigenschaft zurückgreifen, dass an der Stelle x die Funktionswerte f(x) jeweils den Anstieg der Funktion F beschreiben, da f die erste Ableitung von F ist. Die folgende Wertetabelle enthält die Anstiege an den ganzzahligen Stellen x im Intervall $-8 \leq x \leq 8$.

x	−8	−7	−6	−5	−4	−3	−2	−1	0
f(x) = F'(x)	−50	−35	−22	−11	−2	5	10	13	14

x	1	2	3	4	5	6	7	8
f(x) = F'(x)	13	10	5	−2	−11	−22	−35	−50

Der Anstieg der Funktion F etwa an der Stelle x = 4 beträgt −2. Dann muss auch die Tangente an den Graphen von F an dieser Stelle den gleichen Anstieg haben. Tangenten könnten also die Graphen der Funktionen $f_1(x) = -2x$; $f_2(x) = -2x + 1$; $f_3(x) = -2x - 3$ bzw. allgemein $f_n(x) = -2x + n$ sein.

Zeichnet man für verschiedene x mehrere jeweils zueinander parallele Tangentenstücke in ein Koordinatensystem, so erhält man ein *Richtungsfeld* der Funktion F. Dieses lässt sich auch mithilfe eines CAS oder GTR erzeugen.

Das Schirmbild zeigt das Richtungsfeld und die Graphen dreier Funktionen, die für jedes x den Anstieg f(x) haben, also Stammfunktionen der Funktion f sind. Weitere solche Graphen könnte man durch Parallelverschiebung in Richtung der y-Achse erhalten.

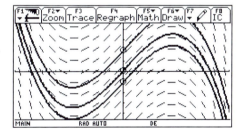

> *Zum Zeichnen des Richtungsfeldes muss beim hier verwendeten Rechner Voyage 200 im MODE-Menü DIFF EQUATIONS und im Graphik-Fenster bei „Format" (F1) „SLPFLD" eingestellt werden. Die Eingabe der Funktion f im y= -Editor erfolgt in Abhängigkeit von t. Zur zusätzlichen Darstellung spezieller Stammfunktionen werden „Startwerte auf der y-Achse" als Liste unter „yi1" im y=-Editor eingegeben.*
>
>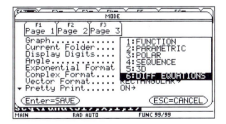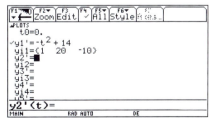
>
> *Die Einstellung DIFF EQUATIONS ermöglicht das Darstellen der Lösung von Differenzialgleichungen. Das sind Gleichungen, in denen als Variable Terme von Funktionen und deren Ableitungen auftreten. Auf das Lösen soll hier nicht eingegangen werden.*

2 Rechnen mit Integralen

Die mithilfe des Rechners angestellten Überlegungen führen zu der Erkenntnis, dass es, wenn *eine* Stammfunktion für eine Funktion f existiert, unendlich viele solcher Stammfunktionen geben muss. Daraus lässt sich folgender Satz ableiten:

> Existiert zu einer Funktion f *eine* Stammfunktion F, so ist auch jede der Funktionen F^* mit $F^*(x) = F(x) + C$ ($C \in \mathbb{R}$) eine Stammfunktion der Funktion f.

Beweis:
Es sei F eine Stammfunktion der Funktion f, d. h., es gilt $F'(x) = f(x)$.
Ferner gelte für die Funktion F^*: $F^*(x) = F(x) + C$
Mithilfe der Summenregel und der Potenzregel der Differenzialrechnung folgt:
$F^{*'}(x) = F'(x) + 0 = F'(x) = f(x)$
Damit ist auch F^* eine Stammfunktion von f.   w.z.b.w.

Offen ist nun noch die Frage, wie Gleichungen für die Stammfunktionen einer gegebenen Funktion f ermittelt werden können. Um aus der Gleichung einer Funktion F die der zugehörigen Ableitungsfunktion f zu ermitteln, benutzt man das bekannte Verfahren des Differenzierens. Will man jedoch die Gleichung einer Stammfunktion F zu einer gegebenen Funktion f ermitteln, benötigt man die *Integralrechnung*.
Die Operation „Integrieren" ist die Umkehrung des Differenzierens, die Integralrechnung die Umkehrung der Differenzialrechnung. So wie man beim Differenzieren auch vom Ableiten spricht, bezeichnet man das Integrieren auch als Aufleiten.

Für das Integrieren gibt es ebenfalls Regeln, nach denen sich in vielen Fällen Gleichungen von Stammfunktionen bestimmen lassen.
Für Potenzfunktionen kann eine Integrationsregel leicht als Umkehrung der entsprechenden Ableitungsregel gefunden werden.
Wir wissen: Ist $F(x) = x^n$, so ist $F'(x) = n \cdot x^{n-1} = f(x)$. Soll nun rechnerisch aus $F'(x)$ wieder die Stammfunktion $F(x)$ gebildet werden, muss zum Exponenten 1 addiert und die Potenz mit dem reziproken Wert des neuen Exponenten multipliziert werden.

Ermitteln von Stammfunktionen
Gesucht ist eine Stammfunktion der Funktion $y = f(x) = x^3$. Der Exponent von x im Funktionsterm der Stammfunktion muss $3 + 1 = 4$ sein. Der Term x^4 wird nun noch mit dem Reziproken des neuen Exponenten multipliziert. Man erhält:
$F(x) = \frac{1}{4}x^4$ *Probe:* $F'(x) = \frac{4}{4}x^3 = x^3$
Nach den oben erarbeiteten Erkenntnissen sind aber auch solche Funktionen wie etwa $F_1(x) = \frac{1}{4}x^4 + 1$; $F_{100}(x) = \frac{1}{4}x^4 + 100$ bzw. allgemein $F(x) = \frac{1}{4}x^4 + C$ ($C \in \mathbb{R}$) Stammfunktionen von f.

2 Rechnen mit Integralen

Die Menge aller Stammfunktionen einer Funktion f bezeichnet man als das **unbestimmte Integral** der Funktion f und schreibt dafür:
$$\int f(x)\,dx = F(x) + C \quad (C \in \mathbb{R})$$

Dabei bezeichnet man f(x) als den **Integranden,** x als die **Integrationsvariable,** C als die **Integrationskonstante** und dx als das **Differenzial.**

Das Symbol „∫" wird als Integralzeichen bezeichnet. Zu jedem Integralzeichen gehört neben dem Integranden auch das Differenzial, welches angibt, nach welcher Variablen integriert werden soll.

Das Integralzeichen wurde 1675 von GOTTFRIED WILHELM LEIBNIZ (1646 bis 1716) als Symbol für eine Summe eingeführt.

Das Wort *Integral* geht auf die Brüder JAKOB BERNOULLI (1654 bis 1705) und JOHANN BERNOULLI (1667 bis 1748) zurück.

Es sind die folgenden unbestimmten Integrale zu ermitteln.

(1) $\int 2x\,dx$

Die Funktion f(x) = 2x ist der Integrand, x ist die Integrationsvariable, d. h., es soll nach x integriert werden.
Gesucht ist also eine Funktion, deren Ableitung 2x ergibt. Eine solche ist $F(x) = x^2$.
Somit ergibt sich die Lösung
$\int 2x\,dx = x^2 + C \quad (C \in \mathbb{R})$
Probe: $F'(x) = (x^2 + C)' = 2x + 0 = 2x = f(x)$

(2) $\int 8x^3\,dx$

Gesucht ist eine Funktion, deren Ableitung nach x den Integranden $8x^3$ ergibt.
Dazu vergrößern wir den Exponenten um 1 und multiplizieren die Potenz mit dem Reziproken des neuen Exponenten:
$F(x) = \frac{1}{4} \cdot 8x^{3+1} = 2x^4$
Lösung: $\int 8x^3\,dx = 2x^4 + C \quad (C \in \mathbb{R})$
Probe: $F'(x) = (2x^4 + C)' = 8x^3$

(3) $\int x\,du$

Der Integrand ist x, die Integrationsvariable aber ist u. Variable, die nicht im Differenzial stehen, sind wie Konstante zu behandeln.
Gesucht ist deshalb eine Funktion, deren Ableitung nach u die Konstante x ergibt.
Es ist $F(u) = x \cdot u$, denn $F'(u) = (x \cdot u)' = x = f(u)$
Lösung: $\int x\,du = x \cdot u + C \quad (C \in \mathbb{R})$
Probe: $F'(u) = (x \cdot u + C)' = x$

2 Rechnen mit Integralen

Übungen

1. *Ermitteln Sie* möglichst viele Eigenschaften der Stammfunktionen der jeweils dargestellten Funktion f.

   a) 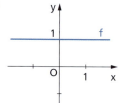   b) 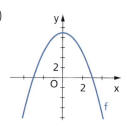   c)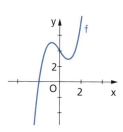

2. Die Abbildungen zeigen jeweils den Graphen einer Funktion f sowie die Graphen zweier Funktionen g und h. Einer davon ist Graph einer Stammfunktion von f.
   Bestimmen Sie, welcher der beiden Graph der Stammfunktion ist.

   a) 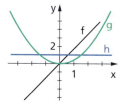   b) 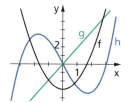   c)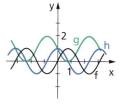

3. *Skizzieren Sie* jeweils den Graphen der Funktion f sowie den Graphen einer möglichen Stammfunktion in ein und dasselbe Koordinatensystem.
   a) $f(x) = x^2 - 2$ b) $f(x) = 2x$ c) $f(x) = 2x - 1$ d) $f(x) = e^x - 2$ e) $f(x) = x^3$

4. Gegeben ist die Funktion f mit $f(x) = x^3 - 4x^2 + x - 2$.
   Veranschaulichen Sie mithilfe des GTR bzw. eines CAS das Richtungsfeld der Stammfunktion F.
   Erläutern Sie die Darstellung des Richtungsfeldes und leiten Sie Eigenschaften der Stammfunktion ab.

5. Die Funktionen F und F* seien zwei Stammfunktionen einer Funktion f.
   Beweisen Sie, dass sich beide Funktionen nur durch eine Konstante unterscheiden.

6. *Ermitteln Sie* für die folgenden Funktionen je eine Gleichung einer Stammfunktion.
   a) $f(x) = x$ b) $f(x) = x^2$ c) $f(x) = x^8$ d) $f(x) = x^a$ e) $f(x) = 9$

7. *Ermitteln Sie* zur gegebenen Stammfunktion F jeweils die Gleichung der zugehörigen Funktion f.
   a) $F(x) = x^2 - 1$ b) $F(x) = 3x^3 - 3$ c) $F(x) = e^x$ d) $F(x) = \frac{2x}{x^2 + 1}$ e) $F(x) = \sqrt{x} - 2$

8. *Ermitteln Sie* die unbestimmten Integrale.
   a) $\int x^3 \, dx$ b) $\int x \, dx$ c) $\int 2x \, dx$ d) $\int x^0 \, dx \quad (x \neq 0)$

9. *Bestimmen Sie* eine Gleichung derjenigen Stammfunktion F der Funktion $f(x) = x$, deren Graph durch den Punkt P(1; 1) verläuft.

10. *Überlegen Sie*, ob eine Funktion f Stammfunktion von sich selbst sein kann.
    Begründen Sie Ihre Antwort.

2.2 Regeln für das Ermitteln unbestimmter Integrale

Mithilfe eines CAS ist es sehr leicht möglich, Stammfunktionen zu bilden. Dabei ermittelt das CAS diejenige Stammfunktion, für die die Integrationskonstante C = 0 ist.

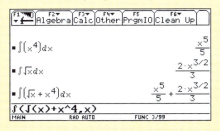 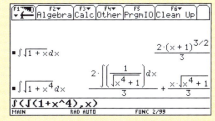

*Doch auch wenn moderne Rechentechnik verfügbar ist, benötigen Mathematiker, Physiker und Techniker Kenntnisse über grundlegende Regeln der Integralrechnung.
Nicht jede Funktion ist allerdings integrierbar. Mitunter bewirken schon relativ kleine Änderungen im Funktionsterm, dass eine Funktion nicht mehr integrierbar ist bzw. das CAS das entsprechende unbestimmte Integral nicht mehr ermitteln kann (vgl. letztes Beispiel im rechten Bild).*

Arbeitsaufträge

1. Im Abschnitt 2.1 wurde erarbeitet, wie durch inhaltliche Überlegung die Gleichung einer Stammfunktion der Funktion f mit $f(x) = x^3$ bestimmt werden kann.
   a) Versuchen Sie, eine allgemeine Regel für das Integrieren von Potenzfunktionen mit natürlichen Exponenten zu formulieren.
   b) Testen Sie Ihre Vermutung mithilfe eines CAS.
   c) Untersuchen Sie mithilfe des CAS, ob Ihre gefundene Vermutung auch für Potenzfunktionen mit beliebigen Exponenten gilt.
2. Stellen Sie in Analogie zur Summenregel der Differenzialrechnung eine Summenregel der Integralrechnung auf und testen Sie die Gültigkeit Ihrer Vermutung mithilfe eines CAS.
3. Für das Differenzieren von Produkten kennen Sie die als Produktregel bezeichnete Beziehung $(u \cdot v)' = u' \cdot v + u \cdot v'$.
   Untersuchen Sie die folgende Beziehung auf ihre Gültigkeit:
   $$\int (u \cdot v)\, dx = \int u\, dx \cdot v + u \cdot \int v\, dx$$
4. Ermitteln Sie mithilfe eines CAS Stammfunktionen für die folgenden Funktionen:
   $f_1(x) = \sin x$; $\quad f_2(x) = \cos x$; $\quad f_3(x) = e^x$; $\quad f_4(x) = \ln x$
   Stellen Sie eine Übersicht über die wichtigsten „Grundintegrale" zusammen.

Im vorherigen Abschnitt wurde bereits ein Verfahren zum Integrieren von Potenzfunktionen mit natürlichen Exponenten als Umkehrung des Differenzierens hergeleitet. Dieses Verfahren gilt nicht nur für Potenzfunktionen mit natürlichen Exponenten, was die Beispiele auf der folgenden Seite belegen.

2 Rechnen mit Integralen

Integrieren von Potenzfunktionen

(1) Eine Stammfunktion der Funktion $f(x) = x^{\frac{2}{3}}$ ist die Funktion $F(x) = \frac{3}{5}x^{\frac{5}{3}}$, denn es ist
$F'(x) = \frac{5}{3} \cdot \frac{3}{5}x^{\frac{5}{3}-1} = x^{\frac{2}{3}} = f(x)$.
Demzufolge gilt für das unbestimmte Integral: $\int x^{\frac{2}{3}} dx = \frac{3}{5}x^{\frac{5}{3}} + C \quad (C \in \mathbb{R})$

(2) Analog ist: $\int \sqrt{x}\, dx = \int x^{\frac{1}{2}} dx = \frac{2}{3}x^{\frac{3}{2}} + C \quad (C \in \mathbb{R})$

Wir verallgemeinern die **Potenzregel** der Integralrechnung:

$$\int x^n\, dx = \frac{1}{n+1} \cdot x^{n+1} + C \quad (n \in \mathbb{R};\, n \neq -1;\, C \in \mathbb{R})$$

Die Funktion $f(x) = x^{-1}$ musste hier ausgeschlossen werden, da eine Anwendung der Regel zu dem nicht definierten Ausdruck $F(x) = \frac{1}{0}x^0$ führen würde. Damit ist jedoch nicht gesagt, dass die Funktion $f(x) = \frac{1}{x} = x^{-1}$ keine Stammfunktion besitzt.

Wir wissen, dass beim Ableiten der Funktion $g(x) = k \cdot f(x)$ mit $k \in \mathbb{R}$ der konstante Faktor k erhalten bleibt. Analog gilt das auch für das Integrieren.

$$\int k \cdot f(x)\, dx = k \cdot \int f(x)\, dx \quad \textbf{(Faktorregel der Integralrechnung)}$$

Da die Faktorregel eine Äquivalenzaussage ist, muss der Beweis dieser Regel in „beiden Richtungen" geführt werden.

Faktorregel

$\int 3x\, dx = 3 \cdot \int x\, dx = 3 \cdot \frac{1}{2}x^2 + C = \frac{3}{2}x^2 + C \quad (C \in \mathbb{R})$

$\int \frac{4}{x^2} dx = \int 4 \cdot x^{-2} dx = 4 \cdot \int x^{-2} dx = 4 \cdot \frac{1}{-1} \cdot x^{-1} + C = -4x^{-1} + C = -\frac{4}{x} + C \quad (C \in \mathbb{R})$

Treten in einer Funktionsgleichung mehrere Summanden von Potenzen auf, werden diese in Anlehnung an die Summenregel beim Differenzieren einzeln integriert.

$$\int [f(x) + g(x)]\, dx = \int f(x)\, dx + \int g(x)\, dx \quad \textbf{(Summenregel der Integralrechnung)}$$

Summenregel

$\int (x + x^3)\, dx = \int x\, dx + \int x^3\, dx = \frac{1}{2}x^2 + \frac{1}{4}x^4 + C \quad (C \in \mathbb{R})$

$\int \left(\frac{1}{x^3} + \frac{2}{\sqrt{x}}\right) dx = \int x^{-3} dx + 2 \cdot \int x^{-\frac{1}{2}} dx = -\frac{1}{2}x^{-2} + 2 \cdot \frac{1}{\frac{1}{2}}x^{\frac{1}{2}} + C = -\frac{1}{2x^2} + 4\sqrt{x} + C \quad (C \in \mathbb{R})$

2 Rechnen mit Integralen

Um die obigen Integrationsregeln anwenden zu können, müssen die Funktionsterme mitunter zunächst umgeformt werden.

Anwenden von Integrationsregeln nach vorheriger Termumformung

- $\int (x-1)^2 \, dx = \int (x^2 - 2x + 1) \, dx = \frac{1}{3}x^3 - x^2 + x + C \quad (C \in \mathbb{R})$

- $\int \frac{2a^3 - 4a^2 - 1}{a^2} \, da = \int \left(\frac{2a^3}{a^2} - \frac{4a^2}{a^2} - \frac{1}{a^2} \right) da = \int (2a - 4 - a^{-2}) \, da = a^2 - 4a - \frac{1}{-1} \cdot a^{-1} + C$

  $= a^2 - 4a + \frac{1}{a} + C \quad (C \in \mathbb{R})$

Mit den bisher angegebenen Regeln ist das Integrieren aller Potenzfunktionen mit Ausnahme der Funktion $f(x) = \frac{1}{x}$ (siehe dazu die folgende Seite) und damit aller ganzrationalen Funktionen möglich.

Integration weiterer Funktionen

Stammfunktionen zu den trigonometrischen Funktionen $f(x) = \sin x$ und $g(x) = \cos x$ sowie zur Exponentialfunktion $h(x) = e^x$ lassen sich unmittelbar aus den im Folgenden nochmals angegebenen Ableitungsfunktionen dieser Funktionen bestimmen.

Funktion f	Ableitungsfunktion f'
$\sin x$	$\cos x$
$\cos x$	$-\sin x$
e^x	e^x

Aus der Umkehrung des Differenzierens folgt:

Integrale der Sinus- und Kosinusfunktion

$\int \sin x \, dx = -\cos x + C \quad (C \in \mathbb{R}); \qquad \int \cos x \, dx = \sin x + C \quad (C \in \mathbb{R})$

Integral der Exponentialfunktion $f(x) = e^x$

$\int e^x \, dx = e^x + C \quad (C \in \mathbb{R})$

Integration trigonometrischer Funktionen bzw. von Exponentialfunktionen

- $\int (\sin x + x^2) \, dx = -\cos x + \frac{1}{3}x^3 + C \quad (C \in \mathbb{R})$, denn $\left(-\cos x + \frac{1}{3}x^3 + C \right)' = \sin x + x^2$

- $\int \cos x \, dx = \sin x + C \quad (C \in \mathbb{R})$, denn $(\sin x + C)' = \cos x$

- $\int 3 \cdot e^x \, dx = 3 \cdot e^x + C \quad (C \in \mathbb{R})$, denn $(3 \cdot e^x + C)' = 3 \cdot e^x$

2 Rechnen mit Integralen

Bei der obigen Betrachtung der Potenzregel war für den Exponenten der Wert –1 ausgeschlossen worden.
Es soll nun noch geklärt werden, ob es auch für die Funktion $f(x) = x^{-1}$ bzw. $f(x) = \frac{1}{x}$ eine Stammfunktion gibt.
Geometrische Überlegungen führen auf die folgenden Eigenschaften der Stammfunktion:

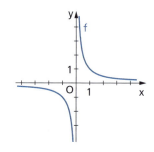

Funktion f mit $f(x) = \frac{1}{x}$	Stammfunktion F
Für x > 0 sind alle Funktionswerte positiv.	Für x > 0 ist die Funktion monoton wachsend.
Die Funktion hat keine Nullstellen.	Die Funktion hat keine lokalen Extrema.
Die Funktion hat keine lokalen Extrema.	Die Funktion hat keine Wendestellen.

Aus dem Richtungsfeld des Graphen der Stammfunktion (linkes Bild) kann man vermuten, dass die Stammfunktion im Bereich x > 0 eine Logarithmusfunktion ist.
Die grafische Darstellung der Stammfunktion (rechtes Bild) erhärtet die Vermutung.

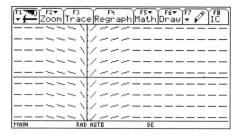
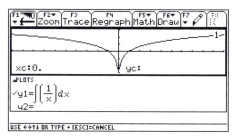

Allerdings wird deutlich, dass der Rechner auch Funktionswerte für x < 0 findet und die Stammfunktion an der Stelle x = 0 nicht definiert ist. Ihr Graph ist symmetrisch zur y-Achse. Da Logarithmusfunktionen für negative x nicht definiert sind, wurde offensichtlich zum Betrag der Logarithmusfunktion übergegangen. Die Stammfunktion muss also eine Gleichung der Form $f(x) = \log |x|$ haben. An der Stelle x = 0 hat sie eine Lücke im Definitionsbereich, da Logarithmen nur für positive x definiert sind.
Ein Vergleich des Graphen der Stammfunktion mit denen von Logarithmusfunktionen verschiedener Basen führt zur Vermutung, dass die natürliche Logarithmusfunktion $F(x) = \ln x$ eine Stammfunktion der Funktion $f(x) = \frac{1}{x}$ $(x \neq 0)$ ist.
Die Ableitung dieser Funktion bestätigt das, denn es ist $F'(x) = (\ln x)' = \frac{1}{x} = f(x)$.
Demnach gilt:

Integral der Funktion $f(x) = \frac{1}{x}$

$$\int \frac{1}{x} dx = \int x^{-1} dx = \ln|x| + C \quad (C \in \mathbb{R})$$

2 Rechnen mit Integralen

Übungen

1. *Bestimmen Sie* je eine Stammfunktion der gegebenen Funktion und überprüfen Sie Ihr Ergebnis mithilfe der Differenzialrechnung.

a) $f(x) = 2{,}8x$
b) $f(x) = 3$
c) $f(x) = \frac{4}{8}x - 2$
d) $f(x) = x^{16}$
e) $f(x) = x^4 - 2x^3$
f) $f(x) = 2x^4 - 4x^{-2}$
g) $f(x) = 12x^4 - \frac{3}{x^3}$
h) $f(x) = 0{,}4x^8 - 2{,}3x^{-4}$
i) $f(x) = \frac{1}{20}x^{19} - 2$
j) $f(x) = \sqrt{x^5} - 2x$
k) $f(x) = 2 \cdot \sqrt[3]{x^7} - \sqrt{x^5}$
l) $f(x) = \frac{2}{x^3} - 3\sqrt[3]{x^2}$
m) $f(p) = \frac{6}{5\sqrt{x^9}}$
n) $f(x) = (z - 2) \cdot x^3$
o) $f(x) = ax^2 + bx + c$

2. Gegeben sind Stammfunktionen F. *Bestimmen Sie* jeweils eine Gleichung der zugehörigen Funktion f.

a) $F(x) = 2x + 2$
b) $F(x) = \frac{2}{3}x^3 - 3x^2 + 2x$
c) $F(x) = \sqrt{x-1}$
d) $F(x) = \frac{x^2}{2x-4}$
e) $F(x) = ax^2 + bx + \frac{c}{x}$
f) $F(x) = 0$

3. *Ermitteln Sie* die unbestimmten Integrale.

a) $\int (2x^2 - 4x^3)\,dx$
b) $\int 3\sqrt{x^3}\,dx$
c) $2\int (2x^2 + 2x + 2)\,dx$
d) $\int (3\sqrt[3]{x^2} - 3x)\,dx$
e) $\int (e^x - \sqrt{x})\,dx$
f) $\int \left(e^x - \frac{1}{x}\right)dx$
g) $\int \frac{a}{2x^3}\,dx$
h) $\int (2\sin x + \cos x)\,dx$
i) $\int 2\pi r\,dr$

4. Welche der Funktionen F_i sind jeweils Stammfunktionen der Funktion f?

a) $f(x) = \frac{1}{3}x^3$ \quad $F_1(x) = x^2$ \quad $F_2(x) = \frac{x^4}{12} + 12$ \quad $F_3(x) = \frac{1}{x^{-4}} \cdot 12$

b) $f(x) = \sqrt{x^2}$ \quad $F_1(x) = x^2$ \quad $F_2(x) = \frac{2}{3}x^{\frac{3}{2}}$ \quad $F_3(x) = \frac{2}{3}\sqrt[3]{x} + 2$

c) $f(x) = 2\sin x$ \quad $F_1(x) = -2 \cdot \cos x + 2\pi$ \quad $F_2(x) = -2 \cdot \sin x + \pi$ \quad $F_3(x) = -2 \cdot \cos x + \pi$

d) $f(x) = \frac{2}{x} - \frac{x}{2}$ \quad $F_1(x) = \frac{1}{2} \cdot \ln|x| + \frac{1}{2}x^2$ \quad $F_2(x) = 2\ln|x| - \frac{x^2}{4}$ \quad $F_3(x) = \frac{1}{2} \cdot \ln|x| + x^2$

5. *Geben Sie* jeweils drei Stammfunktionen zur gegebenen Funktion *an* und *skizzieren Sie* die zugehörigen Graphen in ein und dasselbe Koordinatensystem.

a) $f(x) = 9{,}8x^2 - 2x^{-2}$ \quad b) $f(x) = x^3 + \frac{1}{2}x^2 + \frac{1}{4}x$ \quad c) $f(x) = \sqrt[4]{x^5}$ \quad d) $f(x) = 1{,}2\sqrt{x} + \sqrt{x^{10}}$

6. *Zeigen Sie*, dass die Funktionen F_1 mit $F_1(x) = x(x + 4)$ und F_2 mit $F_2(x) = (x + 2)^2$ Stammfunktionen der Funktion f mit $f(x) = 2x + 4$ sind.

Ermitteln Sie die Gleichungen von zwei weiteren Stammfunktionen der Funktion f und *skizzieren Sie* die Graphen in einem geeignetem Koordinatensystem.

7. *Ermitteln Sie* jeweils das unbestimmte Integral.

a) $\int \frac{2r^2}{2r}\,dr$
b) $\int \frac{6a^2 - 4a}{a^2}\,da$
c) $\int \frac{(a+b)^2}{a+b}\,dx$
d) $\int \frac{16x^2 - 1}{4x + 1}\,dx$
e) $\int b \cdot \frac{1}{x} \cdot e^a\,dx$

8. *Ermitteln Sie* jeweils die Gleichung einer Stammfunktion F, welche die angegebene Bedingung erfüllt.

a) $f(x) = x^4 - x$ \quad $F(2) = -2$
b) $f(x) = -e^x$ \quad F hat eine Nullstelle.
c) $f(x) = 2x + 2$ \quad Die Tangente an den Graphen von F an der Stelle x = 1 hat den Anstieg 4.

2 Rechnen mit Integralen

9. *Bestimmen Sie* jeweils eine Gleichung derjenigen Stammfunktion von f, die an der Stelle x = 1 den Funktionswert 1 besitzt.
   a) $f(x) = 6x + 4$ b) $f(x) = \sqrt{x} - 2$ c) $f(x) = 4x^3 - x$ d) $f(x) = \frac{1}{x}$

10. Gegeben ist die Funktion $f(x) = x^2 - 3x$.
    a) *Ermitteln Sie* eine Gleichung der Stammfunktion F*, die an der Stelle $x_0 = -1$ den Funktionswert –2 hat.
    b) *Bestimmen Sie* den Anstieg der Funktion F* an der Stelle $x_0 = 1$.
    c) Die Tangente an den Graphen der Funktion F* im Punkt P(–1; F*(–1)) und die Koordinatenachsen begrenzen ein Dreieck.
    Ermitteln Sie den Flächeninhalt und den Umfang dieses Dreiecks.

Aufgabe zum Problemlösen

11. a) *Ermitteln Sie* die Gleichung einer Stammfunktion der Funktion $f(x) = 2x$, die nur positive Funktionswerte besitzt.
    b) *Ermitteln Sie* eine Gleichung einer Stammfunktion der Funktion $g(x) = 2x + a$ (mit $a \in \mathbb{R}$), die zwei Nullstellen besitzt.

Aufgabe zum Kommunizieren

12. *Stellen Sie* auf einem Poster eine Systematik der Differenziations- und Integrationsregeln (gegliedert nach Ihnen bekannten Funktionsklassen) *auf*.
    Illustrieren Sie Ihre Ausführungen mit geeigneten Beispielen und *erstellen Sie* eine Liste offener Probleme.

Kommunizieren
Mathematische Bildung zeigt sich auch in der Fähigkeit, mathematische Informationen aufzunehmen und diese verständlich weiterzugeben, also inhaltsbezogen zu kommunizieren.
Dazu gehören:
- *ein stets korrekter Umgang mit Sprache in mündlicher und schriftlicher Form;*
- *das Lesen von Fachtexten bzw. von Texten mit mathematischen Inhalten;*
- *die Bereitschaft und Fähigkeit, anderen zuzuhören sowie deren Informationen und Argumente aufzunehmen;*
- *das Wiedergeben und Interpretieren mathematischer Zusammenhänge;*
- *die Kenntnis wichtiger Fachbegriffe und deren Abgrenzung zur Umgangssprache (wozu im Zusammenhang mit neuen Technologien auch die Kenntnis wichtiger Fachbegriffe in englischer Sprache gehört);*
- *das Beschreiben, Erläutern und Präsentieren von Lösungswegen und Ergebnissen;*
- *die Bereitschaft und Fähigkeit, sich in die Diskussion fachlicher Probleme einzubringen und dabei begründete mathematische Urteile abzugeben.*

Die Verwendung neuer Medien kann die Informationsweitergabe anschaulicher und verständlicher machen. Internet oder E-Mail ermöglichen zudem die Kommunikation über enge räumliche Grenzen hinweg.

2.3 Integration durch lineare Substitution

Beim Differenzieren von Funktionen, deren Funktionsterme Produkte, Quotienten oder Verkettungen von Funktionen sind, haben wir spezielle Regeln (Produkt-, Quotienten- bzw. Kettenregel) kennengelernt. CAS können diese Regeln für nahezu beliebige Funktionen u und v bearbeiten (siehe Beispiel im linken Bild).
Versucht man dagegen, Stammfunktionen von Produkten, Quotienten und Verkettungen zu ermitteln, kommen CAS nicht immer zum Ziel. Sie geben nur den eingegebenen Term nochmals aus, was darauf hinweist, dass es keine allgemeine Lösung gibt (siehe Beispiel im rechten Bild).

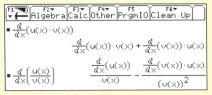 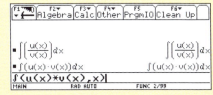

Peter versucht, die Funktion f mit $f(x) = (2x + 4)^2$ sowohl zu differenzieren als auch zu integrieren.
Beim Differenzieren benutzt er die bekannte Kettenregel. Dasselbe Verfahren (getrennte Integration der inneren und der äußeren Funktion und anschließende Multiplikation beider Teilergebnisse) wendet er dann beim Integrieren an:

$f'(x) = 2 \cdot (2x + 4) \cdot 2 = 4 \cdot (2x + 4) = 8x + 16$

$\int (2x + 4)^2 \, dx = \frac{1}{3}(2x + 4)^3 \cdot \left(\frac{2}{2}x^2 + 4x\right) + C = \frac{1}{3} \cdot (2x + 4)^3 \cdot (x^2 + 4x) + C \quad (C \in \mathbb{R})$

Mit dem CAS prüft er seine Rechnung (siehe Bild): Sein Lösungsvorschlag ist offensichtlich falsch.
Produkt-, Quotienten- und Kettenregel der Differenzialrechnung sind nicht auf die Integralrechnung übertragbar.

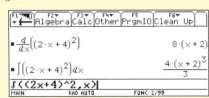

Arbeitsaufträge

1. Zeigen Sie, dass die oben mit dem CAS dargestellte Quotientenregel der in der Formelsammlung dargestellten Beziehung $\left(\frac{u}{v}\right)' = \frac{u'v - uv'}{v^2}$ entspricht.
2. Wandeln Sie die Gleichung der Funktion f mit $f(x) = (2x + 4)^2$ so um, dass Sie die Funktion mit den aus Abschnitt 1.4 bekannten Verfahren integrieren können. Ermitteln Sie analog die unbestimmten Integrale $\int (x - 2)^2 \, dx$ und $\int (5x - 5)^2 \, dx$. Leiten Sie eine Vermutung her, wie Stammfunktionen verketteter Funktionen bestimmt werden können, falls die innere Funktion linear ist.
3. Prüfen Sie die in Auftrag 2 aufgestellte Vermutung, indem Sie Stammfunktionen der Funktionen $f_1(x) = (4x - 3)^{-2}$; $f_2(x) = e^{2x + 2}$; $f_3(x) = e^{-2x}$ und $f_4(x) = \sin(2x + \pi)$ bestimmen und die Richtigkeit mithilfe von CAS testen.
4. Prüfen Sie, ob das von Ihnen in Auftrag 2 vermutete Verfahren auch für solche Verkettungen von Funktionen gilt, deren innere Funktion nicht linear ist.

2 Rechnen mit Integralen

Um eine Regel für das Integrieren verketteter Funktionen zu finden, betrachten wir das folgende Beispiel:

Gegeben ist die Funktion f mit $f(x) = (6x + 3)^2$. Zu bestimmen ist die Gleichung einer Stammfunktion F von f.

Es handelt sich um eine verkettete Funktion. Die innere Funktion ist die Funktion g mit $g(x) = 6x + 3$, die äußere Funktion ist die Funktion h mit $h(z) = z^2$. Dabei ist $z = 6x + 3$. Wir formen den Term $(6x + 3)^2$ zunächst so um, dass eine Funktion entsteht, die nach der Summenregel integriert werden kann:

Das CAS liefert:

$$\int (6x+3)^2 \, dx = \int (36x^2 + 36x + 9) \, dx$$
$$= \frac{36}{3}x^3 + \frac{36}{2}x^2 + 9x + C$$
$$= 12x^3 + 18x^2 + 9x + C \quad (C \in \mathbb{R})$$
$$= F(x)$$

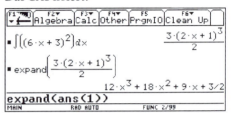

Das mit dem CAS ermittelte Absolutglied $\frac{3}{2}$ kann vernachlässigt werden, da für C jede beliebige reelle Zahl eingesetzt werden kann.

Wir versuchen nun, eine Stammfunktion durch Integration der verketteten Funktion f zu erzeugen. Integrieren wir zunächst nur die äußere Funktion h, so erhalten wir:

$$\int h(z) \, dz = \int z^2 \, dz = \frac{1}{3}z^3 + C \quad (C \in \mathbb{R})$$

Zur Vereinfachung wurde hierbei die innere Funktion $g(x) = 6x + 3$ durch die Variable z ersetzt bzw. substituiert. Macht man diese Substitution rückgängig, erhält man:

$$\int (6x+3)^2 \, dx = \frac{1}{3}(6x+3)^3 + C \quad (C \in \mathbb{R})$$

Um diese Stammfunktion mit der vom CAS ermittelten zu vergleichen, lösen wir zunächst die Klammer auf und erhalten:

$$\int (6x+3)^2 \, dx = \frac{1}{3}(6x+3)^3 + C$$
$$= \frac{1}{3}(216x^3 + 324x^2 + 162x + 27) + C$$
$$= 72x^3 + 108x^2 + 54x + 9 + C \quad (C \in \mathbb{R}) \quad (*)$$

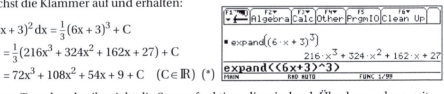

Dieser Term beschreibt nicht die Stammfunktion, die wir durch Überlegung bzw. mit dem CAS erhalten hatten. Wenn es sich um eine Stammfunktion handeln würde, dann dürften sich die beiden Funktionen nur in der Konstanten C unterscheiden.

Wir vergleichen die Koeffizienten beider Ausdrücke:

	Stammfunktion F	Term (*)
Koeffizient des Ausdrucks 3. Grades	12	72
Koeffizient des quadratischen Ausdrucks	18	108
Koeffizient des linearen Ausdrucks	9	54
Konstante	C	9 + C

2 Rechnen mit Integralen

Die im Term (*) ermittelten Koeffizienten sind jeweils das 6-Fache der in der Stammfunktion F auftretenden. Um die in der Stammfunktion auftretenden Koeffizienten zu erhalten, muss also der Term (*) durch 6 dividiert werden. Da die Zahl 6 der Koeffizient des linearen Gliedes in der inneren Funktion ist, liegt die Vermutung nahe, dass der Term, der durch Integration der äußeren Funktion entstanden ist, durch diesen Koeffizienten dividiert werden muss.

In unserem Beispiel erhält man damit:
$$\int (6x+3)^2 \, dx = \frac{1}{6} \cdot (72x^3 + 108x^2 + 54x + 9 + C) = 12x^3 + 18x^2 + 9x + \frac{9+C}{6} = F^*(x)$$
Wir vergleichen die Stammfunktionen F und F*:
$$F(x) = 12x^3 + 18x^2 + 9x + C$$
$$F^*(x) = 12x^3 + 18x^2 + 9x + \frac{9+C}{6}$$
Beide Terme stimmen bis auf das Absolutglied überein. Da man aber für C jede reelle Zahl einsetzen darf, ist natürlich auch der Wert $\frac{9+C}{6}$ als Integrationskonstante wählbar. Damit ist die Funktion F* ebenfalls eine Stammfunktion der Funktion f.

Man erhält also von einer verketteten Funktion, bei der die innere Funktion linear ist, eine Stammfunktion, indem man
- die äußere Funktion integriert und
- den dadurch gefundenen Funktionsterm durch den Koeffizienten des linearen Gliedes der inneren Funktion dividiert.
  (Dieser Koeffizient entspricht der ersten Ableitung der inneren Funktion.)

Integration durch lineare Substitution
Es sei f eine verkettete Funktion der Form $f(x) = h\,[g(x)]$. Die innere Funktion g sei linear mit $g(x) = mx + n$. F sei eine Stammfunktion der äußeren Funktion h. Dann gilt:
$$\int f(x)\,dx = \int h\,[g(x)]\,dx = \int h\,(mx+n)\,dx = \frac{1}{m} \cdot F(mx+n) + C \quad (C \in \mathbb{R})$$

Bei der Integration von Quadraten oder dritten Potenzen einer linearen Funktion kann zunächst ausmultipliziert und dann gliedweise integriert werden.
Bei höheren Potenzen führt jedoch der Weg über die Substitution der linearen Funktion wesentlich bequemer und schneller zum Ergebnis.

Anwenden einer linearen Substitution
Die verkettete Funktion $f(x) = (3x+7)^{17}$ soll integriert werden.
Mit der Substitution $z = 3x + 7$ erhält man:
$$\int (3x+7)^{17}\,dx = \int z^{17}\,dz = \frac{1}{3} \cdot \frac{1}{18} z^{18} + C = \frac{1}{54}(3x+7)^{18} + C \quad (C \in \mathbb{R})$$

Mit einiger Übung kann man auf die ausführliche Substitution und „Resubstitution" verzichten und sofort eine kürzere Schreibweise wählen.

2 Rechnen mit Integralen

Integration durch lineare Substitution

(1) $\int \sqrt[3]{(4x+2)^5}\, dx = \int (4x+2)^{\frac{5}{3}}\, dx = \frac{1}{4} \cdot \frac{3}{8}(4x+2)^{\frac{8}{3}} + C = \frac{3}{32}\sqrt[3]{(4x+2)^8} + C \quad (C \in \mathbb{R})$

(2) $\int \sin 2x\, dx = \frac{1}{2} \cdot (-\cos 2x) + C \quad (C \in \mathbb{R})$

(3) $\int e^{-x}\, dx = \frac{1}{-1} e^{-x} + C = -e^{-x} + C \quad (C \in \mathbb{R})$

(4) $\int \frac{2}{2x-1}\, dx = 2 \int \frac{1}{2x-1}\, dx = 2 \int (2x-1)^{-1}\, dx = 2 \cdot \frac{1}{2} \ln|2x-1| + C = \ln|2x-1| + C \quad (C \in \mathbb{R})$

Ist die innere Funktion nicht linear, so kann das Verfahren der linearen Substitution nicht angewendet werden. Unbestimmte Integrale von Funktionen, die nichtlineare Verkettungen, Produkte oder Quotienten in den Funktionstermen enthalten, können (falls die Funktionen überhaupt integrierbar sind) mithilfe von CAS oder weiterer Integrationsverfahren bestimmt werden (siehe S. 239).

Die folgenden Funktionen f_1 bis f_4 lassen sich mit den bisher behandelten Regeln nicht oder nicht ohne zusätzliche Umformung integrieren, wohl aber mithilfe eines CAS:

$f_1(x) = x\sqrt{3x+4};\qquad f_2(x) = (x^2+3x)^3;\qquad f_3(x) = \dfrac{3x+2}{x^2-2x-8};\qquad f_4(x) = \dfrac{x}{\sqrt{x^2+1}}$

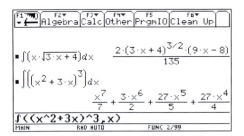

Dokumentieren von Lösungswegen

*Beim Lösen von Aufgaben mithilfe elektronischer Medien werden meist nur Ergebnisse ausgewiesen, weshalb eine besondere **Dokumentation** des Lösungsweges angebracht ist. Je nach Aufgabenstellung und Zweck der Präsentation kann dies erfolgen*
- *als Protokoll im Heft;*
- *durch Bearbeiten eines Arbeitsblattes (mit Bemerkungen zum Arbeitsprozess);*
- *in Form von Notizen zur Vorbereitung eines Vortrags (ggf. mit Visualisierungen);*
- *als Poster o. Ä.;*
- *als elektronische Präsentation.*

Durch Einbeziehen von Textverarbeitungsprogrammen ergeben sich völlig neue Möglichkeiten an „Schüleraufzeichnungen".
Sowohl die zum Thema erarbeiteten theoretischen Grundlagen als auch bearbeitete Aufgaben bzw. Arbeitsblätter mit Lösungen und grafischen Darstellungen lassen sich mit Daten- und Bildmaterial oder (historischen) Texten aus dem Internet etc. verknüpfen, als sogenanntes Notebook anlegen und ausdrucken.

2 Rechnen mit Integralen

Übungen

Aufgaben zum Argumentieren

1. *Beweisen Sie* die Richtigkeit des auf Seite 227 formulierten Satzes über die Integration durch lineare Substitution.

2. *Geben Sie* die Felder *an*, die eine richtige Lösung der Aufgaben in A1, A2 und A3 enthalten.

	A	B	C	D
1	$\int(5x-3)^2\,dx$	$\frac{1}{3}(5x-3)^3+C$	$\frac{1}{15}(5x-3)^3+C$	$\frac{1}{5}(5x-3)+C$
2	$\int\sqrt{x-1}\,dx$	$\frac{2}{3}(x-1)\sqrt{x-1}+C$	$\frac{2(x-1)^{\frac{3}{2}}}{3}+C$	$\frac{2}{3}\sqrt{(x-1)^3}+C$
3	$\int(x^2+1)^2\,dx$	$\frac{1}{5}x^5+\frac{2}{3}x^3+x+C$	$\frac{1}{3}(x^2+1)^3+C$	$\frac{1}{3}\left(\frac{1}{3}x^3+x\right)^3+C$

3. *Ermitteln Sie* je eine Stammfunktion.
   a) $f(x)=(5x+2)^{10}$ b) $f(x)=(2-3x)^4$ c) $f(x)=(3x+4)^5$ d) $f(x)=(a-x)^{-3}$
   e) $f(x)=e^{2x-2}$ f) $f(x)=e^{x+3}$ g) $f(x)=e^{-x}$ h) $f(x)=2\cdot e^{2x}$
   i) $f(x)=\frac{1}{x-1}$ j) $f(x)=\frac{2}{2x-3}$ k) $f(x)=\sin\frac{1}{2}x$ l) $f(x)=\cos(-3x+1)$

4. *Ermitteln Sie* die unbestimmten Integrale.
   a) $\int(2x+1)^{27}\,dx$ b) $\int\left(\frac{1}{2}x+\frac{2}{5}\right)^3 dx$ c) $\int(ax+b)^4\,dx$ d) $\int\sqrt{2x-2}\,dx$
   e) $\int\sqrt{x-2x+4}\,dx$ f) $\int\sqrt[5]{5x-2}\,dx$ g) $\int\frac{1}{1,2x+3,6}\,dx$ h) $\int\frac{2}{3x-5}\,dx$
   i) $\int\frac{1}{5-a}\,da$ j) $\int\frac{-2}{-2x-2}\,dx$ k) $\int e^{-x-1}\,dx$ l) $\int e^{2x+4}\,dx$
   m) $\int\sin(7x-\pi)\,dx$ n) $\int\sin(-3x)\,dx$ o) $\int\cos 8x\,dx$ p) $\int\cos\left(x+\frac{\pi}{2}\right)dx$

5. *Bestimmen Sie* jeweils den Integranden f(x).
   a) $\int f(x)\,dx=\frac{1}{40}(5x+3)^8+C$
   b) $\int f(x)\,dx=\frac{1}{3}\cdot\ln|3x-5|+C$
   c) $\int f(x)\,dx=\frac{1}{2}\cdot e^{2x+7}+C$
   d) $\int f(x)\,dx=\frac{1}{2}\cdot\sin 2x+C$

6. *Bestimmen Sie* jeweils die Gleichung einer Stammfunktion F von f, die die angegebene Bedingung erfüllt.
   a) $f(x)=(114x+6)^7;\quad F(2)=0$
   b) $f(x)=e^{-x-2};\quad F(0)=15$
   c) $f(a)=\frac{1}{a-1};\quad F(1)=a$

7. *Ergänzen Sie* die nachfolgende Tabelle.

f	f'	F
$f(x)=\sqrt{2x-1}$		
	$f'(x)=10(2x+1)^4$	
		$F(x)=\frac{27}{4}(x-2)^4$

8. *Bestimmen Sie* die folgenden Integrale mithilfe Ihres CAS.
   a) $\int\frac{3x^2-2}{6x^4}\,dx$ b) $\int\frac{3x^2+6x-2}{4x}\,dx$ c) $\int\frac{1}{e^{x^2-2}}\,dx$
   d) $\int ax^2\cdot\ln x\,dx$ e) $\int x\cdot\ln x\,dx$ f) $\int\frac{1}{x^2+1}\,dx$

2.4 Der Hauptsatz der Differenzial- und Integralrechnung

Das Bett eines kleinen Baches verläuft in einer Betonrinne mit rechteckigem Querschnitt.

Der Wasserstand beträgt im Normalfall 25 cm, er kann jedoch bei Hochwasser bedeutend höher ausfallen. Während einer Hochwasserperiode vergleicht das Umweltamt täglich die aktuelle Abflussmenge mit der bei Normalpegel üblichen.

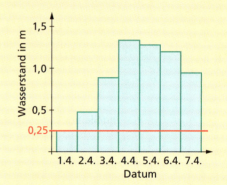

Da die Breite des Baches unverändert ist, hängt diese Wassermenge vom Querschnitt der Wasserfläche über den betrachteten Zeitraum ab.
Zur Ermittlung des Volumens der gesamten Wassermenge wäre noch die Kenntnis der Fließgeschwindigkeit notwendig. Für den Vergleich der beiden Mengen genügt ein Vergleich der beiden Flächen, die in nebenstehender Abbildung skizziert sind. Der Inhalt der rot schraffierten Rechteckfläche lässt sich dabei einfach bestimmen;

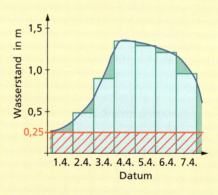

für die grüne Fläche muss die Integralrechnung bemüht werden.
Die Linie, die den Hochwasserstand beschreibt, lässt sich nur schwer mithilfe einer einzelnen Funktion beschreiben. Meist nutzt man dafür stückweise definierte Funktionen 3. Grades, die z. B. die Höhe des Wasserstandes an einem Tag beschreiben.
Man integriert also wie folgt:

$$\int_{1.4.}^{2.4.} f_1(t)\,dt + \int_{2.4.}^{3.4.} f_2(t)\,dt + \ldots + \int_{6.4.}^{7.4.} f_6(t)\,dt$$

Diese Integration kann täglich fortgesetzt werden. Es sind also sehr viele verschiedene bestimmte Integrale zu ermitteln. Hierfür nutzt man in der Praxis den sogenannten Hauptsatz der Differenzial- und Integralrechnung.

2 Rechnen mit Integralen

Arbeitsaufträge

1. Ermitteln Sie den Inhalt der rot schraffierten Fläche, wenn die Breite eines „Tagesstreifens" 1 Einheit beträgt.
2. Beschreiben Sie den Verlauf der Hochwasserkurve durch geeignete Funktionen und ermitteln Sie Näherungswerte für die grüne Fläche im Diagramm.
   Um das Wievielfache ist die Abflussmenge im Vergleich zum Normalpegel mindestens größer?
3. a) Übernehmen Sie die folgende Tabelle und vervollständigen Sie diese. Nutzen Sie dazu eine Tabellenkalkulation bzw. ein CAS.

k	$\int_0^k x^2 \, dx$	$\int_0^k x^3 \, dx$	$\frac{k^3}{3}$	$\frac{k^4}{4}$
1				
2				
⋮				
10				

b) Stellen Sie Vermutungen zum Berechnen bestimmter Integrale auf.

Beim Ermitteln bestimmter Integrale haben wir bisher entweder die Definition genutzt und über den Grenzwert der Folgen der Unter- und Obersummen den Wert bestimmt oder geeignete Hilfsmittel wie GTR bzw. CAS eingesetzt.
Im Folgenden soll ein rationelles hilfsmittelfreies Verfahren vorgestellt werden, das vor der Entwicklung moderner Computeralgebrasysteme angewandt werden musste und auch heute noch zum inhaltlichen Verständnis der Integralrechnung beitragen kann.

Wir betrachten die Funktion f mit $f(x) = 2x$. Als untere Integrationsgrenze wählen wir 0, die obere soll durch die natürlichen Zahlen von 1 bis 10 gebildet werden.

Geometrisch bedeutet das, Flächeninhalte von Dreiecken zu bestimmen.

Analytisch sind bestimmte Integrale mit konstanter unterer Grenze und konstantem Integranden zu berechnen.

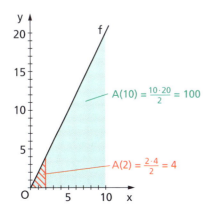

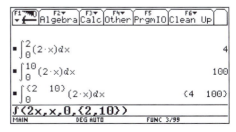

Es ist:

$$A(2) = \int_0^2 2x \, dx = 4 \qquad A(10) = \int_0^{10} 2x \, dx = 100$$

2 Rechnen mit Integralen

Durchläuft nun der Wert b der oberen Integrationsgrenze kontinuierlich das Intervall $0 \le b \le 10$, so gehört zu jedem b genau der Flächeninhalt eines Dreiecks mit den Eckpunkten O(0; 0), P_1(b; 0) und P_2(b; 2b). Seine Maßzahl entspricht dem bestimmten Integral $\int_0^b 2x\,dx$. (Für den Fall b = 0 ist das Dreieck entartet, das bestimmte Integral ist 0, was sich leicht geometrisch begründen lässt.)

Zu jeder Zahl b des betrachteten Intervalls gehört also eine Maßzahl des zugehörigen Flächeninhaltes bzw. ein bestimmtes Integral. Demnach liegt hier eine Funktion in Abhängigkeit von b vor und es gilt:

$A(b) = \dfrac{b \cdot 2b}{2} = b^2$ bzw.

$A(b) = \int_0^b 2x\,dx = b^2$

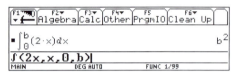

Wie allgemein üblich, bezeichnen wir nun die Argumente dieser Funktion mit x (statt mit b) und wählen für die Integrationsvariable die Bezeichnung t. Wir betrachten also die Funktion $A(x) = \int_0^x 2t\,dt$. Diese beschreibt, wie sich der Flächeninhalt des Dreiecks in Abhängigkeit von x ändert.

Betrachtet man nun die Funktion A mit $A(x) = \int_0^x 2t\,dt = x^2$ und die Ausgangsfunktion f mit f(x) = 2x, so kann man einen weiteren Zusammenhang vermuten:
Der Term x^2 entspricht dem einer Stammfunktion von f, d. h., es gilt A'(x) = f(x).
Ist dieser Zusammenhang allgemeingültig?
Die Ermittlung ausgewählter bestimmter Integrale mit der unteren Integrationsgrenze 0 (siehe nebenstehendes Bild) lässt uns den folgenden Satz vermuten:

Die Funktion f sei im Intervall [0; b] stetig.
Dann gilt für die Funktion A mit $A(x) = \int_0^x f(t)\,dt$ ($0 \le x \le b$): $\qquad A'(x) = f(x)$

Beweis:
(1) Ermitteln des Differenzenquotienten

$D(h) = \dfrac{A(x_0 + h) - A(x_0)}{h} = \dfrac{\int_0^{x_0 + h} f(t)\,dt - \int_0^{x_0} f(t)\,dt}{h}$

Zerlegung des ersten Integrals ergibt:

$D(h) = \dfrac{1}{h} \cdot \left[\int_0^{x_0} f(t)\,dt + \int_{x_0}^{x_0 + h} f(t)\,dt - \int_0^{x_0} f(t)\,dt \right] = \dfrac{1}{h} \cdot \int_{x_0}^{x_0 + h} f(t)\,dt$

2 Rechnen mit Integralen

(2) Abschätzen des Differenzenquotienten

Jede stetige Funktion f besitzt im Intervall $[x_0; x_0 + h]$ einen kleinsten Funktionswert $f(\underline{x})$ und einen größten Funktionswert $f(\overline{x})$.

Der Inhalt der zum bestimmten Integral gehörenden Fläche liegt zwischen den Inhalten der Rechteckflächen mit der Breite h und der Höhe $f(\underline{x})$ bzw. $f(\overline{x})$.

Rechteck innerhalb der Fläche unter der Kurve	zum Integral gehörige Fläche unter der Kurve	Rechteck schließt Kurve in $[x_0; x_0 + h]$ mit ein
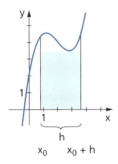	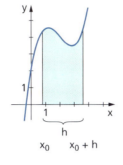	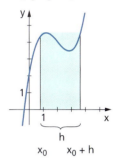

Für den Flächeninhalt gilt:

$$h \cdot f(\underline{x}) \qquad \int_{x_0}^{x_0 + h} f(t)\, dt \qquad h \cdot f(\overline{x})$$

Außerdem gilt:

$$h \cdot f(\underline{x}) \quad \leq \quad \int_{x_0}^{x_0 + h} f(t)\, dt \quad \leq \quad h \cdot f(\overline{x})$$

Dividiert man die Ungleichung durch h, so erhält man:

$$f(\underline{x}) \quad \leq \quad \frac{1}{h} \int_{x_0}^{x_0 + h} f(t)\, dt \quad \leq \quad f(\overline{x})$$

(3) Berechnen des Grenzwertes des Differenzenquotienten für $h \to 0$:

$$\lim_{h \to 0} f(\underline{x}) \quad \leq \quad \lim_{h \to 0} \frac{1}{h} \int_{x_0}^{x_0 + h} f(t)\, dt \quad \leq \quad \lim_{h \to 0} f(\overline{x}) \qquad (*)$$

Weil die Werte $\underline{x}$ und $\overline{x}$ im Intervall $[x_0; x_0 + h]$ liegen, muss es Zahlen p und q mit $0 \leq p \leq 1$ und $0 \leq q \leq 1$ so geben, dass gilt:

$$\underline{x} = x_0 + p \cdot h \qquad \text{und} \qquad \overline{x} = x_0 + q \cdot h$$

Daraus folgt:

$$\lim_{h \to 0} f(\underline{x}) = \lim_{h \to 0} (x_0 + p \cdot h) = f(x_0) \qquad \text{und} \qquad \lim_{h \to 0} f(\overline{x}) = \lim_{h \to 0} (x_0 + q \cdot h) = f(x_0)$$

Setzt man dieses Ergebnis in die Ungleichung (*) ein, so erhält man:

$$f(x_0) \quad \leq \quad \lim_{h \to 0} \frac{1}{h} \int_{x_0}^{x_0 + h} f(t)\, dt \quad \leq \quad f(x_0)$$

Damit gilt für den Grenzwert des Differenzenquotienten:

$$\lim_{h \to 0} D(h) = \lim_{h \to 0} \frac{1}{h} \cdot \int_{x_0}^{x_0 + h} f(t)\, dt = f(x_0)$$

Also gilt $A'(x) = f(x)$ und A mit $A(x) = \int_{0}^{x} f(t)\, dt$ ist Stammfunktion von f. w.z.b.w.

2 Rechnen mit Integralen

Zu Beginn unserer Überlegungen hatten wir als Beispiel einige bestimmte Integrale der Funktion f mit f(x) = 2x durch Berechnung der Flächeninhalte der zugehörigen rechtwinkligen Dreiecke bestimmt, etwa die folgenden:

$$\int_0^2 2x\,dx = 4, \qquad \int_0^{10} 2x\,dx = 100 \qquad \text{oder allgemein:} \quad \int_0^b 2x\,dx = b^2$$

Um den Flächeninhalt der Fläche „unter der Kurve" bei linker Integrationsgrenze 0 und rechter Integrationsgrenze b zu bestimmen bzw. das bestimmte Integral $\int_0^b f(x)\,dx$ zu berechnen, genügt es, die rechte Integrationsgrenze in den Term derjenigen Stammfunktion einzusetzen, für die die Integrationskonstante C = 0 beträgt.

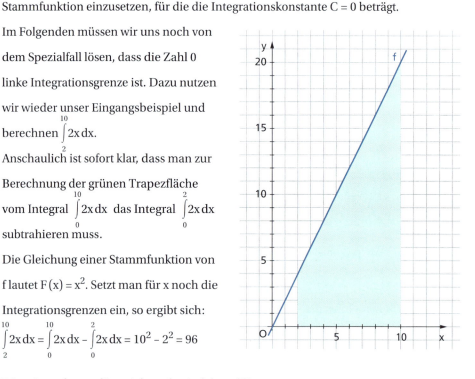

Im Folgenden müssen wir uns noch von dem Spezialfall lösen, dass die Zahl 0 linke Integrationsgrenze ist. Dazu nutzen wir wieder unser Eingangsbeispiel und berechnen $\int_2^{10} 2x\,dx$.

Anschaulich ist sofort klar, dass man zur Berechnung der grünen Trapezfläche vom Integral $\int_0^{10} 2x\,dx$ das Integral $\int_0^2 2x\,dx$ subtrahieren muss.

Die Gleichung einer Stammfunktion von f lautet F(x) = x^2. Setzt man für x noch die Integrationsgrenzen ein, so ergibt sich:

$$\int_2^{10} 2x\,dx = \int_0^{10} 2x\,dx - \int_0^2 2x\,dx = 10^2 - 2^2 = 96$$

Diese Berechnung lässt sich auch wie folgt erklären:
In den Term der Stammfunktion mit der Integrationskonstanten C = 0 setzt man die obere und die untere Integrationsgrenze ein und subtrahiert die beiden erhaltenen Werte voneinander.

Diese Überlegung führt zum folgenden Satz.

> **Hauptsatz der Differenzial- und Integralrechnung**
> Es sei f eine im Intervall [a; b] stetige Funktion und F eine Stammfunktion der Funktion f. Dann gilt:
>
> $$\int_a^b f(x)\,dx = F(b) - F(a)$$

2 Rechnen mit Integralen

Beweis des Hauptsatzes:

F sei eine Stammfunktion der Funktion f. Des Weiteren ist auch die Funktion A mit $A(x) = \int_0^x f(t)\,dt$ eine Stammfunktion der Funktion f. Beide Stammfunktionen unterscheiden sich nur in einer Integrationskonstanten C, es gilt:

$A(x) = F(x) + C \quad (C \in \mathbb{R})$

Ferner gilt:

$$\int_0^b f(x)\,dx = \int_0^a f(x)\,dx + \int_a^b f(x)\,dx \qquad \text{(Additivität des bestimmten Integrals)}$$

Daraus folgt:

$A(b) = A(a) + \int_a^b f(x)\,dx \qquad$ bzw. $\qquad F(b) + C = F(a) + C + \int_a^b f(x)\,dx$

$\int_a^b f(x)\,dx = F(b) + C - F(a) - C = F(b) - F(a) \qquad\qquad$ w.z.b.w.

Der Hauptsatz der Differenzial- und Integralrechnung beschreibt den Zusammenhang zwischen beiden Rechenarten und begründet ein Verfahren zum schnellen Berechnen bestimmter Integrale.

Schrittfolge zum Berechnen bestimmter Integrale

Das bestimmte Integral $\int_2^4 (2x+5)\,dx$ ist zu berechnen.

(1) Wir bestimmen zunächst eine Stammfunktion des Integranden: $F(x) = x^2 + 5x$
(2) Wir setzen die obere und die untere Integrationsgrenze für x in die ermittelte
    Stammfunktion ein, d. h., wir bilden $F(b)$ und $F(a)$:
    $F(b) = F(4) = 4^2 + 5 \cdot 4 = 36 \qquad F(a) = F(2) = 2^2 + 5 \cdot 2 = 14$
(3) Wir bilden die Differenz $F(b) - F(a)$:
    $F(4) - F(2) = 36 - 14 = 22$

Daraus folgt: $\int_2^4 (2x+5)\,dx = 22$

Häufig benutzt man für die Differenz $F(b) - F(a)$ die Schreibweise $[F(x)]_a^b$.

$$\int_1^5 \left(\frac{3}{x^2} + e^x\right)dx = \int_1^5 (3x^{-2} + e^x)\,dx = \left[-3x^{-1} + e^x\right]_1^5$$

$$= \underbrace{\left(-\frac{3}{5} + e^5\right)}_{F(b)} - \underbrace{\left(-\frac{3}{1} + e^1\right)}_{F(a)} = -\frac{3}{5} + e^5 + \frac{15}{5} - e = \frac{12}{5} + e^5 - e$$

Eine Kontrolle mit dem CAS liefert das nebenstehend abgebildete Ergebnis.

2 Rechnen mit Integralen

Nullstellen als Integrationsgrenzen

Gesucht ist der Inhalt der Fläche, die von der Parabel mit der Gleichung $f(x) = -x^2 + 16$ und der x-Achse vollständig begrenzt wird.

Die Funktion hat die Nullstellen $x_{N_1} = -4$ und $x_{N_2} = 4$.

Zu berechnen ist also $\int_{-4}^{4} (-x^2 + 16)\, dx$.

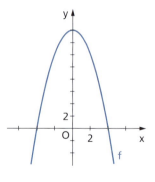

Eine Stammfunktion ist die Funktion $F(x) = -\frac{x^3}{3} + 16x$.

Es gilt: $\left[-\frac{x^3}{3} + 16x\right]_{-4}^{4} = \left(-\frac{64}{3} + 64\right) - \left(-\frac{-64}{3} - 64\right)$

$= -\frac{64}{3} + 64 - \frac{64}{3} + 64 = -\frac{128}{3} + 128 = \frac{256}{3}$

Ermitteln der oberen Grenze eines bestimmten Integrals

Für welche Zahlen k gilt $\int_{1}^{k} (1 - x^2)\, dx = -\frac{2}{3}$?

Stammfunktion: $F(x) = x - \frac{x^3}{3}$

Einsetzen der Integrationsgrenzen: $F(k) - F(1) = k - \frac{k^3}{3} - \left(1 - \frac{1}{3}\right) = k - \frac{2}{3} - \frac{k^3}{3} = -\frac{2}{3}$

Multiplizieren mit 3 liefert: $3k - 2 - k^3 = -2$

Weitere Umformungen führen zu: $3k - k^3 = 0$

$k(3 - k^2) = 0 \Rightarrow k_1 = 0;\quad k_2 = \sqrt{k};\quad k_3 = -\sqrt{k}$

Die nebenstehend abgebildete Lösung mit einem CAS demonstriert, wie verschiedene CAS-Anweisungen ineinander geschachtelt werden können.

```
■ solve(∫₁ᵏ(1 - x²)dx = -2/3, k)
                k = -√3 or k = √3 or k = 0
solve(∫(1-x^2,x,1,k)=-2/3,k)
MAIN        DEG AUTO        FUNC 1/99
```

Die Idee, die hinter dem Hauptsatz der Differenzial- und Integralrechnung liegt, wird auch in einer Reihe von Alltagssituationen genutzt.

Will man beispielsweise wissen, ob man in einem bestimmten Zeitraum gut mit der „Haushaltskasse" umgegangen ist, so vergleicht man den Kontostand am Ende des Zeitraumes (Saldo neu) mit dem zu Beginn (Saldo alt). Dadurch kann man sich auch bei vielen Kontobewegungen einen Überblick über die Ein- und Ausgabeverhältnisse verschaffen.

Der Hauptsatz wird mitunter auch als Formel von LEIBNIZ und NEWTON bezeichnet. Beide gelten als Begründer der Differenzial- und Integralrechnung (der sogenannten Infinitesimalrechnung).

Das bestimmte Integral wurde als Grenzwert von Zahlenfolgen definiert, zum unbestimmten Integral gelangte man über die Umkehroperation des Differenzierens. Das Verdienst von LEIBNIZ und NEWTON ist es, den Zusammenhang zwischen beiden Problemstellungen erstmals erkannt und angewandt zu haben.

2 Rechnen mit Integralen

Übungen

1. Herr Meier kontrolliert anhand eines Haushaltsbuches seine Einnahmen und Ausgaben (siehe Abbildung).

Datum	Posten	Betrag
01.10.	Miete	−567,00
01.10.	Versicherung Pkw	−45,12
02.10.	Barabhebung	−400,00
03.10.	Krankenkasse	−412,12
04.10.	Gehalt	2 634,12
05.10.	Einkauf Drogerie	−25,23
06.10.	Zeitschriften-Abo	−12,00
07.10.	Telefonrechnung	−35,14
08.10.	Internet-Gebühren	−9,90
10.10.	Autoreparatur	−245,60
10.10.	Honorar für Vortrag	100,00
12.10.	Abrechnung Kreditkarte	−260,90
13.10.	Supermarkt	−34,78
14.10.	Barabhebung	−100,00

   a) Wie groß ist der Gesamtsaldo im betrachteten Zeitraum?
   b) *Ermitteln Sie* Zeitintervalle, in denen Herr Meier mehr eingenommen als ausgegeben hat, und solche, in denen der umgekehrte Fall eintritt.
   c) Gibt es einen Zeitraum, in dem sich Einnahmen und Ausgaben ausgleichen?
   d) *Begründen Sie* Ihr Vorgehen und ziehen Sie Parallelen zum Hauptsatz der Differenzial- und Integralrechnung.

Mathematisches Argumentieren

1. *Sammeln Sie Informationen aus dem mathematischen Text.*
   a) Nutzen Sie ggf. weitere Quellen wie Formelsammlungen, Lexika oder Internet.
   b) Strukturieren Sie die Informationen. Was kann man voraussetzen?
2. *Suchen Sie nach mathematischen Beziehungen zwischen den Informationen, Daten oder Größen.*
   a) Stellen Sie die Zusammenhänge mittels mathematischer Fachsprache dar.
   b) Formulieren Sie Hypothesen in Form von mathematischen Aussagen.
3. *Begründen Sie Ihre jeweilige Aussage (Hypothese).*
   a) Nutzen Sie zum intuitiven Begründen Plausibilitätserklärungen.
   b) Prüfen Sie, ob sich Ihre Hypothese experimentell untermauern lässt.
   c) Nutzen Sie die Verfahren des induktiven oder deduktiven Schließens (Verweis). Beachten Sie gegebenenfalls durchzuführende Fallunterscheidungen.
   d) Widerlegen Sie Ihre Hypothese durch die Angabe von Gegenbeispielen.
4. *Schließen Sie die Argumentation ab, indem Sie Ihre Begründungen hinsichtlich Schlüssigkeit und möglicher Fehler kritisch werten.*

---

2. *Berechnen Sie* mithilfe des Hauptsatzes der Differenzial- und Integralrechnung.

   a) $\int_0^3 x\,dx$
   b) $\int_1^4 x^3\,dx$
   c) $\int_2^3 (x^2 + 2x)\,dx$
   d) $\int_{-1}^1 (x^4 - 2x^2 - 3)\,dx$

   e) $\int_0^4 x^{\frac{1}{2}}\,dx$
   f) $\int_0^{10} (x - \sqrt{x})\,dx$
   g) $\int_2^3 (\sqrt{x} - \frac{1}{x^2})\,dx$
   h) $\int_1^{10} (e^x + \sqrt{x})\,dx$

   i) $\int_0^2 (a^2 + 3)\,da$
   j) $\int_c^d 3x^2\,dx$
   k) $\int_\pi^{2\pi} \sin x\,dx$
   l) $\int_1^e \frac{1}{x}\,dx$

2 Rechnen mit Integralen

3. *Berechnen Sie* möglichst vorteilhaft.

a) $\int_{1,2}^{4,5}(1+3x^2)\,dx + \int_{4,5}^{9}(1+3x^2)\,dx - \int_{1,2}^{2}(1+3x^2)\,dx$
b) $\int_{-1}^{1}x^2\,dx$

c) $\int_{-1}^{2}(x^2-2x)\,dx + \int_{-1}^{2}(x^2+5x+2)\,dx$
d) $\int_{1}^{3}\left(\frac{1}{3}t^2-2t+1\right)dt + \int_{1}^{3}(1+2t)\,dt$

4. *Berechnen Sie* mithilfe eines CAS.

a) $\int_{1,2}^{1,7}dx$
b) $\int_{-1}^{8,7}x\cdot(x-1)\cdot(x+1,3)\,dx$
c) $\int_{20}^{30}\left(\frac{2}{x^2}+\frac{3}{x^4}\right)dx$

d) $\int_{2}^{5}\frac{2x^2+\sqrt{x}-3}{4x}\,dx$
e) $\int_{1}^{4}\frac{1}{(1-x)^2}\,dx$
f) $\int_{a}^{b}\left(\frac{1}{x}+2e^x\right)dx$

g) $\int_{0}^{2\pi}(\sin x - \cos x)\,dx$
h) $\int_{1}^{5}\frac{e^x}{x}\,dx$
i) $\int_{u}^{0}\left(\sqrt[3]{x}+\sqrt[4]{x}-\sqrt{x}\right)dx$

5. *Berechnen Sie* die bestimmten Integrale.

a) $\int_{-2}^{-1}\left(\frac{2}{x}-x-1\right)dx$
b) $\int_{-1}^{0}(3\cdot e^x+1)\,dx$
c) $\int_{-1}^{3}\frac{2^x}{\ln 2}\,dx$

d) $\int_{1}^{2}\frac{x-1}{x}\,dx - \int_{2}^{4}\left(1-\frac{1}{x}\right)dx$
e) $\int_{0}^{2\pi}\left(\frac{1}{2}\cdot\sin x+\frac{1}{4}\cdot\cos x\right)dx$
f) $\int_{2}^{15}\left(e^x+\frac{1}{x}\right)dx$

6. *Ermitteln Sie* jeweils die Zahl k, für die gilt:

a) $\int_{0}^{k}x\,dx=81$
b) $\int_{2}^{k}(x^2+x^3)\,dx=1\,188$
c) $\int_{1}^{k}\left(\frac{1}{x^2}+4x\right)dx=\frac{244}{5}$
d) $\int_{0}^{k}\sin x\,dx=0$

7. *Berechnen Sie.*

a) $\int_{\frac{1}{3}}^{3}(3x-1)^4\,dx$
b) $\int_{1}^{4}\left(3x+\frac{1}{3}\right)^3 dx$
c) $\int_{-1}^{0}\frac{1}{2x-4}\,dx$
d) $\int_{1}^{5}(-2t+t+2)^2\,dt$

e) $\int_{1}^{2}\sqrt{3a-2}\,da$
f) $\int_{0}^{\pi}\sin(2x+\pi)\,dx$
g) $\int_{0}^{2\pi}\sin\frac{1}{3}x\,dx$
h) $\int_{2}^{5}e^{-x}\,dx$

8. Der Graph der Funktion f, die x-Achse sowie die Geraden x = a und x = b begrenzen jeweils eine Fläche „oberhalb" der x-Achse vollständig.

Ermitteln Sie den Inhalt dieser Fläche.

a) $f(x) = x^2 + 2x$ a = 1; b = 5
b) $f(x) = -x^3 + 4x^2$ a = 0; b = 4

c) $f(x) = 3x - 1$ a = 3; b = 5
d) $f(x) = \frac{1}{x}$ a = 1; b = 10

e) $f(x) = \sqrt{1-2x}$ a = 1; b = 4
f) $f(x) = e^{2x}$ a = e; b = 3e

9. *Ermitteln Sie* Funktionen, für welche die jeweils angegebene Bedingung gilt.

a) $\int_{0}^{10}f(x)\,dx > 0$
b) $\int f(x) = 0$ im Intervall [a; b]
c) $\int_{0}^{1}f(x)\,dx = 1$

10. Der Graph der Funktion f mit $f(x) = -(x-2)^2 + 4$ und die x-Achse begrenzen eine Fläche vollständig.

a) *Ermitteln Sie* den Inhalt dieser Fläche.

b) *Geben Sie* je ein Intervall [a; b] *an*, in dem $\int_{a}^{b}f(x)\,dx > 0$ bzw. $\int_{a}^{b}f(x)\,dx < 0$ gilt.

2.5 Weitere Integrationsverfahren; uneigentliche Integrale

Die Funktion f mit der Gleichung
$f(x) = \frac{1}{3}\sqrt{6 - 0,5 \cdot (x-4)^2} - 0,4$ *beschreibt im Intervall [1; 7] eine obere Begrenzung eines Flugzeugrumpfes an einer bestimmten Stelle (Einheiten in m).*
Auf der Höhe der x-Achse besitzt der Flugzeugrumpf eine Zwischendecke.

Mithilfe eines CAS ist es möglich, für die Funktion (deren Graph im linken Bild dargestellt ist) eine Stammfunktion zu ermitteln (rechtes Bild) sowie bestimmte Integrale zu berechnen. Die Stammfunktion ist dabei schon etwas kompliziert.
Mit dem im Abschnitt 2.3 untersuchten Verfahren können wir hier nicht arbeiten, da es sich bei der Funktion f um eine verkettete Funktion mit nichtlinearer innerer Funktion handelt.

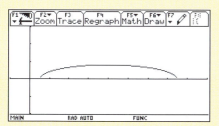 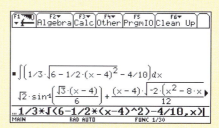

Bei vielen technischen Problemen würde allein die Kenntnis der bis hierher betrachteten Integrationsverfahren nicht ausreichen. Zwar verwendet man in der Praxis heute CAS zum Integrieren komplizierter Funktionen; die Beschäftigung mit einigen ausgewählten weiteren Verfahren soll uns aber einen Einblick in das Integrieren von verketteten Funktionen und von Funktionen, deren Funktionsterm als Produkt darstellbar ist, ermöglichen.

Arbeitsaufträge

1. Ermitteln Sie den Inhalt der Querschnittsfläche des Segments im Intervall $1 \leq x \leq 7$ und die maximale Höhe des Rumpfes über der Zwischendecke.
2. An den Stellen, an denen die Tangente an die oben angegebene Begrenzungskurve des Flugzeugkörpers jeweils den Anstieg 0,2 bzw. −0,2 hat, sollen Längsverstärkungen angebracht werden.
   Ermitteln Sie die Koordinaten der entsprechenden Punkte auf dem Funktionsgraphen.
3. Erklären Sie die Regeln, die Sie beim hilfsmittelfreien Differenzieren der Funktion f anwenden müssten.

2 Rechnen mit Integralen

Integration durch Substitution

Eine Kettenregel wie beim Differenzieren gibt es beim Integrieren nicht. Das Verfahren der Integration durch Substitution kann man aber als eine Art „Umkehrung" der Kettenregel auffassen. Das im Abschnitt 2.3 beschriebene Verfahren der linearen Substitution ist wiederum ein Spezialfall des allgemeinen Substitutionsverfahrens. Um das allgemeine Substitutionsverfahren anwenden zu können, muss der Integrand eine verkettete Funktion der Art $f(x) = v[u(x)]$ und außerdem als Faktor noch die Ableitung $u'(x)$ der inneren Funktion enthalten.

Beim Integral $\int 4x^3 \cdot \sqrt{x^4 - 4} \, dx$ sind die genannten Bedingungen erfüllt. Es ist $u(x) = x^4 - 4$ und $4x^3 = u'(x)$.

(1) Man ersetzt nun $u(x)$ durch z: $\int 4x^3 \cdot \sqrt{z} \, dx$

(2) Nun ist noch dx zu ersetzen. Aus $u'(x) = \frac{dz}{dx}$ folgt $dx = \frac{dz}{u'(x)}$, sodass gilt: $\int 4x^3 \cdot \sqrt{z} \frac{dz}{4x^3}$

(3) Man vereinfacht so weit wie möglich: $\int \sqrt{z} \, dz$

(4) Integration des vereinfachten Integrals liefert: $\int \sqrt{z} \, dz = \int z^{\frac{1}{2}} \, dz = \frac{2}{3} \cdot z^{\frac{3}{2}} + C = \frac{2}{3} \cdot \sqrt{z^3} + C$

(5) Rücksubstitution; man ersetzt wieder z durch $u(x)$:
$$\int 4x^3 \cdot \sqrt{x^4 - 4} \, dx = \frac{2}{3} \cdot \sqrt{(x^4 - 4)^3} + C \quad (C \in \mathbb{R})$$

Zur Probe sollten wir die gefundene Stammfunktion differenzieren.

Führt man die Rechnung mithilfe eines CAS durch, ist die Ergebnisdarstellung nicht immer so wie erwartet. Die Systeme arbeiten intern mitunter nach Regeln, die zu denen in der Schulmathematik behandelten zwar äquivalent, im Algorithmus selbst aber verschieden sind. In einigen CAS sind z. B. umfangreiche Datenbanken mit bereits bekannten Integralen enthalten.

Das CAS sucht dann nach einer für den jeweiligen Fall geeigneten Struktur und „passt" die konkrete Aufgabe entsprechend an. Man kann aber zeigen, dass die mit CAS ermittelten Terme und die „per Hand" berechneten gleichwertig sind.

In nebenstehendem Bild sind die Berechnungen anhand des soeben betrachteten Beispiels festgehalten.

Gesucht ist das bestimmte Integral $\int_3^4 \frac{x}{\sqrt{25 - x^2}} \, dx$.

Die innere Funktion lautet $u(x) = 25 - x^2$. Die Ableitung ist $u'(x) = -2x$. Das entspricht bis auf den Faktor -2 dem im Integranden enthaltenen Faktor. Schreibt man das Integral als $\int_3^4 x \cdot (25 - x^2)^{-\frac{1}{2}} \, dx$, wird dies deutlicher sichtbar.

2 Rechnen mit Integralen

Wir wenden zunächst die obige Schrittfolge an und ermitteln eine Stammfunktion von
f mit $f(x) = \frac{x}{\sqrt{25-x^2}}$:

(1) $\int x \cdot z^{-\frac{1}{2}} dx$ mit $z = 25 - x^2$

(2) $\frac{dz}{dx} = -2x \Rightarrow dx = \frac{dz}{-2x}$ bzw. $\int x \cdot z^{-\frac{1}{2}} dx = \int x \cdot z^{-\frac{1}{2}} \frac{dz}{-2x}$

(3)/(4) $\int -\frac{1}{2} \cdot z^{-\frac{1}{2}} dz = -\frac{1}{2} \cdot \int z^{-\frac{1}{2}} dz = -\frac{1}{2} \cdot \left[2 \cdot z^{\frac{1}{2}}\right] + C$

(5) $\int x \cdot (25 - x^2)^{-\frac{1}{2}} dx = -(25 - x^2)^{\frac{1}{2}} + C = -\sqrt{25 - x^2} + C$

Zur Ermittlung des bestimmten Integrals müssen nun noch die Integrationsgrenzen beachtet werden. Hierfür gibt es zwei Möglichkeiten.

Variante 1:

Man setzt die Integrationsgrenzen in die ermittelte Stammfunktion ein und rechnet entsprechend des Hauptsatzes.

Variante 2:

Man verzichtet nach Schritt (4) auf die Resubstitution und setzt $u(a)$ bzw. $u(b)$ anstelle der Integrationsgrenzen a und b ein.

$F(x) = -\sqrt{25 - x^2} + C$
$F(4) - F(3) = -\sqrt{26 - 16} + \sqrt{25 - 9}$
$\qquad = -3 + 4 = 1$

$F(z) = -z^{\frac{1}{2}} = -\sqrt{z}$
$u(4) = 25 - 4^2 = 9;\qquad u(3) = 25 - 3^2 = 16$
$F(9) - F(16) = -\sqrt{9} + \sqrt{16} = 1$

Verallgemeinernd können wir die nachstehend angegebene Regel formulieren.

> Ist eine Funktion f gegeben durch $f(x) = v[u(x)] \cdot u'(x)$ und ist V eine Stammfunktion der äußeren Funktion v, so ist $F(x) = V[u(x)]$ eine Stammfunktion von f, d.h., es gilt:
> $\int f(x) dx = \int v[u(x)] \cdot u'(x) dx = V[u(x)] + C$

Aus dieser Regel lässt sich ein weiterer Spezialfall ableiten.

> Ist f eine im Intervall [a; b] differenzierbare Funktion und ist im gesamten Intervall $f(x) \neq 0$, so gilt:
> $\int \frac{f'(x)}{f(x)} dx = \ln|f(x)| + C$ **(logarithmische Integration)**

$\int \frac{2x - 6}{(x-3)^2} dx = \int \frac{2(x-3)}{(x-3)^2} dx = \ln|(x-3)^2| + C = \ln(x-3)^2 + C$

$\int \tan x \, dx = \int \frac{\sin x}{\cos x} dx = -\int \frac{-\sin x}{\cos x} dx = -\ln|\tan x| + C$

$\int_1^2 \frac{e^x + e^{-x}}{e^x - e^{-x}} dx = \left[\ln|e^x - e^{-x}|\right]_1^2 = \ln|e^2 - e^{-2}| - \ln|e^1 - e^{-1}| = \ln\left|e^2 - \frac{1}{e^2}\right| - \ln\left|e - \frac{1}{e}\right|$

2 Rechnen mit Integralen

Partielle Integration

Dieses Verfahren führt in einer Reihe von Fällen zum Ziel, in denen der Integrand ein Produkt aus verschiedenen Funktionen ist.

Wir betrachten zunächst die Produktregel der Differenzialrechnung. Es gilt:
$F(x) = u(x) \cdot v(x) \Rightarrow F'(x) = u'(x) \cdot v(x) + u(x) \cdot v'(x)$

Bildet man davon das unbestimmte Integral, so folgt:
$\int F'(x) \, dx = \int u'(x) \cdot v(x) \, dx + \int u(x) \cdot v'(x) \, dx$

Nun ist $\int F'(x) \, dx = F(x) = u(x) \cdot v(x)$, sodass gilt:
$u(x) \cdot v(x) = \int u'(x) \cdot v(x) \, dx + \int u(x) \cdot v'(x) \, dx$ bzw.
$\int u(x) \cdot v'(x) \, dx = u(x) \cdot v(x) - \int u'(x) \cdot v(x) \, dx$

Dieses Verfahren kann man zu folgender Regel verallgemeinern:

> **S**
> Sind u und v im Intervall [a; b] differenzierbare Funktionen und sind deren Ableitungen u' und v' im betrachteten Intervall stetig, so gilt:
> $\int u(x) \cdot v'(x) \, dx = u(x) \cdot v(x) - \int u'(x) \cdot v(x) \, dx$ bzw. kurz $\int uv' \, dx = uv - \int u'v \, dx$

Besteht ein Integrand aus dem Produkt einer Funktion und der Ableitung einer (anderen) Funktion, so kann man das Verfahren anwenden. In einigen Fällen ist das verbleibende Integral dann mit bekannten Methoden lösbar.

Es soll das unbestimmte Integral $\int x \cdot \sin x \, dx$ bestimmt werden.
Es sei $u(x) = x$ und $v'(x) = \sin x$. Dann gilt wegen $u'(x) = 1$ und $v(x) = -\cos x$:
$\int x \cdot \sin x \, dx = x \cdot (-\cos x) - \int 1 \cdot (-\cos x) \, dx = -x \cdot \cos x + \int \cos x \, dx$
$= -x \cdot \cos x - (-\sin x) + C = -x \cdot \cos x + \sin x + C$

$\int_1^2 2x \cdot \sqrt{6x+4} \, dx$ soll bestimmt werden.

Wir setzen $u(x) = 2x$ und $v'(x) = \sqrt{6x+4}$.
Dann gilt wegen $u'(x) = 2$ und $v(x) = \frac{2}{3} \cdot \frac{1}{6} \cdot (6x+4)^{\frac{3}{2}} = \frac{1}{9} \cdot (6x+4)^{\frac{3}{2}} = \frac{1}{9} \cdot \sqrt{(6x+4)^3}$:

$\int 2x \cdot \sqrt{6x+4} \, dx = 2x \cdot \frac{1}{9} \cdot \sqrt{(6x+4)^3} - \int 2 \cdot \frac{1}{9} \cdot \sqrt{(6x+4)^3} \, dx = \frac{2}{9} \cdot \left[x \cdot \sqrt{(6x+4)^3} - \int \sqrt{(6x+4)^3} \, dx \right]$

$= \frac{2}{9} \cdot \left[x \cdot \sqrt{(6x+4)^3} - \frac{2}{5} \cdot \frac{1}{6} \cdot \sqrt{(6x+4)^5} \right]$

Somit erhalten wir:
$\int_1^2 2x \cdot \sqrt{6x+4} \, dx = \frac{2}{9} \cdot \left[x \cdot \sqrt{(6x+4)^3} - \frac{1}{15} \sqrt{(6x+4)^5} \right]_1^2$

$= \frac{2}{9} \cdot \left[2 \cdot \sqrt{4096} - \frac{1}{15} \cdot \sqrt{1\,048\,576} \right] - \frac{2}{9} \cdot \left[\sqrt{1000} - \frac{1}{15} \cdot \sqrt{100\,000} \right] \approx 10{,}93$

Das Verfahren der partiellen Integration führt insbesondere dann zum Ziel, wenn ein Faktor des Integranden eine sehr einfache Ableitung besitzt, im Idealfall linear ist.

2 Rechnen mit Integralen

Uneigentliche Integrale

Beim Berechnen bestimmter Integrale waren wir bisher von folgenden Bedingungen ausgegangen:

(1) Das Integrationsintervall [a; b] ist abgeschlossen, d. h., der Integrationsbereich ist endlich.

(2) Die zu integrierende Funktion f besitzt im betrachteten Intervall einen größten und einen kleinsten Funktionswert, ist also im Intervall [a; b] beschränkt.

Welche Auswirkungen sich für die Anwendung des Hauptsatzes ergeben, wenn eine dieser Bedingungen nicht erfüllt ist, soll im Folgenden untersucht werden.

Fall 1: Das Integrationsintervall ist nicht mehr abgeschlossen.

Es werden etwa die Integrale $\int_a^\infty f(x)\,dx$, $\int_{-\infty}^b f(x)\,dx$ oder $\int_{-\infty}^\infty f(x)\,dx$ betrachtet, wobei f eine Funktion ist, deren Graph sich für $x \to \infty$ bzw. $x \to -\infty$ der x-Achse nähert.

Als Beispiel wählen wir die Funktion f mit $f(x) = \frac{1}{x^2}$ und das Integral $\int_1^\infty \frac{1}{x^2}\,dx$.

Dieses Integral kann als Inhalt der in nebenstehender Abbildung markierten Figur gedeutet werden. Bei genauerem Betrachten wird jedoch klar, dass es sich dabei um keine Fläche im eigentlichen Sinne handelt: Selbst wenn x gegen unendlich strebt, existiert zwischen Graph und x-Achse immer noch eine „Lücke". Eine typische Fragestellung ist nun, ob jene „Fläche" beschränkt ist.

Mithilfe einer Wertetabelle kommen wir zur Vermutung, dass 1 eine obere Grenze dieser Fläche ist.

Um dies zu bestätigen, ermitteln wir zunächst das bestimmte Integral für eine beliebige obere Grenze b mit b > 1 und dann dessen Grenzwert für $b \to \infty$:

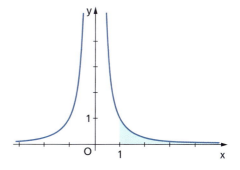

$$\int_1^b \frac{1}{x^2}\,dx = \int_1^b x^{-2}\,dx = \left[-x^{-1}\right]_1^b = -b^{-1} - (-1)^{-1} = -\frac{1}{b} + 1 \qquad \lim_{b \to \infty} \int_1^b \frac{1}{x^2}\,dx = \lim_{b \to \infty} \left(-\frac{1}{b} + 1\right) = 1$$

> Die Funktion f sei im Intervall [a; b] stetig und der Grenzwert $\lim_{b \to \infty} \int_a^b f(x)\,dx$ existiere. Dieser Grenzwert wird auch als **uneigentliches Integral** bezeichnet.
>
> *Schreibweise:* $\int_a^\infty f(x)\,dx$

243

2 Rechnen mit Integralen

Fall 2: Der Integrand ist nicht mehr beschränkt.
Als Beispiel betrachten wir die Funktion f mit $f(x) = \frac{2}{\sqrt{x-2}}$, die für x = 2 eine Polstelle besitzt, und untersuchen das Integral $\int_{2}^{4} \frac{2}{\sqrt{x-2}} dx$. Eine zugehörige Stammfunktion lautet $F(x) = 4 \cdot \sqrt{x-2}$.
Da f an der Stelle 2 nicht definiert ist, betrachten wir für eine beliebig kleine positive Zahl ε den folgenden Grenzwert:

$$\lim_{\varepsilon \to 0} \int_{2+\varepsilon}^{4} \frac{2}{\sqrt{x-2}} dx = \lim_{\varepsilon \to 0} [4 \cdot \sqrt{x-2}]_{2+\varepsilon}^{4}$$
$$= \lim_{\varepsilon \to 0} (4 \cdot \sqrt{2} - 4 \cdot \sqrt{2+\varepsilon-2})$$
$$= 4 \cdot \sqrt{2}$$

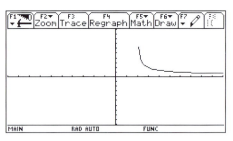

Mit dem GTR kann ein Näherungswert eines solchen Integrals ermittelt werden. Als untere Integrationsgrenze ist jedoch eine Zahl einzugeben, die nur wenig größer als 2 ist, z. B. 2,00001.
Ein CAS berechnet auch ein uneigentliches Integral. Es gibt aber zahlreiche Beispiele, in denen der entsprechende Grenzwert und damit das uneigentliche Integral nicht existieren.

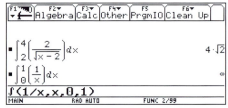

Ermitteln uneigentlicher Integrale
Es sei f eine Funktion, die im Intervall [a; b] die Polstelle x = c hat. Weiter sei f in einer Umgebung der Polstelle definiert und für positive ε existieren die Grenzwerte $\lim_{\varepsilon \to 0} \int_{a}^{c-\varepsilon} f(x) dx$ und $\lim_{\varepsilon \to 0} \int_{c+\varepsilon}^{b} f(x) dx$.
Dann lässt sich das uneigentliche Integral $\int_{a}^{b} f(x) dx$ folgendermaßen ermitteln:
$$\lim_{\varepsilon \to 0} \int_{a}^{c-\varepsilon} f(x) dx + \lim_{\varepsilon \to 0} \int_{c+\varepsilon}^{b} f(x) dx$$

Axiome, Aussagen und Sätze
Das gesamte Gebäude der Mathematik lässt sich als eine Menge von Aussagen auffassen, die aus einigen wenigen **Axiomen** (Grundannahmen) logisch abgeleitet sind.
Aussagen sind sinnvolle Gebilde, denen immer ein Wahrheitswert „wahr" oder „falsch" zugeordnet werden kann.
Grundlegende wahre mathematische Aussagen bezeichnet man als **Sätze**. Damit aus einer Vermutung über einen mathematischen Zusammenhang ein mathematischer Satz wird, muss die Richtigkeit der Vermutung bewiesen werden (siehe S. 128 ff.).

2 Rechnen mit Integralen

Übungen

1. *Ermitteln Sie* die unbestimmten Integrale.

   a) $\int (4x-3)\,dx$
   b) $\int \frac{15}{(3-5x)^2}\,dx$
   c) $\int \frac{8x}{\sqrt{9-4x^2}}\,dx$
   d) $\int \frac{2x}{\sqrt{1-x^2}}\,dx$

   e) $\int \frac{2x}{\sqrt{1-\frac{x^2}{9}}}\,dx$
   f) $\int \frac{x}{x^2+9}\,dx$
   g) $\int x\cdot\sqrt{x+1}\,dx$
   h) $\int 2x\cdot\sqrt{2x-2}\,dx$

2. *Ermitteln Sie* durch geeignete Substitution.

   a) $\int_4^{10} \sqrt{2x-6}\,dx$
   b) $\int_1^3 x\cdot\sqrt{x+1}\,dx$
   c) $\int_1^{2\sqrt{3}} \frac{8x}{16+4x^2}\,dx$
   d) $\int_2^{10} 3x\cdot\sqrt[3]{2x-1}\,dx$

   e) $\int_0^5 2x\cdot e^{x^2}\,dx$
   f) $\int_0^{10} x\cdot e^{x^2}\,dx$
   g) $\int_1^e \frac{1}{x^2}\cdot e^{\frac{1}{x}}\,dx$
   h) $\int_0^{2\pi} \cos x\cdot e^{\sin x}\,dx$

3. *Ermitteln Sie* mithilfe partieller Integration.

   a) $\int_0^5 x\cdot e^x\,dx$
   b) $\int_0^{10} x\cdot \cos x\,dx$
   c) $\int_{-\pi}^{\pi} \sin^2 x\,dx$
   d) $\int_0^{12} \cos^2 x\,dx$

   e) $\int_1^2 e^x\cdot \cos x\,dx$
   f) $\int_2^8 3x\cdot\sqrt{12x+4}\,dx$
   g) $\int_1^e x\cdot \ln x\,dx$
   h) $\int_1^e x^{\frac{3}{2}}\cdot \ln x\,dx$

4. *Bestimmen Sie.*

   a) $\int_0^{4\pi} e^{-x}\cdot \sin x\,dx$
   b) $\int_1^e x^a\cdot \ln x\,dx$
   c) $\int_2^3 \frac{x}{x^2-2}\,dx$
   d) $\int_1^3 \frac{x-2}{x^2-4x+10}\,dx$

   e) $\int_0^e x\cdot e^x\,dx$
   f) $\int_{-1}^2 \frac{1}{5x+6}\,dx$
   g) $\int_1^3 x^{10}\cdot\sqrt{x^{11}-2}\,dx$
   h) $\int_0^2 2x\cdot\sin(x^2+1)\,dx$

5. *Ermitteln Sie* jeweils eine Gleichung derjenigen Stammfunktion der Funktion f, für die $F(1)=0$ gilt.

   a) $\int \sqrt{1-x}\,dx$
   b) $\int 4x\cdot e^{-x^2}\,dx$
   c) $\int \frac{dx}{x+x^{-1}}$
   d) $\int x\cdot\sqrt{x^2+16}\,dx$

6. *Zeigen Sie,* dass $\int_0^1 x^n\,dx + \int_0^1 \sqrt[n]{x}\,dx = 1$ für alle $n\in\mathbb{N}$ gilt. Erläutern Sie den Sachverhalt anhand der Graphen der Funktionen und verallgemeinern Sie ihn.

7. *Bestimmen Sie* $\int_1^e \ln x\,dx$.
   Nutzen Sie dazu das Verfahren der partiellen Integration, indem Sie das Integral $\int_1^e 1\cdot \ln x\,dx$ betrachten.

8. Gegeben ist eine Funktion f durch $f(x) = \frac{4x}{3x^2-12}$. Der Graph von f, die x-Achse und die Geraden $x = \frac{5}{2}$ und $x = b$ ($b\in\mathbb{R}$; $b > \frac{5}{2}$) begrenzen eine Fläche vollständig. *Berechnen Sie* die irrationale Zahl b, für die der Inhalt der zugehörigen Fläche $\ln\sqrt[3]{16}$ beträgt.

Aufgabe zum Kommunizieren und Kooperieren

9. *Erklären Sie* den Zusammenhang zwischen dem in 2.3 beschriebenen Verfahren der linearen Substitution und dem allgemeinen Verfahren der Integration durch Substitution.

2.6 Numerische Integration

Anja ist eigentlich recht gut in Mathematik, und das Fach macht ihr Spaß. Zur Zeit behandelt ihr Kurs die Integralrechnung. Formeln und Rechenverfahren versteht Anja zwar, doch dauernd passieren ihr kleine ärgerliche Rechenfehler, insbesondere bei der Berechnung von Flächeninhalten.
Anja fragt sich deshalb: Wenn man doch fast alles mithilfe von Computern lösen kann, warum nicht auch dieses Problem? Wäre es nicht möglich, ein EXCEL-Progamm zu schreiben, mit dem man direkt bestimmte Integrale berechnen und damit „per Hand" ermittelte Ergebnisse überprüfen kann?
Von Teilnehmern des Informatik-Kurses erhält sie einen Hinweis auf die sogenannte Trapez-Regel, die sie nach etwas Recherche in diversen Formelsammlungen bzw. im Internet auch findet.

Arbeitsaufträge

1. Berechnen Sie den Inhalt der Trapeze (1), (2) und (3)
   a) durch Auszählen;
   b) mithilfe der Formel für den Flächeninhalt.

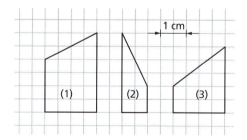

2. Überlegen Sie, inwieweit sich das in Aufgabe 1 praktizierte Vorgehen auf Flächen unter Graphen von Funktionen übertragen lässt.
3. Berechnen Sie das bestimmte Integral $I = \int_{1}^{5}\left(-\frac{1}{3}x^2 + 2x\right)dx$.

Diplom-Ingenieur D. Üsentrieb arbeitet an einer Energieberechnung für eine neue Maschine und benötigt dazu den Wert des Integrals $\int_{1}^{6} 10 \cdot e^{-\frac{1}{2}x^2} dx$.
In seinen Formelsammlungen findet er allerdings keine Stammfunktion für f mit $f(x) = e^{-\alpha x^2}$ ($\alpha \in \mathbb{R}$).
Offensichtlich sind für Funktionen dieses Typs keine Stammfunktionen bekannt und auch mit gängigen Integrationsverfahren nicht zu ermitteln. Was tun?

2 Rechnen mit Integralen

Arbeitsaufträge
1. Versuchen Sie, den Wert des gesuchten bestimmten Integrals näherungsweise grafisch zu bestimmen.
   Zeichnen Sie dazu den Graphen von f_1 mit $f_1(x) = 10 \cdot e^{-\frac{1}{2}x^2}$ auf Millimeterpapier.
2. Bestimmen Sie den Inhalt der vom Graphen der Funktion f_1 und der x-Achse im betrachteten Intervall begrenzten Fläche näherungsweise durch Zerlegung in Rechtecke und Betrachtung entsprechender Ober- und Untersummen.

Die folgenden Bilder zeigen jeweils den Graphen der Funktion f mit $f(x) = -\frac{1}{3}x^2 + 2x$ und die von diesem und der x-Achse im Intervall [1; 5] eingeschlossene Fläche.

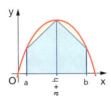 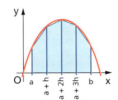 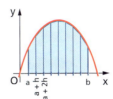 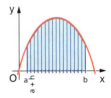

Im ersten Bild ist der Flächeninhalt über dem Intervall [1; 5] dargestellt. Das Maß dieser Fläche entspricht dem oben berechneten Integral I und hat den Wert $\frac{92}{9} = 10,\overline{2}$.
Außerdem sind zwei Trapeze eingezeichnet, die versuchen, die zu berechnende Fläche zu „überdecken". Die Summe der Inhalte dieser Trapeze bezeichnen wir mit S_2.
In den nächsten Bildern ist die Fläche mit n = 4, n = 8 bzw. n = 16 Trapezen bereits annähernd überdeckt. Die zugehörigen Summen nennen wir S_4, S_8 bzw. S_{16}.
Anhand der Abbildungen lässt sich Folgendes feststellen:
- Wird die Anzahl n der Trapeze erhöht, so nähert sich die Summe S_n der Inhalte der Trapezflächen immer mehr dem Integral I.

Allerdings ist auch zu erkennen, dass die Überdeckungen nicht vollständig sind: Es bleiben jeweils (die gelb markierten) Restflächen. Die Summe von deren Inhalten nennen wir den Fehler Δ_n. Für diesen gilt somit:
$\Delta_n = |I - S_n|$
Ersetzt man also das Integral I durch die Summe der Trapezinhalte, so erhält man nur einen Näherungswert (oder anders formuliert: man „begeht" einen Fehler Δ_n).
Anhand der obigen Abbildungen erkennen wir, dass der Fehler Δ_n von Bild zu Bild abnimmt. Wir können daraus schließen:
- Erhöht man die Anzahl n der Trapeze, so wird der Fehler Δ_n kleiner. Es gilt $\lim_{n \to \infty} \Delta_n = 0$ und somit $I = \lim_{n \to \infty} S_n$.

Das obige Beispiel soll nun benutzt werden, um die Trapezregel allgemein herzuleiten. Wir betrachten die Fläche, die durch den Graphen der Funktion $f(x) = -\frac{1}{3}x^2 + 2x$ und die x-Achse im Intervall [1; 5] = [a; b] begrenzt wird. Diese Fläche überdecken wir mit n Trapezen, indem wir das Intervall [a; b] in n gleich große Teile zerlegen, d. h., wir setzen $h := \frac{b-a}{n}$. Dadurch erhält jedes Trapez die Breite (Höhe) h.

2 Rechnen mit Integralen

Nun berechnen wir die Inhalte der Trapezflächen in Abhängigkeit von deren Anzahl n sowie die jeweiligen Summen S_n.

Das erste Trapez hat den Inhalt $\frac{f(a)+f(a+h)}{2}h$, das zweite $\frac{f(a+h)+f(a+2h)}{2}h$, das dritte $\frac{f(a+2h)+f(a+3h)}{2}h$ usw., ..., das letzte $\frac{f(a+(n-1)h)+f(b)}{2}h$.

Für die Trapez-Summe S_n gilt somit:

$$S_n = \frac{f(a)+f(a+h)}{2}h + \frac{f(a+h)+f(a+2h)}{2}h + \frac{f(a+2h)+f(a+3h)}{2}h + \ldots + \frac{f(a+(n-1)h)+f(b)}{2}h$$

$$= \frac{h}{2}[f(a) + f(a+h) + f(a+h) + f(a+2h) + f(a+2h) + \ldots + f(a+(n-1)h) + f(b)]$$

$$= \frac{h}{2}[f(a) + 2f(a+h) + 2f(a+2h) + 2f(a+3h) + \ldots + 2f(a+(n-1)h) + f(b)]$$

$$= \frac{h}{2}\{f(a) + 2[f(a+h) + f(a+2h) + f(a+3h) + \ldots + f(a+(n-1)h)] + f(b)\}$$

> **Trapez-Regel**
>
> Ist f in [a, b] stetig, so lässt sich der durch $I = \int_a^b f(x)\,dx$ bestimmte Flächeninhalt durch Zerlegung der Fläche in n Trapeze der Breite $h = \frac{b-a}{n}$ wie folgt annähern:
>
> $$I = \lim_{n \to \infty} S_n \quad \text{mit } S_n = \frac{h}{2}\left(f(a) + 2\sum_{i=1}^{n-1} f(a+ih) + f(b)\right)$$

Wir wenden diese allgemeine Formel nun auf die vier oben betrachteten Fälle an.
Für n = 2 (siehe erstes Bild) folgt aus a = 1 und b = 5 der Wert h = 2. Daraus ergibt sich:
$S_2 = \frac{2}{2}[f(1) + 2f(3) + f(5)] = \frac{5}{3} + 2 \cdot 3 + \frac{5}{3} = \frac{28}{3} = 9,\overline{3}$

Der Fehler Δ_2 ergibt sich dann wie folgt:
$\Delta_2 = |I - S_2| = \left|\frac{92}{9} - \frac{28}{3}\right| = \left|\frac{92}{9} - \frac{84}{9}\right| = \frac{8}{9} = 0,\overline{8}$

Für n = 4 (siehe zweites Bild) ergibt sich der Wert h = 1 und damit S_4 wie folgt:
$S_4 = \frac{1}{2}\{f(1) + 2[f(2) + f(3) + f(4)] + f(5)\}$

$= \frac{1}{2}\left[\frac{5}{3} + 2\left(\frac{8}{3} + 3 + \frac{8}{3}\right) + \frac{5}{3}\right] = \frac{1}{2}\left[\frac{5}{3} + 2\left(\frac{25}{3}\right) + \frac{5}{3}\right] = \frac{1}{2}\left(\frac{60}{3}\right) = 10$

Für den Fehler Δ_4 erhält man $\Delta_4 = |I - S_4| = \left|\frac{92}{9} - 10\right| = \frac{2}{9} = 0,\overline{2}$.

Für S_8 (siehe drittes Bild) ergibt sich in analoger Rechnung mit n = 8 und $h = \frac{1}{2}$:
$S_8 = \frac{1}{4}\{f(1) + 2[f(1,5) + f(2) + f(2,5) + f(3) + f(3,5) + f(4) + f(4,5)] + f(5)\}$

$= \frac{1}{2}\left[\frac{5}{3} + 2\left(\frac{9}{4} + \frac{8}{3} + \frac{35}{12} + 3 + \frac{35}{12} + \frac{8}{3} + \frac{9}{4}\right) + \frac{5}{3}\right] = \frac{61}{6} = 10,1\overline{6}$

$\Delta_8 = |I - S_8| = \left|\frac{92}{9} - \frac{61}{6}\right| = \frac{1}{18} = 0,0\overline{5}$

Somit gilt $\Delta_8 < \Delta_4 < \Delta_2$. Wegen $\frac{\Delta_4}{\Delta_2} = \frac{\frac{2}{9}}{\frac{8}{9}} = \frac{1}{4}$ und $\frac{\Delta_8}{\Delta_4} = \frac{\frac{1}{18}}{\frac{2}{9}} = \frac{1}{4}$ hat sich der Fehler bei jeder Verdopplung der Anzahl der Trapeze auf $\frac{1}{4}$ verringert. Allgemein gilt:

- Wird für eine in [a; b] differenzierbare Funktion f die Anzahl n der Trapeze mit dem Faktor k vervielfacht, so verringert sich der Fehler Δ_n mit dem Faktor $\frac{1}{k^2}$.

2 Rechnen mit Integralen

Wir betrachten nun ein EXCEL-Programm zur Berechnung von I mit n = 16 Trapezen. In die Spalten *A* und *B* schreiben wir die Intervallgrenzen a = 1 und b = 5 sowie die Trapezanzahl n = 16 und lassen EXCEL h wie folgt berechnen: $B8 = h = \frac{b-a}{n} = (B6 - B5)/B7$. In Spalte *C* und *D* notieren wir die Funktionswerte f(a) und f(b), in den Spalten *E* und *F* entwerfen wir eine Wertetabelle für die x-Werte a + h, a + 2h, a + 3h, ..., a + (n – 1)h und deren f(x)-Werte.

	A	B	C	D	E	F	G	H	I
1									
2								eingegeben	eingegeben
3								Spalte E	Spalte F
4					x-Werte	f(x)-Werte		x-Werte	f(x)-Werte
5	a=	1	f(a)=	1,666667	1,25	1,97917		=B5+B$8	=-E5*E5/3+2*E5
6	b=	5	f(b)=	1,666667	1,50	2,25000		=E5+B$8	=-E6*E6/3+2*E6
7	n=	16			1,75	2,47917		=E6+B$8	=-E7*E7/3+2*E7
8	h=	0,25			2,00	2,66667		=E7+B$8	
9					2,25	2,81250			usw.
10					2,50	2,91667		usw.	
11	Summe=			39,26667	2,75	2,97917			
12	=F15:F19				3,00	3,00000			
13					3,25	2,97917			
14				10,20833	3,50	2,91667			
15	=B8/2*(D5+D6+2*D11)				3,75	2,81250			
16					4,00	2,66667			
17					4,25	2,47917			
18					4,50	2,25000			
19					4,75	1,97917			
20									

Im Feld *D11* notieren wir die Summe $\sum_{i=1}^{n-1} f(a+ih)$ durch *=SUMME(F5:F19)* und im Feld *D14* den Wert für S_{16}.

Wir erhalten S_{16} = 10,20833 und für den Fehler $\Delta_{16} = |I - S_{16}| = 0{,}01388$. Und wir wissen, wenn wir die Trapezzahl n erhöhen, wird der Fehler Δ_n kleiner und unser Näherungswert S_n wird genauer mit dem Integral I = $10{,}\overline{2}$ übereinstimmen. Mit diesem EXCEL-Programm können wir in Zukunft Aufgaben zur Integralrechnung kontrollieren.
Für Mathematiker in der Praxis ist die Trapezregel ein unverzichtbares Werkzeug, da man Integrale berechnen kann, ohne eine Stammfunktion zu kennen. Viele in der Technik oder Wirtschaft auftretende Integrale sind so kompliziert, dass eine Anwendung der bekannten Integrationsregeln nicht erfolgversprechend erscheint.
Für eine große Klasse Funktionen ist zudem keine Stammfunktion bekannt, z. B. für die sogenannte gaußsche Glockenkurve $\varphi(x) = \frac{1}{\sqrt{2\pi}} \cdot e^{-\frac{1}{2}x^2}$.

2 Rechnen mit Integralen

Übungen

1. *Stellen Sie* die durch das gegebene Integral bestimmte Fläche grafisch *dar*.
   Zeichnen Sie vier Trapeze, *berechnen Sie* mithilfe der Trapezregel S_n für n = 4 und dann den Fehler Δ_4. *Berechnen Sie* anschließend S_8, Δ_8 und $\frac{\Delta_8}{\Delta_4}$.

   a) $I_1 = \int_{-2}^{1}\left(-\frac{1}{4}x^3 + 2\right)dx$ b) $I_2 = \int_{1}^{5}\sqrt{x}\,dx$

2. *Implementieren Sie* die EXCEL-Tabelle von S. 249 für das Integral $I = \int_{1}^{5}\left(-\frac{1}{3}x^2 + 2x\right)dx$ mit n = 16. *Bestätigen Sie* $S_{16} = 10{,}20833$.
   Bestimmen Sie $\frac{\Delta_{16}}{\Delta_8}$ und $\frac{\Delta_8}{\Delta_4}$, und *vergleichen Sie* die Quotienten.

3. *Ändern Sie* Ihre EXCEL-Tabelle zur Trapeztabelle für die Integrale $I_1 = \int_{-2}^{1}\left(-\frac{1}{4}x^3 + 2\right)dx$ und $I_2 = \int_{1}^{5}\sqrt{x}\,dx$ mit n = 8 und n = 16.
   Bestimmen Sie jeweils die Fehler Δ_n und *berechnen* Sie $\frac{\Delta_{16}}{\Delta_8}$ und $\frac{\Delta_8}{\Delta_4}$.

4. *Vervollständigen Sie* zu wahren Aussagen.
   (1) Verdoppelt man die Anzahl der Trapeze, so verringert sich der Fehler Δ_n ...
   (2) Verdreifacht man die Anzahl der Trapeze, so verringert sich der Fehler Δ_n ...
   (3) Verzehnfacht man die Anzahl der Trapeze, so verringert sich der Fehler Δ_n ...

5. *Bestimmen Sie* S_n mit n = 20 für das Integral $I_3 = \int_{1}^{3}\left(\frac{1}{3}x^3 - 3x\right)dx$.

6. *Ermitteln Sie* mithilfe der Trapez-Regel $I_4 = \int_{0}^{-3}\cos x\,dx$.

7. **Kreis mit dem Radius r = 4**
   Bestimmen Sie S_n mit n = 20 für das Integral $I_5 = \int_{-4}^{4}\sqrt{16 - x^2}\,dx$, *vergleichen Sie* mit der Kreisfläche πr^2.

8. **Gaußsche Glockenkurve**
   Skizzieren Sie per Wertetabelle den Graphen der Funktion $g(x) = 10 \cdot e^{-\frac{1}{2}x^2}$ über dem Intervall [–5; 5].
   Bestimmen Sie dann S_n mit n = 20 für das Integral $I_6 = \int_{-5}^{5} 10 \cdot e^{-\frac{1}{2}x^2}\,dx$ mithilfe von Tabellenkalkulationssoftware oder CAS.

9. **Gaußsche Normalverteilung**
   Die Gaußsche Normalverteilung ist eine der wichtigsten Funktionen in der Stochastik.
   In Formelsammlungen o. Ä. finden Sie spezielle Tabellen für Werte der Standardnormalverteilung, d. h. der folgenden Wahrscheinlichkeitsfunktion:
   $$\Phi(x) = \frac{1}{\sqrt{2\pi}}\int_{-\infty}^{x} e^{-\frac{z^2}{2}}\,dz$$

   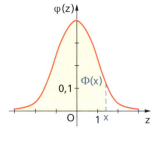

   Berechnen Sie mithilfe von Tabellenkalkulationssoftware oder CAS die Funktionswerte $\Phi(0)$; $\Phi(0{,}5)$; $\Phi(1)$; $\Phi(1{,}5)$ sowie $\Phi(2)$ und *vergleichen Sie* diese mit den entsprechenden Tabellenwerten.
   Hinweis: Ersetzen Sie dazu die untere Grenze $-\infty$ jeweils durch den Wert –5.

Gemischte Aufgaben

1. Ordnen Sie den unbestimmten Integralen jeweils das richtige Ergebnis zu.

   a) $\int x \, dx$

   (1) $x + C$ (2) $2x + C$ (3) $\frac{1}{2}x + C$ (4) $0{,}5x^2 + C$

   b) $\int \frac{1}{x} \, dx$

   (1) $\log(x) + C$ (2) $\ln|x| + C$ (3) $\frac{1}{0} \cdot x^0 + C$ (4) $\ln|x| + x$

   c) $\int (x+1)^2 \, dx$

   (1) $2(x+1) + C$ (2) $\frac{1}{3}(x+1)^3 + C$ (3) $\frac{1}{2}(x+1) + C$ (4) $\pi + C$

2. Welche der folgenden Aussagen ist wahr?
   (1) Mithilfe eines CAS ist jede beliebige Funktion integrierbar.
   (2) Zu jeder Funktion existiert genau eine Stammfunktion.
   (3) Alle Stammfunktionen einer Funktion haben dieselbe erste Ableitung.
   (4) Zu jeder Stammfunktion gehören unendlich viele Ableitungsfunktionen, die sich nur in der Integrationskonstanten c unterscheiden.

3. Übernehmen Sie die folgenden Graphen in Ihre Aufzeichnungen und zeichnen Sie jeweils einen Graphen einer möglichen Stammfunktion in die Abbildung ein:

   a) 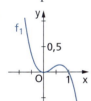   b) 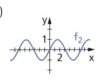   c)   d)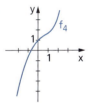

4. Ermitteln Sie für die folgenden Funktionen je eine Stammfunktion.

   a) $f(x) = (3x + 1)^2$ b) $f(t) = \frac{3}{\sqrt{3t}} - \frac{1}{t}$ c) $f(x) = \frac{1}{\pi} \cdot \sin \pi x$

   d) $f(x) = 2 - \cos(2x + 2)$ e) $f(x) = e^{-x-1}$ f) $f(x) = \frac{2}{2x - 6}$

5. Weisen Sie nach, dass die Funktion F eine Stammfunktion der Funktion f ist.

   a) $F(x) = 2(6 \cdot \ln|x - 4| + x)$ $f(x) = \frac{2x + 4}{x - 4}$

   b) $F(x) = -3(x + 1) \cdot e^{-x}$ $f(x) = \frac{3x}{e^x}$

   c) $F(x) = \frac{1}{2}[(2x - 1) \cdot \ln(2x - 1) - (2x - 1)]$ $f(x) = \ln(2x - 1)$

6. Ermitteln Sie jeweils diejenige Stammfunktion der Funktion f, deren Graph durch den Punkt P(1; 1) verläuft.

   a) $f(x) = x^2$ b) $f(x) = x^3 - 2x^2 + 1$ c) $f(x) = e^{-x}$ d) $f(x) = 100 \cdot \sqrt{x} + \frac{1}{\sqrt{x}}$

7. a) Zeigen Sie, dass F_1, F_2 und F_3 Stammfunktionen ein und derselben Funktion f sind:

   $F_1(x) = (x - 1)(x + 6)$ $F_2(x) = x^2 + 5x - 6$ $F_3(x) = (x + 2{,}5)^2 - 12{,}25$

   b) Geben Sie zwei weitere Stammfunktionen der Funktion an.

   c) Skizzieren Sie möglichst alle Graphen der Stammfunktionen aus a) und b) in einem Koordinatensystem.

Gemischte Aufgaben

8. *Ermitteln Sie* mithilfe eines CAS die unbestimmten Integrale.
   a) $\int (10x^2 + 3x)^4 \, dx$
   b) $\int \sqrt{x^2 - 4} \, dx$
   c) $\int 2x^2 \cdot \sqrt{x} \, dx$
   d) $\int \sqrt{ax^3} \, dx$
   e) $\int \left(x^2 - \frac{1}{x^2}\right) dx$
   f) $\int \frac{1}{2x + 4} \, dx$
   g) $\int \frac{1}{2} t^2 \cdot \sqrt{t} \, dt$
   h) $\int e^{2x - 1} \, dx$

9. *Beweisen Sie.*
   a) $\int [f(x) + g(x)] \, dx = \int f(x) \, dx + \int g(x) \, dx$
   b) $\int k \cdot f(x) \, dx = k \cdot \int f(x) \, dx$

10. *Stellen Sie* den Graphen der Funktion mit $f(x) = \frac{1}{3}x^3$ dar. An einer beliebigen Stelle $x_0 \neq 0$ wird die Tangente t_0 an den Graphen gelegt.
    Zeigen Sie, dass es stets eine weitere Tangente an den Graphen von f gibt, die zu t_0 parallel verläuft.

11. *Bestimmen Sie* Gleichungen derjenigen Stammfunktion F von f, die die angegebene Bedingung erfüllt.
    a) $f(x) = 2x - 4$ und $F(-1) = 0$
    b) $f(x) = x^2 + 3$ und $F(1) = 4$
    c) $f(x) = \frac{x}{20}$ und $F(0) = 4$
    d) $f(x) = \sqrt[4]{x}$ und $F(1) = \frac{4}{5}$

12. Die Parabel mit der Gleichung $f(x) = -x^2 + 16$ und die x-Achse begrenzen eine Fläche vollständig. In diese Fläche soll ein Quadrat mit größtmöglichem Flächeninhalt einbeschrieben werden. *Ermitteln Sie* den Inhalt der Restfläche.

13. Südöstlich von Berlin wurde in einer Halle, in der ursprünglich der Bau von Luftschiffen erfolgen sollte, als Touristenattraktion die Badelandschaft „Tropical Islands" angelegt. Die Luft in der Halle muss dazu kontinuierlich erwärmt werden.
    Berechnen Sie das Volumen der Halle.

14. *Ermitteln Sie* den Inhalt der Fläche, die vom Graphen der Funktion f mit $f(x) = 5 \cdot e^x$, den Koordinatenachsen und der Geraden $x = 4$ begrenzt wird.

15. *Berechnen Sie* den Inhalt der farbig markierten Fläche, die jeweils durch Graphen der Funktionen f, g und h bzw. f und g sowie die x-Achse begrenzt wird.

a)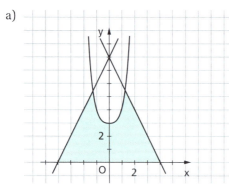
b)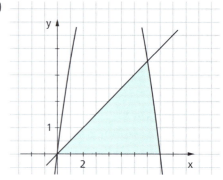

(1) $f(x) = -2x + 8$ (2) $g(x) = 2x + 8$ (1) $f(x) = -\frac{1}{2}(x - 2)^2 + 2x + 2$
(3) $h(x) = x^4 + 3$ (2) $g(x) = 0{,}5x$

Gemischte Aufgaben

Aufgaben zum Problemlösen

16. Existiert eine Stammfunktion der Funktion $f(x) = 2x - 3$, die nur negative Funktionswerte besitzt?

17. *Ermitteln Sie* den Parameter a so, dass die Funktion F eine Stammfunktion von f ist.

a) $F(x) = ax^3 + 3x^2 + 7x$
$f(x) = x^2 + 6x + 7$

b) $F(x) = \frac{1}{3}ax^3 - ax^2$
$f(x) = \frac{x^4 - 2x^3}{5x^2}$

18. Gegeben ist eine Schar von Funktionen $f_a(x) = a + \ln x$ ($a \in \mathbb{R}$).
Ermitteln Sie den Wert des Parameters a so, dass der Graph die Fläche des Quadrates mit den Eckpunkten $A(0; 0)$, $B(1; 0)$, $C(1; 1)$ und $D(0; 1)$ in zwei gleich große Teile zerlegt.
Hinweis: Ermitteln Sie die benötigte Stammfunktion mithilfe von CAS.

19. Gegeben ist für jedes a ($a \in \mathbb{R}$) eine Funktion f_a mit $f_a(x) = a \cdot \frac{4x}{x^2 + 1}$ ($x \in \mathbb{R}$).

a) *Weisen Sie nach*, dass die Funktion F_a mit $F_a(x) = 2a \cdot \ln(x^2 + 1)$ ($x \in \mathbb{R}$) für jedes a (mit $a \in \mathbb{R}$; $a > 0$) eine Stammfunktion der Funktion f_a ist.

b) Für jedes a wird durch den Graphen der Funktion f_a, die x-Achse und die Gerade mit der Gleichung $x = \sqrt{e - 1}$ eine Fläche vollständig begrenzt.
Ermitteln Sie den Wert a, für den der Inhalt dieser Fläche 8 beträgt.

20. Gegeben ist eine Funktion f mit $f(x) = \frac{3x^2 - 8x}{(x - 2)^2}$.

a) Für jedes u $\left(u \in \mathbb{R}; \frac{8}{3} < u < 10\right)$ sind die Punkte $Q(10; 0)$ und $P_u(u; f(u))$ Eckpunkte eines achsenparallelen Rechtecks.
Unter allen Rechtecken dieser Art gibt es genau eines mit maximalem Flächeninhalt.
Ermitteln Sie für diesen Fall die Koordinaten des Punktes P_u sowie den Flächeninhalt.

b) Durch den Graphen der Funktion f sowie die Geraden mit den Gleichungen $y = 3$ und $x = 10$ wird eine Fläche vollständig begrenzt. Diese Fläche wird durch die Gerade mit der Gleichung $y = \frac{7}{2}$ in zwei Teilflächen zerlegt.
Ermitteln Sie das Verhältnis der Inhalte dieser Teilflächen.

Aufgaben zum Modellieren

21. Bei der Messung der Federspannkraft F einer Blattfeder in Abhängigkeit vom Federspannweg s traten folgende Werte auf:

s in cm	0	1	2	3	4	5	6
F in N	0	9	66	213	512	1005	1730

a) *Stellen Sie* den Zusammenhang grafisch *dar*.

b) Allgemein nimmt man an, dass die Federspannkraft F zur dritten Potenz des Weges s proportional ist.
Ermitteln Sie die Federkonstante (den Proportionalitätsfaktor) k.

c) *Ermitteln Sie* einen Näherungswert für die von der Feder im Intervall [0; 6] verrichtete Arbeit. *Diskutieren Sie* mögliche Fehlerquellen.

Gemischte Aufgaben

22. Von einer stetigen Funktion f seien die in der Tabelle angegebenen Wertepaare bekannt.
    Ermitteln Sie jeweils das bestimmte Integral, dessen Grenzen der kleinste und der größte
    der gegebenen x-Werte sind, also $\int_{0}^{4} f(x)\,dx$ bzw. $\int_{-3}^{7} f(x)\,dx$.
    In welchen Fällen kann das bestimmte Integral als Maßzahl eines Flächeninhalts gedeutet werden?

a)
x	0	1	2	3	4
f(x)	0	3	3	2	0

b)
x	0	1	2	3	4
f(x)	3,1	2,1	1,1	9,2	6,4

c)
x	−3	−2	2	4	7
f(x)	0,01	0,03	0,06	2,1	3,2

Aufgaben zum Modellieren, Kommunizieren und Kooperieren

23. Im August 2002 erlebte Deutschland die größte bisher aufgetretene Flutkatastrophe. Vor allem in Bayern und Sachsen traten die Donau bzw. die Elbe mit ihren Nebenflüssen über die Ufer.
    Die Landeshochwasserzentrale in Sachsen veröffentlichte u.a. folgende Pegelstände der Elbe in Dresden:

Datum	6.8.	7.8.	8.8.	9.8.	10.8.	11.8.	12.8.	13.8.	14.8.	15.8.
Pegelstand in m	1,30	1,30	1,30	1,60	3,50	5,20	5,50	6,00	7,20	7,00

Datum	16.8.	17.8.	18.8.	19.8.	20.8.	21.8.	22.8.	23.8.	24.8.
Pegelstand in m	8,55	9,40	9,20	8,10	6,80	5,50	4,70	4,30	3,80

a) *Stellen Sie* die Daten in einem geeigneten Koordinatensystem mithilfe des GTR *dar*.
b) *Versuchen Sie*, die Hochwasserkurve in Dresden durch verschiedene Funktionen *zu beschreiben*, und *nehmen Sie* zur Brauchbarkeit Ihrer Regressionsmodelle *Stellung*.
c) *Beantworten Sie* für verschiedene Modelle folgende Fragen:
   Zu welchem Zeitpunkt war der Anstieg des Wassers besonders hoch?
   Wann sank der Wasserstand am schnellsten?
d) Der normale Pegelstand in Dresden beträgt im August 1,50 m. Jemand möchte wissen, um wie viel die Wassermenge im angegebenem Zeitraum den Normalfall übertraf.
   Hinweis: Die Berechnung ist allein aus der Kenntnis des Pegelstandes nicht möglich. Deshalb soll angenommen werden, dass die Elbe in ihrem normalen Flussbett blieb, also trotz höheren Wasserstandes konstante Breite hatte.

Gemischte Aufgaben

24. Eine Sporthalle wird durch eine parabelförmige Konstruktion begrenzt (siehe nebenstehende Abbildung).
Ermitteln Sie das Volumen der Halle.
Hinweis: Die Wandstärke soll vernachlässigt werden.

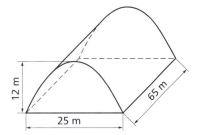

25. Zufallsgrößen, die nicht nur diskrete Werte annehmen, sondern bei denen jede reelle Zahl zumindest eines Intervalls auftreten kann, sind sogenannte stetige Zufallsgrößen. So kann z. B. die Masse eines Apfels einer bestimmten Sorte einen beliebigen Wert aus dem Intervall 50 g < m < 200 g annehmen.
Für das Berechnen von Wahrscheinlichkeiten von Teilintervallen bei stetig verteilten Zufallsgrößen integriert man sogenannte Dichtefunktionen im entsprechenden Intervall.
Im Fall der Untersuchung einer Apfelsorte mit der mittleren Masse von 100 g und der Standardabweichung von 10 g lautet die Gleichung der Dichtefunktion wie folgt:

$$f(x) = \frac{1}{\sqrt{200\pi}} \cdot e^{-\frac{(x-100)^2}{200}}$$

Der Graph von f ist in nebenstehender Abbildung dargestellt.
Für die Ermittlung der Wahrscheinlichkeit, dass die Masse eines Apfels einen Wert zwischen 80 g und 120 g annimmt, ist das bestimmte Integral $\int_{80}^{120} f(x)\,dx$ zu berechnen.

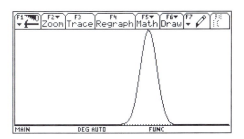

Ermitteln Sie die Wahrscheinlichkeit dafür, dass die Masse eines zufällig gezogenen Apfels im jeweils angegebenen Intervall liegt.

a) zwischen 80 g und 120 g
b) zwischen 90 g und 110 g
c) kleiner als 60 g

26. Das nebenstehende Foto zeigt Rostocker Bürgerhäuser. Diese sollen mit einem neuen Anstrich versehen werden.
Versuchen Sie mithilfe der Integralrechnung, für die beiden linken Häuser einen Näherungswert für den Inhalt der Fassadenfläche *zu ermitteln.*
Hinweis: Zerlegen Sie die Fläche jeweils in geeignete Teilflächen und schätzen Sie die für die Rechnung benötigten Größen.

Aufgabe zum Kommunizieren und Kooperieren

27. *Stellen Sie* wesentliche Eigenschaften der mathematischen Operationen „Differenzieren" und „Integrieren" *gegenüber. Nutzen Sie* geeignete Präsentationsformen.

Im Überblick

Stammfunktionen – das unbestimmte Integral

Eine Funktion F heißt **Stammfunktion** einer Funktion f, wenn ($D_F = D_f$ und) gilt: $F'(x) = f(x)$

Ist F eine Stammfunktion von f, so ist auch F^* mit $F^*(x) = F(x) + C$ ($C \in \mathbb{R}$) eine Stammfunktion der Funktion f.

Die Menge aller Stammfunktionen einer Funktion f bezeichnet man als das **unbestimmte Integral** der Funktion f.

Schreibweise: $\int f(x)\,dx = F(x) + C$ ($C \in \mathbb{R}$)

Die Graphen aller Stammfunktionen von f kann man durch Verschiebung in Richtung der y-Achse ineinander überführen.

Die Funktion F mit $F(x) = \frac{1}{3}x^3 + 1$ ist Stammfunktion von f mit $f(x) = x^2$.

$$\int x^2\,dx = \frac{1}{3}x^3 + C \quad (C \in \mathbb{R})$$

Die Abbildung zeigt die Graphen einiger Stammfunktionen der Funktion f.

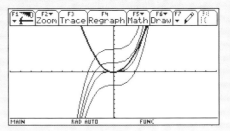

Integrationsregeln und -verfahren ($C \in \mathbb{R}$)

Spezielle Integrale:

$\int \sin x\,dx = -\cos x + C$

$\int \cos x\,dx = \sin x + C$

$\int e^x\,dx = e^x + C$

$\int \frac{1}{x}\,dx = \ln|x| + C$

Potenzregel:

$\int x^n\,dx = \frac{1}{n+1}x^{n+1} + C$ ($n \in \mathbb{R}; n \neq -1$)

$\int x^{\frac{3}{2}}\,dx = \frac{2}{5}\cdot x^{\frac{5}{2}} + C$

Faktorregel:

$\int k \cdot f(x)\,dx = k \cdot \int f(x)\,dx$ ($k \in \mathbb{R}; k \neq 0$)

$\int 4 \cdot \cos dx = 4\int \cos dx = 4 \cdot \sin x + C$

Summenregel:

$\int [g(x) + h(x)]\,dx = \int g(x)\,dx + \int h(x)\,dx$

$\int (x + e^x)\,dx = \int x\,dx + \int e^x\,dx = \frac{x^2}{2} + e^x + C$

Integration durch lineare Substitution:
Sei $f(x) = h[g(x)]$ eine verkettete Funktion mit $g(x) = mx + n$. Ist F Stammfunktion der äußeren Funktion h, dann gilt:

$\int f(x)\,dx = \int h[g(x)]\,dx = \int h(mx + n)\,dx$
$= \frac{1}{m} \cdot F(mx + n) + C$

$\int (2x - 4)^{-1}\,dx = \frac{1}{2}\ln|2x - 4| + C$

$\int e^{3x+3}\,dx = \frac{1}{3}e^{3x+3} + C$

Hauptsatz der Differenzial- und Integralrechnung

Es sei f Stammfunktion einer im Intervall [a; b] stetigen Funktion f. Dann gilt:

$\int_a^b f(x)\,dx = F(b) - F(a)$

$\int_{-1}^{2}(x^2 - 2)\,dx = \left[\frac{x^3}{3} - 2x\right]_{-1}^{2}$

$= \frac{8}{3} - 4 - (-\frac{1}{3} + 2) = -3$

Mosaik

Allgemeine Iteration

Auf der Insel Delos, dem Geburtsort von APOLLO und ARTEMIS, wütete einst die Pest. Die Bewohner waren verzweifelt und sandten eine Delegation nach Delphi, um das dortige Orakel um Rat zu bitten: Was können wir tun, um die Pest zu besiegen?

Im Apollo-Tempel von Delos stand ein würfelförmiger Altar.
Die Antwort des Orakels lautete: Baut einen zweiten Altar in Würfelform, der genau das doppelte Volumen des ersten hat, dann wird die Pest verschwinden. Die Delier versuchten nun, die Gleichung $x^3 = 2$ zu lösen. Sie erkannten, dass die Lösung etwa $\frac{6}{5} = 1{,}2$ betragen muss.

Durch Äquivalenzumformung wurde die Gleichung zu $x = \frac{2}{x^2}$. Sie formulierten diese als Iterationsformel $x_{n+1} = \frac{2}{x_n^2}$, starteten mit $x_1 = \frac{6}{5}$ und fanden folgende Werte:

$x_1 = \frac{6}{5} = 1{,}2$ $\qquad x_2 = 1{,}38888...$
$x_3 = 1{,}03680$ $\qquad x_4 = 1{,}860544...$
$x_5 = 0{,}57776...$ $\qquad x_6 = 5{,}99142...$

Die Werte entfernen sich aber immer mehr vom ersten Wert $x_1 = 1{,}2$.
Die Pest wütete weiter und die Delier beschlossen, eine Delegation nach Alexandria, dem wissenschaftlichen Zentrum des Altertums, zu senden und dort um Hilfe zu bitten.
HERON, der Direktor der Bibliothek Alexandriens, lehrte sie das Berechnen von Quadratwurzeln und empfahl ihnen, die Gleichung $x^3 = 2$ anders umzuformen:

$x^3 = 2 \;\Rightarrow\; x^2 = \frac{2}{x} \;\Rightarrow\; x = \sqrt{\frac{2}{x}}$

Wieder in Delos angekommen, machten sie sich an die Arbeit, notierten die Iterationsformel $x_{n+1} = \sqrt{\frac{2}{x_n}}$ und starteten mit $x_1 = \frac{6}{5} = 1{,}2 \ldots$
Wie Griechenlandbesucher berichten, ist Delos heute pestfrei.

Die heute als *delisches Problem* bekannte Aufgabe der Würfelverdopplung gehört zu den berühmtesten Problemen der Mathematik.
Die Versuche der Delier, die Gleichung $x^3 = 2$ über eine Iteration zu lösen, sollen nun verallgemeinert werden.
Wird eine zu lösende Gleichung nach x umgestellt, also in die Form $x = \varphi(x)$ gebracht, so können mit dieser Gleichung Näherungswerte für eine Lösung x_0 ermittelt werden. Ausgehend von einem geschätzten Startwert x_1 lässt sich ein Näherungswert $x_2 = \varphi(x_1)$ berechnen, aus x_2 erhält man dann einen Näherungswert $x_3 = \varphi(x_2)$ usw.
Eine derartige Schrittfolge wird als **allgemeines Iterationsverfahren** bezeichnet:

1. Umformen der zu lösenden Gleichung in die Form $x = \varphi(x)$ und Aufstellen einer Iterationsvorschrift $x_{n+1} = \varphi(x_n)$.
2. Festlegen einer geeigneten Startnäherung x_1 für eine Lösung.
3. Berechnen weiterer Folgenglieder mithilfe der Rekursionsgleichung $x_{n+1} = \varphi(x_n)$ und dem Startwert x_1.

Da sich die Gleichung $x = \varphi(x)$ als Bestimmungsgleichung für die Koordinaten des Schnittpunktes S zweier Graphen mit den Gleichungen $y = x$ und $y = \varphi(x)$ auffassen lässt, erhält man die gesuchte Lösung als Abszisse x_0 des Schnittpunktes des Graphen von φ mit der Winkelhalbierenden $y = x$. Die Annäherung durch Iteration kann als grafischer Prozess dargestellt werden. Aus dem Startwert x_1 und dem Funktionswert der Iterationsfunktion $\varphi(x_1)$ erhalten wir den Punkt $P_1(x_1; \varphi(x_1))$ des Graphen von φ.

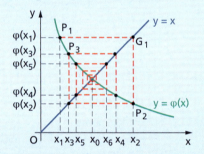

Eine Parallele zur x-Achse durch P_1 schneidet die Winkelhalbierende $y = x$ im Punkt $G_1(x_2; \varphi(x_1))$. Durch senkrechte Projektion von G_1 auf die x-Achse entsteht der Punkt $P_2(x_2; \varphi(x_2))$. Eine Parallele zur x-Achse durch P_2 schneidet abermals die Winkelhalbierende und liefert die Stelle x_3 und den Punkt $P_3(x_3; \varphi(x_3))$. Fahren wir in gleicher Weise fort, erhalten wir die Folge $x_1, x_2, x_3, \ldots$, die in dem hier gewählten Beispiel gegen x_0 konvergiert. Diese Stelle x_0 wird nach der beschriebenen Konstruktionsvorschrift auf sich selbst abgebildet.

Die Stelle x_0 des Definitionsbereichs einer Funktion φ, die durch φ auf sich selbst abgebildet wird, für die also $\varphi(x_0) = x_0$ gilt, heißt **Fixpunkt** von φ.

Die Suche nach Lösungen einer Gleichung ist demnach gleichbedeutend mit der Suche nach Fixpunkten.

Die **grafische Iteration** ist ein einfacher Algorithmus aus dem abwechselnden Zeichnen von Parallelen zur x- bzw. zur y-Achse:
Vom Startwert x_1 zum Funktionsgraphen, von dort zur Winkelhalbierenden $y = x$, von dort wiederum zum Graphen usw. Da der Iterationspfad an ein Netz aus Spinnweben erinnert, heißt ein solches Diagramm auch **Web-Diagramm.**

Die Berechnungen zum Füllstand in einem kugelförmigen Behälter (siehe dazu S. 30) führen auf die Gleichung $5x^2 - \frac{x^3}{3} = 150$. Durch Umstellen erhält man die iterierfähige Form $x = \frac{30}{x} + \frac{x^2}{15}$. Die Iteration wird mit einem Rechner schrittweise durchgeführt:
Wir definieren die Iterationsfunktion $\varphi(x) = \frac{30}{x} + \frac{x^2}{15}$ und legen einen Startwert, hier $x_0 = 7$, fest. Nach 22 Iterationsschritten, die durch Verwenden der ANS-Taste schnell vollzogen sind, ist der Fixpunkt auf fünf Dezimalstellen genau bestimmt.

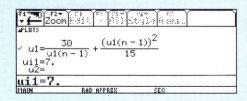

Falls der Rechner über einen Web-Modus verfügt, ist auch eine grafische Iteration möglich (siehe folgende Seite).

Wird der Graph-Modus auf SEQUENZ eingestellt, entsteht im y-Editor eine Funktionsliste u1, u2, ..., in welche die Iterationsvorschrift als rekursive Folge u1(n) = 30/(u1(n − 1)) + (u1(n − 1))^2/15 und der Startwert ui1 = 7 eingetragen werden. Unter [F7](Axes) ist außerdem die Option WEB einzustellen.
Im Grafik-Bildschirm entsteht nun das Bild der Iterationsfunktion und der Winkelhalbierenden. Wird zusätzlich [F3](Trace) aktiviert, kann durch wiederholtes Betätigen der Cursortaste das Web-Diagramm schrittweise erzeugt werden. Es entsteht eine *Einwärtstreppe*, die schnell zum Fixpunkt konvergiert.

Die unten stehenden Abbildungen zeigen die vorgenommene *Window*-Einstellung, das Web-Diagramm und die über *Table* mögliche tabellarische Darstellung der Iterationsfolge.

Aus der Bearbeitung des delischen Problems entsteht die Frage, warum die eine Iterationsfolge gegen den Grenzwert $\sqrt[3]{2}$ konvergiert, die andere Folge dagegen divergiert.
Die Antwort liefert der banachsche Fixpunktsatz. Dieser Satz, vom polnischen Mathematiker STEFAN BANACH (1892 bis 1945) aufgestellt, zählt zu den wichtigsten und grundlegendsten Sätzen der Mathematik. Wir formulieren ihn für den Spezialfall einer stetig-differenzierbaren Funktion f in einem abgeschlossenen und beschränkten Intervall [a; b].

Fixpunktsatz von BANACH
Ist die Funktion f: [a; b] → [a; b] stetig-differenzierbar und ist |f'(x)| < 1 für jedes x ∈ [a; b], dann gilt:
- Es gibt genau einen Wert $x_0 \in$ [a; b] mit $x_0 = f(x_0)$, d. h., x_0 ist Fixpunkt.
- Jede Iterationsfolge (x_n) mit n ∈ ℕ, definiert durch einen beliebigen Startpunkt $x_1 \in$ [a; b] und durch $x_{n+1} = f(x_n)$, konvergiert gegen x_0.

Die von den Deliern aufgestellte Iterationsgleichung $x_{n+1} = \frac{2}{x_n^2}$ verwendet die Funktion $f(x) = \frac{2}{x^2}$. Deren 1. Ableitung ist $f'(x) = -\frac{4}{x^3}$. Da die Iteration im Intervall [a; b] = [1; 1,5] stattfindet, können wir für x ∈ [1; 1,5] wie folgt abschätzen:
$|f'(x)| = \left|-\frac{4}{x^3}\right| = \frac{4}{x^3} \geq \frac{4}{1,5^3} = \frac{4}{3,375} \approx 1,185 > 1$
Damit ist eine Voraussetzung des obigen Fixpunktsatzes verletzt, die Iterationsfunktion ist nicht konvergent.
Anders dagegen die Iterationsgleichung $x_{n+1} = \sqrt{\frac{2}{x_n}}$. Sie verwendet die Funktion $g(1) = \sqrt{\frac{2}{x}}$, deren 1. Ableitung $g'(x) = -\frac{1}{\sqrt{2x^3}}$ ist.

Wir schätzen ab für x ∈ [1; 1,5]:
$|g'(1)| = \left|-\frac{1}{\sqrt{2 \cdot 1^3}}\right| = \frac{1}{\sqrt{2}} \approx 0,707 < 1$
Da für 1 < x ≤ 1,5 stets g'(x) < g(1) gilt, sind damit die Voraussetzungen des Satzes von BANACH erfüllt, die Iterationsfolge konvergiert, und zwar gegen $\sqrt[3]{2} \approx 1,25992$.

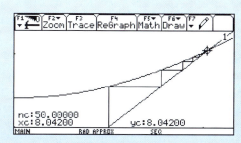

3 Anwendungen der Integralrechnung

Rückblick

- Eine Funktion F, die in einem Intervall I definiert ist und für die $F'(x) = f(x)$ gilt, heißt **Stammfunktion** von f.
  Stammfunktionen können mithilfe von Integrationsregeln bzw. Integrationsverfahren rechnerisch ermittelt werden.

- Ist F eine Stammfunktion der im Intervall [a; b] stetigen Funktion f mit $f(x) \geq 0$, so lässt sich die Fläche zwischen dem Graphen von f und der x-Achse über dem Intervall [a; b] folgendermaßen berechnen:
  $$A = \int_a^b f(x)\,dx = F(b) - F(a)$$

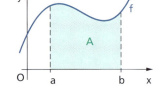

- Aus zwei im Intervall [a; b] stetigen Funktionen f und g lässt sich eine neue Funktion d mit $d(x) = f(x) - g(x)$ bilden.
  Zeichnerisch bedeutet dies: An jeder Stelle x_0 wird die Ordinate $g(x_0)$ von der Ordinate $f(x_0)$ subtrahiert (siehe nebenstehende Abbildung).

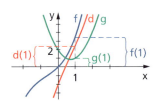

- In der Physik wird für die erste Ableitung $f'(x)$ häufig die Schreibweise $\frac{dy}{dx}$ verwendet. Ableitungen nach der Zeit werden statt mit einem Strich mit einem Punkt gekennzeichnet.
  Beispiel: $v = s'(t) = \frac{ds}{dt} = \dot{s}$ (Geschwindigkeit als 1. Ableitung)

Aufgaben

1. Bestimmen Sie eine Stammfunktion der Funktion f. Geben Sie jeweils an, welche Integrationsregeln bzw. welche Integrationsverfahren Sie benutzt haben.
   a) $f(x) = 3x^3 + \frac{2}{x^2} + 3\sqrt{x}$
   b) $f(x) = \frac{2}{x-1}$ $(x \neq 1)$
   c) $f(x) = 3 \cdot e^{-2x+1}$
   d) $f(x) = 2x \cdot e^{-x^2}$
   e) $f(x) = \frac{1}{2}x \cdot \ln x$
   f) $f(x) = -\sin(3x - 3)$

2. Bestimmen Sie rechnerisch den Inhalt A der Fläche, welche der Graph von f mit der x-Achse über dem Intervall [a; b] einschließt.
   a) $f(x) = x + \frac{2}{x^2}$ $(x \neq 0)$ [1; 3]
   b) $f(x) = 2 \cdot e^{-3x}$ [0; 1]
   c) $f(x) = \sqrt{-\frac{3}{2}x + \frac{3}{2}}$ [-4; 0]
   d) $f(x) = \sin(-x + \pi)$ [1; 2]
   e) $f(x) = x^2 \cdot \ln(x^3 + 1)$ [1; 2]

3. Gegeben sind die Funktionen f und g. Zeichnen Sie den Graphen der Funktion d mit $d(x) = f(x) - g(x)$ mittels Ordinatenaddition im Intervall [1; 2]. Zeichnen Sie den Graphen von d mithilfe eines GTR und vergleichen Sie mit Ihrer Skizze.
   a) $f(x) = x^2$; $g(x) = x^2 - 1$
   b) $f(x) = x^3$; $g(x) = 3$
   c) $f(x) = 2x^2$; $g(x) = 3x$

4. Interpretieren Sie die Gleichungen mathematisch.
   a) $\dot{y} + \ddot{y} = 0$
   b) $\frac{dv}{dt} = a(t)$

3 Anwendungen der Integralrechnung

3.1 Berechnen von Flächeninhalten

Ein Autofahrer, der am Straßenrand geparkt hat, fährt an, wendet an einer kurz vor ihm liegenden Wendestelle und setzt dann seine Fahrt in entgegengesetzte Richtung fort. Der Geschwindigkeitsverlauf des Pkw lässt sich näherungsweise durch die Funktion v mit $v(t) = -0{,}5t^3 + 2t^2$ beschreiben. Der Graph der Funktion ist nebenstehend für den betrachteten Zeitraum abgebildet. Der im Intervall $[t_1; t_2]$ zurückgelegte Weg kann dann folgendermaßen berechnet werden:

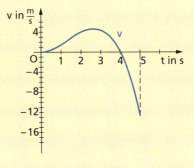

$$s(t) = \int_{t_1}^{t_2} v(t)\,dt$$

Arbeitsaufträge
1. Beschreiben Sie anhand des Geschwindigkeit-Zeit-Diagramms die Fahrt des Pkw.
2. Welche Geschwindigkeit hat der Pkw nach 5 s erreicht? Wie groß ist die Maximalgeschwindigkeit während des oben dargestellten Wendemanövers?
3. Ermitteln Sie, wie weit der Pkw nach fünf Sekunden vom Parkplatz entfernt ist.
4. Ermitteln Sie den Weg, den der Pkw in den ersten fünf Sekunden zurücklegt.

Die abgebildete Tür aus den 20er Jahren soll restauriert werden. Insbesondere müssen die oberen Glasscheiben des rechten Flügels ersetzt werden, da sie Sprünge aufweisen. Obere und untere Berandung dieser beiden Scheiben wurden in der rechten Abbildung in einem Koordinatensystem nachgezeichnet (Angaben in Millimeter).

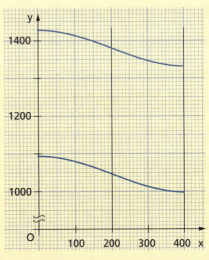

3 Anwendungen der Integralrechnung

Arbeitsaufträge
1. Obere und untere Berandung der beiden zu erneuernden Glasscheiben lassen sich jeweils durch eine ganzrationale Funktion dritten Grades beschreiben. Ermitteln Sie die zugehörigen Funktionsgleichungen (durch Regression mithilfe eines GTR).
2. Berechnen Sie die Größe der auszutauschenden Glasfläche. Beschreiben Sie Ihr gewähltes Vorgehen.
3. Welche Möglichkeiten gäbe es noch, diesen Flächeninhalt zu ermitteln?

Anhand des Einstiegsthemas „Pkw-Fahrt" lassen sich zwei Probleme verdeutlichen: Ist nach der Entfernung gefragt, die der Pkw nach fünf Sekunden Fahrt bezogen auf den Parkplatz hat, muss berücksichtigt werden, dass das Fahrzeug nach der Wendestelle wieder zurückfährt. Bilden wir das Integral über den gesamten Zeitraum, also $s(t) = \int_{0s}^{5s} v(t)\,dt$, so ist (wie später noch begründet wird) von der Maßzahl der Fläche oberhalb der Zeitachse die der Fläche unterhalb der Achse abzuziehen.

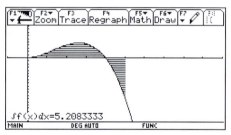

Das Ergebnis ist die gesuchte Entfernung vom Parkplatz. Dabei wurde vernachlässigt, dass sich der Pkw nach dem Wenden auf der anderen Straßenseite befindet.

Fragen wir jedoch danach, wie viele Meter der Pkw in den fünf Sekunden gefahren ist, interessiert die Richtungsänderung nicht mehr. Wir müssen die Wege bis zur Wendestelle sowie danach einzeln ausrechnen und deren Beträge addieren, d. h., es gilt:

$$s(t) = \int_{0s}^{5s} v(t)\,dt = \left|\int_{0s}^{4s} v(t)\,dt\right| + \left|\int_{4s}^{5s} v(t)\,dt\right|$$

(Die Zeit t = 4 s ist diejenige, die der Pkw vom Anfahren bis zur Wendestelle benötigt.)
Das bedeutet, die Inhalte der Teilflächen ober- und unterhalb der t-Achse zu addieren.

---

*Ob mit einer zu lösenden Aufgabe ein mathematisches Problem vorliegt, hängt sehr vom Kenntnisstand des Einzelnen ab. Das **Problemlösen** beginnt, wenn sich keine bekannten Lösungsverfahren mehr anwenden lassen. Folgende typische mathematische Strategien (auch heuristische Regeln genannt) können die Lösungssuche vereinfachen:*
- *Vorwärts- und Rückwärtsarbeiten;*
- *Verwenden von Hilfsmitteln (Figuren, grafische Darstellungen, Tabellen o. Ä.)*
- *Suchen nach geeigneten Modellen, Beziehungen und Gleichungen;*
- *Zurückführen des Problems auf Bekanntes; Verwenden von Analogien;*
- *systematisches Probieren; experimentelles Arbeiten mittels elektronischer Werkzeuge*

Diese Strategien liefern zwar Impulse zum Weiterarbeiten, jedoch keinen garantiert zur Lösung führenden Algorithmus.

Für weiteres Problemlösen ist es zudem unerlässlich, über verwendete Lösungswege, Strategien bzw. Werkzeuge zu reflektieren und deren Tauglichkeit zu bewerten.

3 Anwendungen der Integralrechnung

Flächen unterhalb der x-Achse

In den bisherigen Betrachtungen zur Berechnung der Inhalte von Flächen zwischen Graphen von Funktionen und der x-Achse wurde stets davon ausgegangen, dass diese Flächen vollständig „oberhalb" der x-Achse liegen.

Anhand des obigen Beispiels wurde deutlich, dass man auch Inhalte von Flächen ermitteln kann, die „unterhalb" der x-Achse liegen, indem man für das entsprechende Intervall den Betrag des bestimmten Integrals berechnet. Liegen Teile der Fläche oberhalb und andere unterhalb der x-Achse, so müssen die Inhalte der entsprechenden Teilflächen gesondert bestimmt und anschließend addiert werden.

Für Flächen unterhalb der x-Achse gilt:

> Es seien f eine im Intervall [a; b] stetige Funktion und F die zugehörige Stammfunktion. Im Intervall [a; b] gelte für die Funktionswerte $f(x) \leq 0$. Dann gilt für den Flächeninhalt A zwischen dem Graphen der Funktion f und der x-Achse im Intervall [a; b]:
> $$A = \left| \int_a^b f(x)\,dx \right| = \left| [F(x)]_a^b \right| = |F(b) - F(a)|$$

Gegeben ist die Funktion f mit $f(x) = -0{,}5x^2$. Es soll die in der Abbildung markierte Fläche berechnet werden. Da die Fläche unterhalb der x-Achse liegt, rechnen wir mit dem Betrag des bestimmten Integrals.

$$A = \left| \int_0^2 \left(-\tfrac{1}{2}x^2\right) dx \right| = \left| \left[-\tfrac{1}{6}x^3\right]_0^2 \right| = \left| \left(-\tfrac{1}{6} \cdot 2^3\right) - \left(-\tfrac{1}{6} \cdot 0^3\right) \right| = \left| -\tfrac{8}{6} \right| = \tfrac{4}{3}$$

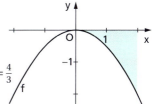

Der Flächeninhalt beträgt $\tfrac{4}{3}$ FE.

Gegeben ist die Funktion f mit $f(x) = x^4 + 4x^2 - 5$. Gesucht ist der Inhalt der Fläche, die der Graph der Funktion f mit der x-Achse vollständig einschließt.

Da diese Fläche unterhalb der x-Achse liegt, ist auch hier der Betrag des bestimmten Integrals zu ermitteln. Die Integrationsgrenzen entsprechen den Nullstellen von f. Mittels GTR oder CAS erhalten wir dafür $x_{0_1} = 1$ und $x_{0_2} = -1$. Für den Flächeninhalt gilt somit:

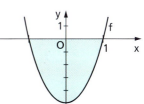

$$A = \left| \int_{-1}^{1} (x^4 + 4x^2 - 5)\,dx \right| = \left| \left[\tfrac{1}{5}x^5 + \tfrac{4}{3}x^3 - 5x\right]_{-1}^{1} \right|$$

$$= \left| \left(\tfrac{1}{5} \cdot 1^5 + \tfrac{4}{3} \cdot 1^3 - 5 \cdot 1\right) - \left(\tfrac{1}{5}(-1)^5 + \tfrac{4}{3}(-1)^3 - 5 \cdot (-1)\right) \right| = \left| -\tfrac{104}{15} \right| = \tfrac{104}{15}$$

Der Flächeninhalt beträgt $\tfrac{104}{15}$ FE.

Hinweis: Aufgrund der Achsensymmetrie des Graphen von f bezüglich der y-Achse ließe sich der Flächeninhalt vorteilhaft als $A = A_{-1}^{1} = 2 \cdot A_0^1$ berechnen.

3 Anwendungen der Integralrechnung

Flächen oberhalb und unterhalb der x-Achse

Der Inhalt der Fläche zwischen dem Graphen der Funktion f mit $f(x) = 2x^2 - 3x - 2$ und der x-Achse soll im Intervall $[-1; 0]$ berechnet werden.

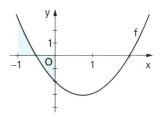

Da der Graph von f in $[-1; 0]$ eine Nullstelle hat, befindet sich ein Teil der zu berechnenden Fläche oberhalb, ein anderer Teil unterhalb der x-Achse. Integrieren wir über dem gesamten Intervall $[-1; 0]$, wird von der betragsmäßig größeren Fläche die kleinere abgezogen. Deshalb müssen die Inhalte beider Teilflächen einzeln berechnet und anschließend addiert werden. Die interessierende Nullstelle liegt bei $-\frac{1}{2}$.

$$A = \int_{-1}^{-\frac{1}{2}} (2x^2 - 3x - 2)\,dx + \left| \int_{-\frac{1}{2}}^{0} (2x^2 - 3x - 2)\,dx \right| = \left[\frac{2}{3}x^3 - \frac{3}{2}x^2 - 2x\right]_{-1}^{-\frac{1}{2}} + \left| \left[\frac{2}{3}x^3 - \frac{3}{2}x^2 - 2x\right]_{-\frac{1}{2}}^{0} \right|$$

$$= \left(\frac{2}{3}\left(-\frac{1}{2}\right)^3 - \frac{3}{2}\left(-\frac{1}{2}\right)^2 - 2\left(-\frac{1}{2}\right)\right) - \left(\frac{2}{3}(-1)^3 - \frac{3}{2}(-1)^2 - 2(-1)\right)$$

$$+ \left| \left(\frac{2}{3}(-1)^3 - \frac{3}{2}(-1)^2 - 2(-1)\right) - \left(\frac{2}{3}\cdot 0^3 - \frac{3}{2}\cdot 0^2 - 2\cdot 0\right) \right| = \frac{17}{24} + \left|\frac{-13}{24}\right| = \frac{5}{4}$$

Der gesuchte Flächeninhalt beträgt $\frac{5}{4}$ FE.

Hinweis: Da das bestimmte Integral für Flächen oberhalb der x-Achse stets positiv ist, können die Betragsstriche bei der Berechnung dieser Teilflächen weggelassen werden.

Das am vorigen Beispiel demonstrierte Vorgehen wendet man auch an, wenn der Graph der Funktion im betrachteten Intervall mehrere Nullstellen besitzt.

Es soll der Inhalt der Fläche berechnet werden, die der Graph der Funktion f mit $f(x) = -x^4 + 10x^2 - 9$ und die x-Achse vollständig einschließen.

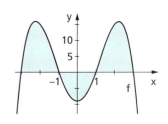

Wir erkennen, dass auch hier Teile der Fläche oberhalb und andere Teile unterhalb der x-Achse liegen, weshalb die Inhalte der Teilflächen einzeln berechnet und addiert werden müssen.

Zur Ermittlung der Integrationsgrenzen werden die Nullstellen der Funktion rechnerisch oder grafisch bestimmt. Man erhält $x_{0_1} = -3$, $x_{0_2} = -1$, $x_{0_3} = 1$ und $x_{0_4} = 3$.

$$A = \int_{-3}^{-1} (-x^4 + 10x^2 - 9)\,dx + \left| \int_{-1}^{1} (-x^4 + 10x^2 - 9)\,dx \right| + \int_{1}^{3} (-x^4 + 10x^2 - 9)\,dx$$

$$= \left[-\frac{1}{5}x^5 + \frac{10}{3}x^3 - 9x\right]_{-3}^{-1} + \left| \left[-\frac{1}{5}x^5 + \frac{10}{3}x^3 - 9x\right]_{-1}^{1} \right| + \left[-\frac{1}{5}x^5 + \frac{10}{3}x^3 - 9x\right]_{1}^{3}$$

$$= \frac{304}{15} + \left|-\frac{176}{15}\right| + \frac{304}{15} = \frac{784}{15}$$

Der Flächeninhalt beträgt rund 52,3 FE.

Hinweis: Auch hier wäre die vorteilhafte Rechnung $A = A_{-3}^{3} = 2 \cdot A_{0}^{3}$ möglich.

3 Anwendungen der Integralrechnung

Flächen zwischen zwei Funktionsgraphen

Im zweiten Beispiel auf S. 261 wurde nach dem Inhalt einer Fläche gefragt, deren obere und untere Begrenzung näherungsweise durch Funktionen beschrieben wurden. Das mathematische Problem besteht jetzt darin, die Fläche zwischen den Graphen zweier Funktionen in einem Intervall [a; b] zu ermitteln. Ein solches Problem ist lösbar, indem man von der Fläche, die die „obere" Randfunktion mit der x-Achse einschließt, die Fläche subtrahiert, die die „untere" Randfunktion mit der x-Achse einschließt.

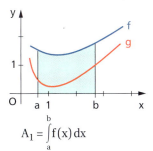
$$A_1 = \int_a^b f(x)\,dx$$

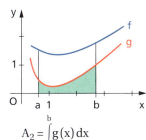
$$A_2 = \int_a^b g(x)\,dx$$

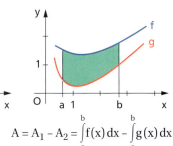
$$A = A_1 - A_2 = \int_a^b f(x)\,dx - \int_a^b g(x)\,dx$$

Effektiver ist es jedoch, zunächst die Differenz aus „oberer Randfunktion" und „unterer Randfunktion", also $d(x) = f(x) - g(x)$, zu bilden und diese dann über dem Intervall [a; b] zu integrieren:

$$A = \int_a^b [f(x) - g(x)]\,dx$$

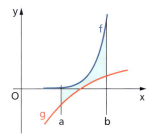

Dieses Vorgehen führt auch dann zum Ziel, wenn f oder g im Integrationsintervall [a; b] Nullstellen besitzen.

Hinweis: Das Prüfen, welches obere bzw. untere Randfunktion ist, kann entfallen, wenn mit dem Betrag des Integrals gerechnet wird.

> Es seien f und g in [a; b] stetige Funktionen mit $f(x) \geq g(x)$ für alle $x \in [a; b]$.
> Für den Inhalt der Fläche, die durch die Graphen der Funktionen f und g sowie die Geraden $x = a$ und $x = b$ begrenzt wird, gilt:
> $$A = \int_a^b f(x)\,dx - \int_a^b g(x)\,dx = \int_a^b [f(x) - g(x)]\,dx$$

Es soll die Fläche zwischen den Graphen der Funktionen f mit $f(x) = 0{,}5x + 2$ und g mit $g(x) = e^{2x-1}$ im Intervall [-2; 0] berechnet werden.
Da im Intervall $f(x) > g(x)$ gilt, ist f obere und g untere Randfunktion. Es gilt:

$$A = \int_{-2}^{0} (0{,}5x + 2 - e^{2x-1})\,dx = \left[0{,}25x^2 + 2x - \frac{1}{2}e^{2x-1}\right]_{-2}^{0}$$

$$= \left(0{,}25 \cdot 0^2 + 2 \cdot 0 - \frac{1}{2}e^{2 \cdot 0 - 1}\right) - \left(0{,}25 \cdot (-2)^2 + 2 \cdot (-2) - \frac{1}{2}e^{2 \cdot (-2) - 1}\right) = -\frac{1}{2e} - \left(-\frac{e^{-5}}{2} - 3\right) \approx 2{,}82$$

Der Flächeninhalt beträgt 2,82 FE.

3 Anwendungen der Integralrechnung

Gegeben sind die Funktionen f und g durch $f(x) = \frac{1}{2}x + 2$ bzw. $g(x) = \ln(x + 5)$. Es ist die Fläche zu berechnen, die durch die Graphen von f und g sowie die Gerade $x = -2$ und die y-Achse vollständig begrenzt wird.

Die Graphen der Funktionen f und g besitzen im Intervall [−2; 0] einen Schnittpunkt (linkes Bild). Da die Funktionswerte beider Funktionen an der Schnittstelle gleich groß sind, hat die Differenzfunktion $d(x) = f(x) - g(x)$ dort eine Nullstelle (rechtes Bild).

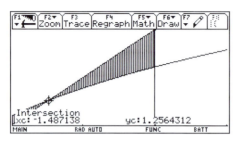 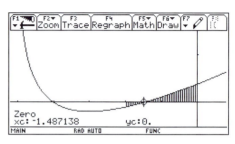

Die Teilflächen müssen also wieder einzeln berechnet und addiert werden.

Die Ermittlung der Schnittstelle der Graphen von f und g bzw. der Nullstelle von d erfolgt mit CAS oder GTR.

Die Nullstelle $x_0 = -1{,}48714$ liegt im vorgegebenen Intervall.

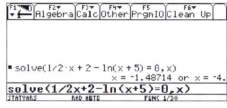

Für den Flächeninhalt ergibt sich somit:

$$A = \left| \int_{-2}^{-1,48714} \left(\tfrac{1}{2}x + 2 - \ln(x+5)\right) dx \right| + \left| \int_{-1,48714}^{0} \left(\tfrac{1}{2}x + 2 - \ln(x+5)\right) dx \right|$$

$$= \left| \left[\tfrac{1}{4}x^2 + 3x - (x+5)\cdot \ln(x+5)\right]_{-2}^{-1,48714} \right| + \left| \left[\tfrac{1}{4}x^2 + 3x - (x+5)\cdot \ln(x+5)\right]_{-1,48714}^{0} \right|$$

$A \approx |-0{,}026| + |0{,}275| = 0{,}301$

Der gesuchte Flächeninhalt beträgt etwa 0,30 FE.

Die Graphen der Funktionen $f(x) = x^3 + 2x^2 - x - 2$ und $g(x) = x^2 + x - 2$ schließen eine Fläche ein, deren Inhalt bestimmt werden soll.

Nebenstehendes Bild zeigt, dass f und g einander in drei Punkten schneiden und somit zwei Teilflächen einschließen, die einzeln berechnet werden müssen. Integrationsgrenzen sind die Abszissen der Schnittstellen von f und g bzw. die Nullstellen der Differenzfunktion $d(x) = f(x) - g(x)$. Für den Flächeninhalt folgt:

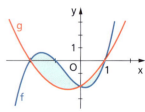

$$A = \left| \int_{-2}^{0} (x^3 + x^2 - 2x)\, dx \right| + \left| \int_{0}^{1} (x^3 + x^2 - 2x)\, dx \right|$$

$$A = \left| \left[\tfrac{1}{4}x^4 + \tfrac{1}{3}x^3 - x^2\right]_{-2}^{0} \right| + \left| \left[\tfrac{1}{4}x^4 + \tfrac{1}{3}x^3 - x^2\right]_{0}^{1} \right| = \left|\tfrac{8}{3}\right| + \left|-\tfrac{5}{12}\right| = \left|\tfrac{37}{12}\right|$$

Der Flächeninhalt beträgt $\tfrac{37}{12}$ FE.

3 Anwendungen der Integralrechnung

Übungen

1. Der Graph der Funktion f, die x-Achse sowie die Geraden mit den Gleichungen x = a und x = b schließen eine Fläche ein.
Berechnen Sie den Inhalt dieser Fläche.
Hinweis: Sehen Sie sich zunächst den Graphen der Funktion f im Intervall [a; b] an und *prüfen Sie*, ob die Funktion f im angegebenen Intervall Nullstellen besitzt.

a) $f(x) = 5x^2 - 2x - 3$; [0; 0,5]
b) $f(x) = \frac{-2}{x^2}$; [−2; −1]
c) $f(x) = \frac{1}{x^3} + x$; [−4; −1]
d) $f(x) = \frac{-1}{\sqrt{x}} - \frac{2}{x}$; [1; 5]
e) $f(x) = \frac{4x - x^3}{x^3}$; [3; 5]
f) $f(x) = \frac{2}{x-1}$; [−3; −1]
g) $f(x) = -e^{-x+1}$; [1; 2]
h) $f(x) = -\frac{1}{e^{2x}}$; [−1; 1]
i) $f(x) = \frac{\sqrt{x} - 1}{x}$; [0,5; 2]
j) $f(x) = x^2 + x - 2$; [0; 2]
k) $f(x) = \frac{1}{\sqrt{x}} - \sqrt{x}$; [0,5; 2]
l) $f(x) = 3 \cdot \ln(x + 2)$; [−1,5; 0]
m) $f(x) = 4 \cdot \sin 2x$; [2; 3]
n) $f(x) = \sin^2\left(\frac{1}{2}x\right)$; [2; 4]

2. Der Graph der Funktion f schließt mit der x-Achse eine Fläche vollständig ein.
Bestimmen Sie rechnerisch den Inhalt dieser Fläche. *Ermitteln Sie* zunächst die Nullstellen von f.

a) $f(x) = x^2 - 4$
b) $f(x) = x^3 - 2x^2$
c) $f(x) = f(x) = x^5 - 3x^3$
d) $f(x) = x^4 - 5x^2 + 4$
e) $f(x) = x^3 + 3x^2 - \frac{9}{4}x - \frac{25}{4}$
f) $f(x) = \frac{1}{8}x^5 - \frac{1}{4}x^3 - \frac{1}{10}$
g) $f(x) = x^2 + e^x - e^2$
h) $f(x) = x^2 - \frac{1}{x} - 3$
i) $f(x) = \frac{1}{e^{2x}} + 3x^3 - 3$
j) $f(x) = \frac{2x^4 - 10x^2 + 8}{x^2}$
k) $f(x) = 2 \cdot \sin(-x + \pi)$; [0; π]
l) $f(x) = -\sin^2 x$; [0; 2π]

3. Die Graphen der Funktionen f und g sowie die Geraden mit den Gleichungen x = a und x = b schließen im Intervall [a; b] eine Fläche ein.
Berechnen Sie den Inhalt dieser Fläche.

a) $f(x) = 3x^2 - x + 1$
   $g(x) = 2x + 3$
   [0; 1]

b) $f(x) = x^3 - 6x + 6$
   $g(x) = -x^3 + 3$
   [−0,5; 0,5]

c) $f(x) = \sqrt{x} - \frac{1}{\sqrt{x}}$
   $g(x) = e^{2x-1}$
   [1; 2]

d) $f(x) = e^{-x}$
   $g(x) = -e^{2x}$
   [0; 1]

e) $f(x) = \sqrt{4x - 2}$
   $g(x) = \sqrt{x} - 1$
   [1; 3]

f) $f(x) = x^2 - 8$
   $g(x) = -x^3 + x^2$
   [1; 3]

g) $f(x) = 2\sqrt{x}$
   $g(x) = e^{4x-1} - 2$
   [0; 1]

h) $f(x) = \frac{2}{3(-x+3)}$
   $g(x) = x^2 - 4x + 3$
   [0; 2]

i) $f(x) = 2 \cdot \ln x$
   $g(x) = e^{2x}$
   [0,5; 1]

j) $f(x) = \sin(2x - 1)$
   $g(x) = 2 \cdot \sin x$
   $\left[\frac{\pi}{2}; \pi\right]$

k) $f(x) = x \cdot e^x$
   $g(x) = 2(\sin x)^2$
   [−1; 1]

l) $f(x) = \sin(x + \pi)$
   $g(x) = \sin x$
   [1; 2]

3 Anwendungen der Integralrechnung

4. Die Graphen der Funktionen f und g begrenzen eine Fläche vollständig.
Bestimmen Sie rechnerisch den Inhalt dieser Fläche.

a) $f(x) = x^4 - 2x^2 + 3$
$g(x) = -x^2 + 6$

b) $f(x) = x^3 - 2x + 2$
$g(x) = 2x^2 - 1$

c) $f(x) = -\frac{1}{5}x^5 - x^3$
$g(x) = -x$

d) $f(x) = \sqrt{2x + 3}$
$g(x) = -x^4 - x^2 - 2x + 2$

e) $f(x) = e^x$
$g(x) = x + 1$

f) $f(x) = -e^{x+1}$
$g(x) = -\ln x - 6$

g) $f(x) = 2e^{3x - \frac{1}{2}} - 3$
$g(x) = x^4 - 4x^2$

h) $f(x) = x^4 - 5x^2 - 2$
$g(x) = -\frac{1}{2}x^2 - 3$

i) $f(x) = -\frac{1}{2}x - \frac{3}{2}$
$g(x) = \sin(x + \pi)$

j) $f(x) = 3 \cdot \sin(-x + 1)$
$g(x) = -1{,}5x + 1$

k) $f(x) = \ln \frac{1}{2} x$
$g(x) = \sin 3x$

l) $f(x) = \frac{1}{3}x^2 - 3x$
$g(x) = \sqrt{2x + 1}$

5. Gegeben ist die Funktion f durch $f(x) = x^4 - 2x^2 + 4$. Die Wendetangente, die im 1. Quadranten den Graphen der Funktion f berührt, schließt mit diesem vollständig eine Fläche ein. *Ermitteln Sie* den Inhalt dieser Fläche.

6. Gegeben ist die Funktion f durch $f(x) = x^4 - 4x^2$. Der Graph von f schließt mit der x-Achse eine Fläche ein.
a) *Bestimmen Sie* den Inhalt dieser Fläche.
b) *Ermitteln Sie*, in welchem Verhältnis die Gerade g mit $g(x) = -3$ die unter a) berechnete Fläche teilt.

7. *Berechnen Sie* den Inhalt der Rosette, die durch die Parabeln $y = x^4$, $y = -x^4$, $x = y^4$ und $x = -y^4$ begrenzt wird.

Aufgaben zum Problemlösen

8. Gegeben ist eine Funktionsschar durch $f_t(x) = t \cdot e^{2x - t} - e^2$ mit $t > 0$. Der Graph von f_t sei K_t.
a) *Bestimmen Sie* den Inhalt der Fläche A_t, die von den Koordinatenachsen und K_t eingeschlossen wird, in Abhängigkeit von t.
b) *Untersuchen Sie*, ob ein t_0 existiert, sodass $A_t(t_0) = 0$ ist.

9. Für alle $a > 0$ ist die Funktionsschar f_a gegeben durch $f_a(x) = -a \cdot \ln[(x + a)^2]$.
a) Die Koordinatenachsen, die Graphen der Funktionen f_a sowie die Geraden $g(x) = e$ und $x = -1 - a$ schließen eine Fläche ein.
Bestimmen Sie den Inhalt dieser Fläche in Abhängigkeit vom Parameter a.
b) *Ermitteln Sie* für $a = 3$ den Inhalt der Fläche, die vom Graphen der Funktion f_a und der Geraden $g(x) = e$ eingeschlossen wird.

10. Gegeben ist eine Funktion durch $f_t(x) = -\frac{5}{4}x - \frac{tx}{x^2 - 2}$ $(x \neq \sqrt{2})$ mit $t > 0$.
a) *Ermitteln Sie* alle t, für die der Graph der Funktion f_t mit der x-Achse eine Fläche einschließt.
b) *Bestimmen Sie* den Inhalt dieser Fläche in Abhängigkeit vom Parameter t.
c) *Berechnen Sie* den Wert des Parameters t, für den der Graph der Funktion f_t mit der x-Achse eine Fläche $A = \ln \frac{4}{5} + \frac{1}{4}$ einschließt.

3.2 Physikalische und technische Probleme

Die mechanische Arbeit W lässt sich als Produkt von wirkender Kraft F und zurückgelegtem Weg s definieren. Dabei sind die auftretenden Berechnungen sehr einfach, wenn die Kraft F konstant ist. In diesem Fall gilt $W = F \cdot s$.

Oftmals ändern sich aber physikalische Größen während des Vorganges und man muss die Integralrechnung für die Berechnungen heranziehen (siehe folgendes Beispiel).

Für die Fahrt eines Zuges zwischen zwei Haltestellen wurde der zurückgelegte Weg s als Funktion von der Zeit t untersucht. Dabei ergab sich die folgende funktionale Darstellung (Weg in m, Zeit in s):

$$s(t) = \begin{cases} 0{,}5t^2 & \text{für } 0 < t \leq 12 \\ 0{,}2(t+18)^2 - 108 & \text{für } 12 < t \leq 35 \\ 21{,}2(t-35) + 453{,}8 & \text{für } 35 < t \leq 38 \\ -0{,}48(t-60)^2 + 749{,}72 & \text{für } 38 < t \leq 60 \end{cases}$$

Das nebenstehende Bild zeigt den zugehörigen Graphen dieser Funktion als Weg-Zeit-Diagramm.

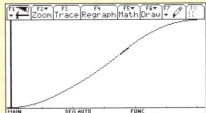

Arbeitsaufträge

1. Beschreiben Sie unter Nutzung des Weg-Zeit-Diagramms die Bewegung des Zuges.
2. Ermitteln Sie abschnittsweise die 1. Ableitung der Funktion s und interpretieren Sie diese als Geschwindigkeit v des Zuges. Wann ist die Geschwindigkeit maximal?
3. Ermitteln Sie abschnittsweise auch die 2. Ableitung von s und interpretieren Sie diese als Beschleunigung a des Zuges.
4. Berechnen Sie das bestimmte Integral $W = 8 \cdot 10^4 \cdot \int_0^{35} s''(t) \cdot s'(t)\, dt$ mithilfe eines CAS.

   Hinweis: W gibt die für den Beschleunigungsvorgang notwendige mechanische Arbeit (ohne Berücksichtigung von Wirkungsgrad und Reibung) an.

Bestandteil der Ausbildung zum Mechatroniker ist ein Lehrgang „Mess-, Steuer-, Regel-Technik", in dem u. a. Regelstrecken an verfahrenstechnischen Anlagen untersucht werden. Als Regelstrecke wird der Teil eines technischen Systems bezeichnet, der beeinflusst werden soll.

Auf dem Foto ist eine Anlage abgebildet, die den Füllstand von Wasser in einem Behälter regelt. Wird Wasser aus dem Behälter B2 in den Behälter B1 abgelassen, so schaltet sich automatisch eine Pumpe ein, die das Wasser aus B1 wieder in B2 bis auf einen eingestellten Wert pumpt. Dies geschieht mittels einer MSR-Stelle.

3 Anwendungen der Integralrechnung

Im Behälter B2 ist eine Füllstandsmessung installiert, mit welcher der Istwert angezeigt und der Füllstand geregelt wird. Die Füllstandshöhe in Abhängigkeit von der Zeit lässt sich für diese Anlage mathematisch durch folgende Gleichung beschreiben:

$$h(t) = \frac{1}{A} \cdot \int_{t_1}^{t_2} V'(t)\, dt$$

Dabei gibt A die Grundfläche des Behälters, V das Volumen und $V'(t) = \frac{dV}{dt}$ den Volumenstrom, also den Zufluss, an. Die Grundfläche des Behälters B2 beträgt 4 dm², der konstant gehaltene Volumenstrom $V'(t) = 5{,}3 \frac{l}{min}$.

Arbeitsaufträge

1. Bestimmen Sie rechnerisch die Füllstandshöhe im Behälter *B2* zum Zeitpunkt $t_2 = 5$ s unter der Voraussetzung, dass *B2* zum Beginn der Messung leer ist.
2. Stellen Sie die Füllstandshöhe h(t) beim Füllen des Behälters *B2* für das Intervall $0\text{ s} \leq t \leq 150\text{ s}$ grafisch dar.
3. Bestimmen Sie rechnerisch, nach welcher Zeit sich die Pumpe ausschaltet, wenn auch in diesem Fall davon ausgegangen wird, dass *B2* zum Zeitpunkt $t_1 = 0$ s leer ist und der Sollwert der MSR-Stelle auf 36 cm eingestellt ist.

Mithilfe der Integralrechnung lassen sich zahlreiche naturwissenschaftliche, technische und auch ökonomische Probleme (wie etwa die folgenden) lösen.

Trägheitsmoment

Das Trägheitsmoment J ist eine physikalische Größe, der bei der Rotation (Drehung eines Körpers um eine Achse) gleiche Bedeutung zukommt wie der Masse m bei der Translation (geradlinige Bewegung eines Körpers). Sie beschreibt (ebenso wie die Masse) den Widerstand, den ein Körper der Änderung seines Bewegungszustandes entgegensetzt. Das Trägheitsmoment ist abhängig von der Masse m des Körpers und von deren Verteilung in Bezug auf die jeweilige Drehachse, also auch von der geometrischen Form des Körpers. Allgemein gilt:

$J = \int r^2\, dm$

Hierbei gibt r den jeweiligen Abstand (Radius) des Massenpunktes von der Drehachse des Körpers an.

Relativ einfach lassen sich die Trägheitsmomente von Zylindern bzw. Kugeln berechnen.
Als Beispiel betrachten wir einen geraden Vollzylinder mit dem Radius r und der Höhe h (siehe Abbildung). Die zur Berechnung benötigte Masse ergibt sich aus dem Volumen V und der Dichte ϱ des Stoffes wie folgt:

$m = V \cdot \varrho = \pi r^2 \cdot h \cdot \varrho$ \qquad (*)

3 Anwendungen der Integralrechnung

Durch Umstellen dieser Gleichung nach r^2 und Einsetzen in die allgemeine Formel für das Trägheitsmoment folgt:

$$J = \int r^2 \, dm = \int \frac{m}{\pi h \varrho} \, dm = \frac{1}{\pi h \varrho} \int m \, dm = \frac{1}{\pi h \varrho} \cdot \frac{1}{2} m^2$$

Unter Nutzung der aus (*) folgenden Beziehung $\frac{1}{\pi h \varrho} = \frac{r^2}{m}$ erhalten wir $J = \frac{1}{2} m r^2$.

Mechanische Arbeit

Wirkt eine Kraft längs eines Weges auf einen Massenpunkt, so verrichtet sie Arbeit. Ist der Weg geradlinig mit der Länge $\Delta s = s_2 - s_1$, die Kraft konstant und stimmen Bewegungs- und Kraftrichtung überein, so lässt sich die Arbeit folgendermaßen berechnen:

$W = F \cdot \Delta s = F \cdot (s_2 - s_1)$

Handelt es sich jedoch bei derselben Problemstellung um eine Kraft, deren Betrag nicht konstant ist, lässt sich die Arbeit mit der genannten Formel nicht mehr berechnen. In diesem Fall kann sie mit folgendem bestimmten Integral bestimmt werden:

$$W = \int_{s_1}^{s_2} F(s) \, ds$$

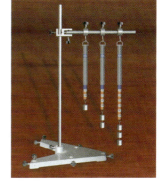

Als einfaches Beispiel betrachten wir die Dehnung einer Feder. Für diesen Vorgang ist eine Kraft $F(s)$ notwendig, die der Entfernung des nicht befestigten Endes der Feder von der Ruhelage direkt proportional ist:

$F(s) = D \cdot s$

Die Größe D gibt den Ausdehnungskoeffizienten der Feder an und ist für ein und dieselbe Feder konstant. Die Arbeit lässt sich wie folgt berechnen:

$$W = \int_{s_1}^{s_2} F(s) \, ds = \int_{s_1}^{s_2} D \cdot s \, ds = D \cdot \int_{s_1}^{s_2} s \, ds = D \cdot \left[\frac{1}{2} s^2 \right]_{s_1}^{s_2} = \frac{1}{2} D \cdot (s_2^2 - s_1^2)$$

Einen solchen Vorgang finden wir beispielsweise beim Aufziehen einer mechanischen Uhr: Die Feder wird gespannt und somit Energie gespeichert, die beim Entspannen in mechanische Arbeit umgewandelt wird.

Als weiteres Beispiel zu dieser Problematik wird auf der CD die theoretisch nutzbare mechanische Arbeit eines Kolbens beim Viertaktmotor betrachtet.

Kostenberechnungen

Die Integralrechnung wird auch in vielen Bereichen der Wirtschaft und im ökonomischen Rechnen angewandt. Hierfür sei im Folgenden ein Beispiel angeführt.
Eine Werft baut ein Teil für die Ruderanlage von Frachtschiffen. Die Serienfertigungskosten $k(x)$ je Teil werden in Abhängigkeit von der Stückzahl x näherungsweise durch folgende Funktion beschrieben:

$k(x) = \frac{20x + 5000}{x + 50}$ (in Euro je Stück)

Einer grafischen Darstellung oder einer Wertetabelle kann man entnehmen, dass die Kosten für das zehnte Teil 86,67 € betrugen, die für das 100. Bauteil 46,67 € usw.

3 Anwendungen der Integralrechnung

Das linke Bild zeigt die Kostenfunktion für 1 bis 800 Teile. Bei 800 Teilen hätte die Firma Herstellungskosten von insgesamt $\int_1^{800} k(x)\,dx = 27\,233{,}64\,€$ (rechtes Bild).

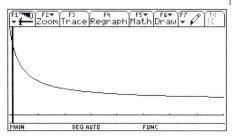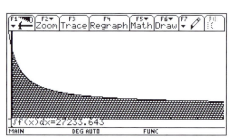

Nach dem 299. Teil wird das bisher aus Metall hergestellte Ruderteil aus kohlefaserverstärktem Kunststoff gefertigt. Als Funktion für die Herstellungskosten ergibt sich:
$g(x) = \frac{15x - 2500}{x - 280}$ ($x \leq 300$)

Die Kosten für die Herstellung des Teiles waren zu Beginn der Produktionsumstellung beträchtlich größer als davor.

Als Schnittpunkt der Graphen von k und g ermitteln wir mithilfe des GTR den Punkt mit den Koordinaten (402,9; 28,83). Etwa beim 403. Ruderteil sind also die Kosten des Kunststoffteils (28,83 €) genauso hoch wie die des Metallteils, hätte man die Produktion nicht umgestellt.

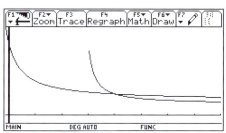

Da die Firma zunächst Geld für die Umstellung der Produktion einsetzen musste, vergeht einige Zeit, bis der Gewinn gegenüber der alten Produktionsmethode spürbar wird. Die einzusetzenden zusätzlichen Kosten werden durch die Fläche zwischen den Graphen der Funktionen g und k links vom Schnittpunkt charakterisiert. Für diese gilt:
$\int_{300}^{403} [g(x) - k(x)]\,dx = 1\,541{,}13$

Es entstanden also zusätzliche Kosten von 1541,13 €. Da ab 403. Teil die Produktionskosten nach der Umstellung geringer sind, ergibt sich die Frage, ab welchem Teil die Firma durch die Umstellung erstmalig Gewinn macht.

Es ist also zu untersuchen, von welchem a (mit $a \in \mathbb{N}$) an folgende Ungleichung erfüllt ist:
$\int_{403}^{a} [k(x) - g(x)]\,dx > 1\,541{,}13$

Die Ermittlung mit einem CAS liefert das nebenstehende Ergebnis.

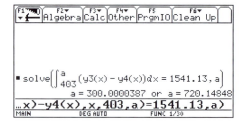

Die erste der angegebenen Lösungen entfällt.

Etwa beim 720. Teil sind die Kosten für die Umstellung wieder eingespielt, d. h., ab dem 721. Teil macht die Firma Gewinn aus der Produktionsumstellung.

3 Anwendungen der Integralrechnung

Kinematik

Bei der Untersuchung von Bewegungen im dreidimensionalen Raum genügt es nicht mehr, Beschleunigung, Geschwindigkeit und Weg ausschließlich als zahlenmäßige Beträge anzugeben. Richtung und Orientierung (Richtungssinn) müssen berücksichtigt werden. Das bedeutet, mit gerichteten Größen (Vektoren) zu arbeiten.

Als Beispiel für eine derartige Bewegung betrachten wir den **schrägen Wurf.** Nebenstehendes Foto zeigt eine Simulation aus dem Physikunterricht. Wir gehen davon aus, dass eine Kugel mit der Anfangsgeschwindigkeit $\vec{v}_0$ am Ort $S_0(s_{0_x}; s_{0_y}; s_{0_z})$ abgeworfen wird.
Der schräge Wurf stellt eine Überlagerung zweier Bewegungen dar, und zwar
- einer *geradlinig gleichmäßig beschleunigten* Bewegung (dem *freien Fall*) mit der Beschleunigung

$$\vec{a}_1 = \begin{pmatrix} 0 \\ 0 \\ -g \end{pmatrix} \text{ mit } g \approx 9{,}81\ \tfrac{m}{s^2};$$

- einer *geradlinig gleichförmigen* Bewegung im Raum mit $\vec{a}_2 = \begin{pmatrix} 0 \\ 0 \\ 0 \end{pmatrix}$.

Die Beschleunigung des schrägen Wurfes ergibt sich als vektorielle Summe:

$$\vec{a} = \vec{a}_1 + \vec{a}_2 = \begin{pmatrix} 0 \\ 0 \\ -g \end{pmatrix} + \begin{pmatrix} 0 \\ 0 \\ 0 \end{pmatrix} = \begin{pmatrix} 0 \\ 0 \\ -g \end{pmatrix}$$

Aus der Beschleunigung lassen sich durch Integration die Geschwindigkeit und daraus wiederum die Bahn (der Weg) ermitteln.
Allgemein gilt:
$$v(t) = \int a\, dt \quad \text{bzw.} \quad s(t) = \int v\, dt$$
Diese Beziehungen gelten analog auch für die Vektoren $\vec{v}$ und $\vec{s}$. Wenden wir sie auf den schrägen Wurf an und integrieren koordinatenweise, so ergibt sich:

$$\vec{v} = \int \vec{a}\, dt + \vec{v}_0 = \int \begin{pmatrix} 0 \\ 0 \\ -g \end{pmatrix} dt + \begin{pmatrix} v_{0_x} \\ v_{0_y} \\ v_{0_z} \end{pmatrix} = \begin{pmatrix} 0 \\ 0 \\ -gt \end{pmatrix} + \begin{pmatrix} v_{0_x} \\ v_{0_y} \\ v_{0_z} \end{pmatrix} = \begin{pmatrix} v_{0_x} \\ v_{0_y} \\ -gt + v_{0_z} \end{pmatrix}$$

$$\vec{s} = \int \vec{v}\, dt + \vec{s}_0 = \int \begin{pmatrix} v_{0_x} \\ v_{0_y} \\ -gt + v_{0_z} \end{pmatrix} dt + \begin{pmatrix} s_{0_x} \\ s_{0_y} \\ s_{0_z} \end{pmatrix} = \begin{pmatrix} v_{0_x} t \\ v_{0_y} t \\ -\tfrac{1}{2} g t^2 + v_{0_z} t \end{pmatrix} + \begin{pmatrix} s_{0_x} \\ s_{0_y} \\ s_{0_z} \end{pmatrix} = \begin{pmatrix} v_{0_x} t + s_{0_x} \\ v_{0_y} t + s_{0_y} \\ -\tfrac{1}{2} g t^2 + v_{0_z} t + s_{0_z} \end{pmatrix}$$

Die Anfangswerte $\vec{v}_0$ und S_0 (bzw. $\vec{s}_0$) bestimmen also die Bahn eindeutig.
Soll die Bahn nur in einem Zeitintervall $[t_1; t_2]$ berechnet werden, so nutzen wir die
bestimmten Integrale $\vec{v} = \int_{t_1}^{t_2} \vec{a}\, dt + \vec{v}_0$ und $\vec{s} = \int_{t_1}^{t_2} \vec{v}\, dt + \vec{s}_0$.

Die Bahnkurve lässt sich dann darstellen als: $\vec{s} = \begin{pmatrix} v_{0_x}(t_2 - t_1) + s_{0_x} \\ v_{0_y}(t_2 - t_1) + s_{0_y} \\ -\tfrac{1}{2} g(t_2^2 - t_1^2) + v_{0_z}(t_2 - t_1) + s_{0_z} \end{pmatrix}$

Übungen

1. Das Trägheitsmoment eines Hohlzylinders (siehe Abbildung) lässt sich nach folgender Gleichung berechnen:

   $J = \frac{1}{2} m (r_a^2 + r_i^2)$

   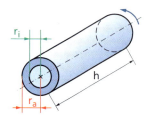

   a) *Leite Sie* diese Gleichung aus der allgemeinen Gleichung für das Trägheitsmoment (siehe S. 270) *her*.

   b) Zwei gerade Zylinder mit gleichem Außenradius und gleicher Höhe haben die gleiche Masse. Einer dieser Körper ist ein Vollzylinder, der andere ein Hohlzylinder.
   Beide Zylinder rollen aus gleicher Höhe und zur selben Startzeit eine geneigte Ebene hinunter. Was vermuten Sie?
   Begründen Sie Ihre Vermutung.

   c) *Überlegen Sie*, warum die Trägheitsmomente vieler Körper nur experimentell bestimmt werden können.

2. a) *Leiten Sie* für den waagerechten Wurf aus $\vec{a} = \begin{pmatrix} 0 \\ 0 \\ -g \end{pmatrix}$ sowie den Anfangsbedingungen $\vec{s}_0 = \begin{pmatrix} 0 \\ 0 \\ s_{0_z} \end{pmatrix}$ mit $s_{0_z} = 10\,\text{m}$ und $\vec{v}_0 = \begin{pmatrix} 0 \\ v_{0_y} \\ 0 \end{pmatrix}$ mit $v_{0_y} = 11\,\frac{\text{m}}{\text{s}}$ die Gleichung zur Berechnung der Bahnkurve *her*.

   b) *Berechnen Sie* die Zeit, nach welcher ein Körper, der sich bei den unter a) gegebenen Bedingungen bewegt, auf die Erde trifft (unter der Voraussetzung, dass sich die xy-Ebene des Koordinatensystems auf der Erdoberfläche befindet).

3. Eine Spiralfeder (mit Federkonstante $D = 0{,}5\,\frac{\text{N}}{\text{cm}}$), die um 1 cm gespannt wurde, wird um einen weiteren Zentimeter gedehnt.

   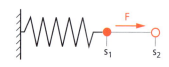

   a) *Berechnen Sie*, wie groß bei dieser erneuten Dehnung die an der Feder verrichtete Arbeit ist.

   b) *Stellen Sie* die an der Feder verrichtete Arbeit grafisch *dar*.

4. a) Für die geradlinig gleichmäßig beschleunigte Bewegung gilt $a(t) = a = \text{const.}$
   Leiten Sie daraus mithilfe der Integralrechnung das Weg-Zeit-Gesetz für diese Bewegung *her*.

   b) *Geben Sie an*, unter welchen Bedingungen das Weg-Zeit-Gesetz für eine geradlinig gleichmäßig beschleunigte Bewegung mit $s(t) = \frac{1}{2} a t^2$ angenommen werden kann.

5. Fließt ein elektrischer Strom I, so wird eine Ladung $Q = \int_{t_1}^{t_2} I(t)\,dt$ transportiert.

   Berechnen Sie die elektrische Ladung, die in der zweiten Sekunde eines Entladevorgangs fließt, wenn der Strom-Zeit-Verlauf durch die Funktionsgleichung $I(t) = 0{,}5\,t^3$ gegeben ist.

3 Anwendungen der Integralrechnung

3.3 Rotationskörper und Bogenlängen

Die Dresdner Frauenkirche (siehe auch S. 174) zählt zu den bedeutendsten Kuppelbauten Europas.
Die Beschaffenheit der Träger, auf denen die Kuppel verankert ist, hängt unter anderem von deren Masse ab. Diese Masse soll rechnerisch ermittelt werden.

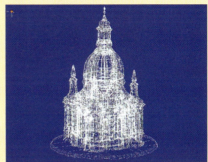

Mittels eines Modells (CAD-Datensatz) ist es möglich, einen Schnitt durch die Mitte der Kuppel zu legen.

In diesen Schnitt werden nun horizontale Linien gleichen Abstands gezeichnet. Die Schnittstellen der Geraden mit der Außen- und Innenschale der Kuppel ergeben die genauen Funktionspunkte.

(Auf der CD zu diesem Buch ist ein derartiger Schnitt durch ein Modell der Kuppel einschließlich der Koordinaten ausgewählter Punkte angegeben.)

Arbeitsaufträge

1. Für die Ermittlung der Koordinaten wurde das oben abgebildete Modell im Maßstab 1 : 220 benutzt. Rechnen Sie die auf der CD in Millimeter angegebenen Koordinaten der Messpunkte so um, dass sie deren wahren Abmessungen entsprechen.
2. Näherungsweise können die Außen- und Innenschale der Kuppel durch ganzrationale Funktionen 3. Grades beschrieben werden. Wählen Sie geeignete Messpunkte aus und bestimmen Sie entsprechende Funktionsterme.
3. Die Graphen dieser Funktionen und die Achse begrenzen im betrachteten Intervall jeweils eine Fläche. Bei Rotation dieser Flächen um die x-Achse entstehen zwei Körper, die näherungsweise die Innen- und Außenschale der Kuppel beschreiben. Das Volumen solcher sogenannter Rotationskörper lässt sich rechnerisch mithilfe der Integralrechnung ermitteln. Beschreiben Sie, wie man dabei vorgehen könnte.

3 Anwendungen der Integralrechnung

Auf einem Abschnitt einer Eisenbahnstrecke sollen die Gleise neu verlegt werden.

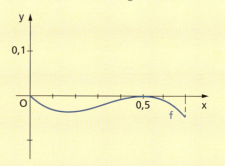

Der Verlauf dieses Streckenabschnitts ist im rechten Bild dargestellt (eine Koordinateneinheit entspricht 1 km). Näherungsweise lässt er sich durch die Funktion f mit $f(x) = -2x^3 + 2x^2 - 0{,}5x$ beschreiben.

Arbeitsaufträge

1. Überlegen Sie sich eine Methode, mit der man ungefähr die Länge des oben dargestellten Streckenabschnittes bestimmen kann.
2. Ermitteln Sie mit dieser Methode die Länge des Streckenabschnittes.

Da CAS die Möglichkeit bieten, dreidimensionale Grafiken zu zeichnen, lassen sich damit auch Rotationskörper veranschaulichen. Die dabei um die x-Achse oder um die y-Achse rotierenden Funktionsgraphen werden durch Parametergleichungen (siehe S. 12) definiert.

Die folgenden Abbildungen von Rotationskörpern wurden mit den CAS Derive und Mathcad erzeugt. Entsprechende interaktive Arbeitsblätter und Anleitungen zum selbstständigen Erzeugen solcher 3-D-Darstellungen befinden sich auf der CD.

(1) Rotation des Graphen der Funktion $f(x) = \frac{1}{5}x^2$ um die x-Achse

(2) Rotation des Graphen der Funktion $f(x) = \frac{1}{2}x^2 + 1$ um die y-Achse

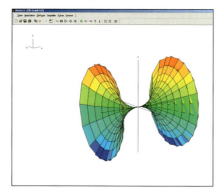
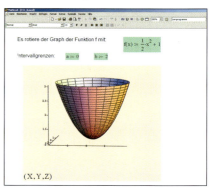

3 Anwendungen der Integralrechnung

Volumen von Rotationskörpern

Anhand des ersten Einstiegsbeispiels (siehe S. 275) haben wir gesehen, dass sich ein Körper mit bestimmten Symmetrieeigenschaften als durch Rotation einer Kurve bzw. einer Fläche um eine Achse entstanden vorstellen lässt. Einen solchen Körper nennt man **Rotationskörper.**

Zur Ermittlung des Volumens von Rotationskörpern geht man so vor, wie in Abschnitt 1.2 am Beispiel eines Kreiskegels demonstriert:
Der Körper wird in Zylinderscheiben zerlegt, mit denen man das Volumen des Körpers zum einen „von innen", zum anderen „von außen" annähert.

Wir betrachten zunächst den Fall, dass ein Rotationskörper durch Rotation des Graphen der stetigen Funktion f um die x-Achse entsteht.

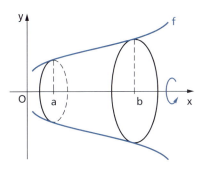
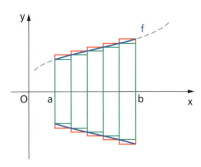

Die zur x-Achse senkrechten Querschnittsflächen sind Kreisflächen mit dem Inhalt $A = \pi r^2$. Da der Radius r dem Funktionswert $f(x)$ an dieser Stelle entspricht, folgt für den Inhalt der Querschnittsflächen $A = \pi \cdot [f(x)]^2$. Der Rotationskörper wird durch zwei solcher Querschnittsflächen mit $x_1 = a$ und $x_2 = b$ begrenzt.

Zerlegen wir nun das Intervall $a \leq x \leq b$ (analog dem Vorgehen für die Berechnung von Flächeninhalten) in zylindrische Scheiben der Dicke d und summieren die Volumina dieser Scheiben auf, wird der Wert umso genauer, je kleiner d ist.
Der Grenzwert der auf diese Weise entstandenen Folge von Ober- oder Untersummen bei der Annäherung des Volumens des Körpers von innen und von außen entspricht dem gesuchten Volumen.

> **Volumen eines Rotationskörpers (bei Rotation um die x-Achse)**
> Die Fläche zwischen dem Graphen der stetigen Funktion f und der x-Achse rotiere im Intervall $[x_1; x_2]$ um die x-Achse.
> Für das Volumen des entstehenden Rotationskörpers gilt dann:
> $$V_x = \pi \cdot \int_{x_1}^{x_2} [f(x)]^2 \, dx$$

3 Anwendungen der Integralrechnung

Volumenberechnung bei Rotation um die x-Achse

Die Fläche unter dem Graphen der Funktion f mit $f(x) = x + 1$ rotiere im Intervall [1; 3] um die x-Achse. Es ist das Volumen des entstehenden Rotationskörpers zu berechnen.

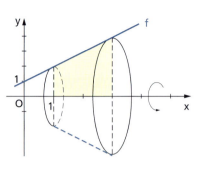

Die Anwendung obiger Formel liefert:

$$V_x = \pi \cdot \int_1^3 (x+1)^2 \, dx$$

$$= \pi \cdot \left[\frac{(x+1)^3}{3}\right]_1^3 = \pi \cdot \left(\frac{64}{3} - \frac{8}{3}\right) = \frac{56}{3}\pi \approx 58{,}64$$

Das Volumen des entstehenden Kreiskegelstumpfes beträgt also etwa 58,6 VE.

Hinweis: Zum gleichen Ergebnis kommt man bei Anwendung der allgemeinen Formel für das Volumen von Kegelstümpfen. Mit $r_1 = 2$, $r_2 = 4$ und $h = 2$ folgt:
$V = \frac{\pi}{3} \cdot 2(4 + 2 \cdot 4 + 16) = \frac{56}{3}\pi$

Gesucht ist das Volumen des Rotationskörpers, der entsteht, wenn die Fläche zwischen dem Graphen von f mit $f(x) = \sqrt{x-1}$ $(x \geq 1)$ und der x-Achse im Intervall [1; 8] um die x-Achse rotiert.

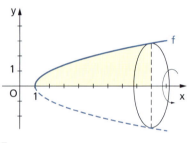

$$V_x = \pi \cdot \int_1^8 (\sqrt{x-1})^2 \, dx = \pi \cdot \int_1^8 (x-1) \, dx$$

$$= \pi \cdot \left[\frac{1}{2}x^2 - x\right]_1^8 = \pi \cdot \left[32 - 8 - \left(\frac{1}{2} - 1\right)\right] = \frac{49}{2}\pi \approx 76{,}97$$

Das Volumen des entstehenden Paraboloids beträgt etwa 77,0 VE.

Rotiert der Graph einer stetigen Funktion $y = f(x)$ in einem Intervall $y_1 \leq y \leq y_2$ um die y-Achse, dann lässt sich eine analoge Formel für das Volumen des so entstehenden Rotationskörpers herleiten. Auch hier sind die zur y-Achse senkrechten Querschnittsflächen Kreisflächen, und zwar mit dem Radius $r = x = \bar{f}(y)$ (wobei $\bar{f}$ die Umkehrfunktion von f ist). Dann lässt sich eine solche Querschnittsfläche durch $A = \pi[\bar{f}(y)]^2$ berechnen. Daraus ergibt sich:

Volumen eines Rotationskörpers (bei Rotation um die y-Achse)
Die Fläche zwischen dem Graphen der stetigen Funktion f und der y-Achse rotiere im Intervall $[y_1; y_2]$ um die y-Achse und es sei $\bar{f}$ die Umkehrfunktion von f. Für das Volumen des entstehenden Rotationskörpers gilt dann:

$$V_y = \pi \cdot \int_{y_1}^{y_2} [\bar{f}(y)]^2 \, dy$$

3 Anwendungen der Integralrechnung

Volumenberechnung bei Rotation um die y-Achse

Der Graph der Funktion f mit
$f(x) = 3x^2 - 2$ schließt im Intervall $\left[0; \sqrt{\frac{2}{3}}\right]$
mit der x-Achse eine Fläche ein. Bei Rotation der Fläche um die y-Achse entsteht ein Rotationskörper, dessen Volumen berechnet werden soll.

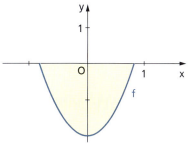

Die Integrationsgrenzen erhalten wir mit
$y_1 = f(0) = -2$ und $y_2 = f\left(\sqrt{\frac{2}{3}}\right) = 0$.

Nun müssten wir eine Gleichung der Umkehrfunktion $\bar{f}$ bilden, indem wir die Funktionsgleichung nach x umstellen. Da in der Volumenformel aber das Quadrat der Umkehrfunktion auftritt, stellen wir die Gleichung der Funktion f gleich nach x^2 um:

$$x^2 = \frac{f(x) + 2}{3} = \frac{y + 2}{3}$$

Damit lässt sich das Volumen wie folgt berechnen:

$$V_y = \pi \cdot \int_{-2}^{0} x^2 \, dy = \pi \cdot \int_{-2}^{0} \frac{y+2}{3} \, dy = \pi \cdot \int_{-2}^{0} \left(\frac{1}{3}y + \frac{2}{3}\right) dy = \pi \cdot \left[\frac{1}{6}y^2 + \frac{2}{3}y\right]_{-2}^{0} = \pi \cdot \left[0 - \left(\frac{2}{3} - \frac{4}{3}\right)\right] = \frac{2}{3}\pi \approx 2{,}09$$

Das Volumen beträgt rund 2,09 VE.

Bogenlänge einer ebenen Kurve

Im Folgenden wenden wir uns dem im zweiten Einführungsbeispiel gestellten Problem zu – der Ermittlung der Bogenlänge einer ebenen Kurve.

Hierfür betrachten wir eine im Intervall [a; b] differenzierbare Funktion f und zerlegen (wie bei der Einführung der Berechnung von Flächeninhalten) das Intervall in Teilintervalle (siehe Bild).

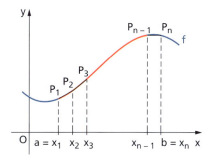

Werden je zwei benachbarte Punkte durch Strecken verbunden, so entsteht ein Streckenzug $P_1P_2...P_n$.

Für dessen Länge l gilt:

$l = \overline{P_1P_2} + \overline{P_2P_3} + ... + \overline{P_{n-1}P_n}$ bzw.

$l = \sqrt{(x_2 - x_1)^2 + (y_2 - y_1)^2} + \sqrt{(x_3 - x_2)^2 + (y_3 - y_2)^2} + ... + \sqrt{(x_n - x_{n-1})^2 + (y_n - y_{n-1})^2}$

Mit $x_i - x_{i-1} = \Delta x_i$ und $y_i - y_{i-1} = \Delta y_i$ sowie der Benutzung des Summenzeichens erhalten wir:

$$l = \sum_{i=2}^{n} \sqrt{\Delta x_i^2 + \Delta y_i^2}$$

Ausklammern von Δx_i^2 im Term unter der Wurzel und teilweises Radizieren führt zu:

$$l = \sum_{i=2}^{n} \sqrt{\Delta x_i^2 + \Delta y_i^2} = \sum_{i=2}^{n} \sqrt{\left(1 + \frac{\Delta y_i^2}{\Delta x_i^2}\right) \cdot \Delta x_i^2} = \sum_{i=2}^{n} \sqrt{1 + \left(\frac{\Delta y_i}{\Delta x_i}\right)^2} \cdot \Delta x_i$$

3 Anwendungen der Integralrechnung

Der Term $\frac{\Delta y_i}{\Delta x_i}$ entspricht dem aus der Differenzialrechnung bekannten Differenzenquotienten der Funktion f.

Bilden wir dessen Grenzwert, d. h., lassen wir die Teilintervalle immer kleiner werden, so folgt $\lim\limits_{\Delta x \to 0} \frac{\Delta y_i}{\Delta x_i} = f'(x)$, und es gilt:

$$l = \sum_{n=1}^{n} \sqrt{1 + [f'(x)]^2} \cdot \Delta x_i$$

Der Grenzwert dieser Summe bei beliebig feiner Zerlegung (n → ∞) führt zu einer Formel zur Berechnung der Bogenlänge.

> **Bogenlänge**
> Es sei f eine im Intervall [a; b] differenzierbare Funktion. Dann berechnet sich die Länge des Kurvenstückes (Abschnitts des Graphen der Funktion) zwischen zwei Punkten $P_a(a; f(a))$ und $P_b(b; f(b))$ folgendermaßen:
>
> $$s = \int_a^b \sqrt{1 + [f'(x)]^2}\, dx$$

Gesucht ist die Bogenlänge des Kurvenstückes der Funktion f mit $f(x) = 3\sqrt{x^3}$ im Intervall [0; 1].
Zum Berechnen der Bogenlänge benötigen wir die erste Ableitung der Funktion f:

$f(x) = 3\sqrt{x^3} = 3 \cdot x^{\frac{3}{2}} \Rightarrow f'(x) = 3 \cdot \frac{3}{2} \cdot x^{\frac{1}{2}} = \frac{9}{2}\sqrt{x}$

Damit ergibt sich für die Bogenlänge:

$$s = \int_0^1 \sqrt{1 + \left(\frac{9}{2}\sqrt{x}\right)^2}\, dx = \int_0^1 \sqrt{1 + \frac{81}{4}x}\, dx = \int_0^1 \left(1 + \frac{81}{4}x\right)^{\frac{1}{2}} dx = \left[\frac{4}{81} \cdot \frac{2}{3} \cdot \left(1 + \frac{81}{4}x\right)^{\frac{3}{2}}\right]_0^1$$

$$= \left[\frac{8}{243} \cdot \sqrt{\left(1 + \frac{81}{4}x\right)^3}\right]_0^1 \approx 3{,}19$$

Hinweis: Es empfiehlt sich, zur Berechnung ein CAS zu verwenden (siehe nebenstehendes Bild).

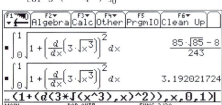

Gesucht ist die Länge einer Asteroide (Sternkurve) mit der Gleichung $x^{\frac{2}{3}} + y^{\frac{2}{3}} = a^{\frac{2}{3}}$ bzw. $y = \left(a^{\frac{2}{3}} - x^{\frac{2}{3}}\right)^{\frac{3}{2}}$.

Damit gilt: $y' = \frac{3}{2}\left(a^{\frac{2}{3}} - x^{\frac{2}{3}}\right)^{\frac{1}{2}} \cdot \left(-\frac{2}{3}x^{-\frac{1}{3}}\right) = -x^{-\frac{1}{3}}\left(a^{\frac{2}{3}} - x^{\frac{2}{3}}\right)^{\frac{1}{2}}$

Durch Einsetzen in die Formel zur Berechnung der Bogenlänge ergibt sich für ein Kurvenviertel:

$$\frac{s}{4} = \int_0^a \sqrt{1 + x^{-\frac{2}{3}}\left(a^{\frac{2}{3}} - x^{\frac{2}{3}}\right)}\, dx = \int_0^a \sqrt{1 + a^{\frac{2}{3}}x^{-\frac{2}{3}} - 1}\, dx = \int_0^a a^{\frac{1}{3}}x^{-\frac{1}{3}}\, dx = \left[\frac{3}{2}a^{\frac{1}{3}}x^{\frac{2}{3}}\right]_0^a = \frac{3}{2}a$$

Für die gesamte Kurve erhält man somit s = 6a.

3 Anwendungen der Integralrechnung

Übungen

1. Die Gerade $g(x) = -2x + 3$ schließt mit den Koordinatenachsen eine Fläche ein. Bei Drehung dieser Fläche um die x-Achse entsteht ein Kreiskegel.
   a) *Berechnen Sie* das Volumen des Kreiskegels mithilfe der Volumenformel.
   b) *Berechnen Sie* das Volumen des Kreiskegels mithilfe des Volumenintegrals.
   c) *Leiten Sie* die Formel mithilfe des Volumenintegrals *her*.

2. Der Graph der Funktion f schließt mit der x-Achse und den Geraden $x = c_1$ und $x = c_2$ eine Fläche ein, die bei Rotation um die x-Achse einen Rotationskörper erzeugt. *Berechnen Sie* das Volumen dieses Körpers.
   a) $f(x) = e^x$ $\quad c_1 = 0; c_2 = 1$
   b) $f(x) = x^4 - x^2$ $\quad c_1 = -1; c_2 = 1$
   c) $f(x) = \sqrt{x+2}$ $\quad c_1 = -1; c_2 = 2$
   d) $f(x) = e^{x+1}$ $\quad c_1 = 0; c_2 = 1$
   e) $f(x) = x \cdot \sqrt{\ln x}$ $\quad c_1 = 2; c_2 = 3$
   f) $f(x) = \sqrt{x \cdot \sin x}$ $\quad c_1 = -3; c_2 = 3$

3. Der Graph der Funktion f schließt mit der x-Achse eine Fläche ein, die bei Rotation um die x-Achse einen Rotationskörper erzeugt. *Ermitteln Sie* mithilfe eines CAS das Volumen dieses Körpers.
   a) $f(x) = e^{x^2-1} - 2$
   b) $f(x) = (x^2-1) \cdot e^x$
   c) $f(x) = -x^4 + x^2 + 4$
   d) $f(x) = (\ln x)^2 + \ln x$
   e) $f(x) = \sin x + \sqrt{x} - 2$
   f) $f(x) = \frac{x^2 + 3x}{x - 1}$

4. Die Graphen der Funktionen f und g schließen im Intervall [a; b] eine Fläche ein. Bei Rotation dieser Fläche um die x-Achse entsteht ein Rotationskörper. *Ermitteln Sie* dessen Volumen.
   a) $f(x) = \sqrt{x} + 2$; $g(x) = \frac{1}{2}x$ $\quad [0; 3]$
   b) $f(x) = e^{2x-1}$; $g(x) = \ln x + 1$ $\quad [1; 2]$
   c) $f(x) = \frac{1}{3}x^2$; $g(x) = 1$ $\quad [2; 4]$
   d) $f(x) = \sin(2x + \pi)$; $g(x) = x$ $\quad [2; 3]$

5. Die von den Graphen der Funktionen f und g eingeschlossene Fläche rotiert um die x-Achse. *Berechnen Sie* das Volumen des entstehenden Rotationskörpers.
   a) $f(x) = -0{,}5x^2$; $g(x) = -x$
   b) $f(x) = \frac{1}{x} \cdot \sin x$; $g(x) = \frac{1}{2}$
   c) $f(x) = (\ln x)^2$; $g(x) = \frac{1}{4}x$
   d) $f(x) = e^{-x^2-1}$; $g(x) = \sin x - 0{,}5$

6. Der Graph der Funktion f schließt mit der y-Achse sowie den Geraden $y = f(c_1)$ und $y = f(c_2)$ eine Fläche ein, die bei Rotation um die y-Achse einen Rotationskörper erzeugt. *Berechnen Sie* das Volumen dieses Körpers.
   a) $f(x) = x^3$ $\quad y = f(0); y = f(1)$
   b) $f(x) = \sqrt{2x-1}$ $\quad y = f(1); y = f(2)$
   c) $f(x) = \frac{1}{x-1}$ $\quad y = f(1{,}5); y = f(2)$
   d) $f(x) = e^{x-1}$ $\quad y = f(1); y = f(3)$
   e) $f(x) = \frac{1}{\sqrt{2x-1}}$ $\quad y = f(1); y = f(2)$
   f) $f(x) = \ln 2x$ $\quad y = f\left(\frac{1}{2}\right); y = f\left(\frac{e}{2}\right)$

7. *Berechnen Sie* die Bogenlänge des Kurvenstückes von f im Intervall [a; b].
   a) $f(x) = 2\sqrt{x^3}$ $\quad [0; 1]$
   b) $f(x) = \sqrt{4 - x^2}$ $\quad [0; 2]$

   Hinweis: Es gilt $\int \frac{dx}{a^2 - x^2} = \sin^{-1}\left(\left|\frac{1}{a}\right| \cdot x\right) + C$.

8. *Ermitteln Sie* die Bogenlänge des Kurvenstückes von f im Intervall [a; b].
   a) $f(x) = \frac{x-1}{(x+1)^2}$ $\quad [-0{,}5; 1]$
   b) $f(x) = \frac{\ln x}{x}$ $\quad [1; 4]$
   c) $f(x) = x \cdot \sin x$ $\quad [1; \pi]$
   d) $f(x) = e^{2x-1}$ $\quad [0; 1]$

Gemischte Aufgaben

1. Für ein Restaurant soll eine Tafel zum Anbringen der Tageskarte gefertigt werden. Die Form dieser Tafel ist nebenstehend dargestellt (wobei eine Einheit in der Abbildung 10 cm entspricht).
   Die maximale Höhe der Tafel ist mit 60 cm, die Höhe an den Seiten mit 51 cm angegeben.
   Berechnen Sie die Fläche der Tafel.
   Hinweis: Die obere Begrenzung kann durch den Graphen einer Parabel der Form $y = f(x) = ax^2 + b$ angenähert werden.

   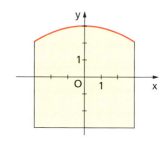

2. *Leiten Sie* mithilfe der Integralrechnung die Gleichung zur Berechnung des Flächeninhalts eines Quadrates *her*.

3. Ein Halbkreis mit dem Mittelpunkt M(0; 0) lässt sich durch die Funktion f mit $f(x) = \sqrt{r^2 - x^2}$ ($x \in \mathbb{R}$; $-r \leq x \leq r$) beschreiben (wobei r der Radius des Halbkreises ist).
   a) *Ermitteln Sie* unter Zuhilfenahme der Integralrechnung den Flächeninhalt des Halbkreises für r = 2 (LE).
   b) *Berechnen Sie* diesen Flächeninhalt auch mithilfe der aus der Planimetrie bekannten Formeln für Kreisflächen.
   c) Für einen kreisförmigen Spiegel soll ein Rahmen aus Gips gearbeitet werden. Der innere Radius des Rahmens bedarf einer Größe von 30 cm, der äußere Radius soll eine Größe von 35 cm und die Dicke des Rahmens einen Wert von 3 cm haben.
   Ermitteln Sie mithilfe von zwei verschiedenen Vorgehensweisen den Materialbedarf.

4. Die Wachstumsgeschwindigkeit v einer Birke mittleren Wuchses lässt sich bei einer Lebensdauer von 60 Jahren näherungsweise durch die folgende Funktion v beschreiben:
   $$v(t) = \frac{380 \cdot 1{,}2214^t}{(1{,}2214^t + 100)^2}$$

   a) *Geben Sie* eine Funktion h *an*, welche die Höhe der Birke in Abhängigkeit von der Zeit beschreibt.
   b) *Stellen Sie* die Funktionen v(t) und h(t) *grafisch dar*.
   c) *Bestimmen Sie* die Höhe der Birke nach 20 Jahren.
   d) *Bestimmen Sie* die Höhenzunahme der Birke in den letzten zehn Jahren.

5. *Leiten Sie* mithilfe der Integralrechnung die Gleichung für die Berechnung des Volumens einer Kugel *her*.
   Hinweis: Nutzen Sie die in Aufgabe 3 gegebene Funktionsgleichung für einen Halbkreis.

6. Gegeben ist eine Funktionsschar f_a durch $f_a(x) = \frac{1}{a} x \cdot e^x$ (für a > 0). Die Fläche, die der Graph von f_a im Intervall [0; 2] mit der x-Achse einschließt, rotiere um diese Achse.
   a) *Berechnen Sie* das Volumen des entstehenden Rotationskörpers in Abhängigkeit von a.
   b) *Ermitteln Sie* $\lim_{a \to \infty} V(a)$.

7. *Bestimmen Sie* die Bogenlänge des Kurvenstücks von f mit $f(x) = e^x + e^{-x}$ im Intervall [0; 2].

Gemischte Aufgaben

8. Im Jahre 1854 entwickelte HEINRICH GÖBEL (1818 bis 1893) die erste Glühlampe, die etwa 25 Jahre später von THOMAS ALVA EDISON (1847 bis 1931) so vervollkommnet wurde, dass sie zu Beleuchtungszwecken benutzt und industriell hergestellt werden konnte.
   Die obere Randfunktion der Querschnittsfläche einer heute maschinell produzierten Glühlampe (siehe linkes Bild) lässt sich näherungsweise durch eine Funktion f mit folgender Gleichung beschreiben (siehe zugehörigen Graphen im rechten Bild):
   $f(x) = 1{,}3325 \cdot 10^{-4} + 6{,}2609x - 8{,}997x^2 + 8{,}5908x^3 - 5{,}1182x^4 + 1{,}9292x^5 - 0{,}4672x^6 + 7{,}2277 \cdot 10^{-2}x^7 - 6{,}8857 \cdot 10^{-4}x^9 - 8{,}4165 \cdot 10^{-6}x^{10}$

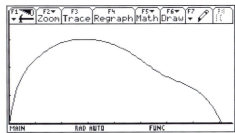

   a) *Ermitteln Sie* das Volumen des luftleeren Glaskolbens.
   b) *Bestimmen Sie* das Volumen experimentell, indem Sie eine solche Glühlampe in einen mit Wasser gefüllten Messbecher tauchen und das von ihr verdrängte Volumen messen. *Vergleichen Sie* den gemessenen mit dem in Teilaufgabe a) berechneten Wert.

9. Ein Tank für eine Ölheizung hat die Form eines Kreiszylinders mit dem Radius r = 0,5 m und der Länge *l* = 1,5 m. Er wird liegend in die Erde eingegraben.
   Es soll festgestellt werden, wie viel Heizöl im Tank ist. Dazu wird eine Messlatte benötigt, die man in den Tank bis zum Boden einführt und auf der das Volumen des Öls entsprechend der Füllstandshöhe angegeben ist.
   Erstellen Sie eine Skala für eine derartige Messlatte. Wählen Sie dafür eine Skalierung im Abstand von 10 cm.

10. Eine Funktionsschar f_a ist gegeben durch $f_a(x) = a \cdot x^{\frac{3}{2}}$ mit a > 0.
    a) *Ermitteln Sie* die Bogenlänge des Graphen von f_a im Intervall [0; 10] in Abhängigkeit von a.
    b) *Untersuchen Sie* die Bogenlänge für a → ∞.
    c) Bei Rotation der Fläche zwischen dem Graphen von f_a und der y-Achse entsteht ein Rotationskörper. *Bestimmen Sie* dessen Volumen in Abhängigkeit von a im Intervall $[f_a(1); f_a(2)]$. *Berechnen Sie* das Volumen für a = 1.

11. Der Verlauf einer Landstraße lässt sich im Intervall [0; 60] näherungsweise durch die Funktion f mit $f(x) = \dfrac{10 \cdot e^{0{,}1x}}{e^{0{,}1x} + 20}$ beschreiben.
    Der Graph von f ist nebenstehend dargestellt (wobei 10 LE einem Kilometer entsprechen).
    Bestimmen Sie die Länge des Straßenabschnitts.

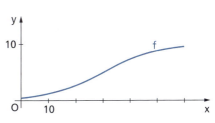

Im Überblick

Flächeninhaltsberechnungen

(1) Flächen zwischen dem Graphen einer stetigen Funktion f und der x-Achse

Liegt die Fläche vollständig ober- bzw. unterhalb der x-Achse, d. h., ist $f(x) \geq 0$ bzw. $f(x) \leq 0$ für alle $x \in [a; b]$, so gilt:

$$A = \left| \int_a^b f(x)\,dx \right| = \left| [F(x)]_a^b \right| = |F(b) - F(a)|$$

(F Stammfunktion von f)

Hinweis: Für Flächen oberhalb der x-Achse kann auf die Betragsstriche verzichtet werden.

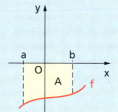

Beispiel: $f(x) = x^3 - 2$; $[-1; 1]$

$$A = \left| \int_{-1}^{1} (x^3 - 2)\,dx \right| = \left| \left[\frac{x^4}{4} - 2x \right]_{-1}^{1} \right|$$

$$= \left| \frac{1}{4} - 2 - \left(-\frac{1}{4} + 2 \right) \right| = |-4| = 4 \text{ (FE)}$$

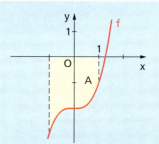

Schneidet der Graph einer Funktion f im Integrationsintervall $[a; b]$ die x-Achse, so ist dieses an den Schnittstellen zu unterteilen und die Flächenteile sind einzeln zu berechen:

$$A = \left| \int_a^{x_1} f(x)\,dx \right| + \left| \int_{x_1}^{x_2} f(x)\,dx \right| + \ldots + \left| \int_{x_n}^{b} f(x)\,dx \right|$$

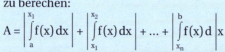

Beispiel: $f(x) = 2 - \frac{1}{2}x^2$; $[0; 3]$

Aus $2 - \frac{1}{2}x^2 = 0$ folgt $x_{N_1} = 2$ und $x_{N_2} = -2$.
Wegen $x_{N_1} \in [a; b]$ gilt:

$$A = \left| \int_0^2 \left(2 - \frac{1}{2}x^2\right)dx \right| + \left| \int_2^3 \left(2 - \frac{1}{2}x^2\right)dx \right|$$

$$= \left| \left[2x - \frac{x^3}{6}\right]_0^2 \right| + \left| \left[2x - \frac{x^3}{6}\right]_2^3 \right| = \left| 4 - \frac{8}{6} \right| + \left| 6 - \frac{27}{6} - \left(4 - \frac{8}{6}\right) \right|$$

$$= \frac{16}{6} + \left| 2 - \frac{19}{6} \right| = \frac{16}{6} + \frac{7}{6} = \frac{23}{6} \text{ (FE)}$$

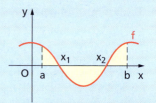

(2) Fläche zwischen den Graphen zweier Funktionen f und g

Für die Fläche zwischen den Graphen der Funktionen f und g mit $f(x) \geq g(x)$ im Intervall $[a; b]$ gilt:

$$A = \int_a^b [f(x) - g(x)]\,dx$$

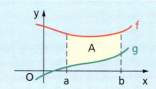

Im Überblick

Beispiel: Allseitig von den Graphen der Funktionen f und g mit $f(x) = x$ bzw. $g(x) = x^2 - 3x$ begrenzte Fläche

Die Graphen von f und g schneiden einander in den Punkten $P_1(0; 0)$ und $P_2(4; 4)$. Somit gilt:

$$A = \int_0^4 [f(x) - g(x)]\,dx = \int_0^4 [x - (x^2 - 3x)]\,dx$$

$$= \int_0^4 (4x - x^2)\,dx = \left[2x^2 - \frac{x^3}{3}\right]_0^4 = 32 - \frac{64}{3} = \frac{32}{3} \text{ (FE)}$$

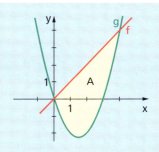

Volumen von Rotationskörpern

Rotiert das Flächenstück zwischen dem Graphen einer Funktion f und der x-Achse im Intervall $[x_1; x_2]$ um die x-Achse, so gilt für das Volumen des so entstehenden Rotationskörpers:

$$V = \pi \int_{x_1}^{x_2} [f(x)]^2\,dx$$

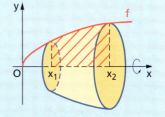

Beispiel: $f(x) = \sqrt{x+1} \quad [0; 3]$

$$V_x = \pi \int_0^3 (\sqrt{x+1})^2\,dx = \pi \int_0^3 (x+1)\,dx$$

$$= \pi \left[\frac{x^2}{2} + x\right]_0^3 = \pi \left(\frac{9}{2} + 3\right) = \frac{15}{2}\pi \approx 23{,}56 \text{ (FE)}$$

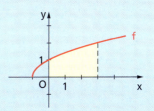

Rotiert das Flächenstück zwischen dem Graphen einer Funktion f und der y-Achse im Intervall $[y_1; y_2]$ um die y-Achse und ist $\bar{f}$ die Umkehrfunktion von f, so gilt für das Volumen des entstehenden Rotationskörpers:

$$V_y = \pi \int_{y_1}^{y_2} [\bar{f}(y)]^2\,dx$$

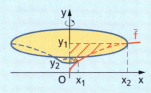

Bogenlänge ebener Kurven

Sei f in [a; b] differenzierbar. Dann hat der Graph von f in [a; b] die folgende Bogenlänge:

$$s = \int_a^b \sqrt{1 + [f'(x)]^2}\,dx$$

Beispiel: $f(x) = \sqrt{x^3} - 2; \quad [0; 1]$

Aus $f(x) = x^{\frac{3}{2}} - 2$ folgt $f'(x) = \frac{3}{2}x^{\frac{1}{2}} = \frac{3}{2}\sqrt{x}$. Somit gilt:

$$s = \int_0^1 \sqrt{1 + \left(\frac{3}{2}\sqrt{x}\right)^2}\,dx = \int_0^1 \sqrt{1 + \frac{9}{4}x}\,dx = \frac{1}{2}\int_0^1 \sqrt{4 + 9x}\,dx$$

$$= \frac{1}{27}\left[\sqrt{(4+9x)^3}\right]_0^1 = \frac{1}{27}\left(\sqrt{13^3} - \sqrt{4^3}\right) = \frac{1}{27}(13\sqrt{13} - 8)$$

$$\approx 1{,}44 \text{ (LE)}$$

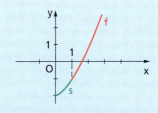

Mosaik

Differenzialgleichungen

Lässt sich eine Funktion f mithilfe einer *Funktionsgleichung* $y = f(x)$ beschreiben, so kann man für jedes x des Definitionsbereichs das zugehörige y berechnen. Lineare Funktionen, deren Graphen durch den Koordinatenursprung gehen, können mittels $y = f(x) = mx$ $(m \in \mathbb{R})$ beschrieben werden. Die Ableitung von $f(x) = mx$ ist $f'(x) = m$.

Wird statt m der Ausdruck f'(x) in die Funktionsgleichung eingesetzt, so erhält man $f(x) = f'(x) \cdot x$ bzw. $f'(x) = \frac{f(x)}{x}$. Diese Gleichung beschreibt zwar immer noch eine lineare Funktion f durch den Koordinatenursprung. Sie gibt jedoch nicht an, wie aus x das zugehörige y zu berechnen ist, sondern sagt aus, wie groß der Anstieg der Funktion in Abhängigkeit vom Paar $(x; f(x))$ ist, und erklärt damit gewissermaßen, wie der Graph der Funktion von irgendeinem Kurvenpunkt ausgehend weiter *verläuft*.

Die Gleichung $f'(x) = \frac{f(x)}{x}$ ist eine *Differenzialgleichung*.

> Jede Gleichung über einer Variablen x aus dem Grundbereich V, mit der eine Funktion $y = f(x)$ gesucht wird und die mindestens eine Ableitung der Funktion f nach der Variablen x enthält, heißt **Differenzialgleichung**.

Folgende Gleichungen sind Beispiele für Differenzialgleichungen, da mit jeder Gleichung eine Funktion f gesucht wird und jede Gleichung eine Ableitung der gesuchten Funktion f enthält:

$f'(x) = 3x^2$ mit $x \in \mathbb{R}$
$f'(x) - r \cdot f(x) = 0$ mit $x, r \in \mathbb{R}$
$f'(x) = -\frac{x}{f(x)}$ mit $x \in \mathbb{R}; f(x) \neq 0$
$f'(x) + f(x) - 2 = 0$ mit $x \in \mathbb{R}$
$f''(x) + 4 \cdot f(x) = 0$ mit $x \in \mathbb{R}$

Einteilung der Differenzialgleichungen

Ein wesentliches Unterscheidungsmerkmal von Differenzialgleichungen ist ihre *Ordnung*.

Die **Ordnung** einer Differenzialgleichung versteht man als Ordnung der höchsten auftretenden Ableitung der gesuchten Funktion in der Differenzialgleichung. So ist $f''(x) + 4 \cdot f(x) = 0$ eine Differenzialgleichung 2. Ordnung; $f'(x) - r \cdot f(x) = 0$ ist eine Gleichung 1. Ordnung.

Ein weiteres Einteilungsmerkmal ist die *Linearität*.

Eine Differenzialgleichung heißt **linear**, wenn die darin enthaltenen Ausdrücke $f(x), f'(x), f''(x)$ bis $f^{(n)}(x)$ ausschließlich in der ersten Potenz vorkommen und nur durch Addition oder Subtraktion miteinander verknüpft sind. Insbesondere bedeutet das:

- Eine Differenzialgleichung 1. Ordnung ist linear, wenn sie sich in der Form $f'(x) + Q \cdot f(x) = S$ schreiben lässt.
- Eine Differenzialgleichung 2. Ordnung ist linear, wenn sie in der Form $f''(x) + Q \cdot f'(x) + R \cdot f(x) = S$ geschrieben werden kann.

(Die in den Gleichungen auftretenden Koeffizienten Q, R und S können sowohl Funktionen von x als auch Zahlen sein, im letzteren Fall werden sie durch kleine Buchstaben angegeben.)

Die jeweils rechte Seite S der obigen Gleichungen wird die **Inhomogenität** der linearen Differenzialgleichung genannt. Ist die Inhomogenität gleich null, so heißt die Differenzialgleichung **homogen**, anderenfalls **inhomogen**.

Im Sinne obiger Erklärungen ist beispielsweise $f'(x) - r \cdot f(x) = 0$ eine homogene lineare Differenzialgleichung 1. Ordnung und $f''(x) + 4 \cdot f(x) = 2$ eine inhomogene lineare Differenzialgleichung 2. Ordnung.

Lösen von Differenzialgleichungen

Eine Funktion f_L mit der Gleichung $y = f_L(x)$ heißt **Lösung einer Differenzialgleichung** mit dem Grundbereich V, wenn sie die Differenzialgleichung für alle $x \in V$ zu einer wahren Aussage macht.

Beispiele

Es ist jeweils zu überprüfen, ob die Funktionen f_1, f_2 bzw. f_3 Lösung der Differenzialgleichung $f'(x) = 2 \cdot f(x)$ ($x \in \mathbb{R}$) sind.

a) $f_1(x) = 2x$

(1) Einsetzen:
Linke Seite (LS): $f_1'(x) = 2$;
Rechte Seite (RS): $2 \cdot f_1(x) = 4x$;
also $2 = 4x$

(2) Auswertung:
Die Gleichung ist nur wahr für $x = 0{,}5$, also nicht für alle $x \in \mathbb{R}$.

(3) Schlussfolgerung:
Die Funktion $f_1(x) = 2x$ ist keine Lösung von $f'(x) = 2 \cdot f(x)$.

b) $f_2(x) = e^{2x}$

(1) LS: $f_2'(x) = 2 \cdot e^{2x}$; RS: $2 \cdot f_2(x) = 2 \cdot e^{2x}$;
also $2 \cdot e^{2x} = 2 \cdot e^{2x}$

(2) Die erhaltene Gleichung ist wahr für alle $x \in \mathbb{R}$.

(3) Die Funktion $f_2(x) = e^{2x}$ ist Lösung von $f'(x) = 2 \cdot f(x)$.

c) $f_3(x) = c \cdot e^{2x}$

(1) LS: $f'(x) = c \cdot 2 \cdot e^{2x}$; RS: $2f(x) = 2 \cdot c \cdot e^{2x}$;
also $2c \cdot e^{2x} = 2c \cdot e^{2x}$

(2) Die erhaltene Gleichung ist wahr für alle $x, c \in \mathbb{R}$.

(3) Alle Funktionen $y = f(x) = c \cdot e^{2x}$ (mit $c \in \mathbb{R}$ beliebig) sind Lösungen von $f'(x) = 2 \cdot f(x)$.

Differenzialgleichungen – sofern sie überhaupt lösbar sind – besitzen eine **Schar** von Lösungsfunktionen, die der gleichen Grundgleichung gehorchen, sich aber durch einen (oder mehrere) Scharparameter unterscheiden.
So enthält die durch $f(x) = c \cdot e^{2x}$ charakterisierte *Lösungsschar* der oben betrachteten Differenzialgleichung für $c = 0$ die Lösung $f(x) = 0$ und für $c = 1$ die Lösung $f(x) = e^{2x}$ (siehe Bild).

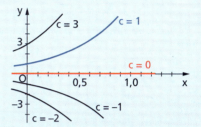

Durch die Wahl des Wertes von c bleibt der exponentielle Verlauf der jeweiligen Lösungsfunktion unberührt. Der Wert von c bestimmt aber, durch welche Punkte P(x; y) der Graph der Lösungsfunktion verläuft. Damit ist es möglich, aus der Lösungsschar eine spezielle Lösung auszuwählen, deren Graph durch einen gegebenen Punkt $P_0(x_0; y_0)$ geht.

Die Aufgabe, aus der Lösungsschar einer Differenzialgleichung diejenige spezielle Lösung auszuwählen, deren Graph durch einen vorgegebenen Punkt verläuft, heißt **Anfangswertproblem**.

Beispiel

Gesucht ist eine Lösung der Differenzialgleichung $f'(x) = 2 \cdot f(x)$ unter der Anfangsbedingung $y_0 = f(1) = 3$.
Da $f(x) = c \cdot e^{2x}$ eine Lösungsschar der Differenzialgleichung ist, folgt aus der Anfangsbedingung:
$y_0 = 3 = c \cdot e^{2 \cdot 1} = c \cdot e^2$, also $c = \frac{3}{e^2} \approx 0{,}406$
Demnach ist $y = f(x) = \frac{3}{e^2} \cdot e^{2x} = 3 \cdot e^{2x-2}$
diejenige Lösung, deren Graph durch den Punkt P_0 geht, also der Bedingung $f(1) = 3$ genügt.

**Lösungsverfahren
für Differenzialgleichungen 1. Ordnung**
Ein allgemeines Lösungsverfahren gibt es nicht, für einige Typen existieren jedoch spezielle Lösungsverfahren.

- *Lösen durch direktes Integrieren*

Gleichungen der Form $f'(x) = g(x)$ mit g als gegebener und f als gesuchter Funktion sind sofort durch Integration lösbar.

Beispiel
Es ist $f'(x) = 3x^2$ $(x \in \mathbb{R})$ zu lösen.
Aus $\int f'(x)\,dx = \int 3x^2\,dx$ folgt sofort
$f(x) + C_1 = x^3 + C_2$ und nach Zusammenfassen der Integrationskonstanten
$f(x) = x^3 + C$ $(C \in \mathbb{R})$.
Allgemeine Lösung von $f'(x) = 3x^2$ ist somit die Funktionsschar $f(x) = x^3 + C$.

Auch andere Typen von Differenzialgleichungen können oft durch geschicktes Umformen in eine direkt integrierbare Form gebracht werden:

- *Lösen durch Trennen der Variablen*

Lässt sich eine explizite Differenzialgleichung 1. Ordnung in der Form
$f'(x) = \frac{g(x)}{h(f(x))}$ bzw. $f'(x) = \frac{g(x)}{h(y)}$ schreiben,
so wird sie auch als Differenzialgleichung mit trennbaren Variablen bezeichnet.
Bei diesem Typ lässt sich eine Seite der Gleichung als *Quotient zweier Funktionen* schreiben, wobei die Funktion im Zähler nur die unabhängige und die im Nenner nur die abhängige Variable enthält – oder umgekehrt. Beispiele dafür sind:
$f'(x) = -\frac{x}{f(x)} = -\frac{x}{y}$
mit $g(x) = (-x)$ und $h(y) = y$;
$f'(x) - r \cdot f(x) = 0$ bzw. $f'(x) = r \cdot y$
mit $g(x) = r$ und $h(y) = \frac{1}{y}$;
$f'(x) + f(x) - 2 = 0$ bzw. $f'(x) = 2 - y$
mit $g(x) = 1$ und $h(y) = \frac{1}{2-y}$.

Für den Fall, dass eine Funktion $y = f(x)$ gesucht ist, die der Gleichung $f'(x) = \frac{g(x)}{h(y)}$ genügt, wird im Folgenden eine allgemeine **Schrittfolge** der Lösungsmethode angegeben.

(1) Trennen der Variablen:
Der Ausdruck $\frac{dy}{dx}$ wird als Bruch mit dem Zähler dy sowie dem Nenner dx betrachtet und die Gleichung $f'(x) = \frac{dy}{dx} = \frac{g(x)}{h(y)}$
in $h(y)\,dy = g(x)\,dx$ umgeformt.
Man fasst also alle Terme, die die Variable x enthalten, auf der einen und alle die Variable y enthaltenden Terme auf der anderen Seite der Gleichung zusammen.

(2) Integrieren:
Man erhält $\int h(y)\,dy = \int g(x)\,dx$ und somit $H(y) = G(x) + C$.
(H ist Stammfunktion von h, G Stammfunktion von g. Die Integrationskonstanten wurden zusammengefasst.)

(3) Umstellen der erhaltenen Gleichung nach $y = f(x)$

Beispiel
Zu lösen ist $f'(x) - r \cdot f(x) = 0$ $(r \in \mathbb{R})$.
Man schreibt die Differenzialgleichung in der Form $\frac{dy}{dx} = r \cdot y$.
Eine triviale Lösung stellt die konstante Funktion $y = f(x) = 0$ dar. Von größerem Interesse ist jedoch der Fall $y = f(x) \neq 0$.
(1) Trennen der Variablen:
Aus $\frac{dy}{dx} = ry$ ergibt sich $\frac{dy}{y} = r \cdot dx$
(2) Integrieren:
$\int \frac{dy}{y} = \int r\,dx \Rightarrow \ln|y| = rx + C$ $(C \in \mathbb{R})$
(3) Umstellen nach y:
$e^{\ln|y|} = |y| = e^{rx + C} = e^C \cdot e^{rx} = d \cdot e^{rx}$
mit $e^C = d$; $d \in \mathbb{R}$; $d > 0$

Fallunterscheidung:
1. Fall: $y > 0$ $|y| = y = d \cdot e^{rx}$, also
$y = f_1(x) = d \cdot e^{rx}$ $(d \in \mathbb{R}; d > 0)$
2. Fall: $y < 0$ $|y| = -y = d \cdot e^{rx}$, also
$y = f_2(x) = -d \cdot e^{rx}$ $(d \in \mathbb{R}; d > 0)$

Beide Fälle werden durch $k = \pm d$ zu einer Lösung zusammengefasst.
Wird noch die triviale Lösung (für die $k = 0$ gilt) einbezogen, so ergibt sich die Funktionsschar $y = f(x) = k \cdot e^{rx}$ $(k \in \mathbb{R})$ mit dem Scharparameter k als allgemeine Lösung.
Für $r = 1$ erhält man als Spezialfall die folgende Differenzialgleichung:
$f'(x) - f(x) = 0$ bzw. $f'(x) = f(x)$
Diese besitzt die Lösung $y = f(x) = k \cdot e^x$.

- *Lösen linearer Differenzialgleichungen mit konstanten Koeffizienten*

Eine lineare Differenzialgleichung 1. Ordnung mit konstanten Koeffizienten hat die folgende Form:
$f'(x) + q \cdot f(x) = s$ $(q, s \in \mathbb{R})$

> Für $x, q, s \in \mathbb{R}$ besitzt $f'(x) + q \cdot f(x) = s$ die *allgemeine Lösung*
> $y = f(x) = \begin{cases} k + sx, & \text{wenn } q = 0 \\ k \cdot e^{-qx} + \frac{s}{q}, & \text{wenn } q \neq 0 \end{cases}$ $(k \in \mathbb{R}$ bel.$)$

Beispiel
Zu lösen ist $f'(x) + f(x) = 2$ $(x \in \mathbb{R})$ unter der Anfangsbedingung $y_0 = f(0) = 0$.

Diese lineare Differenzialgleichung hat die Koeffizienten $q = 1$ und $s = 2$.
Da $q \neq 0$ ist, lautet die *allgemeine Lösung*
$y = f(x) = \frac{2}{1} + k \cdot e^{-x} = 2 + k \cdot e^{-x}$ $(k \in \mathbb{R})$.

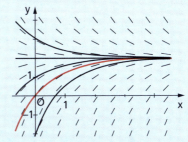

Aus $y_0 = f(0) = 2 + k \cdot e^0 = 2 + k = 0$ ergibt sich für den Scharparameter $k = -2$. Die der Anfangsbedingung genügende (partikuläre) Lösung ist also $y = f(x) = 2 - 2 \cdot e^{-x}$.
Die Abbildung zeigt das Richtungsfeld der Differenzialgleichung sowie mehrere Lösungsfunktionen. (↗ 💿)

Lösungsverhalten linearer Differenzialgleichungen 1. Ordnung mit konstanten Koeffizienten $f'(x) + q \cdot f(x) = s$ in Abhängigkeit von den Parametern q und s					
q	s	Differenzialgleichung	Lösung	Lösungsverlauf ($c \in \mathbb{R}$; $c \neq 0$)	
0	s	$f'(x) = s$	$y = c + sx$ lineare Funktion	Geraden, in Abhängigkeit vom Vorzeichen von s fallend oder steigend	
$q \neq 0$	0	$f'(x) = -q \cdot f(x)$ homogen	$y = c \cdot e^{-qx}$ Exponentialfunktion	$q > 0$	$q < 0$
$q \neq 0$	$s \neq 0$	$f'(x) + q \cdot f(x) = s$ inhomogen	$y = c \cdot e^{-qx} + \frac{s}{q}$	$q > 0$	$q < 0$

Hilfsmittelfreier Test

1. *Ermitteln Sie* jeweils eine Stammfunktion von f.

   a) $f(x) = x^3 - 2x + 2$ \quad b) $f(x) = 2x^{-2} + x^{\frac{1}{2}}$ \ $(x \neq 0)$ \quad c) $f(x) = e^{2x}$

   d) $f(x) = e^{2x-1}$ \quad e) $f(x) = \sqrt{x} + \sqrt[3]{x}$ \ $(x \geq 0)$ \quad f) $f(x) = \frac{1}{x} + 2x$ \ $(x \neq 0)$

   g) $f(x) = \left(\frac{1}{3}x - 3\right)^{17}$ \quad h) $f(x) = \sqrt[4]{2x-2}$ \ $(x \geq 1)$ \quad i) $f(x) = \sin(2x + 5)$

2. *Geben Sie* jeweils die richtige Antwort *an*.

   a) Welche Funktion ist eine Stammfunktion der Funktion f mit $f(x) = x^3 + \sqrt{x}$ $(x \geq 0)$?

   (1) $F_1(x) = \frac{x^3}{3} + \frac{2}{3}\sqrt{x}$ \ $(x \geq 0)$ \quad\quad (2) $F_2(x) = \frac{1}{4}\left(x^3 + \sqrt{x^3}\right)$ $(x \geq 0)$

   (3) $F_3(x) = \frac{x^4}{4} + \frac{2x^{\frac{3}{2}}}{3}$ \ $(x \geq 0)$ \quad\quad (4) $F_4(x) = \frac{x^4}{4} + \frac{3x^{\frac{3}{2}}}{3}$ $(x \geq 0)$

   b) Für welche Funktion ist der Graph jeder Stammfunktion eine quadratische Parabel?

   (1) $f_1(x) = x - 2$ \quad (2) $f_2(x) = e^x$ \quad (3) $f_3(x) = x^3 - 2$ \quad (4) $f_4(x) = x^2 - 2$

   c) Welches bestimmte Integral lässt sich nicht als Flächeninhalt interpretieren?

   (1) $\int_1^{10}(x^2 + x)\,dx$ \quad (2) $\int_3^4 \sqrt{x-2}\,dx$ \quad (3) $\int_0^1 (2x - 5)\,dx$ \quad (4) $\int_0^3 \frac{2x^2 - 3x}{x - 2}\,dx$

   d) Welchen Wert hat das bestimmte Integral $\int_0^2 x^2\,dx$?

   (1) $\frac{8}{3}$ \quad (2) 8 \quad (3) $-\frac{3}{8}$ \quad (4) $\frac{3}{8}x$

   e) Welchen Wert hat das bestimmte Integral $\int_0^1 (\sqrt{x} - x^2)\,dx$?

   (1) $\frac{1}{2}$ \quad (2) $\frac{1}{3}$ \quad (3) 1 \quad (4) $\frac{3}{2}$

   f) Welche Aussage ist wahr?

   (1) Aus der Stammfunktion F lässt sich eine Gleichung der Funktion f durch Integrieren ermitteln.

   (2) Zu jeder integrierbaren Funktion gehören unendlich viele Stammfunktionen.

   (3) Die Graphen von Stammfunktionen ein und derselben Funktion unterscheiden sich nur im Abstand von der y-Achse.

   (4) Die Graphen aller Stammfunktionen F von f erhält man durch Verschiebung des Graphen der Funktion f in y-Richtung.

   g) Welche Regel gilt?

   (1) $\int_a^b f(x)\,dx + \int_a^b g(x)\,dx = \int_a^b [f(x) + g(x)]\,dx$ \quad\quad (2) $\int_a^b f(x)\,dx = \int_b^a f(x)\,dx$

   (3) $\int [u(x) \cdot v(x)]\,dx = \int [u(x) \cdot v'(x) + u'(x) \cdot v(x)]\,dx$ \quad\quad (4) $k \cdot \int_a^b f(x)\,dx = \int_a^b [f(x)]^k\,dx$

   h) Welche Funktion ist eine Stammfunktion von f mit $f(x) = \sqrt{3x + 2}$ $\left(x \geq \frac{2}{3}\right)$?

   (1) $F_1(x) = \frac{2}{3}\sqrt{(3x - 2)^3}$ \ $\left(x \geq \frac{2}{3}\right)$ \quad\quad (2) $F_2(x) = (\sqrt{3x - 2})^{\frac{2}{3}}$ \ $\left(x \geq \frac{2}{3}\right)$

   (3) $F_3(x) = \frac{2}{\sqrt{3x - 2}}$ \ $\left(x \geq \frac{2}{3}\right)$ \quad\quad (4) $F_4(x) = \frac{2\sqrt{(3x - 2)^3}}{9}$ \ $\left(x \geq \frac{2}{3}\right)$

Hilfsmittelfreier Test

i) Nebenstehende Abbildung zeigt den Graphen der Funktion f mit
$f(x) = x^3 - 2x^2 + 2$ sowie die Graphen vier weiterer Funktionen f_1, f_2, f_3 und f_4. Welche dieser Funktionen ist eine Stammfunktion von f?

(1) f_1 (2) f_2
(3) f_3 (4) f_4

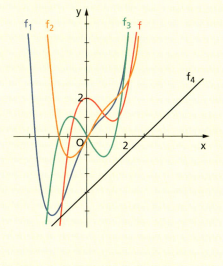

3. *Berechnen Sie* die bestimmten Integrale.

   a) $\int_5^6 (3x^2 - 2x)\,dx$ b) $\int_2^3 \frac{1}{x-1}\,dx$

   c) $\int_0^4 (e^x - 1)\,dx$ d) $\int_1^6 \sqrt{x}\,dx$

4. Übertragen Sie die Tabelle in Ihre Aufzeichnungen und vervollständigen Sie diese.
   Für die Integrationsgrenzen a und b gelte a, b ∈ [0; 2π] und a < b.

a	0		0		$\frac{\pi}{2}$	
b	π	π	$\frac{3\pi}{2}$	2π		
$\int_a^b 2 \cdot \sin x\,dx$		2	−2	0	0	
$\int_a^b (-\cos x)\,dx$			−1		2	0

5. Der Graph der Funktion f schließt im gegebenen Intervall mit der x-Achse eine Fläche ein. *Bestimmen Sie* jeweils eine Stammfunktion von f und ermitteln Sie den Inhalt der Fläche.

   a) $f(x) = 1 - \frac{2}{3}x^2$ [−1; 1]   b) $f(x) = x^4 - 2x^2$ [0; $\sqrt{2}$]

   c) $f(x) = e^{-2x+1}$ [0; 1]   d) $f(x) = \sin x$ [0; π]

6. *Bestimmen Sie* jeweils den Inhalt der Fläche, den die Graphen der Funktionen f und g miteinander einschließen.

   a) $f(x) = 4 - 2x^2$; $g(x) = 2$ b) $f(x) = 2x - 5$; $g(x) = x^2 - 4x$

   c) $f(x) = x^2 - 3 - e^x$; $g(x) = -e^x + 1$ d) $f(x) = \frac{8}{3}x^3$ $g(x) = \frac{2}{3}x^5$

7. Gegeben sind die Funktionen f_a und g durch die folgenden Gleichungen:
   $f_a(x) = ax^3$ (a ∈ ℝ; a > 0)   bzw. $g(x) = 4x^2 - 2x$
   Bestimmen Sie, für welches a die Graphen der Funktionen f_a und g einander an den Stellen $x_1 = 0$ und $x_2 = 1$ schneiden.
   Geben Sie den Inhalt der Fläche *an*, die von den Graphen beider Funktionen eingeschlossen wird.

8. Der Graph der Funktion f mit $f(x) = \sqrt{x^2 - 2x + 3}$ rotiere im Intervall [0; 9] um die x-Achse. *Ermitteln Sie* das Volumen des zugehörigen Rotationskörpers.

9. Die Koordinatenachsen und der Graph der Funktion $f(x) = \sqrt{x} - 2$ begrenzen eine Fläche vollständig. Diese erzeugt bei Rotation um die x-Achse einen Rotationskörper.
   Berechnen Sie dessen Volumen.

10. Um einen Körper der Masse m auf eine Höhe h anheben zu können, muss seine Gewichtskraft $F_G = -m \cdot g$ (g Fallbeschleunigung mit $g \approx 9{,}81 \frac{m}{s^2}$) überwunden werden.
    Ermitteln Sie mithilfe des Arbeitsintegrals die dafür notwendige Hubarbeit.

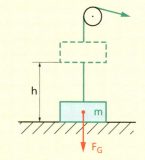

11. *Begründen Sie*, dass gilt:
    $$\int_a^b f(x)\,dx = -\int_b^a f(x)\,dx$$

12. *Leiten Sie* mithilfe der Integralrechnung jeweils eine Formel für den Flächeninhalt der ebenen Figur *her*.
    a) Quadrat mit der Seitenlänge a
    b) Rechteck mit den Seitenlängen a und b
    c) rechtwinkliges Dreieck mit den Seitenlängen a und b

13. *Leiten Sie* mithilfe der Integralrechnung jeweils eine Formel für das Volumen des Körpers *her*, indem Sie eine geeignete Fläche um eine der Koordinatenachsen rotieren lassen.
    a) Kreiszylinder mit dem Radius r und der Höhe h
    b) Kreiskegel mit dem Radius r und der Höhe h

14. Die nebenstehende Darstellung zeigt das Richtungsfeld einer Funktion f.
    Leiten Sie daraus Eigenschaften der Funktion f und ihrer Stammfunktionen *ab*.

15. Die folgende Rechnung ist nicht korrekt:
    $$\int_1^2 (x^2 - x)\,dx = \left[\frac{x^3}{3} - \frac{x^2}{2}\right]_1^2 = \frac{8}{3} - \frac{4}{2} - \frac{1}{3} - \frac{1}{2} = \frac{7}{3} - \frac{5}{2} = -\frac{1}{6}$$
    Wo steckt der Fehler?

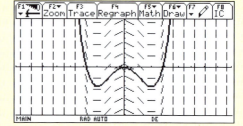

16. Die Ureinwohner Bayerns waren dafür bekannt, größere Mengen an Weißbier zu trinken. Ein ursprüngliches Weißbierglas enthielt keinen Eichstrich. Das war auch nicht notwendig, weil Weißbier früher ausschließlich in Flaschen zu 0,5 l reifte und daraus in Gläser gefüllt wurde.
    Mathematiker Sepp möchte nun auf einem solchen Glas einen Eichstrich anbringen. Natürlich bräuchte er nur mithilfe eines halben Liters Wasser die Lage der entsprechenden Markierung bestimmen. Aber er ist Mathematiker genug, um diese Lage rechnerisch zu ermitteln.
    Beschreiben Sie ein Verfahren, wie Sepp den Eichstrich finden kann.

17. *Beschreiben Sie* das Verfahren der Integration durch Substitution oder das Verfahren der partiellen Integration.
    Stellen Sie Beziehungen zu Verfahren der Differenzialrechnung *her*.

C Komplexe Aufgaben

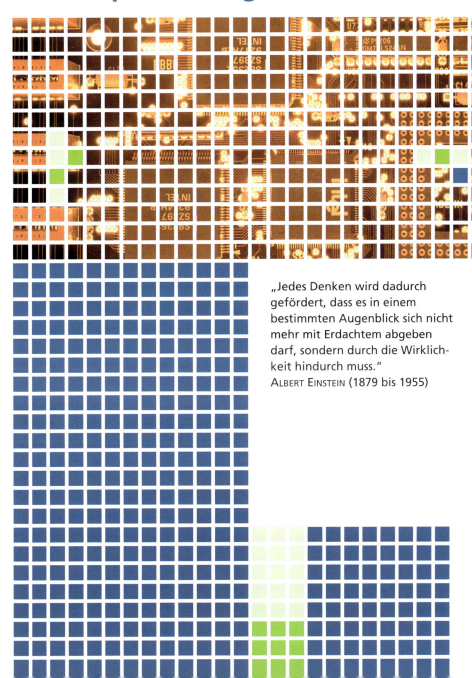

„Jedes Denken wird dadurch gefördert, dass es in einem bestimmten Augenblick sich nicht mehr mit Erdachtem abgeben darf, sondern durch die Wirklichkeit hindurch muss."
ALBERT EINSTEIN (1879 bis 1955)

Komplexe Aufgaben

Auf Klausuren vorbereiten

1. Merken Sie sich, welche Themen in der Klausur voraussichtlich eine Rolle spielen werden.
   Überprüfen Sie, welche der Aufgaben Sie bereits beherrschen und welche noch nicht.
   Stellen Sie Fragen, wenn Sie etwas nicht verstanden haben.

2. Beginnen Sie rechtzeitig mit ihrer persönlichen Klausurvorbereitung, das verringert den Stress.
   Planen Sie Ihre Zeit zum Lernen.
   Beginnen Sie mit einfachen Aufgaben und haken Sie erledigte Aufgaben ab.
   Teilen Sie den Stoff für die Klausur ein.
   Machen Sie zwischendurch kleine Pausen.

3. Wenden Sie möglichst mehrere Methoden an, um sich das Gelernte einzuprägen.
   Lesen Sie laut, erklären Sie anderen die zu lernenden Zusammenhänge.
   Fertigen Sie Skizzen, Übersichten oder Mind-Maps an, verwenden Sie unterschiedliche Medien und diskutieren Sie mit Freunden Lösungswege und mögliche Fehler.

4. Falls Sie feststellen, dass Sie beim Lösen eines bestimmten Aufgabentyps Probleme haben, so suchen Sie aus anderen Materialien ähnliche Aufgaben heraus.
   Beachten Sie entsprechende Hinweise und Beispiellösungen.

5. Wenn Sie eine Aufgabe gar nicht lösen können, notieren Sie sich Fragen.
   Suchen Sie zum Beispiel in Lehrbüchern o.Ä. die entsprechenden Aufgaben und Hinweise heraus.
   Lösen Sie diese Aufgaben und vergleichen Sie ihre Ergebnisse mit den Lösungen zu diesem Material.

6. In einer ersten Übungsphase können Sie mit Ihren Mitschriften, den Lehrbüchern, mit Nachschlagewerken wie Formelsammlungen und Lexika sowie mit dem Internet arbeiten.

7. Versuchen Sie, die umfangreichen Materialien Schritt für Schritt zu komprimieren.
   Die wichtigsten Informationen sollten Sie in einer eigenen Lernkartei (auf Karteikarten oder „Spickzetteln") zusammenfassen.
   Längere Merktexte und Erklärungen können auch durch Zeichnungen, Skizzen und Beispiele ersetzt werden.

8. Lernen Sie in der letzten Phase vor der Klausur überblicksartig anhand ihrer zusammengefassten Unterlagen.
   Unmittelbar vor der Klausur sollten Sie allerdings nur noch die Materialien benutzen, die Sie auch in der Klausur verwenden dürfen.

9. Absolvieren Sie Probeklausuren oder Probeprüfungen, um Ihre „Lücken" festzustellen und gezielt zu beseitigen.
   Nutzen Sie gegebenenfalls Hinweise Ihrer Lehrer auf veröffentlichte Aufgabensammlungen oder Vergleichsarbeiten bzw. beim Studium die Internetseiten Ihrer Dozenten.

Komplexe Aufgaben

1. Gegeben sei die Funktion f mit der Gleichung $f(x) = x^3 - 2x + 1$. An den Graphen von f soll im Punkt $P(-2; f(-2))$ eine Tangente angelegt werden.
   Ermitteln Sie die Gleichung dieser Tangente, ihre Schnittpunkte mit den Koordinatenachsen und den Winkel, den die Tangente mit der x-Achse bildet.

2. Gegeben ist eine Funktionsschar f_a mit $f_a(x) = x \cdot e^{a-x}$ ($a \in \mathbb{R}$).
   a) *Ermitteln Sie* wesentliche Eigenschaften der Kurvenschar von f_a (Schnittpunkte mit der x-Achse, lokale Extrema, Wendepunkte, Asymptoten).
   b) *Zeigen Sie*, dass $F(x) = (-x-1) \cdot e^{2-x}$ eine Stammfunktion von f_2 ist.
   c) *Ermitteln Sie* für f_2 die Gleichung der Wendetangente.
      Unter welchem Winkel schneidet diese Tangente die x-Achse?
   d) Der Graph von f_2, die x-Achse und die Gerade $x = 2$ schließen eine Fläche ein.
      Berechnen Sie ihren Inhalt.
   e) Auf dem Graphen von f_2 liegt ein Punkt $P(u; f(u))$ mit $u > 0$.
      Berechnen Sie u so, dass der Flächeninhalt des Dreiecks OPQ maximal wird.
      Der Punkt Q habe die Koordinaten $(u; 0)$, O sei der Koordinatenursprung.

3. Gegeben sei eine Schar von Funktionen f_a mit $f_a(x) = \frac{x^2 + 2a}{3x}$ ($a \in \mathbb{R}$; $a > 0$).
   a) *Ermitteln Sie* wesentliche Eigenschaften der Kurvenschar von f_a (Schnittpunkte mit der x-Achse, lokale Extrema, Wendepunkte, Asymptoten).
   b) *Ermitteln Sie* die Funktionsgleichung der Ortskurve, auf der alle Maxima der Graphen von f_a liegen.
   c) *Ermitteln Sie* die Gleichung der Tangente, die den Graphen von f_2 im Punkt $P(1; f(1))$ berührt.
   d) Für $b > 0$ sei $B(b; f(b))$ ein Punkt auf dem Graphen von f_2. Die Parallele zur x-Achse durch B schneidet die y-Achse in R, die Parallele zur y-Achse durch B die x-Achse in S.
      Bestimmen Sie b so, dass der Umfang des Rechtecks OSBR minimal wird.

4. Gegeben sind die Funktionen f und g durch $f(x) = -x^2 + 2$ bzw. $g(x) = 2x^2 - 10$.
   a) *Skizzieren Sie* die Graphen von f und g in einem gemeinsamen Koordinatensystem.
   b) *Berechnen Sie* die Fläche, die von den beiden Graphen vollständig begrenzt wird.
   c) In diese Fläche wird ein Rechteck so einbeschrieben, dass die Rechteckseiten parallel zu den Koordinatenachsen liegen.
      Wie müssen diese gewählt werden, damit das Rechteck maximalen Flächeninhalt hat?

5. Gegeben ist die Funktionsschar f_k mit $f_k(x) = k \cdot e - k \cdot e^{-x}$ ($x \in \mathbb{R}$; $k > 0$). Die Graphen der Funktionen f_k seien G_k.
   a) Der Graph G_k schneidet die x-Achse im Punkt N. *Berechnen Sie* die Koordinaten von N.
      Untersuchen Sie das Verhalten im Unendlichen.
      Zeigen Sie, dass f_k streng monoton wächst.
   b) *Ermitteln Sie* die Gleichung der Tangente an G_1 im Punkt N.
      Die Tangente, G_1 und die y-Achse begrenzen eine Fläche. *Berechnen Sie* deren Inhalt.
   c) Auf G_1 wird ein Punkt $P(u; v)$ mit $u > 0$ gewählt. Der Punkt $R(0; b)$ ist der Schnittpunkt der Tangente in N mit der y-Achse.
      Berechnen Sie u so, dass die Fläche des Dreiecks RPQ mit $Q(u; b)$ maximal wird.

Komplexe Aufgaben

6. Gegeben ist eine Schar von Funktionen f_a durch $f_a(x) = (x-a) \cdot e^{2-\frac{x}{a}}$ ($a \in \mathbb{R}$; $a > 0$).
   a) *Geben Sie* den Definitionsbereich von f_a *an*.
   b) *Berechnen Sie* die Schnittpunkte mit den Koordinatenachsen, die Extrempunkte und die Wendepunkte. *Untersuchen Sie* das Verhalten im Unendlichen.
   c) *Zeichnen Sie* die Graphen von f_1 und f_3 in ein geeignetes Koordinatensystem.
   d) *Zeigen Sie*, dass alle Graphen der Funktionen f_a die x-Achse unter demselben Winkel schneiden.
   e) Alle Extrema der Funktionen f_a liegen auf einer Geraden. *Geben Sie* eine Gleichung dieser Geraden *an*.

7. Gegeben ist eine Schar von Funktionen f_k durch $f_k(x) = (x+2)^2 \cdot e^{-kx}$ ($x \in \mathbb{R}$; $k \geq 0$). Die Graphen dieser Funktionen seien G_k.
   a) *Untersuchen Sie* die Funktionen f_k in Abhängigkeit von k. *Ermitteln Sie* dazu das Verhalten im Unendlichen, die Schnittpunkte mit den Koordinatenachsen, die Extrempunkte und die Wendestellen.
   (Auf den Nachweis der hinreichenden Bedingung für Wendestellen wird verzichtet.)
   b) *Weisen Sie nach*, dass sämtliche Hochpunkte von G_k auf einer Kurve liegen und *bestimmen Sie* die Gleichung dieser Ortskurve.
   c) *Ermitteln Sie* die Extrempunkte und die Wendepunkte für k = 0, k = 1 und k = 2 und *zeichnen Sie* G_0, G_1 und G_2 im Intervall [–3; 5] in ein Koordinatensystem.
   d) Die Geraden $x = x_E$ (x_E seien die Extrempunkte von G_k) und die Tangenten in den Extrempunkten von G_k bilden Rechtecke.
   Untersuchen Sie, für welches k das Rechteck den gleichen Inhalt hat wie die Fläche, die G_k im I. Quadranten für $x \to \infty$ mit den Koordinatenachsen einschließt.
   Berechnen Sie k mit einer Genauigkeit von zwei Dezimalen.

8. Eine Funktionsschar f_k ist durch die Gleichung $f_k(x) = \frac{x^3 - k \cdot x}{x^2 - 2}$ ($x \in \mathbb{R}$; $k \in \mathbb{R}$) gegeben. Die Graphen der Funktionen f_k seien G_k.
   a) *Untersuchen Sie* G_1 auf Symmetrie. *Bestimmen Sie* die Gleichung der Asymptoten, die Achsenschnittpunkte, die Extrempunkte und die Wendepunkte.
   Zeichnen Sie G_1 im Intervall [–5; 5] in ein Koordinatensystem.
   b) G_1 und die x-Achse begrenzen eine Fläche vollständig. *Berechnen Sie* deren Inhalt.
   c) Die Gerade y = x, die positive x-Achse und eine Polgerade bilden ein Dreieck OPQ.
   (O sei der Koordinatenursprung, P der Schnittpunkt von Polgerade und x-Achse sowie Q der Schnittpunkt der Polgeraden mit der Geraden y = x.)
   Bestimmen Sie den Inhalt der Fläche, die von G_k und der x-Achse eingeschlossen wird, in Abhängigkeit von k. *Weisen Sie nach*, dass dieser für $k \to 2$ gleich dem Flächeninhalt des Dreiecks OPQ ist.
   d) *Weisen Sie nach*, dass f_2 und f_3 keine lokalen Extrema besitzen. *Zeichnen Sie* G_2 und G_3 in das Koordinatensystem von G_1.
   e) Es sei eine Gerade g gegeben, welche die Kurvenäste von G_3 im I. Quadranten in den Punkten A und B schneidet. *Berechnen Sie* den Abstand der Punkte A und B für den Fall, dass g im Punkt B (2; $f_3(2)$) Kurvennormale ist.

Komplexe Aufgaben

9. Seit dem 16.02.2005 ist das Klimaschutzabkommen mit dem Namen Kyoto-Protokoll in Kraft, nach welchem 35 Industriestaaten bis zum Jahr 2012 den CO_2-Ausstoß um insgesamt 5,2 % im Vergleich zum Jahr 1990 senken sollen.

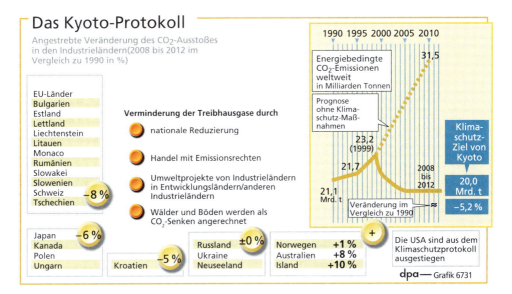

a) *Stellen Sie* die verschiedenen Prognosen (mit Klimaschutzmaßnahmen nach dem Kyoto-Protokoll und ohne) durch Funktionsterme *dar. Geben Sie* für beide Prognosen die Änderungsrate für das Jahr 2005 *an* und *deuten Sie* diese.

Da die Staaten unterschiedlich an der weltweiten CO_2-Emission beteiligt sind, legt das Protokoll verschiedene Reduktionszahlen für die einzelnen Länder fest.
Für Deutschland wurden 21 % bis zum Jahr 2010 festgeschrieben:

Jahr	1990	2000	2001	2002
CO_2-Emission in Mrd. t	986,8	830,7	849,1	833,6

(Quelle: Wochenbericht des DIW Berlin 39/03)

b) *Berechnen* Sie, auf wie viel Milliarden Tonnen der CO_2-Ausstoß im Jahr 2010 gesenkt sein muss. *Bestimmen* Sie ausgehend vom Jahr 2002 die mittlere Änderungsrate, die dafür notwendig ist.

10. Ein Fadenpendel schwingt mit einer anfänglichen Auslenkung von 15 cm und einer Schwingungsdauer von 1,8 s. Der Dämpfungskoeffizient δ beträgt $0,005 \text{ s}^{-1}$.
    a) Wie groß ist die Auslenkung nach 10 s, 50 s bzw. 100 s?
    b) Nach welcher Zeit ist die Auslenkung kleiner als 2 cm?
    c) *Stellen Sie* die Schwingung für 120 s in einem y-t-Diagramm *grafisch dar. Ermitteln Sie* die Gleichung der Abklingkurve und *zeichnen Sie* diese in das Diagramm ein.

Hinweis: Für die Auslenkung des Fadenpendels gilt dieselbe Beziehung wie für die eines Federschwingers (siehe S. 87) Außerdem wird ein sehr langes Fadenpendel vorausgesetzt.

Komplexe Aufgaben

11. „Ab 1. August wird die ‚alte' Bahncard mit 50 Prozent Rabatt wieder eingeführt. Für die zweite Klasse kostet sie 200 Euro – 60 Euro mehr als bisher. Der Preis für die erste Klasse steigt von 280 auf 400 Euro. Künftig dürfen Bahncard-Inhaber bis zu fünf Mitfahrer zum halben Preis mitnehmen. Kinder bis 15 Jahre fahren gratis mit.

Für Schüler und Studenten unter 26 sowie Senioren ab 60 kostet die ‚Bahncard 50' nur die Hälfte. Die im Dezember eingeführte ‚neue' Bahncard mit 25 Prozent Rabatt bleibt. In der zweiten Klasse kostet sie statt 60 nur noch 50 Euro. Die schon verkauften ‚Bahncards 25' können mit Zuzahlung umgetauscht werden. Die Frühbucher-Rabatte werden vereinfacht. Es gibt nur noch zwei Stufen mit 25 oder 50 Prozent Ersparnis. Tickets für diese Sparpreise müssen nur noch drei Tage vor der Fahrt gekauft werden. Sie gelten wie bisher für bestimmte Züge. Bis zum 30. September 2004 bleibt die ‚Bahncard 25' mit den Rabatten kombinierbar. Danach ist eine Kombination aus Bahncard und Rabatten nicht mehr möglich.
Neu ist die ‚Bahncard 100', die die bisherige Netzkarte ersetzt. Für 3 000 Euro (bislang: 3 350 Euro) kann dann das ganze Streckennetz in der zweiten Klasse das ganze Jahr beliebig oft genutzt werden. dpa"
(Quelle: Die Welt, 03.07.2003).
Nehmen wir an, ein Gelegenheitsfahrer, ein Wochenendpendler und ein Tagespendler nutzen die Bahn auf der Strecke Wolfsburg – Berlin.
   a) *Stellen Sie* bezogen auf ein Jahr) für diese drei Bahnfahrer-Profile die verschiedenen Tarifmöglichkeiten mit Rabatten dem Normaltarif *gegenüber*.
   (Der Fahrpreis für eine Hin- und Rückfahrt lässt sich im Reiseservice der Deutschen Bahn unter *www.deutsche-bahn.de* berechnen.
   Interessante Informationen zu diesen und weiteren Tarifen finden Sie weiterhin unter der Adresse *www.pro-bahn.de*. Hier können Sie auch einen Bahnfahrer-Profil-Test durchführen.)
   b) *Berechnen Sie* für die angegebenen Bahnfahrer-Profile die jährliche prozentuale Einsparung der verschiedenen Spartarife gegenüber dem Normaltarif.
12. Das Wachstum eines Waldes kann mithilfe der Wachstumsfunktion N(t) beschrieben werden.
   a) In welcher Zeit hat sich der Bestand eines Waldes A verdoppelt, wenn der Wachstumsfaktor k für diesen Wald annähernd 0,03 beträgt?
   b) Ein Wald B habe einen Anfangsbestand von 75 000 Festmeter (fm), seine Wachstumskonstante beträgt rund 0,04.
   Nach wie vielen Jahren ist der Waldbestand in beiden Wäldern annähernd gleich groß, wenn der Bestand von A 100 000 fm beträgt?
   c) *Werten Sie* Ihre Ergebnisse aus a) und b), indem Sie auf Grenzen des verwendeten Modells eingehen.
   d) *Interpretieren Sie* das Integral der Wachstumsfunktion für die ersten 20 Jahre.

Komplexe Aufgaben

13. Historische Bauten unterschiedlicher Baustile haben oft reich verzierte Fenster und Torbögen.
Nebenstehende Abbildung zeigt ein stark vereinfachtes Fenster (nicht maßstabsgerecht). Die Rahmenbreite wird vernachlässigt. Das Fensterbogenteil kann durch einen Teil des Graphen der Funktion f mit folgender Gleichung mathematisch beschrieben werden:

$$f(x) = \frac{x^6 + 20x^2 - \frac{321}{64}}{12x^4 - 12}$$

(Eine Einheit entspricht einem Meter.)

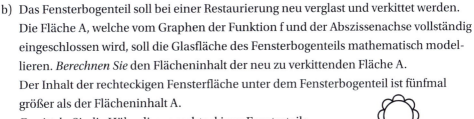

a) *Analysieren Sie* die Funktion f hinsichtlich wesentlicher Eigenschaften (Definitionsbereich; Nullstellen; Extrempunkte, einschließlich deren Art und Symmetrie).

b) Das Fensterbogenteil soll bei einer Restaurierung neu verglast und verkittet werden. Die Fläche A, welche vom Graphen der Funktion f und der Abszissenachse vollständig eingeschlossen wird, soll die Glasfläche des Fensterbogenteils mathematisch modellieren. *Berechnen Sie* den Flächeninhalt der neu zu verkittenden Fläche A.
Der Inhalt der rechteckigen Fensterfläche unter dem Fensterbogenteil ist fünfmal größer als der Flächeninhalt A.
Ermitteln Sie die Höhe dieses rechteckigen Fensterteils.
Berechnen Sie die Bogenlänge des Fensterbogenteils.

c) Im Fensterbogenteil soll bei der Restaurierung ein Rahmen mit farbigem Fensterglas in Form eines gleichschenkligen Dreiecks mit maximalem Flächeninhalt eingesetzt werden.

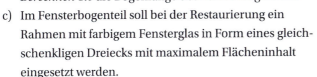

Berechnen Sie den maximalen Flächeninhalt dieser Dreiecksfläche (ohne Nachweis des Extremums) und die Gesamtlänge des diese Fläche begrenzenden Rahmens.

d) Der Punkt M sei der Mittelpunkt des Kreises k mit dem Radius r der blumenähnlichen Verzierung über dem Fenster (siehe Abbildung oben). Dieser Punkt M ist gleich dem Schnittpunkt der Graphen der Tangenten t_1 und t_2 an den Graphen der Funktion f in den Punkten $P_1\left(-\frac{1}{4}; f\left(\frac{-1}{4}\right)\right)$ bzw. $P_2\left(\frac{1}{4}; f\left(\frac{1}{4}\right)\right)$.

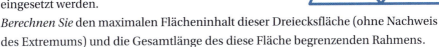

Ermitteln Sie die Tangentengleichungen für t_1 und t_2 und *stellen Sie* Ihre Lösungen in einem geeigneten Koordinatensystem *grafisch dar*.
Geben Sie die Koordinaten des Punktes M *an*.
Diskutieren Sie den Einfluss der Vergrößerung des Radius r auf die Tangentenanstiege.

e) Das Fensterbogenteil lässt sich auch näherungsweise mithilfe einer quadratischen Funktion q oder einer Exponentialfunktion h der Form $h(x, a, b) = ax^2 - \left(e - \frac{7}{4}\right)^x + b$ beschreiben (wobei die Graphen von q und h annähernd die gleichen Nullstellen und Extrempunkte wie f haben sollen).
Analysieren Sie den Einfluss der Parameter a und b auf den Verlauf des Graphen von h.
Ermitteln Sie je eine Gleichung für q und h. *Interpretieren Sie* Ihre Lösungen.

Komplexe Aufgaben

14. Gegeben sind die Funktionen $f(x) = \frac{4x-2}{2}$ und $g(x) = \frac{4}{x}$ ($x \neq 0$).
    a) *Zeichnen Sie* die Graphen von f und g und *weisen Sie nach*, dass diese einander nicht schneiden.
    b) Die Graphen von f und g sowie die Geraden $x = 1$ und $x = z$ (mit $z \in \mathbb{R}$; $z > 1$) schließen eine Fläche mit dem Inhalt $A(z)$ ein.
       Für welches z ist $A(z) = 1$ FE?
    c) Die x-Achse, der Graph von f und die Gerade $x = b$ schließen eine Fläche $A(b)$ ein.
       Untersuchen Sie, ob $A(b)$ für $b \to \infty$ einen Grenzwert besitzt, und *berechnen Sie* diesen gegebenenfalls.
    d) Der Graph von f, die x-Achse und die Gerade $x = 5$ begrenzen eine Fläche.
       Berechnen Sie das Volumen des Rotationskörpers, der entsteht, wenn diese Fläche um die x-Achse rotiert.

15. Das sächsische Görlitz hatte sich gemeinsam mit dem polnischen Nachbarn Zgorzelec als Kulturhauptstadt Europas 2010 beworben. Die Stadt versuchte, nicht nur mit einer reichhaltigen Kulturlandschaft und mit einer sanierten Innenstadt, sondern auch mit grenzüberschreitender Zusammenarbeit zu punkten. Symbol dafür ist die im Oktober 2004 eingeweihte neue Altstadtbrücke.

    Die folgende Skizze zeigt den axialsymmetrischen Querschnitt dieser Brücke. Dargestellt sind u. a. das Brückenbogenteil, das Fahrbahnteil und 22 dazwischen vertikal verlaufende Stützen sowie das auf dem Fahrbahnteil befestigte Geländer.
    Das Brückenbogenteil ist Teil eines Kreisringes. Außerdem sind die Wasseroberfläche und das Flussbett der Neiße schematisch dargestellt.

    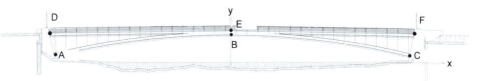

    Zur mathematischen Beschreibung sind in einem kartesischen Koordinatensystem die Koordinaten folgender Punkte gegeben (wobei eine Einheit einem Meter entspricht):
    B(0; 6,40), C(39,90; 1,60), E(0; 6,90), F(41,20; 6,30)
    a) Die Mittellinie des Brückenbogenteils verläuft durch die Punkte A, B und C und kann durch einen Kreisbogen mathematisch beschrieben werden.
       Ermitteln Sie die Gleichung des Kreises k in Koordinatenform, auf dem diese Linie liegt. *Stellen Sie* den Kreisbogen in einem geeigneten Koordinatensystem *grafisch dar*.
    b) Zur statischen Berechnung und Dimensionierung der Stützlager der Brücke sind u. a. die Gleichungen der Tangente und der Normalen von k im Punkt C erforderlich.
       Ermitteln Sie die Gleichungen dieser Geraden.

Komplexe Aufgaben

c) Für jedes y_M und jedes r ist eine Funktion $k_{y_M, r}$ wie folgt gegeben:
$k(x, y_M, r) = y_M + \sqrt{-x^2 + r^2}$ $(y_M, r \in \mathbb{R}; r > 0)$

Beschreiben Sie jeweils den Einfluss der Parameter y_M und r auf den Verlauf der Graphen der Funktion $k_{y_M, r}$.

Ermitteln Sie die Gleichung der Funktion $k_{y_M, r}$, deren Graph durch die Punkte A und C verläuft und bei dem die Normale an den Graphen von $k_{y_M, r}$ im Punkt C einen Anstiegswinkel von 80° hat.

d) Die Form der Fahrbahndecke (im Querschnitt) kann durch Parabeln n-ten Grades beschrieben werden.

Begründen Sie, welchen Grad eine solche Parabel mindestens haben muss, wenn die jeweils am linken und rechten Ende anschließenden Straßen horizontal verlaufen.

Ermitteln Sie rechnerisch die Gleichung dieser Parabel, sodass die Punkte D, E und F (siehe Skizze) auf dem Graphen dieser Parabel liegen.

Berechnen Sie die Koordinaten des Punktes zwischen den Punkten D und E, wo die Fahrbahn den größten Anstieg hat.

Begründen und *veranschaulichen Sie* Ihre Aussagen.

e) Die Form der oberen Begrenzungslinie des Brückenbogenteils kann durch eine Funktion b mit der Gleichung beschrieben werden:
$b(x) = -161{,}33 + 0{,}01 \cdot \sqrt{283\,013\,329 - 10\,000\,x^2}$ $(x \in \mathbb{R}; -39{,}90 < x < 39{,}90)$

Die Form der unteren Begrenzungslinie des Fahrbahnteils lässt sich durch eine Funktion f wie folgt beschreiben:
$f(x) = 2{,}0824 \cdot 10^{-7} \cdot x^4 - 7{,}0695 \cdot 10^{-4} \cdot x^2 + 6{,}40$ $(x \in \mathbb{R})$

Berechnen Sie, wie viel Prozent des Graphen von b oberhalb des Graphen von f liegen.

f) Aus statischen Gründen sind, wie im Querschnitt dargestellt, zwischen dem Brückenbogenteil und dem Fahrbahnteil 22 vertikal verlaufende Stützen eingeschweißt.
Die Strecke $\overline{AC}$ ist dazu in 34 gleich breite Intervalle eingeteilt (siehe Skizze). Die Länge der Stützen kann als Zahlenfolge betrachtet werden.

Beschreiben Sie eine Möglichkeit, die Glieder dieser Zahlenfolge zu berechnen.

Begründen Sie, dass es sich hierbei nicht um eine arithmetische Zahlenfolge handeln kann.

Berechnen Sie die Summe aller Stützenlängen (Gesamtstützenlänge).

g) Im Querschnitt des Flussbettes wurden folgende Wassertiefen (gerundet, in Metern) gemessen:

Abstand zum linken Ufer	0	5	10	15	20	25
Wassertiefe	0	0,5	0,9	1,1	0,9	0,7

Abstand zum linken Ufer	30	35	40	45	50	55
Wassertiefe	0,5	0,4	0,3	0,2	0,1	0

Ermitteln Sie die Durchflussmenge des Wassers pro Sekunde, wenn die durchschnittliche Fließgeschwindigkeit des Flusses $0{,}9 \frac{m}{s}$ beträgt.

Komplexe Aufgaben

16. Die Masse radioaktiver Stoffe nimmt exponentiell ab.
   a) *Geben Sie* eine Gleichung der Zerfallsfunktion für das Radium-Isotop 226 *an*, wenn anfänglich 2 g Radium vorhanden sind. *Zeichnen Sie* die Zerfallskurve und *interpretieren Sie* diese hinsichtlich der momentanen Zerfallsgeschwindigkeit von Radium 226.
   Bestätigen Sie Ihre Aussagen anhand einer Gleichung für die momentane Zerfallsgeschwindigkeit.
   b) *Stellen Sie* das Integral der Zerfallsfunktion für ein Intervall [0; t] *auf* und *interpretieren Sie* dieses.

17. Für jedes a (a ∈ ℝ; a > 0) ist eine Funktion f_a durch $f_a(x) = \frac{x}{a} - 2 + \sin\frac{x}{a}$ (x ∈ ℝ) gegeben.
   Gegeben ist außerdem eine Funktion g durch $g(x) = \cos\frac{1}{\sqrt{|x+1|}}$ (x ∈ ℝ).
   a) *Geben Sie* für die Funktion g die Koordinaten des Schnittpunktes mit der y-Achse *an*.
   Untersuchen Sie den Graphen der Funktion g auf Symmetrie.
   b) Für jedes a schließen der Graph der Funktion f_a, die y-Achse und der Graph der Funktion g genau eine Fläche vollständig ein.
   Beschreiben Sie einen allgemein gültigen Weg, wie man überprüfen kann, ob die x-Achse diese Fläche halbiert. *Führen Sie* diese Untersuchung für a = 0,5 *durch*.
   c) *Untersuchen Sie* die Funktion f_a auf Monotonie.
   Ermitteln Sie den größten und den kleinsten Anstieg, den die Funktion f_a hat.
   Es gibt genau eine Funktion f_{a_1}, für die der maximale Anstieg 0,4 beträgt. *Ermitteln Sie* das kleinste Argument x (x > 0), für das $f'_{a_1}(x) = 0,4$ gilt.

18. Gegeben ist eine Funktionsschar f_a durch die folgenden Funktionsgleichungen:
   $y = f_a(x) = \frac{2x + a}{e^{2x}}$ (x, a ∈ ℝ; a > 0)
   Die Abbildung zeigt den Graphen der Funktion f_2.

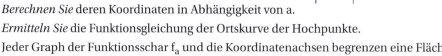

   a) *Berechnen Sie* die Koordinaten der Schnittpunkte der Funktionsschar f_a mit den Koordinatenachsen.
   b) Jeder Graph der Funktionsschar f_a hat genau einen lokalen Hochpunkt und einen Wendepunkt.
   Berechnen Sie deren Koordinaten in Abhängigkeit von a.
   Ermitteln Sie die Funktionsgleichung der Ortskurve der Hochpunkte.
   c) Jeder Graph der Funktionsschar f_a und die Koordinatenachsen begrenzen eine Fläche vollständig. *Berechnen Sie* den Inhalt dieser Fläche in Abhängigkeit von a.
   Hinweis: partielle Integration; Ergebnis zur Kontrolle: $A = 0,5(e^a - a - 1)$
   d) Der Inhalt dieser Fläche soll nun 10 Flächeneinheiten betragen.
   Berechnen Sie den zugehörigen Wert des Parameters a nach dem NEWTON-Verfahren auf drei Stellen nach dem Komma genau.
   e) Auf dem Graphen der Funktion f_2 liegt ein Punkt P[u; $f_2(u)$] (mit u ∈ ℝ; u > 0).
   Die Geraden x = u und y = $f_2(u)$ bilden mit den Koordinatenachsen ein Rechteck.
   Berechnen Sie u so, dass der Flächeninhalt dieses Rechtecks maximal wird.

Komplexe Aufgaben

19. Gegeben sind die Funktionen f und g durch $f(x) = (x+1) \cdot e^{1-x}$ und $g(x) = e^{1-x}$.
    a) *Zeigen Sie*, dass die Funktion $F(x) = -(x+2) \cdot e^{1-x}$ eine Stammfunktion von f ist.
    b) Die Gerade $x = 5$ und die Graphen von f und g schließen eine Fläche ein.
       Veranschaulichen Sie das Problem und *berechnen Sie* den Inhalt der Fläche.
    c) Die x-Achse, der Graph von f und die Gerade $x = z$ schließen eine Fläche $A(z)$ ein.
       Berechnen Sie $A(z)$ und den Grenzwert des Flächeninhaltes für $z \to \infty$.
    d) Die Fläche, die von dem Graphen von g, den Koordinatenachsen und der Geraden $x = 2$ eingeschlossen wird, rotiert um die x-Achse.
       Berechnen Sie das Volumen des entstehenden Rotationskörpers.

20. Für jedes a $(a \in \mathbb{R}; a > 0)$ ist eine Funktion f durch $y = f(x, a) = x \cdot \ln \frac{x^2}{a}$ $(x \in D_{f_a})$ gegeben.
    a) *Geben Sie* den größtmöglichen Definitionsbereich der Funktion f_a *an*.
       Weisen Sie rechnerisch *nach*, dass die Funktion f_a genau zwei Nullstellen besitzt.
       Untersuchen Sie den Graphen der Funktion f_a auf Symmetrie.
       Zeigen Sie, dass der Graph der Funktion f_a keine Wendepunkte besitzt.
    b) Der Graph der Funktion f_a besitzt genau zwei lokale Extrempunkte. Diese sind Eckpunkte eines achsenparallelen Rechtecks.
       Ermitteln Sie den Wert a, für den dieses Rechteck einen Flächeninhalt von 12 (FE) hat.
    c) Die Abszissenachse, die Tangente an den Graphen von f_a im Punkt $P_a(\sqrt{a}; f_a(\sqrt{a}))$ sowie die Tangente und die Normale an den Graphen von f_a im lokalen Minimumpunkt begrenzen eine Viereicksfläche vollständig.
       Nennen Sie die Art der entstehenden Viereicksfläche. *Begründen Sie.*
       Berechnen Sie ohne Verwendung von Näherungswerten den Wert a, für den der Inhalt dieser Fläche $\frac{1}{e^2}$ (FE) beträgt.
    d) Der Graph der Funktion f_a und die Abszisseanachse begrenzen für $\frac{1}{2} \cdot \sqrt{a} \leq x \leq \sqrt{a}$ eine Fläche vollständig.
       Berechnen Sie den Wert a, für den der Inhalt dieser Fläche $3 + \ln \frac{1}{4}$ (FE) beträgt.

21. Der axialsymmetrische Giebel eines Barockhauses (siehe nebenstehende Darstellung) soll rekonstruiert werden.
    Eine für alle x definierte gerade ganzrationale Funktion f beschreibt im entsprechenden Intervall den oberen Giebelrand.
    Die x-Achse ist die Tangente an den Graphen von f in den Punkten $P_1(-4; 0)$ und $P_2(4; 0)$.

    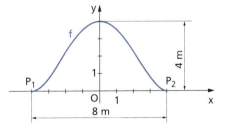

    Die maximale Höhe des Giebels über der Dachkante beträgt 4,0 m.
    a) *Ermitteln Sie* eine Gleichung der Funktion f.
    b) Ein Architekt beschreibt einen solchen Giebelrand durch den Graphen der Funktion $g(x) = \left(\frac{1}{8}x^2 - 2\right)^2$. Dieser Giebel soll durch eine waagerechte Linie in zwei flächengleiche Teile zerlegt und der untere Teil mit Ornamenten verziert werden.
       Ermitteln Sie auf Dezimeter genau, bis zu welcher Höhe der Giebel mit Ornamenten versehen werden soll.

Komplexe Aufgaben

22. Gegeben sind die Funktionen f und g durch die folgenden Gleichungen:
    $f(x) = 5 \cdot (e - e^{-x})$ $(x \in \mathbb{R})$ bzw. $g(x) = 5 \cdot (e^x - e)$ $(x \in \mathbb{R})$
    a) *Zeigen Sie*, dass $g(-x) = -f(x)$ gilt. *Interpretieren Sie* diese Aussage geometrisch.
    b) Die beiden Schnittpunkte der Graphen der Funktionen f und g sind Eckpunkte eines achsenparallelen Rechtecks.
    Bestimmen Sie den prozentualen Anteil der von den beiden Graphen eingeschlossenen Fläche dieses Rechtecks.
    c) Zur Simulation des Wasserhaushaltes einer Talsperre experimentieren Schüler mit einem Fass. Das Fass ist anfangs mit einer bestimmten Wassermenge gefüllt.
    Nun wird dem Fass einerseits gleichmäßig Wasser zugeführt und andererseits ein Loch im Boden geöffnet, sodass Wasser abläuft.
    Dieser Prozess kann näherungsweise durch ein mathematisches Modell beschrieben werden, wobei das Wasservolumen V_k (in Volumeneinheiten) im Fass in Abhängigkeit von der Zeit t (in Zeiteinheiten) durch die Gleichung $V_k(t) = k \cdot e - k \cdot e^{-t}$ $(t \geq 0)$ dargestellt wird. Der Wert k (k > 0) ist ein Parameter.
    Im Folgenden sei das Anfangsvolumen des Wassers im Fass 8,6 Volumeneinheiten.
    Berechnen Sie für diesen Fall den Zahlenwert für k.
    Ermitteln Sie, nach wie vielen Zeiteinheiten sich in diesem Fall das 1,5-Fache des Anfangsvolumens des Wassers im Fass befindet.
    Ermitteln Sie, welches Fassungsvermögen dieses Fass mindestens haben muss, damit es nicht überläuft.

23. Wird ein Würfel nach einem bestimmten Algorithmus geteilt und werden dabei bestimmte Teile entfernt, entsteht durch wiederholte Anwendung des Verfahrens der sogenannte MENGER-Schwamm, der mathematisch in enger Beziehung zum SIERPINSKI-Dreieck steht. In der ersten Stufe wird ein Würfel in 27 zueinander kongruente Teilwürfel zerlegt. Gleichzeitig werden alle Teilwürfel, die von senkrechten Bohrungen durch die Mittelpunkte der Seitenflächen betroffen sind, entfernt. Diese Konstruktion wird in den nächsten Stufen fortgesetzt, indem aus den übrig gebliebenen Würfeln nach dem gleichen Prinzip wieder zueinander kongruente Teilwürfel entfernt werden.

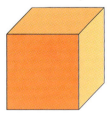 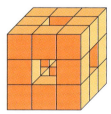 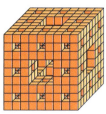

   a) *Berechnen Sie* das Volumen und die Oberfläche des bearbeiteten Würfels in Stufe 1.
   b) *Geben Sie* jeweils eine Formel zur Berechnung des Volumens und der Oberfläche der n-ten Stufe *an*.
   c) Wie verhalten sich Volumen und Oberfläche nach unendlich vielen Konstruktionsschritten?
   Hinweis: Bestimmen Sie $\lim\limits_{n \to \infty} V$ und $\lim\limits_{n \to \infty} A_O$.

Komplexe Aufgaben

24. a) Der Rand einer Straße (siehe Skizze) verläuft zwischen $A(-19; f(-19))$ und $B(1; f(1))$ und kann mithilfe einer Funktion f_k mit $f_k(x) = -9x \cdot e^{kx}$ ($k \in \mathbb{R}; k \neq 0$) beschrieben werden.

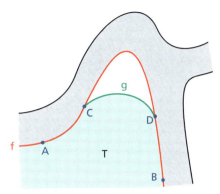

Geben Sie für f_k den größtmöglichen Definitionsbereich sowie die Nullstellen *an*.
Untersuchen Sie die Funktion f_k auf Extrempunkte und deren Art sowie auf Wendestellen (mit Nachweis).
Alle Extrempunkte der Funktion f_k liegen auf dem Graphen der Ortskurve o.
Ermitteln Sie die Funktionsgleichung für o.
Der exakte Verlauf der Straße wird beschrieben, wenn das Maximum bei $M\left(-3; \frac{27}{e}\right)$ liegt. *Geben Sie* dafür den Wert des Parameters k *an*.

b) Der Straßenrand ist mit Granitbegrenzungssteinen, die jeweils eine Länge von 55 cm haben, befestigt. *Berechnen Sie*, wie viele Steine beim Straßenbau zwischen A und B benötigt wurden. *Lösen Sie* das beschriebene Problem mithilfe eines numerischen Integrationsverfahrens und *vergleichen Sie* beide berechneten Lösungen.

c) Genau am Straßenrand, in den Punkten $C(-11; f(-11))$ und $D(0; 0)$, stehen zwei Grenzsteine des angrenzenden Grundstücks T. In der Kurve zwischen diesen Punkten wurde die Straße aber nicht direkt an die Grenze des Grundstücks T gebaut. Es gibt zwei weitere Grenzsteine in $E(-5,5; 3,5)$ und $F(-2,75; 2,5)$.
Geben Sie einen kurzen Überblick über Approximationsverfahren. *Ermitteln Sie* unter Verwendung eines solchen Verfahrens eine Funktionsgleichung für eine ganzrationale Funktion g 3. Grades, welche die Grundstücksgrenze näherungsweise beschreibt.
Ordnen Sie das von Ihnen genutzte Verfahren in Ihren Überblick *ein*.

d) Der Besitzer von T möchte die Fläche zwischen Straße und Grundstück dazukaufen.
Berechnen Sie deren Größe mithilfe der von Ihnen ermittelten Näherungsfunktion.
Durch diese Fläche verläuft geradlinig eine Abwasserleitung.
Ermitteln Sie die Gleichung der Geraden, die den Verlauf der Leitung beschreibt, wenn diese Gerade Tangente an g im Punkt $F(-2,75; 2,5)$ sein soll.

e) Nach dem Kauf der Fläche wird der Grenzstein $E(-5,5; 3,5)$ versetzt. Er soll an den Punkt der Straßenkurve versetzt werden, der zurzeit am weitesten von E entfernt ist.
Ermitteln Sie rechnerisch die neue Position des Grenzsteines.

f) Für das Krümmungsverhalten bei Straßen gelten folgende Richtlinien:
– Der Übergang zu größeren oder kleineren Straßenkrümmungen muss allmählich erfolgen (keine ruckartigen Lenkbewegungen).
– Die zulässige Höchstgeschwindigkeit wird u. a. von der Krümmung beeinflusst (starke Krümmung – geringe Geschwindigkeit).
Beurteilen Sie die Straßenführung nach diesen Richtlinien und *vergleichen Sie* mit einer möglichen Straßenführung entlang der Grundstücksgrenze.

Komplexe Aufgaben

25. Kühltürme 1

Im September 1994 nahm das Steinkohlekraftwerk Rostock als erster Kraftwerksneubau in den neuen Bundesländern den Dauerbetrieb auf. Stündlich werden hier bis zu 1 650 t Wasser in Dampf umgewandelt, der seine Energie an die Turbinen abgibt. Auffälliges Merkmal des Kraftwerkes ist, dass

es keine Schornsteine hat. Die gereinigten Rauchgase werden über einen Kühlturm abgeführt. Der Abscheidegrad der Entschwefelungsanlage liegt über 95 %, womit der vorgegebene Grenzwert des SO_2-Gehaltes von 200 $\frac{mg}{m^3}$ im Rauchgas deutlich unterschritten wird. Der Naturzugkühlturm besteht näherungsweise aus einem Rotationskörper, der auf 32 Stelzen ruht. Diese setzen sich jeweils aus einem waagerechten Sockel und einem schrägen Pfeiler zusammen. Die Wandstärke des Rotationskörpers beträgt unten etwa 1 m und verringert sich dann bis auf 18 cm an der Oberkante. Bei den folgenden Betrachtungen soll die Wandstärke jedoch unberücksichtigt bleiben. Die angegebenen Größen beziehen sich auf die Mittellinie.

An der oberen Turmkante befindet sich innen ein begehbarer Ring, der 1,2 m tief und 1,4 m breit ist. Dieser Rundgang ist über eine Außenleiter erreichbar und dient der Kontrolle des Innenraums des Turmes sowie der Flugwarnbefeuerung. In etwa 3 m Höhe über der unteren Kante des Rotationskörpers befindet sich ein weiterer Zugang zum Turminneren, der auch für Besucher zugänglich ist.

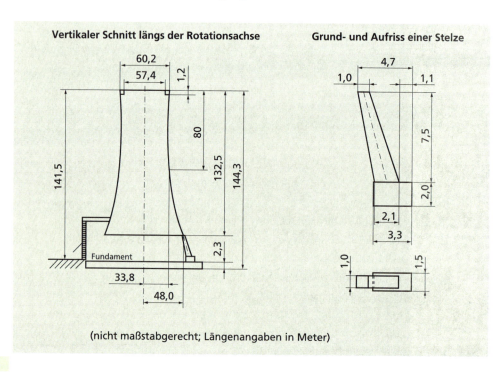

(nicht maßstabgerecht; Längenangaben in Meter)

Komplexe Aufgaben

Die äußere Begrenzungslinie, die durch Rotation den Kühlkörper ergibt, kann durch die Funktionsgleichung $f(x) = ax^2 + bx + c$ $(a, b, c \in \mathbb{R})$ beschrieben werden.

a) *Wählen Sie* ein geeignetes Koordinatensystem und berechnen Sie mithilfe der Werte aus der Abbildung die Parameter a, b und c.

b) *Berechnen Sie* Volumen und Mantelfläche des Rotationskörpers. *Berechnen Sie* die Länge eines der Betonsegmente, aus denen sich die Mantelfläche zusammensetzt.

c) *Berechnen Sie* den Radius an der schmalsten Stelle des Kühlturmes.
Weisen Sie nach, dass der gesamte Innenraum des Rotationskörpers vom oberen Rundgang aus eingesehen werden kann.

d) Wie viele Kubikmeter Beton (einschließlich Bewehrung) waren für die Stelzen nötig?
Berechnen Sie den Neigungswinkel der Mittellinie eines Pfeilers gegenüber dem waagerechten Sockel.

26. Kühltürme 2

In Aufgabe 25 ist der Kühlturm des Rostocker Steinkohlekraftwerkes beschrieben worden. Nebenstehende Abbildung zeigt einen senkrechten Schnitt längs der Rotationsachse des Rotationskörpers (Längenangaben in Meter), wobei die Wandstärke nicht berücksichtigt ist. Die Zahlenangaben beziehen sich auf die Mittellinie der Wandung.
Bis zu einer Höhe von etwa 80 m kann der Verlauf im 1. Quadranten durch folgende Funktionsgleichung beschrieben werden:
$f(x) = \frac{5654}{49} \left(\frac{306}{ax - b} - 1 \right)$ $(x \in \mathbb{R}; x > \frac{b}{a}; a, b \in \mathbb{R})$

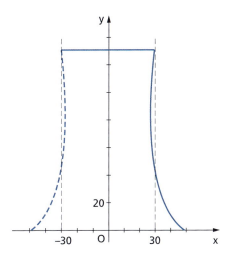

a) An der Unterkante des Rotationskörpers beträgt der Radius 48 m, in 22 m Höhe nur noch 41 m. *Ermitteln Sie* unter diesen Bedingungen die Parameter a und b.

b) *Ergänzen Sie* die Abbildung so, dass die gesamte äußere Begrenzung im 1. Quadranten der obigen Funktion $f(x)$ genügt.
Wie groß wäre der Öffnungsradius des Kühlturmes für diese veränderte Form?

Die weiteren Aufgaben beziehen sich auf diese veränderte Kühlturmform.

c) *Berechnen Sie* jeweils den größten und den kleinsten Neigungswinkel der Betonwand gegenüber der Horizontalen.

d) *Weisen Sie nach*, dass sich vom Rundgang aus der gesamte Innenraum des Rotationskörpers einsehen lässt.

e) *Berechnen Sie* den Inhalt der Querschnittsfläche, die bei einem Schnitt längs der Rotationsachse entsteht.

f) *Berechnen Sie* das Volumen des Rotationskörpers und die Mantelfläche.

g) *Untersuchen Sie* die Funktion $f(x)$ im Intervall $-\infty < x < \infty$ auf Schnittpunkte mit den Koordinatenachsen und auf Asymptoten.

Komplexe Aufgaben

27. Sparsamer Verbrauch von Verpackungsmaterial

Medikamente sollen in zylindrische Tablettenröhrchen gefüllt und diese mit einem 9 mm hohen Stopfen verschlossen werden (linkes Bild). Für die Tabletten wird ein Volumen von 50 cm³ benötigt.

Die Röhrchen sollen in Feinkartonschachteln verpackt werden, deren Netz (einschließlich Klebefalze) im rechten Bild vorgegeben ist. Die Netze werden so aneinandergelegt, dass beim Ausstanzen aus großen Kartonstücken möglichst wenig Abfall entsteht.

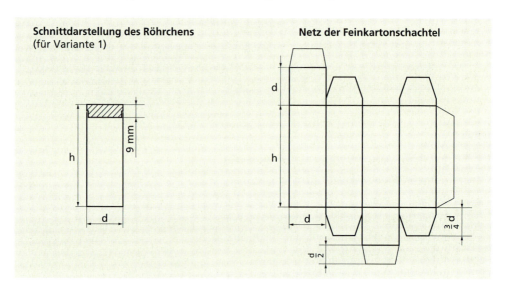

a) Wie sollten Durchmesser und Höhe der Röhrchen gewählt werden, damit der Feinkartonverbrauch minimal ist?
b) Wie viel Feinkartonfläche wird pro Schachtel benötigt?
c) In welchem Verhältnis steht der genutzte Inhalt zum Packungsvolumen?

Variante 1: Die Außenmaße der Schachtel entsprechen denen des Röhrchens.
Variante 2: Zwischen Röhrchen und Schachtel soll ein Spielraum (z.B. von 2 mm) zum Unterbringen der Packungsbeilage bestehen.

28. Oftmals erfolgt die Verpackung von Medikamenten o. Ä. nur in Feinkartonschachteln.

a) Die Verpackung der Medikamente erfolgt nur in einer Pappschachtel gemäß rechtem Bild in obiger Aufgabe 27. Das Volumen betrage wieder 50 cm³.
Bei welchen Abmaßen wäre der Feinkartonverbrauch minimal?
b) Sterile Lanzetten, wie man sie z. B. bei der Blutzuckerkontrolle verwendet, werden nur in Feinkartonschachteln verpackt und enthalten keine Packungsbeilage. Unter der Bedingung, dass die Lanzetten geordnet in der Schachtel liegen, wird für 50 Lanzetten ein Volumen von etwa 50 cm³ benötigt. Wegen der Länge der Lanzetten ist die Grundkante der Schachtel aber 3,5 cm lang.
Welcher Verbrauch an Feinkarton ergibt sich unter diesen Bedingungen für eine Verpackung von 50 Lanzetten?

Komplexe Aufgaben

c) Bei der maschinellen Verpackung werden die Lanzetten meist aber in die Schachtel geschüttet, d. h., sie benötigen ein größeres Volumen. Die Höhe der Schachtel beträgt in diesem Fall 7 cm. Damit steigt zwar der Feinkartonverbrauch, aber die Kosten für die Abfüllung sind geringer.

Die Verpackungskosten (in willkürlichen Kosteneinheiten angegeben) setzen sich aus Abfüllkosten und Materialkosten zusammen. Für die Serienabfüllkosten pro Schachtel gelten folgende Funktionsgleichungen (x – Anzahl der Schachteln; x > 0):

$s(x) = 1{,}5 + \dfrac{3000}{x+9}$ (kleine Schachtel) $S(x) = 1{,}48 + \dfrac{10000}{x+800}$ (große Schachtel)

Die Einheiten für die Materialkosten pro Schachtel ergeben sich aus dem 39-Fachen der Maßzahl der Fläche des benötigten Kartons, wobei A in Quadratmeter angegeben wird. *Berechnen Sie* jeweils die Verpackungskosten für 5000 bzw. 9000 Schachteln. Wie viele Lanzetten müssen mindestens abgefüllt werden, damit die Verpackung in kleineren Kartons rentabel ist?

29. Seit Beginn des 20. Jahrhunderts ist durch die Industrialisierung weltweit die mittlere Temperatur um 0,6 °C gestiegen.
Lachgas (N_2O), Methan (CH_4) oder Kohlendioxid (CO_2), welche wir unter dem Begriff Treibhausgase kennen, erwärmen die Erde und verändern das Klima.
Die Abbildung zeigt die Entwicklung der atmosphärischen Konzentration der Treibhausgase.

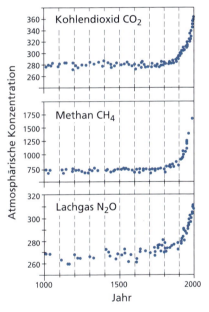

a) *Bestimmen Sie* Funktionen, welche die Veränderung der verschiedenen Gaskonzentrationen im Zeitraum von 1800 bis 2000 näherungsweise beschreiben.
b) *Bestimmen Sie* jeweils die Anstiege für das Jahr 2000.

30. Der Verlauf zweier Straßenabschnitte wird in einem kartesischen Koordinatensystem (Maßstab 1 : 10 000) durch die Strahlen y = 7 für x < 0 und y = 1 für x > 6 veranschaulicht bzw. modelliert. Diese sollen durch eine geeignete Straßenführung (Trassierung) sinnvoll miteinander verbunden werden.
a) Unter Berücksichtigung des jeweiligen Lenkradeinschlages beim Durchfahren der Trasse soll eine geeignete Straßenführung beschrieben werden.
Interpretieren Sie die mathematische Bedeutung dieses Sachverhalts.
b) *Finden Sie* verschiedene mathematische Modelle für die mögliche Verbindung der Straßenabschnitte und *diskutieren Sie* diese Modelle bezüglich der „Befahrbarkeit mit hoher Geschwindigkeit".
Hinweis: Eine Verbindung der Straßen ist durch Kreisausschnitte oder Graphen ganzrationaler Funktionen verschiedenen Grades möglich.

Komplexe Aufgaben

31. Für statische Untersuchungen wird ein Träger an einem Ende fest (senkrecht zur Wand) eingespannt und liegt am anderen Ende auf. Der Abstand zwischen Auflagepunkt und Wand beträgt l Meter ($l \in \mathbb{R}$; $l > 0$). Infolge seines Eigengewichts biegt sich der Träger nach unten durch. Zur Vereinfachung von Untersuchungen wird der Balken auf seine spannungsfreie neutrale Faser reduziert.

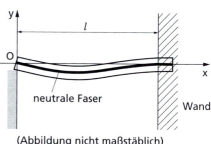

(Abbildung nicht maßstäblich)

Die Lage dieser Faser kann für ein angenommenes Koordinatensystem, dessen Ursprung sich im Auflagepunkt befindet (siehe Abbildung), durch einen Teil des Graphen einer ganzrationalen Funktion 4. Grades der Form $y = ax^4 + bx^3 + cx + d$ beschrieben werden. Der Anstieg der Kurventangente im Auflagepunkt wird mit m (m $\in \mathbb{R}$; m < 0) ermittelt.

a) *Ermitteln Sie* m für den Fall, dass der Winkel zwischen der Kurventangente im Auflagepunkt und der Horizontalen 1° beträgt.

b) *Bestimmen Sie* eine Gleichung der ganzrationalen Funktion 4. Grades in Abhängigkeit von m und l.

c) Eine mögliche Form dieser Gleichung ist $y = f_{m;\,l}(x) = m \cdot \left(\frac{2}{l^3}x^4 - \frac{3}{l^2}x^3 + x\right)$ ($x \in D_{f_{m;\,l}}$).

Zeigen Sie, dass sich die erste Ableitungsfunktion der Funktion $f_{m;\,l}$ in der Form

$f_{m;\,l}'(x) = m \cdot (x - l) \cdot \left(\frac{8}{l^3}x^2 - \frac{1}{l^2}x - \frac{1}{l}\right)$ ($x \in \mathbb{R}$) schreiben lässt.

d) Für ein Projekt wird ein Träger gesucht, dessen neutrale Faser sich für m = –0,02 um 5,2 cm durchbiegt.

Ermitteln Sie für diesen Fall den Wert für l.

32. Für jedes $a \in \mathbb{R}$ ($a \neq 0$) ist eine Funktion f_a durch die folgende Gleichung gegeben:

$y = f_a(x) = -\frac{3x}{a + x^2}$ ($x \in D_{f_a}$)

a) Die nebenstehende Abbildung stellt die Graphen zweier Funktionen f_a dar.

Geben Sie für jeden dieser Graphen einen möglichen Wert für a an.

Begründen Sie Ihre Entscheidung anhand je einer charakteristischen Eigenschaft.

b) *Ermitteln Sie* den Definitionsbereich der Funktion f_a.

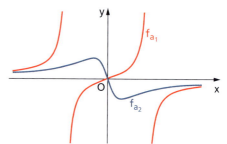

Untersuchen Sie den Graphen von f_a auf Asymptoten.

Bestimmen Sie Koordinaten und Art der lokalen Extrempunkte des Graphen von f_a.

Geben Sie den Wertebereich der Funktion f_a an.

Für die folgenden Teilaufgaben gilt a > 0.

c) Der Punkt $W_a(\sqrt{3a};\, f_a(\sqrt{3a}))$, sein Bildpunkt bei Spiegelung an der Abszissenachse und der Koordinatenursprung O sind Eckpunkte eines Dreiecks.

Ermitteln Sie den Flächeninhalt dieses Dreiecks. *Deuten Sie* Ihr Ergebnis.

d) Für jedes n (n ∈ ℕ; n > 0) begrenzen der Graph der Funktion f_1, die Gerade x = n und die Abszissenachse jeweils eine Fläche A_n vollständig. Die Inhalte dieser Flächen A_n sind die Glieder einer Zahlenfolge (A_n).

Ermitteln Sie eine explizite Bildungsvorschrift dieser Zahlenfolge.

Bestimmen Sie, welches Glied der Folge erstmalig größer als 20 ist.

e) Genau eine Tangente an den Graphen der Funktion f_a im Punkt $P_a(\sqrt{2a}; f_a(\sqrt{2a}))$ schneidet die Abszissenachse im Punkt Q(8; 0).

Berechnen Sie den zugehörigen Wert a.

33. **Wachstumseigenschaften von Fichten**

Fichten haben eine schlanke, fast zylindrische Stammform und sind relativ astfrei, woraus vielfältige Verwendungsmöglichkeiten in der Holzindustrie resultieren.
In Abhängigkeit von den Standortbedingungen können Fichten bis zu 50 m hoch werden.
Ihre Wachstumseigenschaften werden z. B. durch die Höhe h, den Brusthöhendurchmesser d (gemessen in 1,3 m Höhe), das Längenwachstum W und die Schlankheit S jeweils in Abhängigkeit von der Zeit t angegeben.
Entsprechende Funktionen können näherungsweise durch die folgenden Gleichungen beschrieben werden (mit a, b, c ∈ ℝ*; t ≥ 0):

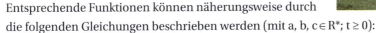

$h(t) = a \cdot \left(1 + \arctan\left(\frac{t-b}{c}\right)\right)$ $\quad$ $d(t) = \dfrac{1}{1 + e^{\frac{b+c-t}{b-a}}}$ $\quad$ $W(t) = \dfrac{a \cdot c}{c^2 + (t-b)^2}$ $\quad$ $S(t) = \dfrac{h(t)}{d(t)}$

(Einheiten: d, h in m; t in a; W in $\frac{m}{a}$)

Variante A: Gegeben sind die Parameter a = 20, b = 38, c = 24.

a) *Berechnen Sie* Höhe, Durchmesser, jährliches Längenwachstum und Schlankheit einer 35 Jahre alten Fichte. Wie viele Festmeter (fm) Holz enthält der Stamm?

b) Wie alt ist die Fichte mit einem Brusthöhendurchmesser von 50 cm etwa?

c) In welchem Alter wächst eine Fichte etwa 40 cm pro Jahr?

d) *Ermitteln Sie* die Endwerte von Höhe, Durchmesser und Schlankheit eines Baumes.

e) *Untersuchen Sie* die Kurve für das jährliche Längenwachstum W in Abhängigkeit von der Zeit t.

Variante B: Parameter a, b und c sind unbekannt.

a) *Ermitteln Sie* die Parameter a, b und c unter den folgenden Bedingungen:
   – Der Baum erreicht die maximale jährliche Höhenzunahme im Alter von 40 Jahren
   – Der Baum erreicht eine Endhöhe von (18 + 9π) m.
   – Der Baum hat im Alter von 43 Jahren einen Durchmesser von $\frac{1}{1+e}$ m.

b) *Ermitteln Sie* h, d, W und S für 35 Jahre alte Bäume.
   Welchen Endwerten nähern sich d, W und S bei sehr alten Bäumen?

c) Wie viele 50-jährige Bäume müssen etwa gefällt werden, um 100 fm Holz zu erhalten?

d) *Interpretieren Sie* die Graphen von h(t) und W(t) und weisen Sie mithilfe der Differenzial- bzw. Integralrechnung den Zusammenhang zwischen den Funktionen nach.

Komplexe Aufgaben

34. Zwischen dem italienischen Festland und Sizilien soll die längste Hängebrücke der Welt gebaut werden.
Die rund 5 km lange Brücke wird (wie die hier abgebildete Golden Gate Bridge) an zwei Brückenpfeilern mit dicken Stahlseilen hängen. Zur Beschreibung der Form der Seilbögen zwischen beiden Brückenpfeilern gibt es verschiedene mathematische Modelle, u. a. mithilfe von
   – Exponentialfunktionen oder
   – Parabeln (ganzrationale Funktionen n-ten Grades).
Für jedes b (b ∈ ℝ; b > 0) ist eine Funktion f_b mit $f_b(x) = bx \cdot e^{\frac{x}{b}}$ (x ∈ ℝ) gegeben.
   a) *Analysieren Sie* f_b für b = 2 hinsichtlich Definitionsbereich, Nullstellen, Extrempunkte und deren Art, Wendepunkte (ohne Nachweis), Verhalten im Unendlichen sowie Asymptoten.
   b) *Berechnen Sie* die Gleichung der Wendetangente an den Graphen von f_b für b = 2.
   Untersuchen Sie, ob für ein beliebiges b auch eine waagerechte Wendetangente an f_b existiert.
   c) Für jedes r (r ∈ ℝ; r > 0) und jedes s (s ∈ ℝ; s > 0) sind Funktionen g_r und h_s durch die folgenden Gleichungen gegeben:
   $g_r(x) = r \cdot (e^x + e^{-x})$ (x ∈ ℝ)   bzw. $h_s(x) = \left(e^{\frac{x}{s}} + e^{-\frac{x}{s}}\right)$ (x ∈ ℝ)
   Stellen Sie die Graphen von g_r und h_s für verschiedene Werte von r und s in je einem geeigneten Koordinatensystem grafisch *dar* und *interpretieren Sie* den Einfluss dieser Parameter r und s.
   d) Die Form der Seilbögen ist näherungsweise auch durch eine Parabel p beschreibbar.
   Ermitteln Sie die Gleichung einer geraden Funktion 2. Grades, wenn folgende Daten gegeben sind: Die Seile werden an zwei 370 m hohen Brückenpfeilern befestigt, deren Abstand 3 360 m beträgt. Im tiefsten Punkt beträgt der Abstand eines Seiles zur Meeresoberfläche 64 m.
   e) Die Form der Seilbögen wird exakt durch die Funktion k mit $k(x) = 32 \cdot \left(e^{\frac{x}{688}} + e^{-\frac{x}{688}}\right)$ beschrieben.
   Stellen Sie k und die in d) ermittelte Parabel p in einem geeigneten Koordinatensystem grafisch *dar* und *vergleichen Sie* die Bilder der beiden Funktionen.
   f) Die Graphen der Funktionen p und k begrenzen für x ≥ 0 eine Fläche vollständig.
   Berechnen Sie den Inhalt dieser Fläche.

35. **Approximation einer Kurve**

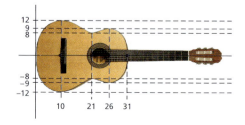

Zur mathematischen Beschreibung der Randkurve nebenstehend abgebildeter Gitarre wurden die folgenden Messpunkte erfasst:
A(10; 12),   B(21; 8),   C(26; 9),   D(31; 0)
Ermitteln Sie eine Funktion, welche den Kurvenverlauf approximiert. *Kommentieren* und *dokumentieren Sie* Ihren Lösungsweg.

Anhang

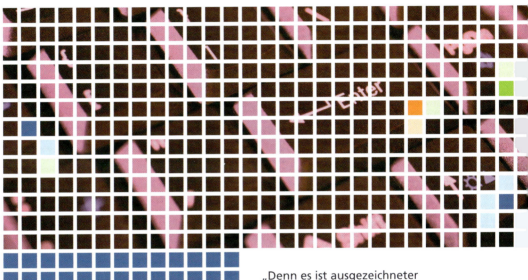

„Denn es ist ausgezeichneter Menschen unwürdig, gleich Sklaven Stunden zu verlieren mit Berechnungen."

GOTTFRIED WILHELM LEIBNIZ
über die Notwendigkeit, formale Rechnungen von Rechenmaschinen ausführen zu lassen

Anhang

Hinweise zur Anwendung des Grafiktaschenrechners
Voyage 200

1. Allgemeine Hinweise

Über verschiedene Tastenfelder können Terme eingegeben oder Menüs zum Aufrufen verschiedener Rechenoperationen ausgewählt werden. Meist gibt man einen Term oder eine Gleichung in die Eingabezeile ein und schließt mit ENTER ab. Auf dem Display werden der Eingabeterm, die Ergebniszeile und mehrere vorhergehende Zeilen dargestellt.
Bei Dezimalzahlen ist anstelle des Kommas immer ein Punkt einzugeben. Für die Exponent-Schreibweise wird die ^-Taste verwendet; das Wurzelzeichen und die Zahl π, aber auch die Symbole für Ableitung und Integral findet man als Zweitbelegung einer Taste.
Wichtige Rechnereinstellungen können über die MODE-Taste vorgenommen werden.

	Eingabe	Anzeige
Nur im *PrettyPrint*-Modus werden Brüche, Exponenten und Wurzeln in der üblichen Schreibweise angezeigt. (Das rechte Bild zeigt die Eingabe im eingeschalteten, das linke Bild die Eingabe im ausgeschalteten *Modus*.)	π/4 2^3 a^2 √((x+1)/2)	
Über den *Exact/Approx*-Modus wird eingestellt, ob die Ausgabe von Brüchen, Wurzeln und „symbolischen" Zahlen (z. B. π) exakt oder als gerundeter („approximierter") Näherungswert erfolgt.	1. Zeile „exact": √(12)+π+3/4 2. bis 5. Zeile „approx": √(12) π √(12)+π+3/4	

2. Termumformungen

Sollen Produkte ausmultipliziert oder Summen in Produkte umgeformt werden, verwendet man die Befehle *expand* bzw. *factor*. Diese werden mithilfe der Funktionstaste F2 dem Algebra-Menü entnommen oder aber direkt eingetippt und durch die umzuformenden Terme ergänzt.

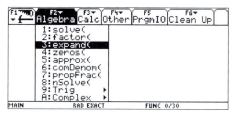

$(2x + 3)(x - 5)$	Ausmultiplizieren
$(a + 3)^2$	Ausmultiplizieren
1155	Faktorisieren
$3x^2 + 19x - 14$	Faktorisieren
$\frac{1}{x+1} + \frac{1}{x} + \frac{1}{2x}$	Zusammenfassen von Bruchtermen

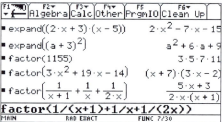

3. Lösen von Gleichungen

Gleichungen (und Ungleichungen) können mit der Funktion *solve(* gelöst werden. Dazu wird *solve* in die Eingabezeile geschrieben oder aber aus dem Algebra-Menü [F2] übernommen. Der gesamte Befehl erfolgt in der Schreibweise:
solve(Gleichung,aufzulösende Variable)

Solve lässt sich auch zum **Lösen von Gleichungen mit mehreren Variablen** anwenden. Hierbei wird der *solve*-Befehl ebenfalls mit der Gleichung verknüpft und durch die Variable ergänzt, nach der umgestellt werden soll.

Im nebenstehenden Beispiel wird die Wachstumsformel mithilfe von *solve* nach n aufgelöst. Obwohl W über die Shift-Taste als Großbuchstabe eingegeben wurde, erfolgt die Übernahme durch den *solve*-Operator und die Ausgabe des Ergebnisses als Kleinbuchstabe.

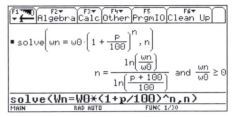

4. Lösen linearer Gleichungssysteme

Das Lösen linearer Gleichungssysteme kann wieder mit dem *solve*-Befehl erfolgen.
Nach Aufrufen des *solve*-Befehls ([F2], [1](*solve*)) werden die Gleichungen nacheinander und durch „and" verknüpft eingegeben. (Vor und nach „and" ist ein Leerzeichen zu setzen!)
Nach einem Komma folgen innerhalb einer geschweiften Klammer die aufzulösenden Variablen x, y. Mit [ENTER] erhält man sofort die Lösungen des Systems.

Die folgenden Abbildungen beschreiben beide das Lösen des nebenstehenden Gleichungssystems, die rechte Abbildung ist lediglich die Zeilenfortsetzung der linken.

Zu lösen ist das Gleichungssystem:
(I) $\ 2\,050x + 500y = 6\,000$
(II) $-200x + 200y = \ \ \ 375$

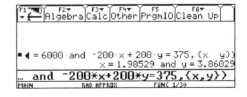

Einfacher ist die Verwendung von Matrizen. Dazu stehen im *MATH/Matrix*-Menü ([2nd] [5]) zwei Befehle zur Verfügung. Da *simult* nur für eindeutig lösbare Gleichungssysteme vom Typ „n Variable und n Gleichungen" genutzt werden kann, ist der Operator *rref* allgemeingültiger und wird bevorzugt.

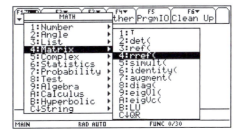

315

Anhang

Die Matrix entsteht, indem die Koeffizienten des Gleichungssystems und die Absolutglieder innerhalb der Klammer [ ] zeilenweise eingetragen werden. Die einzelnen Koeffizienten werden durch Komma getrennt; ein Semikolon am Zeilenende führt zur nächsten Zeile.

Für das Gleichungssystem

(I) $a_3 + a_2 + a_1 + a_0 = -17$
(II) $a_0 = 3$
(III) $-a_3 + a_2 - a_1 + a_0 = 29$
(IV) $8a_3 + 4a_2 + 2a_1 + a_0 = -25$

lautet die Eingabe:

rref([1,1,1,1,-17;0,0,0,1,3;-1,1,-1,1,29;
     8,4,2,1,-25)]

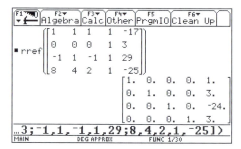

Durch Abschluss der Eingabe mit [ENTER] bringt der Operator *rref* das System auf Diagonalform, aus der man die Lösung in der letzten Spalte direkt ablesen kann:

$a_3 = 1$
$a_2 = 3$
$a_1 = -24$
$a_0 = 3$

5. Grafisches Darstellen von Funktionen

Zur Darstellung von Funktionen ist der Graph-Modus ([MODE][Graph]) auf FUNKTION einzustellen. Die Darstellung selbst erfolgt im Grafikbildschirm.

Dazu ist in der Eingabezeile des y-Editors mit [♦] [W] (y=) (linke Abbildung) die Funktionsgleichung einzugeben (Klammersetzung beachten!). Nach Abschluss der Eingabe mit [ENTER] wird der Funktionsterm in Zeile 1 angezeigt und der Cursor springt in Zeile 2. Damit ist die Eingabe (und gleichzeitige Darstellung) einer weiteren Funktion möglich.

Im Window-Editor ([♦] [E] (*WINDOW*)) (rechte Abbildung) werden Eigenschaften des Grafikbildschirms festgelegt: *xmin*, *xmax*, *ymin* und *ymax* begrenzen die Intervalle auf der x- bzw. auf der y-Achse, xscl und yscl legen den Abstand zwischen zwei Teilstrichen der Achsen fest, und *xres* bestimmt die Pixel-Auflösung der Graphen (niedrige Werte verbessern die Auflösung, können aber die Darstellungsgeschwindigkeit verringern; Standardeinstellung ist 2).

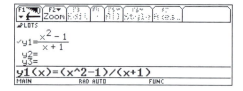 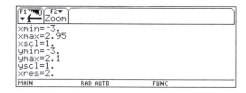

Nach Öffnen des Grafikbildschirms ([♦] [R] (*GRAPH*)) erscheint dort der Graph der vorher eingegebenen Funktion. Feinheiten in der Darstellung sind in starkem Maße von den Window-Einstellungen abhängig. So ist das „Loch" im Graphen der hier dargestellten Funktion bei anderen Einstellungen u. U. nicht sichtbar.

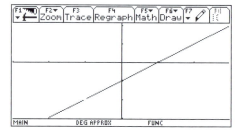

6. Darstellen von Funktionsscharen

Im y-Editor ([♦] [W] (y=)) wird die Gleichung der Funktionsschar $y_1 = x^3 - 6t^2 x$ und über den *mit*-Operator (|) ([2nd] [K]) eine Liste mit ausgewählten Werten für den Parameter t eingegeben (linke Abbildung). Eine Liste wird erstellt, indem die einzelnen Elemente durch Komma getrennt innerhalb geschweifter Klammern geschrieben werden. Über [♦] [R] (*GRAPH*) werden die ausgewählten Kurven im Grafikbildschirm dargestellt (rechte Abbildung).

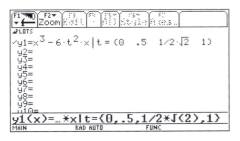
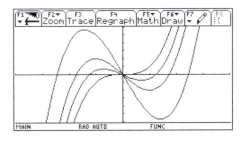

7. Darstellen von Zahlenfolgen

(Dargestellt wird die FIBONACCI-Folge $a_1 = 1$; $a_2 = 1$; $a_n = a_{n-1} + a_{n-2}$.)

Zur Darstellung von Zahlenfolgen ist der Graph-Modus [MODE] [*Graph*] auf *SEQUENZ* einzustellen. Im y-Editor [♦] [W] (y=) entsteht dadurch eine Funktionsliste u1, u2, ... , in welche die Bildungsvorschrift eingetragen wird.

Bei rekursiven Zuordnungsvorschriften ist zu beachten, dass ein Glied a_{n-1} der Folge als u1(n – 1), ein Glied a_{n-2} als u1(n – 2) usw. einzugeben ist. Außerdem sind in Zeile 2 (ui1) die Startwerte a_1 und a_2 als Liste {1, 1} einzutragen.

Im *Window-Editor* (rechte Bildschirmhälfte,

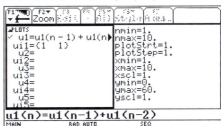

[♦] [E] (*WINDOW*)) wird der gewünschte Darstellungsbereich festgelegt. Den hier gewählten geteilten Bildschirm erhält man über [MODE] [F2] [*Split Screen*] [*LEFT-RIGHT*].

Im Grafikbildschirm ([♦] [R] (GRAPH)) wird die Zahlenfolge dargestellt (linke Abbildung).

Mit [F3] [TRACE] können die geplotteten Punkte mit dem Cursor abgefahren und die dazugehörigen Zahlenpaare abgelesen werden.

Die im y-Editor eingegebene Zahlenfolge wird im Tabellenbildschirm [♦] [Y] (TABLE) numerisch ausgewiesen (rechte Abbildung). Man erhält eine Tabelle mit den Gliedern der Zahlenfolge. Darstellungsbereich und Schrittweite lassen sich durch [♦] [T] (TBLSET) einstellen.

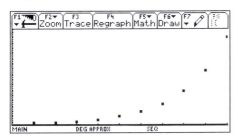

n	u1
14.	377.
15.	610.
16.	987.
17.	1597.
18.	2584.
19.	4181.
20.	6765.
21.	10946.

8. Untersuchen eines Funktionsgraphen mithilfe von ZOOM und TRACE

Um Koordinaten markanter Punkte des Graphen einer dargestellten Funktion zu ermitteln, kann der Graph mit dem Cursor abgefahren werden. Die Cursorkoordinaten werden im Grafikbildschirm angezeigt. Neben einem frei beweglichen Cursor ist vor allem die *Trace*-Funktion ([F3] im Grafikbildschirm) sehr hilf-

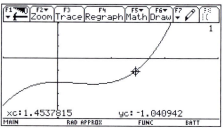

reich. Hier bewegt sich der Cursor entlang den geplotteten Punkten der Funktion. So können Nullstellen einer Funktion oft schon mit hinreichender Genauigkeit abgelesen werden. Mithilfe der *ZoomIn*-Funktion ([F2] [2] (*ZoomIn*)) wird ein Ausschnitt der grafischen Darstellung gewählt und anschließend vergrößert dargestellt. Dazu wird mit dem Cursor ein Mittelpunkt (*New Center?*) festgelegt (linke Abbildung), um den nach [ENTER] ein Ausschnitt gebildet wird. Die Koordinaten des gewünschten Punktes können nun über *Trace* mit höherer Genauigkeit abgelesen werden (rechte Abbildung).

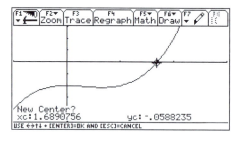
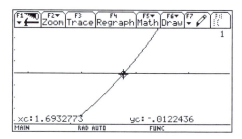

9. Bestimmen der Nullstellen einer Funktion

(am Beispiel der Funktion $f(x) = x^3 - x^2 - 2$)

Im Grafikbildschirm können Nullstellen leicht mit [F5] [2] (*Zero*) ermittelt werden. Dazu sind Grenzen eines Intervalls einzugeben, in dem sich die Nullstelle befindet (*Lower Bound?* [ENTER] *Upper Bound?* [ENTER]) (linke Abbildung). Danach zeigt der Cursor die Nullstelle an und die Koordinaten werden ausgewiesen (rechte Abb.).

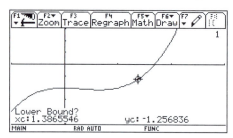
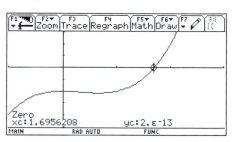

Ohne grafische Darstellung erhält man die Nullstellen durch Lösen der entsprechenden Gleichung mit dem *Solve*-Operator (siehe Lösen von Gleichungen).

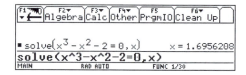

Anhang

10. Verhalten im Unendlichen/Bestimmen von Grenzwerten

Im Menü [F3] (*Calc*) sind wichtige Funktionen zur Differenzial- und Integralrechnung zu finden, so *differentiate* zum Bilden von Ableitungen, *integrate* zum Bestimmen von Integralen und *limit* zur Ermittlung von Grenzwerten.

Untersucht wird das Verhalten im Unendlichen der Funktion $f(x) = \frac{x^2 - 1}{x^2 + 1}$.

Nach Aufrufen von [F3] [3] (*limit*() im Home-Editor wird der Funktionsterm eingegeben (Klammersetzung für Zähler und Nenner beachten!). Danach folgt, jeweils durch ein Komma getrennt, die Variable und die Richtung: Zeile 1 für $x \to \infty$, Zeile 2 für $x \to -\infty$.

Analog wird der Grenzwert des Differenzenquotienten der Funktion $f(x) = \sin x$ für $h \to 0$ gebildet. Nach *limit* (und Eingabe des Funktionsterms folgt die Variable h und 0 als „Richtung". Nach Bestätigung mit [ENTER] erhält man als gesuchten Grenzwert $\cos x$.

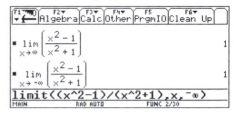

11. Bilden von Ableitungen

(am Beispiel der Funktion $f(x) = x^4 - 5x^3 + 2x^2 - \sqrt{3}x + 0{,}3$)

Nach Aufrufen von [F3] [1] (*d(differentiate*)) oder [2nd] [8] (*d*) wird der Funktionsterm gefolgt von der Differenziationsvariablen x eingegeben (Abbildung, Zeile 1). Nach Schließen der Klammer und [ENTER] wird der Term der Ableitungsfunktion angezeigt (Zeile 2).

Um die Ableitung der Funktion an einer Stelle zu ermitteln, wird die bisherige Eingabe über den *mit*-Operator (|) ([2nd] [K]) durch die Stelle ($x = -0{,}5$) ergänzt (Zeile 3). Zeile 4 weist das Ergebnis $f'(x) = -7{,}982015$ aus.

Für die Ableitungsfunktion wurde der *Exakt-Modus* ([MODE] [*Exact / Approxe*] [2] (*exakt*)) eingestellt, für die Berechnung der Ableitung an der Stelle der *Approx-Modus* ([MODE] [*Exact/Approxe*] [3] (*approximate*).

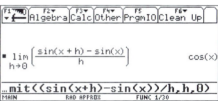

In der nebenstehenden Abbildung wurden die 2. und 3. Ableitung der Funktion gebildet. Die Vorgehensweise entspricht der beim Bilden der 1. Ableitung. In der Eingabezeile ist nach der Differenziationsvariablen lediglich der Grad der Ableitung zu ergänzen.

Anhang

Die Ableitung einer Funktion an einer Stelle kann auch aus der grafischen Darstellung heraus erfolgen. Dazu wählt man [F5] [6] (*Derivatives*) [dy/dx] (linke Abbildung), gibt im Grafikbildschirm über die Tastatur oder mit dem Cursor die Stelle (x = – 0,5) vor und bestätigt mit [ENTER]. Daraufhin wird der ausgewählte Punkt auf dem Graphen angezeigt (rechte Abbildung). Gleichzeitig wird die Ableitung an dieser Stelle ausgewiesen (dy/dx = –7,982051).

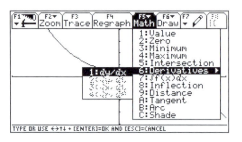
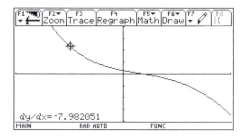

12. Ermitteln lokaler Extrempunkte

(am Beispiel der Funktion $f(x) = -0{,}5x^3 + 3x^2$)

Ist die Funktion grafisch dargestellt, können die Koordinaten von Hoch- und Tiefpunkten über die *Trace*-Funktion [F3] näherungsweise bestimmt werden. Effektiver und genauer ist allerdings die Verwendung der Funktionen [F5] [4] (*Maximum*) bzw. [F5] [5] (*Minimum*). Durch Eingabe geeigneter Werte oder mit dem Cursor werden untere Grenze (*Lower Bound?* [ENTER]) und obere Grenze (*Upper Bound?* [ENTER]) eines Intervalls gesetzt, in dem sich die Extremstelle befindet (linke Abbildung). Der Cursor zeigt den Hochpunkt (bzw. den Tiefpunkt) an und die Koordinaten werden ausgewiesen (rechte Abbildung).

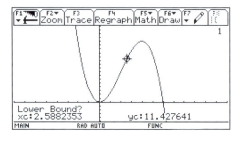
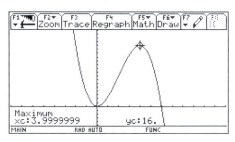

Ohne grafische Darstellung erhält man die Extremstellen u. A. durch Anwenden der Funktion *fMax* bzw. *fMin* im Menü [F3] (*Calc*). Nach Auswahl von *fMax* bzw. *fMin* werden Funktionsterm und Differenziationsvariable in die Eingabezeile eingetragen. Wie Zeile 1 zeigt, genügt das nicht in jedem Fall, um im Ergebnis eine vorhandene lokale Extremstelle zu erhalten. Der Rechner weist hier mit [dy/dx] eine globale Extremstelle aus. Um die *lokale* Extremstellen zu erhalten, sind über den *mit*-Operator (|) ([2nd] [K]) geeignete Intervallgrenzen vorzugeben (Zeilen 2 und 3). Diese können relativ leicht einer grafischen Darstellung entnommen werden.

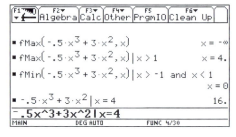

13. Ermitteln von Wendepunkten

(am Beispiel der Funktion $f(x) = -0{,}5x^3 + 3x^2$)

Ist der Graph einer Funktion dargestellt, so können die Koordinaten von Wendepunkten über die *Trace*-Funktion näherungsweise bestimmt werden.

Effektiver ist jedoch die Verwendung des Befehls *Inflection* aus dem *Math*-Menü [F5].

Nach dem Aufrufen des Befehls sowie dem Eingeben einer unteren und oberen Grenze

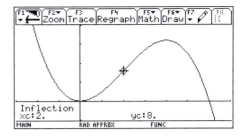

(*Lower Bound?/Upper Bound?*) werden die Koordinaten des Wendepunktes in der grafischen Darstellung sofort angezeigt.

14. Ermitteln unbestimmter und bestimmter Integrale

(am Beispiel der Funktion $f(x) = 2x^2 - \frac{1}{2}x + 5$)

Nach Aufrufen von [F3] [2] ($\int$(integrate)) oder [2nd] [7] ($\int$) wird der Funktionsterm eingegeben. Wird, durch Komma getrennt, nun noch die Integrationsvariable x ergänzt, erhält man nach Schließen der Klammer und [ENTER] eine Stammfunktion von f (Zeile 1).

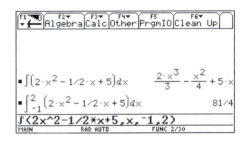

Werden nach der Variablen – wieder durch Komma getrennt – noch Integrationsgrenzen (hier –1 und 2) hinzugefügt, wird das bestimmte Integral in den gegebenen Grenzen berechnet (Zeile 2).

Ist der Graph der Funktion dargestellt, kann die Berechnung des bestimmten Integrals auch aus dem Grafikbildschirm heraus erfolgen.

Nach Aufrufen der Funktion [F5] [7] ($\int f(x)\,dx$) werden die Intervallgrenzen eingegeben (*Lower Limit?* [ENTER] *Upper Limit?* [ENTER]) (linke Abbildung).

Das bestimmte Integral wird berechnet ($\int f(x)\,dx = 20{,}024$).

Gleichzeitig wird die Fläche unter der Kurve im vorgegebenen Intervall schraffiert dargestellt (rechte Abbildung).

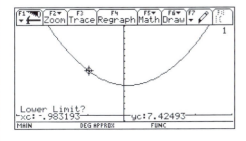
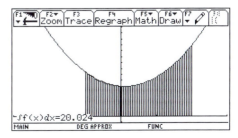

Hinweise zur Anwendung des Computeralgebrasystems *Derive*

1. Allgemeine Hinweise

Die Bedienung erfolgt über die Tastatur und über eine menügesteuerte Benutzeroberfläche: Meist gibt man einen Term oder eine Gleichung über die Tastatur in eine *Eingabezeile* ein und wendet einen Befehl an, der in der *Menüleiste* oder der *Befehlsleiste* ausgewählt wird.
Die Ausdrücke eines Arbeitsblattes werden zeilenweise nummeriert. *Eingaben* erscheinen links auf dem Arbeitsblatt, *Ergebnisse* werden standardmäßig zentriert dargestellt.

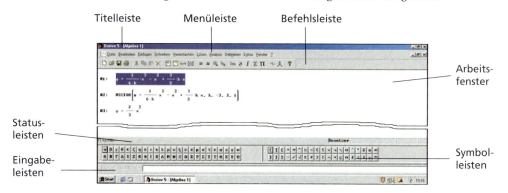

Bei Dezimalzahlen ist anstelle des Kommas immer ein Punkt einzugeben.
Für die Exponent-Schreibweise wird die ^-Taste verwendet; die Zeichen für π und $\sqrt{\ }$ findet man in der Symbolleiste für mathematische Sonderzeichen.
Standardmäßig arbeitet *Derive* im *exakten* Rechenmodus. Zahlen werden als Dezimalzahlen, gemeine Brüche oder durch entsprechende Symbole (z. B. π, e) dargestellt. Wird als Ergebnis einer Rechnung ein *Näherungswert* gewünscht, muss die Schaltfläche bzw. der Befehl *Approximieren* gewählt werden.

Schaltfläche	Erklärung	Anzeige im Arbeitsfenster	
✓	*Ausdruck eingeben* Es erfolgt noch keine Bearbeitung des Terms.	#1	$\pi + \sqrt{12} + \frac{1}{2}$
=	*Ausdruck vereinfachen* Das Ergebnis wird exakt dargestellt ohne den eingegebenen Term anzuzeigen.	#1	$\pi + 2 \cdot \sqrt{3} + \frac{1}{2}$
⤹=	*Ausdruck eingeben und vereinfachen* Eingabe und Ergebnis werden in aufeinanderfolgenden Zeilen *exakt* dargestellt.	#1 $\pi + \sqrt{12} + \frac{1}{2}$ #2	$\pi + 2 \cdot \sqrt{3} + \frac{1}{2}$
≈	*Ausdruck approximieren (annähern)* Das Ergebnis wird als *Näherungswert* dargestellt ohne den eingegebenen Term anzuzeigen.	#1	7.105694268
⤹≈	*Ausdruck eingeben und approximieren*	#1 $\pi + \sqrt{12} + \frac{1}{2}$ #2	7.105694268

Anhang

2. Termumformungen

Sollen Produkte ausmultipliziert oder Summen in Produkte umgeformt werden, verwendet man Befehle *Ausmultiplizieren* bzw. *Faktorisieren* des Menüs *Vereinfachen*.
Sollen Variable eines Terms durch konkrete Werte ersetzt werden, kann die Schaltfläche *Substitution* oder der entsprechende Befehl im Menü *Vereinfachen* verwendet werden.

Beispiele:

$(2x+3)(x-5)$		#1	$(2x+3)(x-5)$
	Ausmultiplizieren	#2	$2 \cdot x^2 - 7 \cdot x - 15$
$(a+3)^2$		#3	$(a+3)^2$
	Ausmultiplizieren	#4	$a^2 + 6a + 9$
1 155		#5	1 155
	Faktorisieren	#6	$3 \cdot 5 \cdot 7 \cdot 11$
$6x^2 + 2x$		#7	$6 \cdot x^2 + 2 \cdot x$
	Faktorisieren	#8	$2 \cdot x \cdot (3 \cdot x + 1)$
$3x^2 + 19x - 14$		#9	$3x^2 + 19x - 14$
	Faktorisieren	#10	$(x+7) \cdot (3 \cdot x - 2)$

Bei der Eingabe von Bruchtermen sind des Öfteren Klammern zu setzen, auch wenn diese in der üblichen Schreibweise nicht vorhanden sind. Lässt man eine solche Klammer weg, erhält der Term eine andere Bedeutung. Die im Arbeitsfenster dargestellte Eingabe ist deshalb eine gute Kontrolle, ob der Term richtig eingegeben wurde.

3. Grafische Darstellung von Funktionen

(am Beispiel der Funktion $y = f(x) = x^3 - e^x$)

Die grafische Darstellung von Funktionen erfolgt im 2D-Graphik-Fenster. Es wird mit der Schaltfläche oder dem Befehl *Fenster/Neues 2D-Graphik*-Fenster geöffnet. Für das weitere Arbeiten ist es praktisch, Graphik-Fenster und Algebra-Fenster nebeneinander anzuordnen.

- Die Funktionsgleichung wird über die Eingabezeile in das Algebra-Fenster eingetragen bzw. dort markiert.
- Bei Verwendung der Ausdruck zeichnen-Schaltfläche wird der Funktionsgraph sofort in ein Koordinatensystem gezeichnet.
- Die im Grafikfenster erzeugten und bearbeiteten grafischen Darstellungen können ausgedruckt, aber noch nicht gespeichert wer-

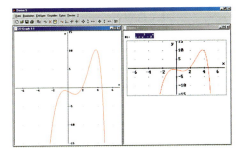

den. Mithilfe des Befehls *Einbetten* im Menü Datei wird die Grafik in das Arbeitsblatt kopiert. Dieses Arbeitsblatt kann durch Texte ergänzt, ausgedruckt und gespeichert werden.

Anhang

4. Lösen von Gleichungen

Zum Lösen von Gleichungen – auch mit mehreren Variablen – besitzt *Derive* den *SOLVE*-Befehl. Nach Eingabe der zu lösenden Gleichung wird die Schaltfläche *Ausdruck lösen* betätigt. Im sich öffnenden Dialogfeld *Lösungsvariablen* ist nun die Variable zu markieren, nach der aufgelöst werden soll. Die Schaltfläche *Lösen* führt den Befehl aus.

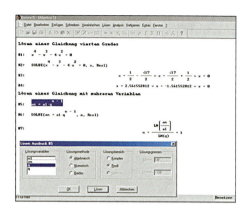

5. Lösen von Gleichungssystemen

Zu lösen ist das Gleichungssystem: (I) $2x + y = 6$;
(II) $-2x + 2y = 3$

Für eine **grafische Lösung** werden die Gleichungen in das Algebra-Fenster eingegeben und als Funktionsgraphen dargestellt.
Sind beide Gleichungen markiert, werden sofort beide Geraden dargestellt. Die Geraden schneiden einander, wenn das lineare Gleichungssystem lösbar ist. Die Koordinaten des Schnittpunktes können näherungsweise bestimmt werden. Dazu empfiehlt es sich, den

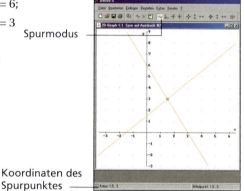

Spurmodus

Koordinaten des Spurpunktes

Spurmodus (Schaltfläche) einzuschalten und das entstehende kleine Quadrat mithilfe der Pfeiltasten mit dem Schnittpunkt in Übereinstimmung zu bringen. Die Koordinaten werden in der Statuszeile angezeigt.

Für eine **algebraische Lösung** steht wieder ein *SOLVE*-Befehl zur Verfügung. Er wird über das Menü *Lösen/System* aufgerufen. Eine eigene Schaltfläche existiert hierfür nicht. In das sich öffnende Dialogfenster werden die Gleichungen des Systems eingetragen. Stehen diese bereits im Arbeitsfenster, können auch die entsprechenden Ausdrucksnummern eingegeben werden. Mit der Bestätigung *Lösen* erscheint die Befehlszeile und die Lösung des Systems.

#1 SOLVE([2 · x + y = 6, – 2 · x + 2y = 3], [x, y])
#2   [x = $\frac{3}{2}$ ∧ y = 3]

Systeme aus quadratischen Gleichungen sind ohne Hilfsmittel oft nur mit sehr großem Aufwand oder praktisch gar nicht lösbar. Mit einem CAS gibt es dagegen kaum Probleme. So lassen sich die Koordinaten der Schnittpunkte zweier Parabeln durch das Lösen eines quadratischen Gleichungssystems ermitteln. In ähnlicher Weise wurde der Schnittpunkt zweier Geraden mithilfe eines linearen Gleichungssystems bestimmt.

Anhang

Beispiel:
Die Graphen der Funktionen
$f_1(x) = -x^2 + \frac{7}{2}$ und $f_2(x) = -\frac{1}{4}x^2 + 2$ schneiden
einander in zwei Punkten. Um die Koordinaten
der Schnittpunkte zu berechnen, verwendet
man wieder das Menü *Lösen/System*.
Das CAS liefert als Lösung
$x = \sqrt{2} \wedge y = \frac{3}{2}$, $x = -\sqrt{2} \wedge y = \frac{3}{2}$.
Daraus erhält man die Punkte $P_1(-\sqrt{1{,}5} | 1{,}5)$ und $P_2(\sqrt{2} | 1{,}5)$.

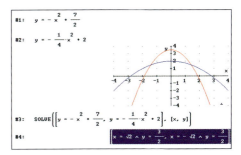

6. Untersuchen von Funktionen
(am Beispiel der Funktion $y = 0{,}8x^2 - 2$)

(1) Die Funktion wird im Algebrafenster als Gleichung vorgegeben und im Grafikfenster gezeichnet. In grober Näherung lassen sich die Nullstellen sofort ablesen.

(2) Die Genauigkeit kann nun mithilfe der ZOOM-Funktion beliebig erhöht werden. Dazu wird über die Schaltfläche ⊕ (*Zeichenbereich festlegen*) mit dem Cursor ein Rechteck ausgewählt, das vergrößert abgebildet wird. Die Nullstellen werden wieder abgelesen. (Dargestellt für $x_0 > 0$)

(3) Wiederholt man diesen Vorgang für ein noch kleineres Intervall, so erhält man den Wert der ersten Nullstelle in guter Näherung. Wird der Cursor als zusätzliche Ablesehilfe auf dem Schnittpunkt des Graphen mit der x-Achse positioniert, können die Koordinaten des Punktes in der Statuszeile abgelesen werden:

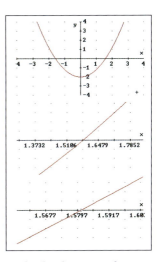

Kreuz: 1.581057, 0   Gerundet: $x_0 \approx 1{,}581$ (Die Nullstelle $x_0 \approx -1{,}581$ erhält man analog.)

7. Darstellen einer Kurvenschar
(am Beispiel der Funktionen $f_k(x) = \frac{1}{6k}x^3 - x^2 + \frac{3}{2}kx$ für $k \in \{-3; -2; -1; 0; 1; 2; 3\}$)

Variante 1:
Für jeden Parameter k wird die zugehörige Funktionsgleichung aufgestellt. Werden alle Gleichungen markiert, so werden alle Funktionsgraphen in ein und demselben Koordinatensystem dargestellt.

Variante 2:
Schneller lässt sich die Kurvenschar mit dem Vektor-Befehl aus dem Analysis-Menü darstellen. Dieser Befehl erzeugt eine Liste mit Werten, die als Koeffizienten eingesetzt werden.
Zusätzlich kann auch noch eine Ortskurve – z. B. die der lokalen Hochpunkte – eingezeichnet werden.

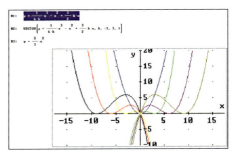

8. Winkelfunktionen und goniometrische Gleichungen

Computeralgebrasysteme verarbeiten Winkelangaben standardmäßig im Bogenmaß. Soll ein Winkel im Gradmaß verwendet werden, ist der Zahlenwert des Winkels mit dem Grad-Symbol (°) oder der Variablen deg zu versehen. Da beide Symbole vom CAS als Umrechnungskonstante $\frac{\pi}{180}$ interpretiert werden, setzt das System zwischen Zahlenwert und dem Grad-Symbol (°) das Malzeichen. So wird die bekannte Umrechnung $b = \frac{\pi}{180} \cdot \alpha$ a in *Derive* durch die Eingabe b = α° bzw. b = α deg ausgeführt. Für die Umrechnung von Bogen- in Gradmaß gilt die Beziehung $\alpha = \frac{\pi}{180} \cdot \beta$. Die Eingabe in *Derive* erfolgt demzufolge durch α = 1#deg·b bzw. $\alpha = \frac{1}{°} \cdot b$. Die ungewöhnliche Schreibweise $\frac{1}{°}$ ist zu verstehen, wenn man berücksichtigt, dass das Grad-Symbol (°) wieder als Konstante zu interpretieren ist.

Beispiel:

Aufgabe	Eingabe	Ausgabe
Umrechnung von Grad- in Bogenmaß	b = 30° bzw. b = 30 deg	$b = \frac{\pi}{6}$ (*exakt*) oder b = 0.523597755 (*approx*)
y Umrechnung von Bogen- in Gradmaß	$\alpha = \frac{1}{°} \cdot \pi$ bzw. $\alpha = \frac{1}{deg} \cdot \pi$	α = 180°
	$\alpha = \frac{1}{°} \cdot 0{,}6$ bzw. $\alpha = \frac{1}{deg} \cdot 0{,}6$	α = 34.37746770 (*approx*)

Sollen Winkel *grundsätzlich* im Gradmaß und ohne Grad-Symbol verwendet werden, kann der Modus im Menü *Definieren>Vereinfachungsoptionen>Winkel* verändert werden. Die Eingabe von SIN, COS, TAN erfolgt über die Tastatur. *Derive* erkennt die Eingaben als Funktionsnamen und schreibt sie sofort groß.

Mithilfe des *SOLVE*-Befehls können trigonometrische Gleichungen gelöst werden, ohne dass vorher Substitutionen oder andere Umformungen vorgenommen werden.

Beispiel:

Gesucht sind die Lösungen der Gleichung $\sin^2 x = \cos(2x)$ im Intervall [0; 2π].

Eine Aussage über die Anzahl der Lösungen und ihre ungefähren Werte erhält man aus der grafischen Darstellung der Funktionen $y = \sin^2 x$ und $y = \cos(2x)$.

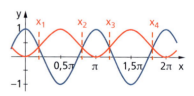

Bei der grafischen Darstellung von Winkelfunktionen wird die x-Achse durch Vielfache von π skaliert. Dazu wird in *Extras/Anzeige-Optionen/Achsen* als *Horizontale Skalierung* π eingetragen.

Die Berechnung der x-Werte erfolgt über
$SOLVE(SIN(x)^2 = COS(2 \cdot x), x)$.

Diese Eingabe liefert im *approx*-Modus
$x = -0.6154797086 \lor x = 0.6154797086 \lor x = 2.526112944$.

Demzufolge lauten die Lösungen für das vorgegebene Intervall näherungsweise:

$x_1 \approx 0{,}6155$; $x_2 = \pi - x_1 \approx 2{,}5261$; $x_3 = \pi + x_1 \approx 3{,}7571$;
$x_4 = 2\pi - x_1 \approx 5{,}6677$

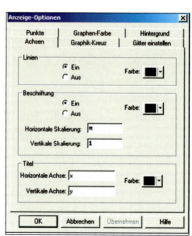

9. Grafisches Darstellen von abschnittsweise definierten Funktionen

Die Darstellung erfolgt abschnittsweise, indem die beteiligten Funktionen einzeln im jeweils vorgegebenen Intervall gezeichnet werden:
(1) Argument und Funktionsterm werden in eckiger Klammer eingegeben: [x, f(x)]
(2) Öffnen des Grafik-Fensters
(3) Betätigen der *Ausdruck zeichnen*-Schaltfläche; es erscheint ein Fenster *Parametrisches Zeichnen*
(4) Anfangs- und Endpunkt des Intervalls (*Minimaler Wert; Maximaler Wert*) eintragen.

Beispiel:
Um die Funktion $f(x) = \begin{cases} x^2 - 4 & \text{für } x \leq -2 \\ -x^2 + 4 & \text{für } x > 2 \end{cases}$

darzustellen, lauten die Eingaben:
#1 $[x, x^2 - 4]$
#2 $[x, -x^2 + 4]$
Beide Funktionen werden nun nacheinander durch Vorgabe zutreffender Intervalle dargestellt.

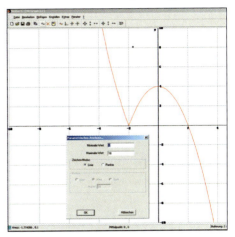

10. Berechnen von Grenzwerten, Ableitungen und Integralen
(am Beispiel der Funktion $f(x) = 2x^2 - \frac{1}{2}x + 5$)
Für das Ermitteln von Grenzwerten, für das Differenzieren und für das Integrieren stellt *Derive* im Menü *Analysis* und in der Befehlsleiste leicht handhabbare Untermenüs zur Verfügung.

Beispiel:
#2 und #3:   Ermittelt wird das Verhalten der Funktion für $x \to \infty$.
#4 bis #7:   Die 1. und die 2. Ableitung werden berechnet.
#8 und #9:   Eine Stammfunktion wird ermittelt.
#10 und #11: Nach Eintragen von Integrationsgrenzen wird das bestimmte Integral in den eingetragenen Grenzen ermittelt.

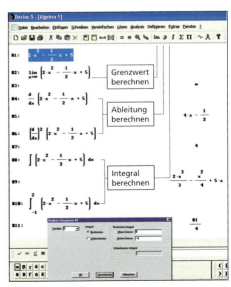

Anhang

Lösungen zu den hilfsmittelfreien Tests

Kapitel A Differenzialrechnung

1. a) $f(x) = x - 2$ b) $f(x) = -x + 1$

2. a) $f_1(x) = -\frac{1}{2}x^2 + 2x$ $f_2(x) = 4x^2 - 8x + 3$ $f_3(x) = \frac{1}{4}x^2$

  b) $g_1(x) = \sin x + 1$ $g_2(x) = 2 \cdot \sin x$ $g_3(x) = \sin \frac{1}{2}x$

3.

	D_f	W_f	S_x	S_y	Symmetrie
a)	$x \in \mathbb{R}$	$y \in \mathbb{R}$	$(0; 0)$, $\left(\pm\sqrt{\frac{1}{a}}; 0\right)$	$(0; 0)$	punktsymmetrisch zum Koordinatenursprung
b)	$x \in \mathbb{R}$; $x \neq 0$	$y \in \mathbb{R}$; $y > -1$	$\left(\pm\sqrt{\frac{1}{a}}; 0\right)$	existiert nicht	achsensymmetrisch zur y-Achse
c)	$x \in \mathbb{R}$	$y \in \mathbb{R}$	$(0; 0)$	$(0; 0)$	punktsymmetrisch zum Koordinatenursprung

4. a) arithmetische Zahlenfolge; monoton wachsend

  b) weder arithmetische noch geometrische Zahlenfolge; monoton wachsend

  c) geometrische Zahlenfolge; monoton fallend

5. a) unbeschränkt   b) nein, nur nach oben beschränkt   c) beschränkt

6. $n > 100$

7. (a_n): Es ist $\lim\limits_{n \to \infty}\left(2 + \frac{1}{n}\right) \cdot \left(2 - \frac{1}{n}\right) = \lim\limits_{n \to \infty}\left(2 + \frac{1}{n}\right) \cdot \lim\limits_{n \to \infty}\left(2 - \frac{1}{n}\right) = 2 \cdot 2 = 4$

  (b_n): $\lim\limits_{n \to \infty} \frac{3n^2 + 4n + 7}{9n^2 + 7n} = \lim\limits_{n \to \infty} \frac{n^2\left(3 + \frac{4}{n} + \frac{7}{n^2}\right)}{n^2\left(9 + \frac{7}{n}\right)} = \frac{\lim\limits_{n \to \infty} 3 + \lim\limits_{n \to \infty} \frac{4}{n} + \lim\limits_{n \to \infty} \frac{7}{n^2}}{\lim\limits_{n \to \infty} 9 + \lim\limits_{n \to \infty} \frac{7}{n}} = \frac{1}{3}$

8. a) $a_1 = 0$ $a_2 = -\frac{1}{3}$ $a_3 = -\frac{1}{2}$

  $a_4 = -\frac{3}{5}$ $a_5 = -\frac{2}{3}$

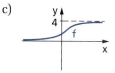

  b) streng monoton fallend

  c) $n > 1999$

9. a) 3150 €   b) nach 16 Jahren   c) $18737{,}90$ €

10. a)   b)   c)

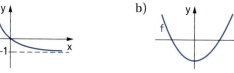

11. a) $\lim\limits_{x \to -\infty} f(x) = \infty$ $\lim\limits_{x \to +\infty} f(x) = \infty$ b) $\lim\limits_{x \to -\infty} f(x) = -\infty$ $\lim\limits_{x \to +\infty} f(x) = \infty$

  c) $\lim\limits_{x \to -\infty} f(x) = -1000$ $\lim\limits_{x \to +\infty} f(x) = \infty$ d) $\lim\limits_{x \to -\infty} f(x) = 1$ $\lim\limits_{x \to +\infty} f(x) = 1$

  e) $\lim\limits_{x \to -\infty} f(x) = 0$ $\lim\limits_{x \to +\infty} f(x) = 0$ f) $\lim\limits_{x \to -\infty} f(x) = -\infty$ $\lim\limits_{x \to +\infty} f(x) = \infty$

12. a) keine   b) keine   c) $y = -1000$

  d) $x = -2$; $x = 2$; $y = 1$ e) $y = 0$ f) $y = 0$; $y = x + 2$

13. $x > 11$

14. a) 9 b) $-\frac{3}{5}$ c) 2 d) $-0{,}5$ e) $0{,}5$ f) $1{,}5$

Anhang

15. a) und b)   stetig an der Stelle x_0 und im Intervall $[a; b]$
    c) und e)   stetig an der Stelle x_0, nicht aber im Intervall $[a; b]$
    d) stetig im Intervall $[a; b]$, aber nicht an der Stelle x_0
    f) nicht stetig an der Stelle x_0 und im Intervall $[a; b]$

16. a) stetig   b) nicht stetig   c) nicht stetig
    d) nicht stetig   e) nicht stetig   f) stetig

17. b) hebbar; für $x = 2$ gilt $f(x) = 5$ c) nicht hebbar   d) hebbar; für $x = 2$ gilt $f(x) = 1$ e) nicht hebbar

18. a) $\frac{s(t_1) - s(t_0)}{t_1 - t_0} = \bar{v}(t_1, t_0)$;   mittlere Geschwindigkeit zwischen den Zeitpunkten t_1 und t_0
    b) $\lim_{t_1 \to t_0} \frac{s(t_1) - s(t_0)}{t_1 - t_0} = v(t_0)$;   Momentangeschwindigkeit zum Zeitpunkt t_0
    c) $v(t) = 3t + 2$; $t \in [0; 3]$

19. – Bilden des Differenzenquotienten
    – eventuell Differenzenquotient umformen/vereinfachen
    – Grenzwert des (umgeformten) Differenzenquotienten $x \to x_0$ bzw. $h \to 0$ bilden.
    b) z. B. momentane Geschwindigkeit aus $s(t)$, momentane Beschleunigung aus $v(t)$, momentane Kernzerfallsrate aus $N(t)$, lokale Luftdruckänderung aus $p(h)$
    c) z. B. Art von Wachstumsformen (progressiv/degressiv) als $N''(t)$ oder andere Funktionen, Krümmungsverhalten als $f''(x)$, momentane Beschleunigung als $s''(t)$
    d) – Bilden der ersten Ableitung an der Stelle x_0; entspricht dem Anstieg der Tangente
       – Berechnen des Achsenabschnittes der Tangentengleichung über $n = f(x_0) - f'(x_0) \cdot x_0$
       – Aufstellen der Tangentengleichung $y = f'(x_0) \cdot x + n$
    e) – Bilden der ersten Ableitung von f an der Stelle x_B, wobei $B(x_B, f(x_B))$ der unbekannte Berührpunkt der Tangente an den Graphen von f ist
       – Auflösen der Gleichung $f'(x_B) = \frac{f(x_B) - y_P}{x_B - x_P}$ nach x_B
       – Bilden der ersten Ableitung an der Stelle x_B, entspricht dem Anstieg der Tangente
       – Berechnen des Achsenabschnittes der Tangentengleichung über $n = f(x_B) - f'(x_B) \cdot x_B$
       – Aufstellen der Tangentengleichung $y = f'(x_B) \cdot x + n$

20. a) $f'(x) = 32x - 5$; $f''(x) = 32$
    b) $f'(x) = -\frac{6}{x^3} + 15$; $f''(x) = \frac{18}{x^4}$
    c) $f'(x) = \frac{1}{2}x^{-\frac{1}{2}} - 2x^{-\frac{1}{3}}$; $f''(x) = -\frac{1}{4}x^{-\frac{3}{2}} + \frac{2}{3}x^{-\frac{4}{3}}$
    d) $f'(x) = 8 \cdot e^{2x} - 4 \cdot e^x$; $f''(x) = 16 \cdot e^{2x} - 4 \cdot e^x$
    e) $f'(x) = \left(\frac{3}{4}\right)^x \cdot \ln \frac{3}{4}$; $f''(x) = \left(\frac{3}{4}\right)^x \cdot \left(\ln \frac{3}{4}\right)^2$
    f) $f'_t(x) = 2tx - t$; $f''_t(x) = 2t$
    g) $f'(x) = -e^{-x}(2x - 1) + 2 \cdot e^{-x}$; $f''(x) = e^{-x}(2x - 1) - 4 \cdot e^{-x}$
    h) $f'(x) = \frac{-2}{-2x + 1}$; $f''(x) = \frac{-4}{(-2x + 1)^2}$
    i) $f'(x) = 2\frac{\ln x}{x} - \frac{2}{x}$; $f''(x) = \frac{4}{x^2} - 2\frac{\ln x}{x^2}$

j) $f'(x) = 6 \cdot \cos(2x + \pi); \quad f''(x) = -12 \cdot \sin(2x + \pi)$

k) $f'(x) = \frac{e^x(2-x)}{(1-x)^2}; \quad f''(x) = \frac{e^x(x^2 - 4x + 5)}{(1-x)^3}$

l) $f'(x) = -\ln 2 \cdot 2^{2-2x}; \quad f''(x) = (\ln 2)^2 \cdot 2^{3-2x}$

m) $f_t'(x) = -2t \cdot \cos tx - t \cdot \sin tx; \quad f_t''(x) = 2t^2 \cdot \sin tx - t^2 \cdot \cos tx$

n) $f_t'(x) = \frac{2t}{(x-t)^2}; \quad f_t''(x) = \frac{4t}{(t-x)^3}$

o) $f_t'(x) = -\frac{t \cdot e^x}{(e^x - t)^2}; \quad f_t''(x) = \frac{t \cdot e^x(e^x + t)}{(e^x - t)^3}$

21. a) $y = -x + 1$ b) $y = -1$ c) $y = x - \pi$ d) $y = 2x - 2$

22. a) $y = x + 1$ b) $x = 0$ c) $y = -x + \pi$ d) $y = -\frac{1}{2}x + \frac{1}{2}$

23. $y_1 = (3 - 2\sqrt{2})x \quad y_2 = (3 + 2\sqrt{2})x$

24. a) Dargestellt ist die Funktion g'. b) $f'(0) = g'(0) = -1$

25. $f'(1) = 2x^3 - 4x; \quad f''(x) = 6x^2 - 4$

a) Die erste Ableitung gibt den Anstieg der Funktion an einer Stelle x_0 an.

b) Die zweite Ableitung beschreibt die Änderung des Tangentenanstiegs und damit die Krümmung des Graphen von f.

26. a) $x = 0$ b) $x = 0$ c) $x = 0$ d) $x = -1$ e) $x = e^{-1}$ f) $x = \frac{\pi}{4} + k \cdot \frac{\pi}{2}$ $(k \in \mathbb{Z})$

27. $a < \frac{1}{4}$

28. $S_1(0;0); \quad S_2\left(\frac{1}{a};0\right); \quad t: y = ax - 1$

(An der Stelle $x = 0$ ist f_a nicht differenzierbar.)

29. Kleinster Anstieg an den Extremstellen: $f'\left((2k+1) \cdot \frac{\pi \cdot a}{2}; k \in \mathbb{Z}\right) = 0$

Größter Anstieg an den Wendestellen: $|f'(k \cdot \pi \cdot a; k \in \mathbb{Z})| = \frac{1}{a}$

30. Der Abstand ist minimal für $a = -2$.

31. a) Polstellen $-1; 1;$ Nenner der Funktion 0; Zähler $\neq 0$

Nullstellen $-1,3; 1,3;$ Zähler der Funktion 0; Nenner $\neq 0$

b) Es existiert mindestens ein Extrempunkt. Aus dem Verhalten an den Polstellen folgt, dass die Monotonie wechseln muss.

32. $r = \frac{100}{\pi}$ m $\approx 31,83$ m; $l = 100$ m

33. a) Das globale Extremum muss kein lokales sein.

b) Es werden zwei Nebenbedingungen benötigt.

c) Auch systematisches Probieren und grafisches Darstellen können zum Erfolg führen.

34. $x_{0_1} = -1; \quad x_{0_2} = 0;$

monoton wachsend für $x \leq -\frac{2}{3}$ und für $x \geq 0;$

monoton fallend für $-\frac{2}{3} \leq x \leq 0;$

$\lim_{x \to \pm\infty} f(x) = \pm\infty$

$H\left(-\frac{2}{3}; 0,148\right); \quad T(0;0); \quad W\left(-\frac{1}{3}; 0,074\right)$

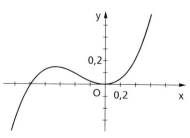

35. $N(10) = 100 \cdot e \qquad N'(10) = 10 \cdot e$

$N(20) = 100 \cdot e^2 \qquad N'(20) = 10 \cdot e^2$

$N(30) = 100 \cdot e^3 \qquad N'(30) = 10 \cdot e^3$

Anhang

36. a) $\frac{s(t_1) - s(t_0)}{t_1 - t_0} = \overline{v}_{t_0, t_1}$ b) $v = 16{,}78 \frac{m}{s}$ $a = 3{,}36 \frac{m}{s^2}$

37. $f(x) = x^3 + 3x^2 - 24x + 3$

38. a) $2{,}5 = \frac{1}{2}a + v_0 + s_0$ b) $a = 5 \frac{m}{s^2}$
$10 = \frac{1}{2}a \cdot 4 + v_0 \cdot 2 + s_0$
$22{,}5 = \frac{1}{2}a \cdot 9 + v_0 \cdot 3 + s_0$

39. Aus $y = f(x) = ax^2 + c$ und $c = 0{,}25$ folgt $a \approx -0{,}000244$. Der Anstieg ergibt sich aus $f'(x) = -0{,}000488x$.

Innerhalb des Intervalls $[-32; 0]$ ist der Anstieg bei A mit $f'(-32) = 0{,}0156 < 0{,}1$ am größten. Damit würde die Steigung den Wert von 10 % nicht übersteigen. B hat die Koordinaten B(24,38; 0,125), die Steigung beträgt hier rund 1,19 %.

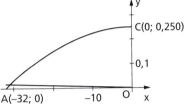

Kapitel B Integralrechnung

1. Es gilt jeweils $C = 0$.

a) $F(x) = \frac{x^4}{4} - x^2 + 2x$ b) $F(x) = \frac{2}{3}\sqrt{x^3} - \frac{2}{x}$ c) $F(x) = \frac{1}{2} \cdot e^{2x}$

d) $F(x) = \frac{e^{2x-1}}{2}$ e) $F(x) = \frac{2}{3}\sqrt{x^3} + \frac{3}{4}\sqrt[3]{x^4}$ f) $F(x) = \ln|x| + x^2$

g) $F(x) = \frac{1}{6} \cdot \left(\frac{1}{3}x - 3\right)^{18}$ h) $F(x) = \frac{2}{5} \cdot \sqrt[4]{(2x-2)^5}$ i) $F(x) = -\frac{1}{2} \cdot \cos(2x + 5)$

2. a) (3)   b) (1)   c) (4)   d) (1)   e) (2)   f) (2)   g) (1)   h) (4)   i) (2)

3. a) 80   b) $\ln 2$ c) $e^4 - 5$ d) $4 \cdot \sqrt{6} - \frac{2}{3}$

4.

a	0	$\frac{\pi}{2}$	0	$\frac{3\pi}{2}$	$\frac{\pi}{2}$	0
b	π	π	$\frac{3\pi}{2}$	2π	$\frac{3\pi}{2}$	2π
$\int_a^b 2 \cdot \sin x \, dx$	4	2	2	-2	0	0
$\int_a^b (-\cos x) \, dx$	0	1	1	-1	2	0

5. a) $F(x) = x - \frac{2}{9}x^3$; $A = \frac{14}{9}$ FE   b) $F(x) = \frac{x^5}{5} - \frac{2x^3}{3}$; $A = \frac{8\sqrt{2}}{15}$ FE $\approx 0{,}75$ FE

c) $F(x) = -\frac{1}{2} \cdot e^{-2x+1}$; $A \approx 1{,}18$ FE   d) $F(x) = -\cos x$; $A = 2$ FE

6. a) $F(x) = \frac{8}{3}$ FE   b) $F(x) = \frac{32}{3}$ FE   c) $F(x) = \frac{32}{3}$ FE   d) $\frac{64}{9}$ FE

7. $a = 2$; $A = \frac{1}{6}$ FE   **8.** $V = 189\pi$ VE $\approx 593{,}8$ VE   **9.** $V = \frac{8}{3}\pi$ VE $\approx 8{,}38$ VE

10. $W = \int_{s_1}^{s_2} F \, ds = \int_0^h (-mg) \, ds = -[mgs]_0^h = -mgh$

11. (Beispiellösung)

Aufgrund der Additiviät des bestimmten Integrals gilt $\int_0^b f(x) \, dx - \int_0^a f(x) \, dx = \int_a^b f(x) \, dx$ und somit $-\int_0^b f(x) \, dx + \int_0^a f(x) \, dx = -\int_a^b f(x) \, dx$.

Anhang

Da aber $\int_0^a f(x)\,dx - \int_0^b f(x)\,dx = \int_b^a f(x)\,dx$ ist (erster Summand ergibt obere, zweiter Summand ergibt untere Grenze), ist auch $\int_b^a f(x)\,dx = -\int_a^b f(x)\,dx$.

12. (Beispiellösungen)

a) $f(x) = a$; $A = \int_0^a a\,dx = [ax]_0^a = a^2$

b) $f(x) = a$; $A = \int_0^b a\,dx = [ax]_0^b = a \cdot b$

c) $f(x) = \frac{b}{a}x$; $A = \int_0^a \frac{b}{a}x\,dx = \left[\frac{b}{a} \cdot \frac{x^2}{2}\right]_0^a = \frac{a \cdot b}{2}$

13. (Beispiellösungen)

a) $f(x) = r$; $V = \pi \cdot \int_0^h r^2\,dx = \pi \cdot [r^2 x] = \pi r^2 h$

b) $f(x) = \frac{r}{h}x$; $V = \pi \cdot \int_0^h \left(\frac{r}{h}x\right)^2 dx = \pi \cdot \int_0^h \frac{r^2}{h^2} x^2\,dx = \left[\frac{r^2}{h^2} \cdot \frac{x^3}{3}\right]_0^h = \frac{1}{3}\pi r^2 h$

14. Eigenschaften von F:
- Nullstellen bei −2,9; 0; 2,9;
- lokale Minimumpunkte bei $P_1(-2; -4)$ und $P_2(2; -4)$; lokaler Maximumpunkt bei $P(0; 0)$;
- je eine Wendestelle bei etwa −1 und 1;
- monoton fallend für $-\infty < x < -2$ und $0 < x < 2$;
- monoton wachsend für $-2 < x < 0$ und $2 < x < \infty$

Eigenschaften von f:
- Nullstellen bei −2; 0; 2;
- lokale Extremstellen bei −1 und 1;
- Wendestelle bei $x = 0$;
- monoton wachsend für $-\infty < x < -1$ und $1 < x < \infty$;
- monoton fallend für $-1 < x < 1$

15. Beim Subtrahieren der Werte mit eingesetzter unterer Integrationsgrenze muss es richtig heißen: $+\frac{1}{2}$.

Die richtige Lösung wäre dann $\frac{5}{6}$.

16. Zunächst muss man eine Gleichung der äußeren Randfunktion des Bierglases bestimmen. Es empfiehlt sich, dieses auf Millimeterpapier zu legen und mit einem Bleistift die Funktion aufzuzeichnen. Nun bestimmt man eine geeignete Regressionsfunktion. Genauere Lösungen erreicht man bei stückweise definierten Funktionen.

Nun berechnet man die obere Integrationsgrenze für den Fall, dass das Volumen des zugehörigen Rotationskörpers 0,5 *l* beträgt:

$$\pi \cdot \int_0^a [f(x)]^2\,dx = 0{,}5\,l$$

(Hierfür sollte ein CAS genutzt werden.)

17. *Integration durch Substitution:*

Beschreiben des Verfahrens in Anlehnung an die Schrittfolge auf Seite 240 und Herstellen der Beziehung zur Kettenregel der Differenzialrechnung

Partielle Integration:

Beschreiben des Verfahrens in Anlehnung an die Schrittfolge auf Seite 242 und Herstellen der Beziehung zur Produktregel der Differenzialrechnung.

Register

A
Abklingkurve 72
Ableitung 99, *CD*
– konstante Funktionen 106
– Exponentialfunktionen 117
– Funktionen in Parameterdarstellung *CD*
– Logarithmusfunktionen 119
– partielle *CD*
– Potenzfunktionen 106, 114
– trigonometrische Funktionen 116
Ableitungen
– geometrische Bedeutung *CD*
– höherer Ordnung 101
Ableitungsfunktion 100
Ableitungsregeln 126, *CD*
abschnittsweise definierte Funktionen 18
achsensymmetrisch 23
AL-CHWARIZMI 31, *CD*
Algorithmus 31, *CD*
Allaussage 129
allgemeines Iterationsverfahren 257
alternierende Zahlenfolge 49
Analysis, Geschichte der 41
Änderungsrate
– lokale 97
– mittlere 93
Anstieg einer
– Sekante 97
– Tangente 97
ARCHIMEDES 41, *CD*
archimedische Spirale 13
ARISTOTELES *CD*
arithmetische Zahlenfolge 53, *CD*
Asymptote *CD*
– waagerechte 69
Ausgleichsrechnung 91
Aussage 244, *CD*
Aussageform *CD*
Ausschöpfen von Flächen und Volumina 183, 188
Axiom 244, *CD*
Axiomensystem *CD*

B
BANACH, STEFAN 259
banachscher Fixpunktsatz 259
BARROW, ISAAC 42
BERNOULLI, JAKOB 42, 217, *CD*
BERNOULLI, JOHANN 42, 217, *CD*
Beschränktheit von Zahlenfolgen 49
Bestandsrekonstruktionen 177, 181
bestimmtes Integral 181, 195
– als Funktion der oberen Grenze *CD*
– Eigenschaften 199, 208
– geometrische Deutung 197
Betragsfunktion 18
Beweis 129
– direkter 129
– indirekter 130
Beweisverfahren der vollständigen Induktion *CD*
Bisektionsverfahren 33
Bogenlänge 280, *CD*
BOLZANO, BERNARD 33, 83, *CD*
BOLZANO, Nullstellensatz von *CD*

C
CAUCHY, AUGUSTIN LOUIS *CD*
CAVALIERI, FRANCESCO BONAVENTURA 41, *CD*
cavalierisches Prinzip 41, *CD*
Computeralgebrasysteme (CAS) 13 *CD*

D
Definition 45
Definitionsbereich 11
Definitionslücke 75, *CD*
delisches Problem 257
Differenzengleichungen *CD*
Differenzenquotient 93, 98
Differenzial 195
Differenzialgleichungen 286, *CD*
– Anwendungen *CD*
– Lösungsverfahren 288, *CD*
Differenzialquotient 99
Differenzialrechnung 42
– mit einem CAS 147
Differenziationsregeln 126
differenzierbar 99
Differenzierbarkeit 99, *CD*
– und Stetigkeit 102
Differenzieren, grafisches *CD*
direkter Beweis 129
DIRICHLET, PETER GUSTAV LEJEUNE *CD*
diskreter Vorgang 12
divergente Funktion 71
divergente Zahlenfolge 59

E
e-Funktion 15
ε-Umgebung 58, *CD*
endliche Zahlenfolge 46
EULER, LEONHARD 15, 42, *CD*
eulersche Zahl 15, *CD*
Exhaustionsmethode 41, 184
Existenzaussage 129
explizite Bildungsvorschrift einer Zahlenfolge 45
Exponentialfunktionen 14, *CD*
– Ableitung 117
– Integration 221
Extremstelle 135
Extremwert 23, 135
Extremwertprobleme 145, *CD*
– Lösen mit CAS 147
– Lösen ohne Differenzialrechnung 166
– Schrittfolge beim Lösen 145

F
Faktorregel der
– Differenzialrechnung 108
– Integralrechnung 204, 220
FERMAT, PIERRE DE 41, *CD*
fermatsches Problem *CD*
FIBONACCI-Folge 63
Fixpunkt 258
Fixpunktsatz von BANACH 259
Flächeninhaltsberechnungen 261
Funktion 11, *CD*
– Definitionsbereich 11
– Definitionslücke 75, *CD*
– divergente 71
– Extremstellen 135
– Extremwerte 135
– gerade 23
– Grenzwert 69, 70, 78
– inverse 23, *CD*
– konvergente 70
– Monotonie 23, 134
– Nullstellen 24
– Parameterdarstellung 12
– periodische 23
– stetige 82, *CD*
– stetige Fortsetzung 83
– Stützstellen 149
– ungerade 23
– Verhalten im Unendlichen 69
– Wendepunkte 140
– Wendestellen 140
– Wertebereich 11

Register

Funktionen
- abschnittsweise definierte 18
- ganzrationale 17
- gebrochenrationale 18
- Grenzwertsätze 71, 77
- hyperbolische *CD*
- lineare 14
- mehrerer Variabler *CD*
- nichtrationale 18
- quadratische 14
- rationale 17
- trigonometrische 14

Funktionsgleichungen, Bestimmen von 149, *CD*
Funktionsschar 26, *CD*
Funktionsuntersuchung, rechnergestützte 25

G

Galilei, Galileo *CD*
ganzrationale Funktionen 17, *CD*
Ganzteilfunktion 19
gaußsche Klammerfunktion 19
gebrochenrationale Funktionen 18, *CD*
geometrische Zahlenfolge 54, *CD*
gerade Funktion 23
Gleichungen
- biquadratische *CD*
- grafisches Lösen *CD*
- Exponentialgleichungen *CD*
- goniometrische *CD*
- Logarithmengleichungen *CD*
- numerische Lösungsverfahren 30
- quadratische *CD*
- Wurzelgleichungen *CD*

Gleichungssysteme *CD*
- Lösbarkeit *CD*
- Lösen linearer *CD*
- Lösen mit CAS 151

globales Maximum 135
globales Minimum 135
goldbachsche Vermutung *CD*
grafische Iteration 258
grafisches Differenzieren *CD*
Grenzwert
- einer Funktion 69, 70, 78, *CD*
- einer Zahlenfolge 58, *CD*
- linksseitiger 75
- rechtsseitiger 75
- uneigentlicher 71, 76

Grenzwertberechnung mit CAS 70
Grenzwertsätze
- Funktionen 71, 77
- Zahlenfolgen 60

Guldin, Paul *CD*
guldinsche Regeln *CD*

H

Halbierungsverfahren 33
Hauptsatz der Differenzial- und Integralrechnung 234
Heavysidefunktion 103
hebbare Unstetigkeit 83, *CD*
Heron-Verfahren *CD*
Hochpunkt 23
Horizontalwendepunkt 141
l'Hospital, Guillaume François Antoine de *CD*
l'Hospital, Regeln von *CD*
hyperbolische Funktionen *CD*

I

indirekter Beweis 130
Infinitesimalrechnung 41
Integerfunktion 19
Integral
- bestimmtes 181, 195
- unbestimmtes 217
- uneigentliches 243, *CD*

Integralfunktion *CD*
Integralrechnung 41
- Anfänge der *CD*
- mit einem CAS 200, 206
- physikalische und technische Anwendungen 219, *CD*

Integration
- e-Funktion 221
- Kosinusfunktion 221
- Potenzfunktionen 220
- Sinusfunktion 221

Integrationskonstante 217
Integrationsregeln 256
Integrationsverfahren
- lineare Substitution 227
- logarithmische Integration 241
- numerische Integration 246
- partielle Integration 242
- Substitution 240

Interpolation, lineare *CD*
Intervallschachtelung *CD*
inverse Funktion 23, *CD*
Iteration
- allgemeines Verfahren 257
- grafische 258

K

Kepler, Johannes 41, *CD*
keplersche Fassregel *CD*
Kettenlinie *CD*
Kettenregel 110, *CD*
Klammerfunktion, gaußsche 19
konkav *CD*
konvergente Funktion 70
konvergente Reihe 66
konvergente Zahlenfolge 59
konvex *CD*
Krümmung 140, *CD*
Krümmungsverhalten 140, *CD*
- linksgekrümmt 140
- konkav *CD*
- konvex *CD*
- rechtsgekrümmt 140

Kurven, interessante *CD*
Kurvendiskussion *CD*
Kurvenschar 26

L

Lagrange, Joseph Louis 42, *CD*
Leibniz, Gottfried Wilhelm 42, 217, 236, *CD*
Leonardo Fibonacci von Pisa 63, *CD*
lineare Interpolation *CD*
lineare Regression 90, *CD*
Linearfaktorzerlegung 24, *CD*
linksgekrümmt 140
linksseitiger Grenzwert 75
Lissajous-Figuren 13
Logarithmen, Rechnen mit *CD*
logarithmische Integration 241
Logarithmus, natürlicher 17
Logarithmusfunktionen 14, *CD*
- Ableitung 119

logische Operationen *CD*
lokale Änderungsrate 97
lokales Maximum 135
lokales Minimum 135

M

Mantelflächeninhalt eines Rotationskörpers *CD*
Maximum 23
- globales 135
- lokales 135

Menger-Schwamm 304
Methode der kleinsten Quadrate 91, *CD*
Minimum 23
- globales 135
- lokales 135

Mittelwertsatz der Integralrechnung 205, *CD*
mittlere Änderungsrate 93
Monotonie einer
- Funktion 23, 134
- Zahlenfolge 47, *CD*

N

Näherungsverfahren
- allgemeines Iterationsverfahren 257
- Bisektionsverfahren 33

Register

- grafisches Differenzieren *CD*
- HERON-Verfahren *CD*
- NEWTON-Verfahren 155
- numerisches Integrieren 246
- regula falsi *CD*

natürlicher Logarithmus 17
NEWTON, ISAAC 42, 236, *CD*
NEWTON-Algorithmus 155, 156
nichtrationale Funktionen 18
Nullfolge 60, *CD*
Nullstelle 23
Nullstellenermittlung 24
- durch Bisektion 34
- durch NEWTON-Algorithmus 156
- mit CAS 25
- mit Tabellenkalkulation 26

Nullstellensatz von BOLZANO *CD*
numerische Integration 246

O

Obersumme 179, 193
Ortskurve 26, 139
Oszillationsstelle 83

P

Paradoxon von ACHILLES und der Schildkröte 65, *CD*
Parameterdarstellung von Funktionen und Kurven 12, 13, *CD*
Partialsumme 65, *CD*
partielle Ableitung *CD*
pascalsche Schnecke *CD*
periodische Funktion 23
Polasymptote 76
Polgerade 76
Polstelle 76
Polynomdivision 24
Polynomfunktionen 17
Potenzfunktionen 14, *CD*
- Ableitung 114
- Integration 220

Potenzregel der
- Differenzialrechnung 106
- Integralrechnung 220

Produktregel 109, *CD*
punktsymmetrisch 23

Q

Quotientenregel 109, *CD*

R

rationale Funktionen 17
Raumkurven 13
Rechenhilfsmittel, Geschichte der *CD*
rechtsgekrümmt 140
rechtsseitiger Grenzwert 75

reelle Zahlen *CD*
Regeln von L'HOSPITAL *CD*
Regression 90, *CD*
regula falsi *CD*
Reihe 65
rekursive Bildungsvorschrift einer Zahlenfolge 45, *CD*
Richtungsfeld 215, *CD*
RIEMANN, BERNHARD 42, *CD*
ROLLE, Satz von *CD*
Rotationskörper
- Mantelflächeninhalt *CD*
- Volumen 277

S

Sattelpunkt 141
Satz 244
Satz von ROLLE *CD*
Sätze über
- differenzierbare Funktionen *CD*
- stetige Funktionen *CD*

Schleppkurve *CD*
Schlussregeln *CD*
Schranke 49
Schrankenfunktion 72
Schwerpunkt einer Fläche *CD*
Sekantennäherungsverfahren *CD*
SIERPINSKI-Dreieck 86
Signumfunktion 19
Sinusfunktion, Integration 221
Sprungstelle 76
Stammfunktion 214
stetig 82
stetige Fortsetzung 83
Stetigkeit 81, *CD*
Stützstelle 149
Summenregel der
- Differenzialrechnung 108
- Integralrechnung 204, 220

T

Tangentennäherungsverfahren 155
Tangentenproblem 98, *CD*
Terrassenpunkt 141
Tiefpunkt 23
TORRICELLI, EVANGELISTA 41, *CD*
Trapez-Regel 248
trigonometrische Funktionen 14
- Ableitung 116
- Integration 221

U

Umkehrfunktion 23, *CD*
unbestimmtes Integral 217
uneigentlicher Grenzwert 71, 76
uneigentliches Integral 243, *CD*

unendliche geometrische Reihe 66
unendliche Zahlenfolge 46
ungerade Funktion 23
Ungleichungen *CD*
Ungleichungssysteme *CD*
Unstetigkeit, hebbare 83, *CD*
Unstetigkeitsstellen 89
Untersumme 179, 193

V

Verhalten im Unendlichen 69, *CD*
VERHULST, PIERRE FRANÇOIS 68, *CD*
Verketten von Funktionen 17
Verknüpfen von Funktionen 17
Vierfarbenproblem *CD*
vollständige Induktion, Beweisverfahren *CD*
Volumen eines Rotationskörpers 277
Vorzeichenfunktion 19
Vorzeichenwechselkriterium *CD*

W

waagerechte Asymptote 69
Wachstumsfunktion 15
Web-Diagramm 258
WEIERSTRASS, KARL THEODOR 83, *CD*
Wendepunkt 140, *CD*
Wendestelle 140
Wertebereich 11
Wurzelfunktionen 14

Z

Zahl, eulersche 15, *CD*
Zahlen
- Geschichte der *CD*
- reelle *CD*

Zahlenfolge 45, *CD*
- alternierende 49
- Beschränktheit 49, *CD*
- divergente 59
- endliche 46
- explizite Bildungsvorschrift 45
- Grenzwert 58
- konvergente 59
- Monotonie 47, *CD*
- rekursive Bildungsvorschrift 45, *CD*
- unendliche 46

Zahlenfolgen
- Anwendungen *CD*
- arithmetische 53, *CD*
- geometrische 54, *CD*

Zwischenwertsatz *CD*

Index lernmethodischer und rechentechnischer Hinweise

A, B
Argumentieren, mathematisches 237
Axiome und Sätze 244
Begründen und Beweisen 128

C, D
Computeralgebrasysteme (CAS) 13, 322, *CD*
– Berechnen von Grenzwerten 89, 117
– Derive 322, *CD*
– Differenzieren 100, 127
– Integrieren 199, 206, 219
– Lösen von Gleichungen 26
– Lösen von Gleichungssystemen 151
– Mathcad *CD*
Darstellungsformen, Wechsel der 25
Definition 45
Dokumentieren von Lösungswegen 228

F
Fachprache 11, 48
Funktionsuntersuchung 25
– grafisches Lösen 25, 32, 166
– numerisches Lösen 30
– Programmieren von Algorithmen *CD*
– Wertetabellen 26, 34, 94, 167

– symbolisches Rechnen 13, 89, 100, 127

G
Grafikfähige Taschenrechner (GTR) 13, 314, *CD*
– Casio Class-Pad 300 *CD*
– Differenzieren 100, 127
– Integrieren 199, 206, 219
– Regressionsverfahren 91, *CD*
– Lösen von Extremwertproblemen 147, 166
– Lösen von Gleichungen 26
– Lösen von Gleichungssystemen 151
– TI-Voyage 200 318, *CD*
– TI-Nspire *CD*
grafisches Lösen
– Ermitteln von Nullstellen 25
– Differenzieren *CD*
– Bestimmen von Extremwerten 166

H, I, K
hinreichende Bedingung 136
Internet, Mathematik und 209
Kommunizieren, mathematisches 224

L, M
Lesen eines Textes 128
Lösungsstrategien
– Anwendungsaufgaben 38

– Extremwertprobleme 145
– Problemlösen 262
Methoden, mathematische 107
Modellieren 99, 144, 152

N, P
notwendige Bedingung 136
Präsentatieren von Arbeitsergebnissen 158
Problemlösen 262
Programmieren mathematischer Algorithmen *CD*

R, S
Rechenhilfsmittel
– CAS 13, 322, *CD*
– 3-D-Grafiken 276
– Geschichte der *CD*
– GTR 13, 314, *CD*
– kritischer Umgang 27, 103
– Tabellenkalkulation 94, 115, 117, 193, 249, *CD*
rechnergestützte Funktionsuntersuchung 25
Satz, mathematischer 129
Sätze, Axiome und 244
solve-Befehl 26, 151
Sprachgebrauch, Typisches im mathematischen 48

T
Tabellenkalkulation
– MS Excel *CD*

Bildquellenverzeichnis

AFP/Getty Image: 15; Bildagentur Waldhäusl/imagebroker/Arco/K. Wothe: 311; Hubert Bossek: 9, 40, 147, 252; China Photos/Reuters/Corbis: 132; Corbis, London und Düsseldorf: 313; Corel Photos Inc.: 143, 144; DB AG/OgilvyOne: 298; DB AG/Reiche: 213; Theo Engeser: 39; Rainer Fischer: 184, 271; Daniel Grafe: 275/2, 275/3; Historische Bauwerkstücke GbR (Blumberger Chaussee 20A, 16321 Bernau): 261; Katja Huster, Marburg: 174/1; John Foxx Images: 246/2, 276; Kraftwerk Rostock: 306; Werner Krüger/Deutsche Lufthansa AG: 174/2; G. Liesenberg: 52, 230; H. Mahler, Fotograf, Berlin: 183/2, 183/3, 183/4; Osram GmbH: 283; Photo Digital, München: 44; Photo Disc: 7, 8/1, 105, 173, 312/2; Photo Disc Inc.: 57/2, 155, 174/3, 246/1, 294, 302, 312/1; Photosphere: 30, 293; PHYWE SYSTEME GmbH & Co. KG, Göttingen: 273; picture-alliance/dpa: 8/2, 10, 239, 275/1; picture-alliance/dpa/dpaweb: 112; picture-alliance/ZB: 37, 177, 254, 255; Maureen Richter: 269; Schwippl, U., Berlin: 22; Falk Sempert: 90, 94, 150; SHORT CUTS Berlin: 149, 160; Siemens AG/München: 57/1; Sport-Saller Weikersheim: 166; Stadtverwaltung Görlitz: 300; Universal Cards: 183/1; Volkswagen Presse: 102

Verwendete Zeichen, Abkürzungen und Symbole

Zeichen	Sprechweise / Bedeutung	Zeichen	Sprechweise / Bedeutung
...	und so weiter (bis)	A, B	Mengen
$=$; $\neq$	gleich; ungleich	$\{a; b; ...\}$	Menge mit den Elementen a, b, ...
$<$; $\leq$	kleiner als; kleiner als oder gleich	$\emptyset$, $\{\}$	leere Menge
$>$; $\geq$	größer als; größer als oder gleich	$\{x\|...\}$	Menge aller x, für die gilt: ...
$\approx$	rund, angenähert	$\in$, $\notin$	Element von; nicht Element von
$\hat{=}$	entspricht	$\subseteq$; $\subset$	Teilmenge von; echte Teilmenge von
%; ‰	Prozent; Promille	$\mathbb{N}$	Menge der natürlichen Zahlen
		$\mathbb{N}^*$	Menge der natürlichen Zahlen ohne 0
$\sim$	proportional, zueinander ähnlich	$\mathbb{Z}$	Menge der ganzen Zahlen
$\parallel$	parallel zu	$\mathbb{Q}_+$	Menge der gebrochenen Zahlen
$\perp$	senkrecht auf, rechtwinklig zu	$\mathbb{Q}$	Menge der rationalen Zahlen
$\sphericalangle$; $\triangle$	Winkel; rechter Winkel	$\mathbb{R}$	Menge der reellen Zahlen
°	Grad (Winkeleinheit)		
arc α	Arkus α (Winkel im Bogenmaß)	$]a; b[$	offenes Intervall von a bis b
$\overline{AB}$	Strecke AB	$[a; b]$	abgeschlossenes Intervall von a bis b
$\vec{a}, \vec{b}, \overrightarrow{AB}$	Vektoren	$]a; b]$	linksoffenes Intervall von a bis b (ohne a, mit b)
a^b	a hoch b (Potenz)	$[a; b[$	rechtsoffenes Intervall von a bis b (mit a, ohne b)
$\sqrt{}$; $\sqrt[n]{}$	Quadratwurzel aus; n-te Wurzel aus		
sin	Sinus	$(a; b)$	geordnetes Paar
cos	Kosinus	(a_n)	(Zahlen-)Folge a_n
tan	Tangens		
arcsin	Arkussinus	f, g	Funktionen
arccos	Arkuskosinus	$\bar{f}$	Umkehrfunktion (inverse Funktion) von f
arctan	Arkustangens	D_f	Definitionsbereich von f
		W_f	Wertebereich von f
$\log_a x$	Logarithmus x zur Basis a	$f(x)$	f von x (Funktionswert an der Stelle x)
lg x	Logarithmus x zur Basis 10		
ln x	Logarithmus x zur Basis e	Δx	delta x (Differenz zweier Argumente von f)
$|x|$	Betrag von x		
sgn x	Signum (Vorzeichen) von x	Δy	delta y (Differenz zweier Funktionswerte von f)
[x], int x	ganzzahliger Anteil von x		
n!	n Fakultät	$f'(x)$	f Strich von x (1. Ableitung von f)
$\binom{n}{p}$	n über p (Binomialkoeffizient)	$f''(x)$	f zwei Strich von x (2. Ableitung von f)
$\sum_{k=1}^{n} a_k$	Summe aller a_k für k = 1 bis n	$f^{(n)}(x)$	n-te Ableitung von f
$\prod_{k=1}^{n} a_k$	Produkt aller a_k für k = 1 bis n	$\frac{dy}{dx}$	dy nach dx (Differenzialquotient der Funktion f mit y = f(x))
		$\frac{d^2y}{dx^2}$	d zwei y nach dx Quadrat (2. Differenzialquotient der Funktion f mit y = f(x))
lim	Limes, Grenzwert		
$\to$	gegen, konvergiert nach, nähert sich		
∞	unendlich	$\int_a^b f(x)\,dx$	(bestimmtes) Integral (über) f(x) dx (in den Grenzen) von a bis b
$\Rightarrow$	wenn ..., dann ... (Implikation)		
$\Leftrightarrow$	genau dann, wenn (Äquivalenz)	$[F(x)]_a^b$	Stammfunktion F(x) (in den Grenzen) von a bis b
e	e (eulersche Zahl)		
π	pi (Kreiszahl, ludolfsche Zahl)		